建筑与市政工程施工现场专业人员职业标准培训教材

质量员岗位知识与专业技能
（设备方向）

建筑与市政工程施工现场专业人员职业标准培训教材编审委员会　编

主　编　孙朝阳

副主编　景燕升　屈高阳

U0268825

黄河水利出版社

·郑州·

内 容 提 要

本书建筑与市政工程施工现场专业人员职业标准培训教材以《建筑与市政工程施工现场专业人员职业标准》(JGJ/T 250—2011)为依据,结合目前设备安装质量员的实际工作需要,详细介绍了设备安装质量员在实际岗位中应掌握的岗位知识与专业技能。全书共分十章,分别为设备安装质量员职业能力标准、设备安装工程质量管理规定与验收标准、建筑工程质量管理、施工质量计划与质量控制、给水排水及采暖工程质量验收、通风与空调工程质量验收、建筑电气工程质量验收、智能建筑质量验收、施工项目质量问题分析及处理、设备安装工程资料。

本书可作为设备安装质量员岗位培训教材,也可作为施工管理人员和工程技术人员平时学习的参考用书。

图书在版编目(CIP)数据

质量员岗位知识与专业技能. 设备方向/孙朝阳主编;
建筑与市政工程施工现场专业人员职业标准培训教材编审
委员会编. —郑州:黄河水利出版社,2013.12
建筑与市政工程施工现场专业人员职业标准培训教材
ISBN 978 - 7 - 5509 - 0668 - 6

Ⅰ. ①质… Ⅱ. ①孙…②建… Ⅲ. ①建筑工程 - 质量管
理 - 职业培训 - 教材　Ⅳ. ①TU712

中国版本图书馆 CIP 数据核字(2013)第 308103 号

策划编辑:余甫坤　电话:0371 - 66024993　E-mail:yfk7300@ 126. com

出 版 社:黄河水利出版社　　　　　　　　　网址:www. yrcp. com
　　　地址:河南省郑州市顺河路黄委会综合楼14 层　　邮政编码:450003
发行单位:黄河水利出版社
　　　发行部电话:0371 - 66026940 ,66020550 ,66028024 ,66022620(传真)
　　　E-mail:hhslcbs@ 126. com
承印单位:河南承创印务有限公司
　　开本:787 mm ×1 092 mm　1/16
　　印张:22
　　字数:482 千字　　　　　　　　　印数:1—3 000
　　版次:2013 年 12 月第 1 版　　　　印次:2013 年 12 月第 1 次印刷
　　定价:56.00 元

建筑与市政工程施工现场专业人员职业标准培训教 编审委员会

主　任: 张　冰

副主任: 刘志宏　　傅月笙　　陈永堂

委　员: (按姓氏笔画为序)

丁宪良　　毛美荣　　王开岭　　王　铮　　田长勋

孙朝阳　　刘　乐　　刘继鹏　　朱吉顶　　张　玲

张思忠　　范建伟　　赵　山　　崔恩杰　　焦　涛

谭水成

序

为了加强建筑工程施工现场专业人员队伍的建设,规范专业人员的职业能力评价方法,指导专业人员的使用与教育培训,提高其职业素质、专业知识和专业技能水平,住房和城乡建设部颁布了《建筑与市政工程施工现场专业人员职业标准》(JGJ/T 250—2011),并自2012 年 1 月 1 日起颁布实施。我们根据《建筑与市政工程施工现场专业人员职业标准》(JGJ/T 250—2011)配套的考核评价大纲,组织建设类专业高等院校资深教授、一线教师,以及建筑施工企业的专家共同编写了《建筑与市政工程施工现场专业人员职业标准培训教材》,为 2014 年全面启动《建筑与市政工程施工现场专业人员职业标准》的贯彻实施工作奠定了一个坚实的基础。

本系列培训教材包括《建筑与市政工程施工现场专业人员职业标准》涉及的土建、装饰、市政、设备 4 个专业的施工员、质量员、安全员、材料员、资料员 5 个岗位的内容,教材内容覆盖了考核评价大纲中的各个知识点和能力点。我们在编写过程中始终紧扣《建筑与市政工程施工现场专业人员职业标准》(JGJ/T 250—2011)和考核评价大纲,坚持与施工现场专业人员的定位相结合、与现行的国家标准和行业标准相结合、与建设类职业院校的专业设置相结合、与当前建设行业关键岗位管理人员培训工作现状相结合,力求体现当前建筑与市政行业技术发展水平,注重科学性、针对性、实用性和创新性,避免内容偏深、偏难,理论知识以满足使用为度。对每个专业、岗位,根据其职业工作的需要,注意精选教学内容、优化知识结构,突出能力要求,对知识和技能经过归纳,编写了《通用与基础知识》和《岗位知识与专业技能》,其中施工员和质量员按专业分类,安全员、资料员和材料员为通用专业。本系列教材第一批编写完成 19 本,以后将根据住房和城乡建设部颁布的其他岗位职业标准和施工现场专业人员的工作需要进行补充完善。

本系列培训教材的使用对象为职业院校建设类相关专业的学生、相关岗位的在职人员和转入相关岗位的从业人员,既可作为建筑与市政工程现场施工人员的考试学习用书,也可供建筑与市政工程的从业人员自学使用,还可供建设类专业职业院校的相关专业师生参考。

本系列培训教材的编撰者大多为建设类专业高等院校、行业协会和施工企业的专家和教师,在此,谨向他们表示衷心的感谢。

在本系列培训教材的编写过程中,虽经反复推敲,仍难免有不妥甚至疏漏之处,恳请广大读者提出宝贵意见,以便再版时补充修改,使其在提升建筑与市政工程施工现场专业人员的素质和能力方面发挥更大的作用。

建筑与市政工程施工现场专业人员职业标准培训教材编审委员会

2013 年 9 月

前　言

建筑与市政工程施工现场专业人员队伍素质是影响工程质量和安全的关键因素。我国从 20 世纪 80 年代开始,在建设行业开展关键岗位培训考核和持证上岗工作,对于提高从业人员的专业技术水平和职业修养,促进施工现场规范化管理,保证工程质量和安全,推动行业发展和进步发挥了重要作用。国家住房和城乡建设部于 2011 年 7 月 13 日颁布了《建筑与市政工程施工现场专业人员职业标准》(JGJ/T 250—2011)(2012 年 1 月 1 日起实施),有力推动了建设行业的进步和发展。

本书是在河南省建设教育协会的统一安排下进行编写的,在编写过程中,力求结合安装项目工程实例,做到理论联系实际,既注重质量管理内容的阐述,又注重施工现场操作,以便通过培训达到既掌握岗位知识又掌握岗位管理的目的。

本书编写人员及分工如下:第一、二、四章由三门峡职业技术学院孙朝阳编写,第三章由三门峡职业技术学院杨龙编写,第五、十章由三门峡职业技术学院罗伟编写,第六章由三门峡职业技术学院屈高阳编写,第七章由三门峡黄河明珠集团有限公司景燕升编写,第八章由新乡市建设监理有限责任公司张剑锋和三门峡黄河明珠集团有限公司景燕升编写,第九章由三门峡职业技术学院宋晋豫编写。本书由三门峡职业技术学院孙朝阳任主编,由景燕升、屈高阳任副主编。

在编写过程中,编者查阅了大量有关设备安装质量检验方面的信息和资料,吸收了国内外许多专家和同行的研究成果,同时得到了河南安装集团有限公司和河南环发工程有限公司的大力支持,谨在此表示衷心的感谢!

限于编者水平,本书难免存在疏漏和不妥之处,恳请读者批评指正!

编　者
2013 年 6 月

目 录

下篇 专业技能

上篇　岗位知识

第一章　设备安装质量员职业能力标准

【学习目标】
- 了解设备安装质量员的工作职责。
- 熟悉设备安装质量员应具备的通用知识、基础知识和岗位知识。
- 熟悉设备安装质量员应具备的专业技能。
- 熟悉设备安装质量员在设备安装项目中的工作任务。

第一节　质量员的主要工作职责

质量员是指在建筑与市政工程施工现场从事施工质量策划、过程控制、检查、监督、验收等工作的专业人员。可分为土建施工、装饰装修、设备安装和市政工程4个子专业。

质量员的主要工作职责为质量计划准备、材料质量控制、工序质量控制、质量问题处理和质量资料管理。具体要求如下:

(1)质量计划准备:参与施工质量策划,参与质量管理制度。

(2)材料质量控制:参与材料、设备的采购;负责核查进场材料、设备的质量保证资料,监督进场材料的抽样复验;负责监督、跟踪施工试验;负责计量器具的符合性审查。

(3)工序质量控制:参与施工图会审和施工方案审查;参与制订工序质量控制措施;负责工序质量检查和关键工序、特殊工序的旁站检查,参与交接检验、隐蔽验收、技术复核;负责检验批和分项工程的质量验收、评定,参与分部工程和单位工程的质量验收、评定。

(4)质量问题处理:参与制订质量通病预防和纠正措施,负责监督质量缺陷的处理,参与质量事故的调查、分析和处理。

(5)质量资料管理:负责质量检查的记录,编制质量资料;负责汇总、整理、移交质量资料。

第二节　质量员应具备的专业技能

一、质量员应具备的专业技能

针对质量员的工作职责,质量员应具备如下专业技能:

（1）质量计划准备：能够参与编制施工项目质量计划。

（2）材料质量控制：能够评价材料、设备质量，能够判断施工试验结果。

（3）工序质量控制：能够识读施工图；能够确定施工质量控制点；能够参与编写质量控制措施等质量控制文件，并实施质量交底；能够进行工程质量检查、验收、评定。

（4）质量问题处理：能够识别质量缺陷，并进行分析和处理；能够参与调查、分析质量事故，提出处理意见。

（5）质量资料管理：能够编制、收集、整理质量资料。

二、设备安装质量员应具备的专业技能

（一）参与编制施工项目质量计划

（1）能够划分设备安装各分部工程中分项工程、检验批。

（2）能够编制设备安装各分部工程中分项工程的质量控制计划。

（二）评价材料、设备的质量

（1）能够检查、评价常用的各类金属及非金属管材和成品风管的质量。

（2）能够检查、评价常用的各类电线、电缆及电工器材的质量。

（3）能够检查、评价常用的各类阀门及配件的质量。

（4）能够检查、评价常用的各类专用消防器材和设备的质量。

（5）能够检查、评价智能化工程中的火灾报警、安全防范、建筑设备控制等常用器材的质量。

（三）判断施工试验结果

（1）能够判断建筑给水排水工程试压、通球、灌水、冲洗、清扫、消毒试验的结果。

（2）能够判断建筑电气工程通电试运行的结果。

（3）能够判断通风与空调工程风量测试和温度、湿度自动控制试验的结果。

（4）能够判断自动喷水灭火系统、火灾报警系统和消火栓系统水枪喷射试验的结果。

（5）能够判断建筑智能化工程各子系统回路的试验结果。

（6）能够正确阅读各类材料试验报告。

（四）识读施工图

（1）能够识读建筑给水排水工程、通风与空调工程、建筑电气工程施工图。

（2）能够识读住宅及宾馆类自动喷水灭火工程、建筑智能化工程施工图。

（五）确定施工质量控制点

（1）能够确定室内给水排水工程的施工质量控制点。

（2）能够确定风管制作、风管安装、风机盘管安装和洁净空调系统的施工质量控制点。

（3）能够确定建筑电气照明工程、低压配电的施工质量控制点。

（4）能够确定自动喷水灭火工程管网敷设、火灾探测器的施工质量控制点。

（5）能够确定建筑智能化工程线缆敷设的施工质量控制点。

（六）参与编写质量控制措施等质量控制文件，并实施质量交底

（1）能够参与编制给水排水工程、通风与空调工程、建筑电气工程等分项工程质量通病控制文件。

（2）能够为给水排水工程、通风与空调工程、建筑电气工程质量交底提供资料。

（七）进行工程质量检查、验收、评定

(1)能够使用常用的设备安装工程质量检查仪器、仪表。

(2)能够实施对检验批和分项工程的检查验收评定,填写检验批和分项工程质量验收记录。

(3)能够协助验收评定分部工程和单位工程的质量。

(4)能够对隐蔽工程进行验收。

（八）识别质量缺陷,进行分析和处理

(1)能够识别建筑给水排水工程的质量缺陷,并进行分析处理。

(2)能够识别建筑电气照明工程的质量缺陷,并进行分析处理。

(3)能够识别通风与空调工程的质量缺陷,并进行分析处理。

(4)能够识别自动喷水灭火工程中管网敷设的质量缺陷,并进行分析处理。

(5)能够识别建筑智能化工程中线缆敷设的质量缺陷,并进行分析处理。

（九）参与调查、分析质量事故,提出处理意见

(1)能够提供质量事故调查处理的基础资料。

(2)能够进行质量事故原因的分析。

（十）编制、收集、整理质量资料

(1)能够编制、收集、整理隐蔽工程的质量验收记录。

(2)能够编制、汇总分项工程及检验批的质量验收记录。

(3)能够收集原材料的质量证明文件、复验报告。

(4)能够收集建筑设备试运行记录。

(5)能够收集分部工程、单位工程的验收记录。

第三节　质量员应具备的专业知识

作为一名质量员,完成专业工作应具备相应的专业知识,即本专业的通用知识、基础知识和岗位知识。

一、通用知识

设备安装质量员应具备的通用知识如下:

(1)熟悉国家工程建设相关法律、法规。

(2)熟悉工程材料的基本知识。

(3)掌握施工图识读、绘制的基本知识。

(4)熟悉工程施工工艺和方法。

(5)熟悉工程项目管理的基本知识。

二、基础知识

设备安装质量员应具备的基础知识如下:

(1)熟悉相关专业力学知识。

(2)熟悉建筑构造、建筑结构和建筑设备的基本知识。

（3）熟悉施工测量的基本知识。

（4）掌握抽样统计分析的基本知识。

三、岗位知识

设备安装质量员应具备的岗位知识如下：

（1）熟悉与本岗位相关的标准和管理规定。

（2）掌握工程质量管理的基本知识。

（3）掌握施工质量计划的内容和编制方法。

（4）熟悉工程质量控制的方法。

（5）了解施工试验的内容、方法和判定标准。

（6）掌握工程质量问题的分析、预防及处理方法。

第四节　设备安装质量员的主要工作任务

质量员负责工程的全部质量控制工作，负责指导和保证质量控制制度的实施，保证工程建设满足技术规范和合同规定的质量要求。

设备安装质量员的主要工作任务如下：

（1）负责现行建筑工程适用标准的识别和解释。

（2）负责质量控制制度和质量控制手段的介绍与具体实施，指导质量控制工作的顺利进行。

（3）建立文件和报告制度。主要是工程建设各方关于质量控制的申请和要求，针对施工工程中的质量问题而形成的各种报告、文件的汇总，也包括向有关部门传达的必要的质量措施。

（4）组织现场实验室和质量监督部门实施质量控制，监督试验工作。

（5）组织工程质量检查，并针对检查内容，主持召开质量分析会。

（6）指导现场质量监督工作。在施工过程中巡查施工现场，发现并纠正错误操作，并协助工长搞好工程质量自检、互检和交接检，随时掌握各分项工程的质量情况。

（7）负责整理分项工程、分部工程和单位工程检查评定的原始记录，及时填报各种质量报表，建立质量档案。

本章小结

质量员是在建筑与市政工程施工现场，主要从事质量策划、过程控制、检查、监督、验收等工作的专业人员。本章主要介绍了安装质量员的工作职责，应具备的专业技能、专业知识，质量员的主要工作任务，从而让读者了解要想成为合格的质量员必须具备的条件。

【推荐阅读资料】

（1）《建筑与市政工程施工现场从业人员职业标准》（JGJ/T 250—2011）。

（2）中华人民共和国住房和城乡建设部网 www.mohurd.gov.cn。

思考练习题

1. 质量员的主要工作职责是什么？
2. 简述设备安装质量员应具备的专业技能。
3. 要想成为一名合格的质量员，应具备什么样的专业知识？
4. 设备安装质量员的主要工作任务是什么？

第二章 设备安装工程质量管理规定与验收标准

【学习目标】

- 熟悉实施工程建设强制性标准监督内容、方式、违规处罚的规定。
- 熟悉房屋建筑工程和市政基础设施工程竣工验收备案管理的规定。
- 熟悉房屋建筑工程质量保修范围、保修期限和违规处罚的规定。
- 熟悉特种设备安装监察的规定。
- 熟悉消防工程设施建设的规定。
- 熟悉计量单位使用和计量器具检定的规定。
- 熟悉《建筑工程施工质量验收统一标准》(GB 50300—2001)中关于建筑工程质量验收的划分、合格判定以及质量验收的程序和组织的要求。

第一节 实施工程建设强制性标准监督规定

一、工程建设强制性标准

工程建设标准分为强制性标准和推荐性标准。《实施工程建设强制性标准监督规定》规定,在中华人民共和国境内从事新建、扩建、改建等工程建设活动,必须执行工程建设强制性标准。工程建设强制性标准是指直接涉及工程质量、安全、卫生及环境保护等方面的工程建设标准强制性条文。国家工程建设标准强制性条文由国务院建设行政主管部门会同国务院有关行政主管部门确定。

在工程建设中,如果拟采用的新技术、新工艺、新材料不符合现行强制性标准规定,应当由拟采用单位提请建设单位组织专题技术论证,报批准标准的建设行政主管部门审定。工程建设中采用国际标准或者国外标准,而我国现行强制性标准未作规定的,建设单位应当向国务院建设行政主管部门或者国务院有关行政主管部门备案。

二、工程建设强制性标准监督管理

(一)监督机构

(1)建设项目规划审查机关应当对工程建设规划阶段执行强制性标准的情况实施监督。

(2)施工图设计审查单位应当对工程建设勘察、设计阶段执行强制性标准的情况实施监督。

(3)建筑安全监督管理机构应当对工程建设施工阶段执行施工安全强制性标准的情况实施监督。

（4）工程质量监督机构应当对工程建设施工、监理、验收等阶段执行强制性标准的情况实施监督。

（5）工程建设标准批准部门应当定期对建设项目规划审查机关、施工图设计文件审查单位、建筑安全监督管理机构、工程质量监督机构实施强制性标准的监督进行检查，对监督不力的单位和个人，给予通报批评，建议有关部门处理。

（二）监督内容

（1）有关工程技术人员是否熟悉、掌握强制性标准。

（2）工程项目的规划、勘察、设计、施工、验收等是否符合强制性标准的规定。

（3）工程项目采用的材料、设备是否符合强制性标准的规定。

（4）工程项目的安全、质量是否符合强制性标准的规定。

（5）工程中采用的导则、指南、手册、计算机软件的内容是否符合强制性标准的规定。

（三）监督方式

工程建设标准批准部门应当对工程项目执行强制性标准情况进行监督检查。监督检查可以采取重点检查、抽查和专项检查的方式。

三、违法行为应承担的法律责任

（一）建设单位违法行为应承担的法律责任

《建设工程质量管理条例》规定，建设单位有下列行为之一的，责令改正，并处以20万元以上50万元以下的罚款：

（1）明示或者暗示施工单位使用不合格的建筑材料、建筑构配件和设备的。

（2）明示或者暗示设计单位或者施工单位违反工程建设强制性标准，降低工程质量的。

（二）勘察、设计单位违法行为应承担的法律责任

《中华人民共和国建筑法》规定，建筑设计单位不按照建筑工程质量、安全标准进行设计的，责令改正，处以罚款；造成工程质量事故的，责令停业整顿，降低资质等级或者吊销资质证书，没收违法所得，并处以罚款；造成损失的，承担赔偿责任；构成犯罪的，依法追究刑事责任。

《建设工程质量管理条例》规定，有下列行为之一的，责令改正，处10万元以上30万元以下的罚款：勘察单位违反工程建设强制性标准进行勘察的；设计单位违反工程建设强制性标准进行设计的。有以上所列行为，造成工程质量事故的，责令停业整顿，降低资质等级；情节严重的，吊销资质证书；造成损失的，依法承担赔偿责任。

（三）施工单位违法行为应承担的法律责任

《中华人民共和国建筑法》规定，建筑施工企业在施工中偷工减料的，使用不合格的建筑材料、建筑构配件和设备的，或者有其他不按照工程设计图纸或者施工技术标准施工的行为，责令改正，处以罚款；情节严重的，责令停业整顿，降低资质等级或者吊销资质证书；造成建筑工程质量不符合规定的质量标准的，负责返工、修理，并赔偿由此造成的损失；构成犯罪的，依法追究刑事责任。

《建设工程质量管理条例》规定，施工单位在施工中偷工减料的，使用不合格建筑材料、建筑构配件和设备的，或者有不按照工程设计图纸或者施工技术标准施工的其他行为的，责令改正，处工程合同价款2%以上4%以下的罚款；造成建设工程质量不符合规定的质量标准的,负责返工、修理,并赔偿由此造成的损失;情节严重的,责令停业整顿,降低资质等级或者吊销资质证书。

施工单位未对建筑材料、建筑构配件、设备和商品混凝土进行检验,或者未对涉及结构安全的试块、试件以及有关材料取样检测的,责令改正,处10万元以上20万元以下的罚款;情节严重的,责令停业整顿,降低资质等级或者吊销资质证书;造成损失的,依法承担赔偿责任。

(四)工程监理单位违法行为应承担的法律责任

《实施工程建设强制性标准监督规定》规定,工程监理单位违反强制性标准规定,将不合格的建筑工程以及建筑材料、建筑构配件和设备按照合格签字的,责令改正,处50万元以上100万元以下的罚款,降低资质等级或者吊销资质证书;有违法所得的,予以没收;造成损失的,承担连带赔偿责任。

第二节　房屋建筑工程竣工验收、备案管理的规定

一、竣工验收的范围

凡新建、扩建、改建的基本建设项目(工程)和技术改造项目,按批准的设计文件所规定的内容建成,符合验收标准的,必须及时组织竣工验收,办理固定资产移交手续。

二、竣工验收的依据

建筑工程项目竣工验收依据文件的组成:一类是指导建设管理行为的依据,即法律、法规、标准、规范以及具有指南作用的参考资料;另一类是工程建设中形成的依据,其足以证实工程实体形成过程和工程实体性能特征的工程资料。其主要依据包括以下几个方面:

(1)上级主管部门对该项目批准的各种文件。包括可行性研究报告、初步设计以及与项目有关的各种文件。

(2)工程设计文件。包括施工图纸及说明、设备技术说明书等。

(3)国家颁布的各种标准和规范。例如《建筑工程施工质量验收统一标准》(GB 50300—2001)和《建筑工程施工质量验收规范》(分专业)。

(4)施工合同、协议文件。包括施工承包的工作内容和应达到的标准,以及施工过程中的设计修改、变更通知等。

三、竣工验收的条件

按照国家规定,建设工程项目竣工验收,交付生产使用,应符合满足以下条件:

(1)生产性项目和辅助性公用设施,已按设计要求建完,能满足生产使用要求。

(2)主要工艺设备配套经联动负荷试运行合格,形成生产能力,能够生产出设计文件所规定的产品。

(3)必要的生活设施,已按设计要求建成。

(4)生产准备工作能适应投产的需要。

(5)保护设施、劳动安全卫生设施、消防设施已按设计要求与主体工程同时建成使用。

四、竣工验收的程序

(一)竣工验收的基本程序

(1)根据工程的规模大小和复杂程度,安装工程验收分为初步验收和竣工验收。规模较大、较复杂的工程,应先进行初验,初验合格后再进行全部工程的竣工验收;规模较小、较简单的工程可进行一次性竣工验收。

(2)工程竣工验收前,施工单位应按照国家或地方政府的规定收集、整理好有关文件及技术资料,并向建设单位提交竣工验收报告。

(3)根据施工单位提交的竣工验收报告,建设单位组织设计、施工、监理、使用等有关单位进行初验或直接进行验收。

工程符合国家有关规定,满足设计要求,满足功能和使用要求,必要的文件资料、竣工图表齐全,即准予验收,并完成各方的会签手续。

(4)建设单位应当在工程竣工验收合格后的 15 d 内到县级以上人民政府建设行政主管部门或其他有关部门备案。

(二)竣工验收的步骤

竣工验收的步骤为自检自验、预(初)验收、复验、竣工验收。

1. 自检自验

自检自验应由项目负责人组织生产、技术、质量、合同、预算以及有关的施工等人员等共同参加。上述人员按照自己主管的内容对单位工程逐一进行检查。

在检查中要做好记录,对不符合要求的部位和项目,应确定整改措施、修补措施的标准,并指定专人负责,定期整改。

2. 预(初)验收

竣工项目的预(初)验收,标准应与正式验收一样。

预(初)验收是施工单位先行自检自验,确认符合正式验收条件,在申报工程验收之后和正式验收之前的这段时间里进行的。

3. 复验

通过复验,应解决自检自验和预(初)验收中提出的所有需要整改的问题,为正式验收做好准备。

4. 竣工验收

在自检的基础上,确认工程全部符合竣工验收标准,具备了交付投产(使用)的条件,可进行项目竣工验收。在施工单位提交竣工验收申请的基础上,建设单位应在正式竣工验收日之前 10 d 内,向施工单位发出《竣工验收通知书》。

(1)组织验收。

工程竣工验收工作由建设单位组织实施,邀请设计单位、监理单位及相关单位参加,会同施工单位一起进行检查验收。

列为国家重点工程的大型项目,应由国家有关部门邀请有关单位参加,组成工程验收委员会进行验收。

(2)签发《竣工验收证明书》,办理工程移交。

在建设单位验收完毕并确认工程符合竣工标准和总承包合同条款要求后,向施工单位发《竣工验收证明书》。

(3)进行工程质量评定。

(4)办理工程档案资料移交。

(5)逐渐办理工程移交手续和其他固定资产移交手续,签认交接验收证书。

(6)办理工程结算签证手续,进入工程保修阶段。

(三)竣工验收后的处理

(1)整改。竣工验收意见书中指明必须整改的部分或遗留的尾工项目,由施工单位继续完成。

(2)对于竣工意见书中建议整改的部分,项目建设实施方征求投资方意见酌情整改。

(3)办理工程资料向使用方移交,并按工程建设档案管理规定,向有关部门移交工程建设档案。

(4)办理竣工结算手续后办理财务决算手续。

(5)其他扫尾工作,包括工程建设中未决的诉讼事宜,工程质量保修书订立,向物业管理单位、检修单位的情况介绍等。

五、房屋建筑工程竣工验收的备案管理

(一)房屋建筑工程竣工验收备案的范围

凡新建、扩建、改建各类房屋建筑和市政基础设施工程的竣工验收备案,均适用《房屋建筑和市政基础设施工程竣工验收备案管理办法》。

(二)房屋建筑工程竣工验收备案的期限

建设单位应当在竣工验收合格之日起 15 d 内向工程所在地的县级以上地方人民政府建设行政主管部门进行备案。

(三)房屋建筑工程竣工验收备案应当提供的文件

(1)工程竣工验收备案表。

(2)工程竣工验收报告。应当包括工程报建日期,施工许可证号,施工图设计文件审查意见,勘察、设计、施工、工程监理等单位分别签署的质量合格文件及验收人员签署的竣工验收原始文件,市政基础设施的有关质量检测和功能性试验资料以及备案机关认为需要提供的有关资料。

(3)法律、行政法规规定应当由规划、公安消防、环保等部门出具的认可文件或者准许使用文件。

(4)法律规定应当由公安消防部门出具的对大型的人员密集场所和其他特殊建设工程验收合格的证明文件。

(5)施工单位签署的工程质量保修书。

(6)法规、规章规定必须提供的其他文件。

(7)商品住宅提交《住宅质量保证书》和《住宅使用说明书》。

第三节　房屋建筑工程质量保修规定

一、房屋建筑工程质量保修责任范围

按照《建设工程质量管理条例》的规定,建设工程在保修范围和保修期限内发生质量问题时,施工单位应当履行保修义务,并对造成的损失承担赔偿责任。

(1)质量问题确实是由施工单位的施工责任或施工质量不良造成的,施工单位负责修理并承担修理费用。

(2)质量问题是由双方的责任造成的,应商定各自的经济责任,由施工单位负责修理。

(3)质量问题是由建设单位提供的设备、材料等质量不良造成的,应由建设单位承担修理费用,施工单位协助修理。

(4)质量问题发生是因建设单位(用户)责任,修理费用或者重建费用由建设单位负担。

(5)涉外工程的修理按合同规定执行,经济责任按以上原则处理。

二、房屋建筑工程质量保修时间

按照《建设工程质量管理条例》的规定,建设工程在正常使用条件下的最低保修期时间如下:

(1)建设工程的保修期自竣工验收合格之日起计算。

(2)电气管线、给水排水管道、设备安装工程,为2年。

(3)供热和供冷系统为2个采暖期、供冷期。

(4)其他项目的保修期由发包方与承包方约定。

【小贴士】

上述保修范围属于法律强制性规定。超出该范围的其他项目的保修不是强制的,而是属于发、承包双方意思表述,通常由发包方在招标文件中事先明确规定,或由双方在竣工验收前另行达成约定。

最低保修期限同样属于法律强制性规定,发、承包双方约定的保修期限不得低于条例规定的期限,但可以延长。

三、房屋建筑工程质量保修工作程序

(一)保修证书的内容

在工程竣工验收的同时,由施工单位向建设单位发送安装工程保修证书,保修证书的内容主要包括工程简况,设备使用管理要求,保修范围和内容,保修期限,保修情况记录(空白),保修说明,保修单位名称、地址、电话、联系人等。

(二)检查修理

(1)建设单位(用户)要求检查和修理时,其建设单位或用户发现使用功能不良,或是由于施工质量而影响使用,可以用口头或书面方式通知施工单位的有关保修部门,说明情况,要求派人前往检查修理。

（2）施工单位必须尽快派人前往检查，并会同建设单位作出鉴定，提出修理方案，并尽快组织人力、物力进行修理。

（三）验收

在发生问题的部位或项目修理完毕后，要在保修证书的"保修记录"栏内作好记录，并经建设单位验收签认，以表示修理工作完成。

四、投诉的处理

（1）对于用户的投诉，应迅速及时研究处理，切勿拖延。

（2）认真调查分析，尊重事实，作出适当处理。

（3）对各项投诉都应给予热情、友好的解释和答复，即使投诉内容有误，也应耐心作出说明，切忌态度简单生硬。

五、违规处罚的规定

按照《建设工程质量管理条例》的规定，如果施工单位不履行保修义务或者拖延履行保修义务的，责令改正，处 10 万元以上 20 万元以下的罚款，并对在保修期内因质量缺陷造成的损失承担赔偿责任。

【案例 2-1】

某工程于 2012 年 5 月开工，施工过程中业主方采购的 PPR 给水管材经施工单位检验后投入使用。2012 年 8 月 20 日工程竣工验收。2012 年 10 月业主发现卫生间地面有渗漏，经鉴定系 PPR 管材本身质量问题造成的，业主认为管材已经经过施工单位检验，因此不对卫生间地面渗漏的质量问题承担责任，故业主要求施工单位进行维修。

问题：业主的说法是否妥当？为什么？

【案例评析】

答：业主的说法不正确。

虽然管材经过施工单位的检测，卫生间防水也在保修期内，但是卫生间漏水的直接原因是由于业主提供的管材质量问题，并且管材是由业主采购的，根据《施工合同示范文本》27.2 条规定，发包人按一览表约定的内容提供材料设备，并向承包人提供产品合格证明，对其质量负责。发包人在所供材料设备到货前 24 h，以书面形式通知承包人，由承包人与发包人清点。因此，最终的责任在业主，业主要对管材质量负责。

第四节　特种设备安全监察条例的规定

一、特种设备的规定范围

（一）特种设备的种类

2009 年 1 月 24 日国务院令第 549 号公布《特种设备安全监察条例》（简称《条例》）的修改决定和文本，自 2009 年 5 月 1 日起实施。《条例》中所指特种设备是指涉及生命安全、危险性较大的锅炉、压力容器、压力管道、电梯、起重机械、客运索道、大型游乐设施和场

(厂)内专用机动车辆。特种设备还包括其所用的材料、附属的安全附件、安全保护装置和安全保护装置相关的设施。

(二)特种设备确定的范围

(1)锅炉,是指利用各种燃料、电或者其他能源,将所盛装的液体加热到一定的参数,并对外输出热能的设备。按范围规定,锅炉是指容积大于或者等于 30 L 的承压蒸汽锅炉;出口水压大于或者等于 0.1 MPa(表压),且额定功率大于或者等于 0.1 MW 的承压热水锅炉,有机热载体锅炉。

锅炉的主要分类如下:按用途分为生活锅炉、工业锅炉、电站锅炉,按介质分为蒸汽锅炉、热水锅炉、汽水两用锅炉、有机热载体锅炉,按安装方式分为快装锅炉、组装锅炉、散装锅炉,按燃料分为燃煤锅炉、燃油锅炉、燃气锅炉、余热锅炉、电加热锅炉、生物质锅炉,按压力分为常压锅炉、低压锅炉、中压锅炉、高压锅炉、超高压锅炉,按制造级别分为 A 级、B 级、C 级、D 级、E 级(按制造锅炉的压力分)。

(2)压力容器,是指盛装气体或者液体,承载一定压力的密闭设备。压力容器分类:按类别可划分为 I 类、II 类、III 类压力容器(根据介质特性、设计压力、容积等因素划分);按压力容器的设计压力可划分为低压($0.1\ \text{MPa} \leqslant P < 1.6\ \text{MPa}$,代号 L)、中压($1.6\ \text{MPa} \leqslant P < 10.0\ \text{MPa}$,代号 M)、高压($10.0\ \text{MPa} \leqslant P < 100.0\ \text{MPa}$,代号 H)、超高压($P \geqslant 100.0\ \text{MPa}$,代号 U)4 个压力等级;按压力容器品种可分为反应压力容器(代号 R)、换热压力容器(代号 E)、分离压力容器(代号 S)、储存压力容器(代号 C,其中球罐代号 B)。

(3)压力管道,是指利用一定的压力,用于输送气体或者液体的管状设备。按范围规定是指最高压力大于或者等于 0.1 MPa(表压)的气体,液化气体,蒸汽介质或者可燃、易爆、有毒、有腐蚀性、最高工作温度高于或者等于标准沸点的液体介质,且公称直径大于 25 mm 的管道。

按压力管道安装许可类别可分为长输管道(GA 类压力管道)、公用管道(GB 类压力管道)、工业管道(GC 类压力管道)、动力管道(GD 类压力管道)。

(4)起重机械,是指用于垂直升降或者垂直升降并水平移动重物的机电设备。

(5)电梯,是指动力驱动,利用沿刚性导轨运行的箱体或者沿固定线路运行的梯级(踏步),进行升降或者平行运送人、货物的机电设备。

(6)客运索道,是指动力驱动,利用柔性绳索牵引箱体等运载工具运送人员的机电设备。

(7)场(厂)内专用机动车辆,是指除道路交通、农用车辆外仅在工作厂区、旅游景区、游乐场所等特定区域使用的专用机动车辆。

(8)大型游乐设施,是指用于经营目的,承载乘客游乐的设施。

二、特种设备制造、安装、改造的许可制度

特种设备的制造、安装、改造等活动直接影响特种设备产品质量和安全性能,是保证安全运行的基础。特种设备及其安全附件、安全保护装置制造、安装、改造的行政许可制度是一项重要的市场准入制度,是特种设备安全监察的一项重要行政管理措施。

(一)特种设备的制造、安装、改造单位应当具备的条件

《条例》第十四条规定,特种设备的制造、安装、改造单位应当具备下列条件:

（1）有与特种设备制造、安装、改造相适应的专业技术人员和技术工人。

（2）有与特种设备制造、安装、改造相适应的生产条件和检测手段。

（3）有健全的质量管理制度和责任制度。

国内外几十年的管理经验证明，特种设备的制造、安装和改造单位必须具备一定的条件才能进行相关的生产活动。从事特种设备的施工单位应具备的条件如下：

（1）具有独立法人资格。

（2）有相适应的人员配备，具体要求如下：

①法定代表人（或其授权代理人）应了解与特种设备有关的法律、法规、规章、安全技术规范和标准，对承担安装的特种设备质量和安全技术性能负全责。授权代表人应有法定代表人的书面授权委托书，并应注明代理事项、权限和时限等内容。

②任命一名技术负责人对本单位承担的特种设备安装质量进行技术把关。技术负责人应掌握特种设备有关的法律、法规、规章、安全技术规范和标准，具有国家承认的工程师（电气或机械专业）以上职称，并不得在其他单位兼职。

③配备足够的现场质量管理人员，拥有一批满足申请作业需要的专业技术人员、质量检验人员。

④配备足够的技术工人，其中持有相应作业类别特种设备操作人员资格证书的人员数量应达到相应要求。

⑤法定代表人或授权代理人、技术负责人、质量检验人员和特种设备作业人员，应在负责批准安装许可的特种设备安全监督管理部门备案。

（3）作业设备、工具和检测仪器的配备，具体要求如下：

①拥有满足申请作业所需要的设备、工具和检测仪器，例如必备的起重运输和焊接设备、计量器具、检测仪器、试验设备等。

②计量器具和检测仪器设备必须具有产品合格证，并在法定计量检定有效期内。

（4）建立质量管理体系。

（二）特种设备安装、改造、维修的资格许可

《条例》第十七条规定：锅炉、压力容器、起重机械、客运索道、大型游乐设施的安装、改造、维修必须由依照本条例取得许可的单位进行。

（1）特种设备的安装、改造、维修单位除具备《条例》第十四条规定的条件外，还必须经国务院特种设备安全监督管理部门的许可，取得资格，才能进行相应的生产活动。

（2）锅炉和压力容器的安装单位必须是经省级安全监察机构批准，取得相应级别的锅炉安装资质。

（3）电梯的安装、改造、维修，必须由电梯制造单位或者其通过合同委托同意的依照本条例取得许可的单位进行。电梯制造单位对电梯质量以及安全运行涉及的质量问题负责。

（4）特种设备安装过程中涉及的土建、起重、脚手架架设和安装安全防护设施等专项业务，可以委托给具备相应资格的单位承担。当对安装单位审查时，仅考核相应委托活动的管理制度建立情况。

（5）应具有所申请资格的作业范围内的安装业绩；特种设备制造单位承担由本单位制造的设备安装时，申请安装资格可不受上述业绩限制。

(三)特种设备的开工许可

《条例》第十七条规定：特种设备安装、改造、维修的施工单位应当在施工前,将拟进行的特种设备安装、改造、维修情况书面告知直辖市或者设区的市级特种设备安全监督管理部门,告知后即可施工。

(1)施工单位在进行电梯、锅炉、压力容器、起重机械等特种设备安装前,须到监察部门办理报装手续,将有关情况书面告知直辖市或设区的市级特种设备安全监督管理部门,否则不得施工。

(2)告知的目的是便于安全监督管理部门审查从事活动的企业资格是否符合所从事活动的要求;安装的设备是否为合法生产、改造;安装、改造、维修方法是否会降低设备的安全性能等,及时掌握新安装设备和在用设备的改动情况,便于安排现场监察和检验工作。

(3)安全监督管理部门收到告知应及时审查,对无问题的将告知文件存档,并将有关情况通知注册登记和检验检测机构;对不符合要求的,应立即与施工单位联系,当确认其违反规定的,应责令其停止施工。

(四)违反《条例》规定的处罚

(1)未经许可擅自从事特种设备制造、安装、改造活动的,将按《条例》第六十七条和第七十条规定,予以责令限期改正、罚款、取缔、没收的处罚。

(2)触犯刑律的,对负有责任的主管人员和其他直接责任人员依照《中华人民共和国刑法》关于生产、销售伪劣产品罪,非法经营罪,重大责任事故罪或者其他罪的规定,依法追究刑事责任。

三、特种设备的监督检验

(一)特种设备安装、改造、重大维修过程的监督检验

《条例》第二十一条规定:锅炉、压力容器、压力管道元件、起重机械、大型游乐设施的制造过程和锅炉、压力容器、电梯、起重机械、客运索道、大型游乐设施的安装、改造、重大维修过程,必须经国务院特种设备安全监督管理部门核准的检验检测机构按照安全技术规范的要求进行监督检验;未经监督检验合格的不得出厂或者交付使用。

(二)特种设备的检验检查

1.监督检验的对象

监督检验的对象为制造和安装、改造、重大维修过程。

(1)锅炉、压力容器、压力管道元件、起重机械、大型游乐设施的制造过程。

(2)锅炉、压力容器、电梯、起重机械、客运索道、大型游乐设施的安装、改造、重大维修过程。

2.承担监督检验的主体

承担监督检验的主体为国家特种设备安全监督管理部门核准的检验检测机构。

3.监督检验的主要内容

(1)确认核实制造和安装、改造、重大维修过程中涉及安全性能的项目符合安全技术规范的要求。包括图样资料、材料、焊接(焊接工艺、焊工资格等)、外观和尺寸、无损检测、热处理、耐压试验、载荷试验、铭牌、监检资料等项目。

(2)抽查受检单位质量管理体系运转情况。

（3）确认出厂技术资料和安装、改造、重大维修的有关技术资料。

第五节　建设工程消防监督管理规定

一、建设工程消防监督管理范围

《建设工程消防监督管理规定》依据《中华人民共和国消防法》、《建设工程质量管理条例》而制定，主要是为了加强建设工程消防监督管理，落实建设工程消防设计、施工质量和安全责任，规范消防监督管理的行为。

按照《建设工程消防监督管理规定》，建设工程消防管理范围主要限于新建、扩建、改建（含室内外装修、建筑保温、用途变更）的工程项目。

【小贴士】

《建设工程消防监督管理规定》不适用于住宅室内装修、村民自建住宅、救灾和其他非人员密集场所的临时性建筑的建设活动。

二、建设工程消防监督管理规定

（一）消防设计、施工的质量责任

1. 建设单位承担的消防设计、施工质量责任

建设单位不得要求设计、施工、工程监理等有关单位和人员违反消防法规和国家工程建设消防技术标准，降低建设工程消防设计、施工质量；建设单位应当依法申请建设工程消防设计审核、消防验收，依法办理消防设计和竣工验收消防备案手续并接受抽查；建设工程内设置的公众聚集场所未经消防安全检查或者经检查不符合消防安全要求的，不得投入使用、营业。

实行工程监理的建设工程，应当将消防施工质量一并委托监理。

依法应当经消防设计审核、消防验收的建设工程，未经审核或者审核不合格的，不得组织施工；未经验收或者验收不合格的，不得交付使用。

2. 设计单位承担的消防设计的质量责任

设计单位应当根据消防法规和国家工程建设消防技术标准进行消防设计，编制符合要求的消防设计文件，不得违反国家工程建设消防技术标准强制性要求进行设计；在设计中选用的消防产品和具有防火性能要求的建筑构件、建筑材料、装修材料，应当注明规格、性能等技术指标，其质量要求必须符合国家标准或者行业标准。

设计单位应当参加建设单位组织的建设工程竣工验收，对建设工程消防设计实施情况签字确认。

3. 施工单位承担的消防施工的质量和安全责任

施工单位应当按照国家工程建设消防技术标准和经消防设计审核合格或者备案的消防设计文件组织施工，不得擅自改变消防设计进行施工，降低消防施工质量；在施工过程中应当查验消防产品和具有防火性能要求的建筑构件、建筑材料及装修材料的质量，使用合格产品，保证消防施工质量。

施工单位应当建立施工现场消防安全责任制度，确定消防安全负责人。加强对施工人

员的消防教育培训,落实防火、用电、易燃可燃材料等消防管理制度和操作规程。保证在建工程竣工验收前消防通道、消防水源、消防设施和器材、消防安全标志等完好有效。

【小贴士】

建设、设计、施工单位不得擅自修改已经依法备案的建设工程消防设计。确需修改的,建设单位应当重新申报消防设计备案。

4. 工程监理单位承担的消防施工的质量监理责任

工程监理单位应当按照国家工程建设消防技术标准和经消防设计审核合格或者备案的消防设计文件实施工程监理;参加建设单位组织的建设工程竣工验收,对建设工程消防施工质量签字确认。

(二)消防设计审核和消防验收

1. 建设单位申请消防设计审核应当提供的材料

(1)建设工程消防设计审核申报表。

(2)建设单位的工商营业执照等合法身份证明文件。

(3)设计单位资质证明文件。

(4)消防设计文件。

(5)法律、行政法规定的其他材料。

2. 建设单位申请消防验收应当提供的材料

建设单位申请消防验收应当提供下列材料:

(1)建设工程消防验收申报表。

(2)工程竣工验收报告和有关消防设施的工程竣工图纸。

(3)消防产品质量合格证明文件。

(4)具有防火性能要求的建筑构件、建筑材料、装修材料符合国家标准或者行业标准的证明文件、出厂合格证。

(5)消防设施检测合格证明文件。

(6)施工、工程监理、检测单位的合法身份证明文件和资质等级证明文件。

(7)建设单位的工商营业执照等合法身份证明文件。

(8)法律、行政法规定的其他材料。

3. 消防验收

公安机关消防机构应当自受理消防验收申请之日起20 d内组织消防验收,并出具消防验收意见。

公安机关消防机构对申报消防验收的建设工程,应当依照建设工程消防验收评定标准对已经消防设计审核合格的内容组织消防验收。对综合评定结论为合格的建设工程,公安机关消防机构应当出具消防验收合格意见;对综合评定结论为不合格的建设工程,应当出具消防验收不合格意见,并说明理由。

(三)消防设计和竣工验收的备案抽查

建设单位在进行建设工程消防设计或者竣工验收消防备案时,应当分别向公安机关消防机构提供备案申报表、相关材料及施工许可文件复印件。按照住房和城乡建设行政主管部门的有关规定进行施工图审查的,还应当提供施工图审查机构出具的审查合格文件复印件。

公安机关消防机构应当在已经备案的消防设计、竣工验收工程中,随机确定检查对象并向社会公告。对确定为检查对象的,公安机关消防机构应当在20 d内按照消防法规和国家工程建设消防技术标准完成图纸检查,或者按照建设工程消防验收评定标准完成工程检查,制作检查记录。检查结果应当向社会公告,检查不合格的,还应当书面通知建设单位。建设单位收到通知后,应当停止施工或者停止使用,组织整改后向公安机关消防机构申请复查。公安机关消防机构应当在收到书面申请之日起20 d内进行复查并出具书面复查意见。

三、法律责任

建设、设计、施工、工程监理单位,消防技术服务机构及其从业人员违反有关消防法规、国家工程建设消防技术标准,造成危害后果的,除依法给予行政处罚或者追究刑事责任外,还应当依法承担民事赔偿责任。

有下列情形之一的,公安机关消防机构应当函告同级住房和城乡建设行政主管部门:

(1)建设工程被公安机关消防机构责令停止施工、停止使用的。

(2)建设工程经消防设计、竣工验收抽查不合格的。

(3)其他需要函告的。

第六节　法定计量的要求与规定

一、计量器具的基本概念

计量器具是指能用以直接或间接测出被测量对象量值的装置、仪器仪表、量具和用于统一量值的标准物质。它具有准确性、统一性、溯源性、法制性四个特点。一般用来衡量器具质量和水平的主要指标包括其准确度等级、灵敏度、分辨率、稳定度、超然性以及动态特性等,这也是合理选用计量器具的重要依据。

《中华人民共和国计量法》规定,依法管理的计量器具包括计量基准器具、计量标准器具、工作计量器具。

(1)计量基准器具:国家计量基准器具,用以复现和保存计量单位量值,经国务院计量行政部门批准作为统一全国量值最高依据的计量器具。

(2)计量标准器具:准确度低于计量基准的,用于检定其他计量标准或工作计量器具的计量器具。

(3)工作计量器具:企业、事业单位进行计量工作时应用的计量器具。

二、计量器具的使用管理规定

(一)企业、事业单位使用计量标准器具必须具备的条件

(1)经计量检定合格。

(2)具有正常工作所需要的环境条件。

(3)保存、维护、使用人员必须称职。

(4)具有完善的管理制度。

（二）计量器具的使用要求

《中华人民共和国计量法》第九条规定：县级以上人民政府计量行政部门对社会公用计量标准器具，部门和企业、事业单位使用的最高计量标准器具，以及用于贸易结算、安全防护、医疗卫生、环境监测方面的列入强制检定目录的工作计量器具，实行强制检定。未按照规定申请检定或者检定不合格的，不得使用。实行强制检定的工作计量器具的目录和管理办法，由国务院制定。

《中华人民共和国计量法》第十六条规定：进口的计量器具，必须经省级以上人民政府计量行政部门检定合格后，方可销售。所以，施工企业使用的进口计量器具，必须有经省级以上人民政府计量行政部门检定的合格证明。

三、计量检定的相关规定

（一）计量检定的特点

检定对象：计量器具。

检定目的：判定计量器具是否符合法定的要求。

检定依据：按法定程序审批发布的计量检定规程。

检定结果：检定必须作出是否合格的结论，并出具加盖印章的证书。

检定性质：具有法制性。

检定主体：计量检定人员。

（二）计量检定的分类

1.按检定的目的和性质分

计量检定按其检定的目的和性质分为首次检定、后续检定、使用中检定、周期检定和仲裁检定。

（1）首次检定：对未曾检定过的新计量器具进行的检定。多数计量器具首次检定后还应进行后续检定，也有某些强制检定的工作计量器具（例如竹木直尺），只作首次强制检定，失准报废。

（2）后续检定：计量器具首次检定后的检定，包括强制性周期检定、修理后检定、周期检定和有效期内的检定。

（3）使用中检定：控制计量器具使用状态的检定。

（4）周期检定：按时间间隔和规定程序进行的后续检定。

（5）仲裁检定：以裁决为目的的计量检定、测试活动。

2.按检定的必要程序和我国依法管理的形式分

计量检定按检定的必要程序和我国依法管理的形式分为强制检定和非强制检定。

1）强制检定

强制检定是由政府行政主管部门指定所属的法定计量检定机构或者授权的计量检定机构强制实行，使用强制检定的计量器具的单位和个人，都必须按照规定申请检定。其具体要求如下：

（1）检定周期：由执行强制检定的技术机构按照计量检定规程确定。

（2）检定的计量器具范围：社会公用计量标准器具，部门和企业、事业单位使用的最高计量标准器具，用于贸易结算、安全防护、医疗卫生、环境监测等方面的列入计量器具强制检定目录的工作计量器具。

(3)检定关系:强制检定是固定检定关系,使用单位实行定点定期的检定,没有选择的余地。

【小贴士】

施工企业使用实行强制检定的计量器具,应当向当地县(市)级人民政府计量行政部门指定的计量检定机构申请周期检定。当地不能检定的,向上一级人民政府计量行政部门指定的计量检定机构申请周期检定。

2)非强制检定

非强制检定是由计量器具使用单位对强制检定范围以外的其他依法管理的计量器具自行进行的定期检定。它由使用单位自行依法管理,政府计量行政部门只侧重于对其依法管理的情况进行监督检查。其具体要求如下:

(1)非强制检定可由使用单位自己执行。本单位不能检定的,可以自主决定委托包括法定计量机构在内的任何有权对外开展量值传递工作的计量检定机构检定。

(2)非强制检定的检定周期在检定规程允许的前提下,由使用单位自己根据实际需要确定。

【小贴士】

施工单位的计量检定工作应当符合经济合理、就地就近的原则,计量器具可送交工程所在地具有相应资质的计量检定机构检定,不受行政区划和部门管辖的限制。

四、依法实施计量检定

(一)认真执法

强制检定与非强制检定均属于法制检定,是对计量器具依法管理的两种形式,都要受法律的约束。不按规定进行周期检定的,都要负法律责任。属于强制检定范围的计量器具,未按照规定申请检定或者检定不合格继续使用的,责令停止使用,可以并处罚款。

(二)加强管理

计量器具投入使用后,就进入依法使用的阶段。为保证使用中的计量器具的量值准确可靠,应按规定实施周期检定。项目部可采取如下措施:

(1)明确本单位负责计量工作的职能机构,配备相适应的专业管理人员。

(2)建立项目部计量器具的目录和管理台账。按检定性质,项目部的计量器具分为 A、B、C 三类,计量员在计量检测设备的台账上以加盖 A、B、C 印章形式标明类别。

A—本单位最高计量标准器具和用于量值传递的工作计量器具,例如一级平晶、水平仪检具、千分表检具;列入国家强制检定目录的工作计量器具,例如兆欧表、接地电阻测量仪等。

B—用于工艺控制、质量检测及物资管理的周期性检定的计量器具,例如卡尺、塞尺、焊接检验尺、5 m 以上卷尺、温度计、压力表、万用表等。

C——次性检定的计量器具,例如钢直尺、样板等。

(3)工程开工前,项目部应根据项目质量计划、施工组织设计、施工方案对检测设备的精度要求和生产需要,编制"计量检测设备配备计划书"。依据计量检定规程,按规定的检定周期,结合实际使用情况,合理安排送检计量器具,确保计量检测设备使用前已按规定要求检定合格。

(4)由本单位自行检定的计量器具,应制订检定计划,按时进行检定。没有国家承认的标准基准时,本单位可根据国家、部颁标准或测量设备制造厂家提供的使用说明,制定核准认定的标准,进行定期核准。

第七节　建筑工程施工质量验收统一标准

一、建筑安装工程质量验收项目的划分原则

建筑安装工程质量验收工作是建筑工程质量验收的重要组成部分,明确建筑安装工程所含各专业工程项目的划分,对其施工各阶段质量的监督、检查、验收,具有重要的意义。

室内、外工程可根据专业类别和工程规模划分为单位(子单位)工程、分部(子分部)工程、分项工程和检验批。

(一)单位(子单位)工程划分的原则

具备独立施工条件并能形成独立使用功能的建筑物及构筑物为一个单位。建筑规模较大的单位工程,可将其能形成独立使用功能的部分划分为一个子单位工程。建筑工程和建筑设备安装工程共同组成一个单位工程,一个单一的建筑物或构筑物也为一个单位工程。如室外的给水、排水、供热、煤气等工程可以组成一个单位工程,室外的架空线路、电缆线路等建筑电气安装工程也可以组成一个单位工程。

(二)分部工程(子分部)工程的划分原则

分部工程的划分应按专业性质、建筑部位确定。当分部工程较大或较复杂时,可按材料种类、施工特点、施工程序、专业系统及类别等划分为若干子分部工程。例如室内给水系统、室内排水系统按系统类别划分子分部工程,变配电、供电干线专业按系统类别划分子分部工程。

(三)分项工程的划分原则

分项工程的划分应按主要工种、材料、施工工艺、用途、种类及设备组别等进行划分。分项工程可由一个或若干个检验批组成。

(四)检验批的划分原则

检验批可根据施工及质量控制和专业验收需要,按楼层、施工段、变形缝等进行划分。安装工程一般按一个设计系统或设备组别划分为一个检验批。

二、建筑安装工程验收项目的划分

建筑安装工程按《建筑工程施工质量验收统一标准》(GB 50300—2001)可划分为五个分部工程:建筑给水、排水及采暖工程,建筑电气工程,通风与空调工程,建筑智能化工程,电梯工程。具体划分见表2-1。

表 2-1   建筑安装工程分部工程、分项工程划分

序号	分部工程	子分部工程	分项工程
1	建筑给水、排水及采暖	室内给水系统	给水管道及配件安装、室内消火栓系统安装、给水设备安装、管道防腐、绝热
		室内排水系统	排水管道及配件安装、雨水管道及配件安装
		室内热水供应系统	管道及配件安装、辅助设备安装、防腐、绝热
		卫生器具安装	卫生器具安装、卫生器具给水配件安装、卫生器具排水管道安装
		室内采暖系统	管道及配件安装、辅助设备及散热器安装、金属辐射板安装、低温热水地板辐射采暖系统安装、系统水压试验及调试、防腐、绝热
		室外给水管网	给水管道安装、消防水泵接合器及室外消火栓安装、管沟及井室
		室外排水管网	排水管道安装、排水管沟与井池
		室外供热管网	管道及配件安装、系统水压试验及调试、防腐、绝热
		建筑中水系统及游泳池水系统	建筑中水系统管道及辅助设备安装、游泳池水系统安装
		供热锅炉及辅助设备安装	锅炉安装、辅助设备及管道安装、安全附件安装、烘炉、煮炉和试运行、换热站安装、防腐、绝热
2	建筑电气	室外电气	架空线路及杆上电气设备安装,变压器、箱式变电所安装,成套配电柜、控制柜(屏、台)和动力、照明配电箱(盘)及控制柜安装,电线、电缆导管和线槽敷设,电线、电缆穿管和线槽敷设,电缆头制作,导线连接和线路电气试验,建筑物外部装饰灯具、航空障碍标志灯和庭院路灯安装,建筑照明通电试运行,接地装置安装
		变配电室	变压器、箱式变电所安装,成套配电柜、控制柜(屏、台)和动力、照明配电箱(盘)安装,裸母线、封闭母线、插接式母线安装,电缆沟内和电缆竖井内电缆敷设,电缆头制作、导线连接和线路电气试验,接地装置安装,避雷引下线和变配电室接地干线敷设
		供电干线	裸母线、封闭母线、插接式母线安装,桥架安装和桥架内电缆敷设,电缆沟内和电缆竖井内电缆敷设,电线、电缆穿管和线槽敷设,电缆头制作、导线连接和线路电气试验

序号	分部工程	子分部工程	分项工程
2	建筑电气	电气动力	成套配电柜、控制柜(屏、台)和动力、照明配电箱(盘)及安装,低压电动机、电加热器及电动执行机构检查、接线,低压电气动力设备检测、试验和空载试运行,桥架安装和桥架内电缆敷设,电线、电缆导管和线槽敷设,电线、电缆穿管和线槽敷设,电缆头制作、导线连接和线路电气试验,插座、开关、风扇安装
		电气照明安装	成套配电柜、控制柜(屏、台)和动力、照明配电箱(盘)安装,电线、电缆导管和线槽敷设,电线、电缆头制作,导线连接和线路电气试验,普通灯具安装,专用灯具安装,插座、开关、风扇安装,建筑照明通电试运行
		备用和不间断电源安装	成套配电柜、控制柜(屏、台)和动力、照明配电箱(盘)安装,柴油发电机组安装,不间断电源的其他功能单元安装,裸母线、封闭母线、插接式母线安装,电线、电缆导管和线槽敷设,电缆头制作、导线连接和线路电气试验,接地装置安装
		防雷接地安装	接地装置安装,避雷引下线和变配电室接地干线敷设,建筑物等电位连接,接闪器安装
3	通风与空调	送排风系统	风管与配件制作,部件制作,风管系统安装,空气处理设备安装,消声设备制作与安装,风管与设备防腐,风机安装,系统调试
		防排烟系统	风管与配件制作,部件制作,风管系统安装,防排烟风口、常闭正压风口与设备安装,风管与设备防腐,风机安装,系统调试
		除尘系统	风管与配件制作,部件制作,风管系统安装,除尘器与排污设备安装,风管与设备防腐,风机安装,系统调试
		空调风系统	风管与配件制作,部件制作,风管系统安装,空气处理设备安装,消声设备制作与安装,风管与设备防腐,风机安装,风管与设备绝热,系统调试
		净化空调系统	风管与配件制作,部件制作,风管系统安装,空气处理设备安装,消声设备制作与安装,风管与设备防腐,风机安装,风管与设备绝热,高效过滤器安装,系统调试
		制冷设备系统	制冷机组安装,制冷剂管道及配件安装,制冷附属设备安装,管道及设备的防腐与绝热,系统调试
		空调水系统	管道冷热(媒)水系统安装,冷却水系统安装,冷凝水系统安装,阀门及部件安装,冷却塔安装,水泵及附属设备安装,管道与设备的防腐与绝热,系统调试

序号	分部工程	子分部工程	分项工程
4	智能建筑	通信网络系统	通信系统,卫星及有线电视系统,公共广播系统
		办公自动化系统	计算机网络系统,信息平台及办公自动化应用软件,网络安全系统
		建筑设备监控系统	空调与通风系统,变配电系统,照明系统,给水排水系统,热源和热交换系统,冷冻和冷却系统,电梯和自动扶梯系统,中央管理工作站与操作分站,子系统通信接口
		火灾报警及消防联动系统	火灾和可燃气体探测系统,火灾报警控制系统,消防联动系统
		安全防范系统	电视监控系统,入侵报警系统,巡更系统,出入口控制(门禁)系统,停车管理系统
		综合布线系统	缆线敷设和终接,机柜、机架、配线架的安装,信息插座和光缆芯线终端的安装
		智能化集成系统	集成系统网络,实时数据库,信息安全,功能接口
		电源与接地	智能建筑电源,防雷及接地
		环境	空间环境,室内空间环境,视觉照明环境,电磁环境
		住宅(小区)智能化系统	火灾自动报警及消防联动系统,安全防范系统(含电视监控系统、入侵报警系统、巡更系统、门禁系统、楼宇对讲系统、住户对讲呼救系统、停车管理系统),物业管理系统(多表现场计量及远程传输系统、建筑设备监控系统、公共广播系统、小区网络及信息服务系统、物业办公自动化系统),智能家庭信息平台
5	电梯	电力驱动的曳引式或强制式电梯安装工程	设备进场验收,土建交接检验,驱动主机,导轨,门系统,轿厢,对重(平衡重),安全部件,悬挂装置,随行电缆,补偿装置,电气装置,整机安装验收
		液压电梯安装工程	设备进场验收,土建交接检验,液压系统,导轨,门系统,轿厢,平衡重,安全部件,悬挂装置,随行电缆,电气装置,整机安装验收
		自动扶梯、自动人行道安装工程	设备进场验收,土建交接检验,整机安装验收

三、建筑安装工程质量验收评定的程序

建筑安装工程质量验收评定程序的建立是确保工程质量验收评定工作顺利开展的保障,主要由施工单位,建设单位,监理单位,质量监督部门,勘察、设计单位等组成。在进行此工作的全过程中,应做到彼此互相沟通、协同工作,从而达到确保工程质量的共同目标。

(一)建筑安装工程质量验收评定的工作程序

建筑安装工程质量验收评定是施工单位进行质量控制结果的反映,也是竣工验收确认工程质量的主要方法和手段。验收评定工作的基础工作在施工单位,即主要由施工单位来实施,并经第三方的工程质量监督部门或竣工验收组织来确认。监理(建设)单位在施工过程中负责监督检查,使质量评定准确、真实。建筑安装工程质量验收是在施工企业自检合格

后,再由监理单位或建设单位进行验收。

建筑安装工程进行质量检验评定的工作程序是:检验批验评→分项工程验评→分部(子分部)工程验评→单位(子单位)工程验评。

(1)检验批验评的工作程序。

检验批验评的工作程序:组成检验批的内容施工完毕后,由工号技术员组织内部验评,项目专业质量员签认后报监理工程师(建设单位项目专业技术负责人)组织验评签认。

(2)分项工程验评的工作程序。

分项工程验评的工作程序:组成分项工程的项目施工完毕后,由项目总工程师或工程部门负责人组织内部验评,项目专业技术负责人签认后报监理工程师(建设单位项目技术负责人)组织验评签认。分项工程是建筑安装工程质量的基础,因此所有分项工程均应由监理工程师或建设单位项目技术负责人组织验收。

(3)分部(子分部)工程验评的工作程序。

分部(子分部)工程验评的工作程序:组成分部(子分部)工程的各分项工程施工完毕后,由项目经理或总工程师组织内部验评,项目经理签字后报总监理工程师(建设单位项目负责人)组织验评签认。

(4)单位(子单位)工程验评的工作程序。

单位(子单位)工程验评的工作程序:项目经理部组织有关部门进行内部验评。内部验收后,报施工单位(工程公司)经理(总工程师)签认后,报建设单位组织相关单位验评,直至工程质量竣工验收。

(5)施工单位相关主体的质量责任。

(二)项目部的责任

(1)项目经理部的质量部门参与对检验批、分项工程、分部(子分部)工程、单位(子单位)工程的质量验收评定工作,同时收集相关的工程验评记录并建立工程质量动态台账。

(2)项目经理部的工程技术部门参与对检验批、分项工程、分部(子分部)工程、单位(子单位)工程的质量验收评定工作,保存好验评记录,负责整理全套验评资料并上交相关单位和部门。

(3)项目经理部的物资管理部门负责提供、整理所供材料的合格证及试验报告等质量技术资料,使之在验评时具有可追溯性。

(4)项目经理部的试验部门负责接受试验委托,出示真实可靠的试验数据,提供规范的试验报告,对试验结论负责,并存档备查。

2.总承包单位、分包单位的责任

(1)分包单位对所承担的工程项目质量负责,并应按规定的程序进行自我检查评定,总承包单位应派人参加。

(2)验评合格后,分包单位应将工程的有关资料移交给总承包单位,待建设单位组织单位工程质量验收时,总承包、分包单位的有关人员应参加验收。

四、建筑安装工程质量验收的评定

建筑安装工程质量验收评定的结论只有"合格"或"不合格"两个结论。对于检验批、分项工程、分部(子分部)工程,每个专业工程质量验收规范对"合格"的结论都有具体要求。

（一）建筑安装工程质量评定依据

建筑安装工程质量验收评定是由五个建筑安装分部工程组成的,在进行质量验收评定时,依据专业工程质量验收规范进行评定。

1. 建筑安装工程质量验收要求

（1）建筑安装工程施工质量应符合《建筑工程施工质量验收统一标准》（GB 50300—2001）和相关专业验收规范的规定。

（2）建筑安装工程应符合设计、勘察文件的要求。

（3）参加工程施工质量验收的各方人员应具备规定的资格。

（4）工程质量的验收均应在施工单位自行检查评定合格的基础上进行。

（5）隐蔽工程在隐蔽前施工单位应通知监理（建设）单位进行验收,并应形成验收文件。

（6）涉及结构安全的试块、试件以及有关材料,应按规定进行见证取样检测。

（7）检验批的质量应按主控项目和一般项目验收。

（8）对涉及结构安全和使用功能的重要分部工程进行抽样检测。

（9）承担见证取样检测及有关结构安全检测的单位应具有相应资质。

（10）工程的感官质量应由验收人员通过现场检查,并应共同确认。

2. 建筑安装工程质量验收评定依据

建筑安装工程质量验收评定依据主要由以下 5 个质量验收标准组成:

（1）《建筑给水排水及采暖工程施工质量验收规范》（GB 50242—2002）。

（2）《通风空调工程施工质量验收规范》（GB 50243—2002）。

（3）《建筑电气工程施工质量验收规范》（GB 50303—2002）。

（4）《智能建筑工程施工质量验收规范》（GB 50339—2002）。

（5）《电梯工程施工质量验收规范》（GB 50310—2002）。

以上规范中,对各分项工程的主控项目和一般项目、分部（子分部）工程的验收都作了详细的规定。

（二）检验批质量验收评定合格的依据

1. 主控项目和一般项目的质量经抽样检验合格

1）主控项目

主控项目的要求是必须达到的。主控项目是保证安装工程安全和使用功能的重要检验项目,是对安全、卫生、环境保护和对公众利益起决定性作用的检验项目,是确定该检验批主要性能的项目。如果达不到主控项目规定的质量指标,降低要求就相当于降低该工程项目的性能指标,严重影响工程的安全和使用性能。

主控项目包括的检验内容主要有:

（1）重要材料、构件及配件、成品及半成品、设备性能及附件的材质、技术性能等。

（2）结构的强度、刚度和稳定性等检验数据、工程性能检测。如管道的压力试验,风管系统的测定,电梯的安全保护及试运行等。检查测试记录,其数据及项目要符合设计要求和施工验收规范规定。

（3）一些重要的允许偏差项目,必须控制在允许偏差范围之内。

2）一般项目

一般项目是指主控项目以外的检验项目,属检验批的检验内容。其规定的要求也是应该达到的,只不过对影响安全和使用功能的少数条文可以适当放宽一些要求。这些条文虽然不像主控项目那么重要,但对工程安全、使用功能、产品的美观都是有较大影响的。这些项目在验收时,绝大多数抽查处(件)其质量指标都必须达到要求。

一般项目包括的主要内容有:

(1)允许有一定偏差的项目,最多不超过20%的检查点可以超过允许偏差值,但不能超过允许值的150%。

(2)对不能确定偏差而又允许出现一定缺陷的项目。

(3)一些无法定量而采取定性的项目。例如,管道接口项目,无外漏油麻等;卫生器具给水配件安装项目,接口严密,启动部分灵活等。

2. 具有完整的施工操作依据、质量检查记录

质量控制资料反映了检验批从原材料到最终验收的各施工工序的操作依据、检查情况以及保证质量所必需的管理制度等。这些资料是反映工程质量的客观见证,是评价工程质量的主要依据,是安装工程的"合格证"和技术说明书。对其完整性的检查,实际上是对过程控制的确认,是检验批合格的前提。

(三)分项工程质量验收评定合格的标准

分项工程质量验收评定在检验批验收的基础上进行。一般情况下,两者具有相同或相近的性质,只是批量的大小不同而已。分项工程质量评定合格的标准是只要该分项工程所含的检验批均应符合合格质量的规定,且其质量验收记录完整,若达到,则该分项工程验收评定合格。

(四)分部(子分部)工程质量验收评定合格的标准

分部(子分部)工程质量验收评定是在其所含各分项工程验收的基础上进行的,其质量验收评定为合格的标准如下:

(1)分部(子分部)工程所含分项工程的质量均应验收合格。

(2)质量控制资料应完整。

(3)建筑安装分部工程中有关安全及功能的检验和抽样检测结果应符合有关规定。例如建筑电气工程的线路、插座、开关接地检查,在验收时要抽样检测。

(4)观感质量验收应符合要求。观感质量评价是对工程质量的一项重要评价工作,是全面评价工程的外观及使用功能。观感质量验收采用观察、触摸或简单的方式进行。检查结果并不要求给出"合格"或"不合格"的结论,而是给出好、一般、差的评价。如果评价为差,能进行修理的应进行修理,不能修理的要协商解决。

(五)单位(子单位)工程质量验收评定合格的标准

单位(子单位)工程质量验收,是建筑工程投入使用前的最后一次验收,也是最重要的一次验收。其评定合格的标准有以下5个方面:

(1)构成单位工程的各分部工程质量均应验收合格。

(2)质量控制资料应完整。例如给水排水及采暖工程的质量控制资料主要有图纸会审、设计变更、洽商记录,材料、配件出厂合格证及进场检(试)验报告,管道、设备强度试验、严密性试验记录,隐蔽工程记录,系统清洗、灌水、通水、通球试验记录,分部、分项工程质量验收记录等。

(3)单位(子单位)工程所含分部工程有关安全和功能的检测资料应完整。例如电气工程的安全和功能检测资料有照明全负荷试验记录,大型灯具牢固性试验记录,避雷接地电阻测试记录,线路、开关、插座接地检验记录,在建筑工程验收时,这些检测资料应齐全。

(4)主要功能项目的抽查结果应符合相关专业质量验收规范的规定。主要使用功能的抽查目的是综合检验工程质量能否保证工程的功能,满足使用要求。这项抽查检测多数还是复查性的和验收性的。

(5)感官质量验收应符合要求。由参加验收的各方人员共同进行,最后共同确定是否通过验收。

(六)建筑安装工程质量验收评定为"不合格"处理的办法

当建筑安装工程质量验收评定为"不合格"时,应按下列规定进行处理:

(1)经返工重做或更换器具、设备的检验批,应重新进行验收。

在检验批验收时,其主控项目不能满足验收规范规定或一般项目超过偏差限值的子项不符合验收规定的要求时,应及时处理该检验批。其中,严重的缺陷应推倒重来;一般的缺陷通过翻修或更换器具、设备予以解决,对该检验批,施工单位处理合格后,监理单位要重新进行验收,验收如能符合相应的专业工程质量验收规范,则应认为该检验批合格。

(2)经有资质的检测单位检测鉴定能够达到设计要求的检验批,应予以验收。

(3)经有资质的检测单位检测鉴定达不到设计要求,但经原设计单位核算认可能够满足结构安全和使用功能的检验批,可予以验收。

(4)经返修或加固处理的分项、分部工程,虽然改变外形尺寸但仍能满足安全使用要求,可按技术方案和协商文件进行以验收。

(5)通过返修或加固处理仍不能满足安全使用要求的分部工程、单位(子单位)工程,严禁验收。

【案例2-2】

某工程,建设单位与甲机电安装公司签订安装施工合同,与乙监理公司签订监理合同。经建设单位同意,甲公司确定丙公司为分包单位,承担中央空调系统的安装,并签订了分包合同。施工过程中,专业监理工程师在巡视中发现,丙公司在施工过程中存在质量隐患,专业监理工程师随即向甲公司签发了整改通知。甲公司回函,丙公司作为分包单位经过了建设单位同意,因而本公司不对丙单位的施工质量承担责任。

工程完工,甲公司向建设单位提交了竣工验收报告,建设单位于2010年4月10日组织勘察、设计、施工、监理等单位竣工验收,竣工验收通过,各单位分别签署了《竣工验收鉴定证书》。建设单位于2010年6月25日到当地建设行政主管部门办理了竣工验收备案。随即该工程投入正式使用。2012年7月,该工程空调系统出现制冷系统不能正常工作情况,建设单位要求甲公司进行无偿修理,甲公司以该工程超过2年保修期为由拒绝无偿修理。

请考虑:

(1)甲公司对丙公司出现的工程质量拒不承担责任的做法是否正确?

(2)竣工验收程序是否合适?

(3)建设单位办理竣工备案的时间是否合适?

(4)甲公司拒绝为建设单位无偿修理空调制冷系统的做法是否合适?

【案例评析】

(1)甲公司对丙公司出现的工程质量拒不承担责任的做法不正确。

理由:《建设工程质量管理条例》第二十七条规定,总承包单位依法将建设工程分包给其他单位的,分包单位应当按照分包合同的约定对其分包工程的质量向总承包单位负责,总承包单位与分包单位对分包工程的质量承担连带责任。

因此,甲公司应与丙公司共同向建设单位承担连带责任。

(2)竣工验收程序不合适。

正确的程序应该为:施工单位准备→监理单位总监理工程师组织初验→建设单位组织竣工验收。

(3)建设单位办理竣工备案的时间不合适。

理由:《房屋建筑工程和市政基础设施工程竣工验收备案管理暂行办法》第四条规定:建设单位应当自工程竣工验收合格之日起 15 d 内,依照本办法规定,向工程所在地的县级以上地方人民政府建设行政主管部门备案。

因此,建设单位于 2010 年 6 月 25 日到当地建设行政主管部门办理了竣工验收备案超出了规定时间,备案机关可以责令限期改正,处 20 万元以上 30 万元以下罚款。

(4)甲公司拒绝为建设单位无偿修理空调制冷系统的做法不合适。

理由:《建设工程质量管理条例》第四十条规定,在正常使用条件下,建设工程的最低保修期限为:

①基础设施工程、房屋建筑的地基基础工程和主体结构工程,为设计文件规定的该工程的合理使用年限。

②屋面防水工程、有防水要求的卫生间、房间和外墙面的防渗漏,为 5 年。

③供热与供冷系统,为 2 个采暖期、供冷期。

④电气管线、给水排水管道、设备安装和装修工程,为 2 年。

⑤其他项目的保修期限由发包方与承包方约定。

建设工程的保修期,自竣工验收合格之日起计算。

因此,空调制冷系统的保修还在国家规定的保修期限内,甲公司应负责免费维修。

本章小结

本章对建筑工程质量管理法规、规定以及建筑工程施工质量验收标准和规范进行了介绍和说明。建设工程质量管理法规、规定主要包括工程建设强制性标准监督内容、方式、违规处罚的规定,设备安装工程竣工验收备案管理的规定,建筑工程质量保修范围、保修期限和违规处罚的规定,特种设备安全监察的规定以及计量单位使用和计量器具检定的规定。建筑工程施工质量验收标准和规范主要包括建筑工程质量验收的划分、合格判定、质量验收的程序和组织的要求,建筑给水排水及采暖工程、建筑电气工程、通风与空调工程、自动喷水灭火系统、智能建筑工程等质量验收规范的要求。

在学习时,要注意设备安装的管理规定和标准在实际工程应用中的作用。

【推荐阅读材料】

(1)《实施工程建设强制性标准监督规定》(建设部 81 号令,自 2008 年 8 月 25 日起施行)。

(2)《建设工程质量管理条例》(国务院第 393 号令,2003 年 11 月 24 日发布,2004 年 2

月 1 日起施行）。

（3）《特种设备安全监察条例》（国务院第 373 号令，2003 年 3 月 11 日发布，2009 年 1 月 24 日国务院第 549 号令进行修改）。

（4）《中华人民共和国计量法》（1985 年 9 月 6 日第六届全国人民代表大会常务委员会第十二次会议通过，1985 年 9 月 6 日中华人民共和国主席令第 28 号公布）。

（5）《建设工程消防监督管理规定》（公安部 106 号令公布，2009 年 5 月 1 日起实施，2012 年 7 月 17 日修订）。

（6）《建筑工程施工质量验收统一标准》（GB 50300—2001），自 2002 年 1 月 1 日起施行）。

思考练习题

1. 工程建设强制性标准监督检查的内容包括哪些？

2. 建筑安装工程按照《建筑工程施工质量验收统一标准》（GB 50300—2001）可划分为哪 5 个分部工程？

3. 建筑安装工程中主控项目检验的内容有哪些？

4. 竣工验收的基本程序是什么？

5. 简述竣工验收的步骤。

6. 简述特种设备包括的范围。

7. 按照《中华人民共和国计量法》规定，依法管理的计量器具包括哪些？

8. 按照检定的目的和性质划分，计量检定可分为几种？

第三章　建筑工程质量管理

【学习目标】
- 了解工程质量的概念。
- 掌握工程质量管理体系的框架组成。
- 掌握工程质量管理的方法。
- 熟悉 ISO 9000 质量管理体系。

第一节　工程质量管理及控制体系

一、工程质量管理的概念和特点

质量是指能够反映出某一实物体现其隐藏需求能力特性的总和。质量的主体是一个"实体",该实体可以是活动过程中或者活动结束后形成的有形产品。例如,建设竣工后的某一单体工程,框架结构中竣工的主体结构;同样,该实体还可以是某个组织体系或者人,或者工程单体、组织、人员、措施之间的组合。所以,质量的主体不仅仅指有形产品,还包括活动、过程、组织体系或人,以及它们之间的组合。

质量中要求满足的能力一般被转化为一些规定准则的特性,例如适用性、可靠性、耐久性、美观性、经济性等。在很多情况下,需要随时间、环境的变化而变化,所以用来反映这些需求的文件就应定期或者实时修改。

工程质量除具有上述普遍意义的含义外,还具有自身的一些特点。在工程质量中,所说的满足明确或者隐含的需要,不仅是针对客户,还要考虑到社会的需要和符合国家有关的法律、法规的要求。

一般认为工程质量具有如下的特征:

(1)工程质量的单一性。

这是由工程施工的单一性所决定的,即一个工程一个情况,即使是使用同一张图纸,由同一家施工单位来施工,也不可能有两个工程具有完全一样的质量。因此,工程质量的管理必须管理到每项工程,甚至每道工序。

(2)工程质量的过程性。

工程的施工过程,在通常的情况下是按照一定的顺序来进行的。每个过程的质量都会影响到整个工程的质量,因此工程质量的管理必须管理到每项工程的全过程。

(3)工程质量的重要性。

一个工程质量的好与坏,影响很大,不仅关系到工程本身,而且业主和参与工程的各个单位都将受到影响。所以,政府必须加强对工程质量的监督和控制,以保证工程建设和使用阶段的安全。

(4)工程质量的综合性。

工程质量不同于一般的工业产品,工程是先有图纸后有工程,是先交易后生产或是边交易边生产。影响工程质量的因素很多,如设计、施工、业主、材料供应商等多方面的因素。只有各个方面做好了各个阶段的工作,工程的质量才有保证。

另外,由于现实中的建筑物多由不同功能的单体构成,因此工程质量还应该具有群体性和协作性,这样整个建筑物才能稳定发挥它的各个功能。

综合以上的特点,工程质量可以定义为工程能满足国家建设和人民需要所具备的必要属性。

二、质量管理与工程质量

(一)质量管理

质量管理是为了保证和提高产品质量而进行的一系列相关管理工作。国家标准 GB/T 19000—2008 对质量管理的定义是"在质量方面指挥和控制组织的协调的活动"。

质量管理的首要任务是提前确定项目的质量方针、目标和各部分职责。质量管理的核心就是按照项目特点,建立一套行之有效的、科学的质量管理体系,通过具体的四项活动,即质量策划、质量控制、质量保证和质量改进,确保工程质量方针、目标的实施和实现。

(二)工程质量管理

工程质量管理就是在工程项目的全部生命周期内,对工程质量进行的监督和管理。针对具体的工程项目,就是项目质量管理。

(三)项目质量管理原则

项目质量管理要满足业主和项目利益相关者的需求,应规定项目过程、所有者及其职责和权限,必须注重过程质量和项目交付物质量,以满足项目质量目标,管理者对营造项目质量环境负责,管理者对持续改进负责。

(四)项目质量要求

没有具体的质量要求和标准,无法实现项目的质量控制。项目质量要求既包括对项目最终交付物的质量要求,又包括对项目中间交付物的质量要求。对于项目中间交付物的质量要求,应该尽可能地详细和具体。项目质量要求包括明示的、隐含的和必须履行的需求或期望。明示的要求一般是指在合同环境中,用户明确提出的需求或要求,通常是通过合同、标准、规范、图纸、技术文件等所作出的明文规定。隐含的要求一般是指非合同环境(即市场环境)中,用户未提出明确要求,而由项目组织通过市场调研进行识别的要求或需要。

(五)质量信息的作用和要求

质量信息在项目质量管理活动中的作用是为质量方面的决策提供依据,为控制项目质量提供依据,为监督和考核质量活动提供依据。

对质量信息要求准确、及时、全面、系统。质量信息必须能够准确反映实际情况,才能使人们正确地作出判断。虚假的或不正确的信息不仅没有作用,反而会起反作用。质量信息的价值往往随时间的推移而变动。如果能够将质量信息及时而迅速地反映出来,就有可能避免一次质量事故而减少损失。否则,就会贻误时机,造成损失。质量信息应当全面、系统地反映项目质量管理活动,这样才能掌控项目质量变化的规律,及时采取预防措施。

(六)质量管理的工作体系

企业以保证和提高产品质量为目的,利用系统的概念和方法,把企业各部门、各环节的质量管理职能组织起来,形成一个有明确任务、职责、权限,相互协调、相互促进的有机整体。质量管理的工作体系包括目标方针体系、质量保证体系和信息流通体系。

三、质量控制体系的组织框架

(一)质量管理体系的说明

质量管理体系能够帮助组织增进顾客满意。

顾客要求产品具有满足其需求和期望的特性,这些需求和期望在产品规范中表述,并集中归结为顾客要求。顾客要求可以由顾客以合同方式规定或由组织自己确定,在任一情况下,顾客最终确定产品的可接受性。因为顾客的需求和期望是不断变化的,这就促使组织持续地改进其产品和过程。质量管理体系能提供持续改进的框架,以增加使顾客和其他相关方满意的可能性。质量管理体系还就组织能够提供持续满足要求的产品,向组织及其顾客提供信誉保证。

(二)质量管理体系要求与产品要求

GB/T 19000 族标准把质量管理体系要求与产品要求区分开来。

质量管理体系要求是通用的,适用于所有行业或经济领域,无论其提供何种类别的产品。GB/T 19001 本身并不规定产品要求。

产品要求可由顾客规定,或由组织通过预测顾客的要求规定,或由法规规定。在某些情况下,产品要求和有关过程的要求可包含在诸如技术规范、产品标准、过程标准、合同协议和法规要求中。

(三)质量管理体系方法

建立和实施质量管理体系的方法包括以下步骤:

(1)确定顾客和其他相关方的需求和期望。

(2)建立组织的质量方针和质量目标。

(3)确定实现质量目标必需的过程和职责。

(4)确定和提供实现质量目标必需的资源。

(5)规定测量每个过程的有效性和效率的方法。

(6)应用这些测量方法确定每个过程的有效性和效率。

(7)确定防止不合格并消除产生原因的措施。

(8)建立和应用过程以持续改进质量管理体系。

上述方法也适用于保持和改进现有的质量管理体系。

采用上述方法的组织能对其过程能力和产品建立信任,为持续改进提供基础。这可增加顾客和其他相关方满意并使组织成功。

(四)过程方法

任何使用资源将输入转化为输出的活动或一组活动可视为过程。

为使组织有效运行,必须识别和管理许多相互关联和相互作用的过程。通常,一个过程的输出将直接成为下一个过程的输入。系统的识别和管理组织所使用的过程,特别是这些过程之间的相互作用,称为过程方法。

(五)质量方针和质量目标

建立质量方针和质量目标为组织提供了关注的焦点。两者确定了预期的效果,并帮助组织利用其资源达到这些结果。质量方针为建立和评审质量目标提供了框架。质量目标需要与质量方针和持续改进的承诺相一致,并是可测量的。质量目标的实现对产品质量、作业有效性和财务业绩都有积极的影响,因此对相关方的满意和信任也产生积极影响。

（六）最高管理者在质量管理体系中的作用

最高管理者通过其领导活动可以创造一个员工充分参与的环境,质量管理体系能够在这种环境中有效运行。基于质量管理原则的最高管理者可发挥以下作用:

（1）制订并保持组织的质量方针和质量目标。

（2）在整个组织内促进质量方针和质量目标的实现,以增强员工的意识、积极性和参与程度。

（3）确保整个组织关注顾客要求。

（4）确保实施适宜的过程以满足顾客和其他相关方要求并实现质量目标。

（5）确保建立、实施和保持一个有效的质量管理体系以实现这些质量目标。

（6）确保获得必要资源。

（7）定期评价质量管理体系。

（8）决定有关质量方针和质量目标的措施。

（9）决定质量管理体系的改进措施。

（七）文件

文件能够沟通意图、统一行动,它有助于:

（1）符合顾客要求和质量改进。

（2）提供适宜的培训。

（3）重复性和可追溯性。

（4）提供客观证据。

（5）评价质量管理体系的持续适宜性和有效性。

文件的形成本身并不是很重要的,它应是一项增值的活动。

（八）质量管理体系评价

1.质量管理体系过程的评价

当评价质量管理体系时,应对每一个被评价的过程提出如下四个基本问题:

（1）过程是否予以识别和适当规定。

（2）职责是否予以分配。

（3）程序是否被实施和保持。

（4）在实现所要求的结果方面,过程是否有效。

综合回答上述问题可以确定评价结果。质量管理体系评价在设计的范围内可以有所不同,并包括很多活动,例如质量管理体系审核和质量管理体系评审以及自我评定。

2.质量管理体系审核

审核用于确定符合质量管理体系要求的程度。审核发现用于评价质量管理体系的有效性和识别改进的机会。

第一方审核用于内部目的,由组织自己或以组织的名义进行,可作为组织自我合格声明的基础。

第二方审核由组织的顾客或由其他人以顾客的名义进行。

第三方审核由外部独立的审核服务组织进行。这类组织通常是经认可的,提供符合要求的认证或注册。

3.质量管理体系评审

最高管理者的一项任务是对质量管理体系关于质量方针和质量目标的适宜性、充分性、有效性和效率进行定期的及系统的评价。这种评审可包括考虑修改质量方针和目标的要求以响应相关方需求和期望的变化。评审包括确定采取措施的需求。审核报告与其他信息源一道用于质量管理体系的评审。

4.自我评定

组织的自我评定是一种参照质量管理体系或优秀模式对组织的活动和结果所进行的全面及系统的评审。

自我评定可提供一种对组织业绩和质量管理体系的成熟程度总的看法,它还有助于识别组织中需要改进的领域并确定优先开展的事项。

(九)持续改进

持续改进质量管理体系的目的在于增加顾客和其他相关方满意的可能性,改进包括以下活动:

(1)分析和评价现状,以识别改进范围。

(2)确定改进目标。

(3)寻找可能的解决办法以实现这些目标。

(4)评价这些解决办法并作出选择。

(5)实施选定的解决办法。

(6)测量、验证、分析和评价实施的结果以确定这些目标已经满足。

(7)将更改纳入文件。

必要时,对结果进行评审,以确定进一步改进的机会。从这种意义上说,改进是一种持续的活动。顾客和其他相关方的反馈,质量管理体系的审核和评审也能用于识别改进的机会。

(十)统计技术的作用

使用统计技术可帮助组织了解变异,从而有助于组织解决问题并提高有效性和效率。这些技术也有助于更好地利用可获得的数据进行决策。

在许多活动的状态和结果中,甚至是在明显的稳定条件下,均可观察到变异。这种变异可通过产品和过程的可测量特性观察到,并且在产品的整个寿命期(从市场调研到顾客服务和最终处置)的各个阶段,均可看到其存在。

统计技术可帮助测量、表述、分析、说明这类变异并将其建立模型,甚至在数据相对有限的情况下也可实现。这种数据的统计分析能对更好地理解变异的性质、程度和原因提供帮助,从而有助于解决,甚至防止由变异引起的问题,并促进持续改进。

(十一)质量管理体系与其他管理体系的关注点

质量管理体系是组织的管理体系的一部分,它致力于使与质量目标有关的结果适当地满足相关方的需求、期望和要求。一个组织的管理体系的某些部分,可以由质量管理体系相应部分的通用要素构成,从而形成单独的管理体系。这将有利策划、资源配置、确定互补的目标并评价组织的总体有效性。组织的管理体系可以对照其要求进行评价,也可以对照国际标准如 GB/T 19001 和 GB/T 24001 的要求进行审核,其审核可分开进行,也可同时进行。

(十二)质量管理体系与优秀模式之间的关系

GB/T 19000 族标准提出的质量管理体系方法和组织优秀模式方法是依据共同的原则,它们均符合以下内容:

(1)使组织能够识别它的强项和弱项。

(2)包含对照通用模式进行评价的规定。

(3)为持续改进提供基础。

(4)包含外部承认的规定。

GB/T 19000 族质量管理体系与优秀模式之间的不同在于它们应用范围的不同。GB/T 19000 族标准为质量管理体系提出了要求,并为业绩改进提供了指南。质量管理体系评价确定这些要求是否满足。优秀模式包含能够对组织业绩比较评价的准则,并能适用于组织的全部活动和所有相关方。优秀模式评价准则提供了一个组织与其他组织的业绩相比较的基础。

四、质量控制体系的人员职责

领导层的整体素质,是提高工作质量和工程质量的关键。项目经理、技术负责人,以及计划、财务、质量、试验、机械等主要管理人员的个人经历及能力对工程施工质量具有重要的作用。施工管理人员、班组长和操作人员的技能与知识应满足工程质量对人员素质的要求。从事特殊工种和关键工序的人员必须持证上岗。同时,引入竞争机制,从人的理论水平、技术水平,人的生理缺陷,人的心理行为,人的错误行为,人的违纪违章等几个方面综合考虑,制定程序化的优化过程,把住用人关,让人的流动始终处于全面受控状态,从而靠人去实现质量目标。

在研究人对工程质量管理的影响因素方面时,一般要考虑以下几个因素:领导者的素质,人的理论、技术水平,人的生理缺陷,人的心理行为,人的错误行为,人的违纪违章。

建立各部门、各级人员的质量责任制是十分必要的,只有把涉及质量保证的各项工作的责任和权力明确而具体地落实到各部门各级人员身上,才能保证工程项目的质量。

(一)项目经理质量责任制

(1)项目经理是施工组织者和质量保证工作的直接领导者,对工程质量负有直接责任。

(2)组织质量保证活动,认真落实《质量保证手册》及技术质量管理部门下达的各项措施要求。

(3)虚心接受质量保证部门及检验人员的质量检查和监督,对提出的问题应认真处理和整改,并针对问题性质及调查结果进行分析,及时采取措施。

(4)负责组织质量自检活动和工序交接的质量互检活动的开展,督促施工班组做好自检记录和施工记录。

(5)认真处理质量和进度的关系,严格要求职工按程序办事。抵制来自各方面不顾质量抢进度,抢工作量的压力。因抢进度而造成质量责任事故,应负直接责任。

(6)坚持"质量第一"的思想。对违反操作规程,不按程序办事而导致质量低劣的,应制止其继续施工或责令其返工。

(二)项目技术负责人质量责任制

(1)对工程质量负有技术上的责任。

(2)要将上级质量管理的有关规定、技术规程、技术质量标准和设计图纸的要求,施工技术方案,技术交底中的基本措施传达给施工班组长。

(3)负责贯彻《质量保证手册》中与本单位施工内容有关的具体规定,有权对所辖范围内的质量控制措施作出相应的决定。

(4)对质量问题或工序中的失控环节,及时组织进行分析判断,提出解决的办法和措施,使工序施工保持稳定。

(5)有权制止不按技术措施要求和技术操作规程施工的不良行为,必要时应制止其继续施工。

(6)检查质量自检进行情况以及自检记录的正确性及准确性。

(7)掌握质量情况,对质量问题和质量事故,应在上级检查处理前,提出详细情况及原因初步分析意见。

(8)组织分项、分部工程的质量评定,参加单位工程的质量评定。

(9)协助质量检查员开展质量检查工作。

(三)质量工程师质量责任制

(1)质量工程师对质量保证的具体工作负全面责任。

(2)贯彻执行上级的各项质量政策、规定及各项质量保证手册的实施。

(3)组织制订保证质量目标及质量指标的措施计划,并负责组织实施。

(4)组织质量保证的活动。

(5)有权及时制止违反质量管理规定的一些行为,有权提出停工要求,或立即决定停止施工。

(6)分析质量动态及综合质量信息,及时提出处理意见。

(7)负责组织质量大检查。

(8)执行质量奖惩政策,定期提出质量奖惩意见。

(9)对于工程不合格交工或因质量保证工作失误造成交工后严重质量问题的应负管理责任。

(四)施工班组长质量责任制

(1)施工班组长是具体施工操作的组织者,是把设计意图的技术措施要求变成现实的直接指挥者,对本班组的施工质量负直接责任。

(2)负责班组全面工作,对本班组的工作质量和产品质量负责。

(3)加强班组质量意识教育,组织开展 QC 小组活动。

(4)负责班组质量指标的分解,组织并带领班组职工遵守施工操作规程,搞好文明施工。

(5)组织班组职工严格执行自检制度,不合格工程不交接班、不进行下道工序,并按"三不放过"原则处理。

(6)开展工序质量管理活动,组织班组人员认真执行质量控制程序,做好原始记录。

(7)开展技术革新和合理化建设活动,努力提高生产效率和产品质量。

（五）生产工人（操作者）质量责任制

（1）严格按照各项操作规程的要求进行操作,严格执行检查制度,对由于不按工艺及操作要求而造成的质量事故和不合格工程负责。

（2）出现质量问题应及时向班组或质量员、技术人员反映并参与原因的分析,对不及时自检和不及时反映问题造成的不合格工程负责。

（3）严格执行各项质量管理规章、规程、制度,保证个人质量指标的完成。

（4）努力学习质量管理知识,积极参加 QC 小组活动,开展技术革新和合理化建设活动。

（六）专职质量检查员质量责任制

制定项目部的质量工作计划,并协助领导组织实施。

（1）严把质量关,对工程质量实行全面监督检查,重要的特殊岗位的工作人员对管辖范围的质量监督检查工作负全面责任。

（2）严把材料检查关、工序交接关、隐蔽工程验收关、重要工种考试资格审查关、交工验收检查关。

（3）当发现施工中违反操作规程、技术措施、设计图纸等要求时,应坚持原则,立即提出,可分别决定返修或停工。

（4）收集、整理施工过程的检查记录,及时、准确、如实填报各项质量报表。

（5）协助做好分项、分部、单位工程的质量统计。

第二节　ISO 9000 质量管理体系

一、质量管理体系标准的产生和发展

20 世纪 70 年代,世界经济随着地区化、集团化、全球化经济的发展,市场竞争日趋激烈,顾客对质量的期望越来越高,每个组织为了竞争和保持良好的经济效益,努力提高自身的竞争能力以适应市场竞争的需要。各国的质量保证标准又形成了新的贸易壁垒和障碍,这就迫切需要一个国际标准来解决上述问题。于是国际标准化组织（ISO）在英国标准化协会（BSI）的建议下,于 1980 年 5 月在加拿大渥太华成立了质量管理和质量保证技术委员会（TC 176）,该会从事研究质量管理和质量保证领域的国际标准化问题,通过 6 年的研究和总结世界各国在该领域经验的基础上,首先于 1986 年 6 月发布了 ISO—6402《质量—术语》国际标准。随后又于 1987 年 3 月正式发布了 ISO 9000 标准。该标准发布后受到世界许多国家和地区的欢迎和采用,同时用户也提出了许多建设性意见。1990 年质量管理和质量保证技术委员会着手对标准进行了修改,修改分两个阶段进行:第一阶段为"有限修改",即在标准结构上不作大的变动,仅对标准的内容进行小范围的修改,经修改的 ISO 9000 标准即为 1994 年标准。第二阶段为"彻底修改",即在总体结构和内容上作全面修改。1996 年 ISO/TC 176（国际标准化组织质量管理和质量保证技术委员会）开始在世界各国广泛征求标准使用者的意见,了解顾客对标准的修订要求,1997 年正式提出了八项质量管理原则,作为 2000 版 ISO 9000 族标准的修订依据和设计思想,经过 4 年若干稿的修订,于 2000 年 9 月 15 日正式发布了 2000 版 ISO 9000 族标准,即 ISO 9000:2000 族标准。2005 年 9 月 15 日国际标准化组织（ISO）发布了第 3 版《质量管理体系基础和术语》（ISO 9000:2005）。

综上所述,ISO 9000 族标准是由 ISO/TC 176 编制的,由国际标准化组织(ISO)批准、发布的有关质量管理和质量保证的一整套国际标准的总称。

ISO 9000 系列标准的颁布,使各国的质量管理和质量保证活动统一在 ISO 9000 系列标准的基础上。标准总结了工业发达国家先进企业的质量管理实践经验,统一了质量管理和质量保证的术语和概念,并对推动组织的质量管理,实现组织的质量目标,消除贸易壁垒,提高产品质量和顾客的满意程度产生了积极的影响,受到了世界各国的普遍关注和采用。迄今为止,它已被世界 150 多个国家和地区作为国家标准,成为国际标准化组织(ISO)最成功、最受欢迎的国际标准。

二、ISO 9000 族标准简介

(一)2000 版 ISO 9000 族标准的构成

2000 版 ISO 9000 系列标准由 4 个核心标准、1 个支持性技术标准、6 个技术报告和 3 个小册子组成。

1.4 个核心标准

(1)ISO 9000《质量管理体系——基础和术语》,表述质量管理体系基础知识,并规定质量管理体系术语。

(2)ISO 9001《质量管理体系——要求》,规定质量管理体系要求,用于证实组织具有提供顾客要求和适用法规要求的产品的能力,目的在于增加顾客满意度。

(3)ISO 9004《质量管理体系——业绩改进指南》,提供考虑质量管理体系的有效性和改进两方面的指南,该标准的目的是促进组织业绩改进和使顾客及其他相关方满意。

(4)ISO 19011《质量和(或)环境管理体系审核指南》,提供审核质量和环境管理体系的指南。

2.1 个支持性技术标准

ISO 10012:2000《测量控制系统》。

3.6 个技术报告

(1)ISO/TR 10006《项目管理指南》。

(2)ISO/TR 10007《技术状态管理指南》。

(3)ISO/TR 10013《质量管理体系文件指南》。

(4)ISO/TR 10014《质量经济管理指南》。

(5)ISO/TR 10015《培训》。

(6)ISO/TR 10017《统计技术在 ISO 9000:2000 中的应用指南》。

4.3 个小册子

(1)《质量管理原则》。

(2)《选择和使用指南》。

(3)《小型企业的应用》。

三、ISO 9000:2000 族核心标准简介

"ISO 9000 族"是国际标准化组织(ISO)于 1994 年提出的概念。它是指"由 ISO/TC 176 制定的系列国际标准"。该族标准可帮助组织实施并运行有效的质量管理体系、质量管理

体系通用的要求或指南。它不受具体的行业或经济部门的限制,可广泛用于各类型和规模的组织,在国内和国际贸易中促进相互理解。

(一)《质量管理体系——基础和术语》(ISO 9000:2000)

该标准表述了 ISO 9000 族标准中质量管理体系的基础,并确定了相关的术语。

标准明确了质量管理的八项原则,它是组织改进其业绩的框架,并能帮助组织获得持续成功,也是 ISO 9000 族质量管理体系标准的基础。标准表述了建立和运行质量管理体系应遵循的 12 个方面的质量管理体系基础知识。

标准给出了有关质量的术语共 80 个词条,分成 10 个部分,阐明了质量管理领域所用术语的概念,提供了术语之间的关系图。

(二)《质量管理体系——要求》(ISO 9001:2000)

该标准提供了质量管理体系的要求,供组织需要证实其具有稳定地提供满足顾客要求和适用法律、法规要求产品的能力时应用。组织可通过体系的有效应用,包括持续改进体系的过程及保证符合顾客与适用的法规要求,增强顾客满意度。

标准应用了以过程为基础的质量管理体系模式的结构,鼓励组织在建立、实施和改进质量管理体系及提高其有效性时,采用过程方法,通过满足顾客要求,增加顾客满意度。过程方法的优点是对质量管理体系中诸多单个过程之间的联系及过程的组合和相互作用进行连续的控制,以达到质量管理体系的持续改进。

(三)《质量管理体系——业绩改进指南》(ISO 9004:2000)

该标准以八项质量管理原则为基础,帮助组织用有效和高效的方式识别并满足顾客和其他相关方的需求和期望,实现、保持和改进组织的整体业绩,从而使组织获得成功。

该标准提供了超出 ISO 9000 要求的指南和建议,不用于认证或合同的目的,也不是 ISO 9001 的实施指南。

该标准的结构,也应用了以过程为基础的质量管理体系模式,鼓励组织在建立、实施和改进质量管理体系及提高其有效性和效率时采用过程方法,以便通过满足相关方要求来提高相关方的满意程度。

标准还给出了自我评定和持续改进过程的示例,用于帮助组织寻找改进的机会;通过 5 个等级来评价组织质量管理体系的成熟程度;通过给出的持续改进方法,提高组织的业绩,并使相关方受益。

(四)《质量和(或)环境管理体系审核指南》(ISO 19011:2000)

标准遵循"不同管理体系可以有共同管理和审核要求"的原则,为质量和环境管理体系审核的基本原则、审核方案的管理、环境和质量管理审核的实施以及对环境和质量管理体系审核员的资格要求,提供了指南。它适用于所有运行质量和(或)环境管理体系的组织,指导其内审和外审的管理工作。

该标准在术语和内容方面,兼容了质量管理体系的特点,在对审核员的基本能力及审核方案的管理中,均增加了应了解及确定法律和法规的要求。

四、质量管理的八项原则

ISO/TC 176 在总结 1994 版 ISO 9000 标准的基础上提出了质量管理八项原则,作为 2000 版 ISO 9000 族标准的设计思想。人们普遍认为,这八项质量管理原则不仅是 2000 版

ISO 9000 族标准的理论基础,而且应该成为任何一个组织建立质量管理体系并有效开展质量管理工作所必须遵循的基本原则。

(一)以顾客为关注焦点

哈林顿曾说过两条质量管理定律:第一条,向顾客提供超过其期望的产品;第二条,回到第一条,但要做得更好。

组织总是依存于他们的顾客。组织的变革和发展都离不开顾客,所以组织应充分理解顾客当前和未来的需求,满足顾客需求并争取超过顾客的期望。

(二)领导作用

领导作用的原则强调了组织最高管理者的职能是确立组织统一的宗旨及方向,并且应当创造并保持使员工能充分参与实现组织目标的内部环境,使组织的质量管理体系在这种环境下得以有效运行。领导不仅是一个职位的概念,更是一种行为过程,其任务在于:在考虑所有相关方的基础上设置清晰的愿景和相应的具有挑战性的目标,给员工充分的培训、必要的权力和资源,给员工以自由感而非恐惧感,对于员工的绩效给予认可和鼓励,并创建共同的价值观,营建良好文化氛围。

(三)全员参与

组织的质量管理不仅需要最高管理者的正确领导,还有依赖于组织全体员工的参与。只有全体员工的充分参与,才能使他们的才干为组织带来效益。

(四)过程方法

将活动和相关的资源作为过程进行管理,可以更有效地得到期望的结果。任何使用资源将输入转化为输出活动或一组活动就是一个过程。系统地识别和管理组织所应用的过程,特别是这些过程之间的相互作用,称为过程方法。组织可利用过程方法达到活动有效性和效率的同时提高。

质量管理体系的四大过程是:管理职责过程,资源管理过程,产品实现过程,测量、分析和改进过程。

(五)管理的系统方法

所谓系统管理,是指将相互关联的过程作为系统加以识别、理解和管理,有助于组织提高现实目标的有效性和效率。

在本原则实施的过程中,应注意以下几点:

(1)正确识别相关过程。

(2)以最有效的方式实现目标。

(3)正确理解各过程的内在关联性及相互影响。

(4)持续地进行评估、分析和改进。

(5)正确认识资源对目标实现的约束。

实施系统管理的原则可达到以下效果:

(1)有利于组织制定出相关的具有挑战性的目标。

(2)使各过程的目标与组织设定的总目标相关联。

(3)对各过程的有效监督、控制和分析,可以对问题产生的原因有比较透彻的了解,并及时地进行改进和防止。

(4)协调各职能部门,减少部门之间的障碍,提高运行效率。

(六)持续改进

由于质量最本质的含义是不断满足顾客的需求,而顾客的需求是随着社会的进步和科技的发展而不断变化、提高的。所以,对于一个组织而言,应当为质量改进事业奋斗终身。

改进是指产品质量、过程及体系有效性和效率的提高。

持续改进质量管理体系的目的在于增加顾客和其他相关方满意的机会。为此,在持续改进过程中,首先要关注顾客的需求,努力提供满足顾客需求并争取超出其期望的产品。另外,一个组织必须建立起一种"永不满足"的组织文化,使得持续改进成为每个员工所追求的目标。

持续改进是一项系统工程,它要求组织从上到下都有这种不断进取的精神,而且需要各部门的良好协作和配合,使组织的目标与个人的目标相一致,这样才能使持续改进在组织内顺利推行。

持续改进应包括:

(1)分析和评价现状,识别改进区域。

(2)确定改进目标。

(3)寻找、评价和实施解决办法。

(4)测量、验证和分析结果,以确定改进目标的实现。

(5)正式采纳更改,并把更改纳入文件。

(七)基于事实的决策方法

有效决策是建立在基于事实的数据和信息分析的基础上的。有两点需要说明:

(1)所提供的数据和信息必须是可靠的和翔实的,必须是建立在组织活动的基础上获得的事实,错误的信息和数据,必然会导致决策的失误。

(2)分析必须是客观的、合乎逻辑的,而且分析方法是科学的和有效的。

实施本原则至少可以为组织带来以下结果:

(1)客观把握组织的质量状况,减少错误决策的可能性。

(2)有利于优化资源配置,使资源的利用达到最优化。

(3)充分发挥科学方法的作用,提高决策的效率和有效性。

(八)与供方互利的关系

组织与供方是相互依存的,互利的关系可增强双方创造价值的能力。在当今社会分工越来越细的情况下,选择一个良好的供方和寻找一个良好的顾客一样重要。因此,如何保证供方提供及时而优质的产品,也是组织质量管理中的一个重要的课题。

(1)供需双方应保持一种互利关系。只有双方成为利益的共同体,才能实现供需双方双赢的目标。把供方看成合作的伙伴是互利关系的基础,在获取组织利益的同时也注重供方的利益,将有助于组织目标的实现。如果把供方看成是谈判的敌方,尽量在谈判中争取更多的利益,将会损害供方的利益,并最终导致组织利益的损失。

(2)供方也需要不断完善其质量管理体系。质量管理体系随着质量概念日渐拓展到包括资源节约和环境保护在内的大质量概念,组织对其供方的要求也越来越"苛刻"。

(3)积极肯定供方的改进和成就,并鼓励其不断改进。供方的质量改进,带来的是供需双方的共同利益。每个供方都这么做,整体的质量和竞争力将会得到巨大的提高,双赢的目标就能得到持续稳定的保证。

八项基本原则的中心是以顾客为关注焦点,其他七项基本原则都是围绕该项基本原则展开的。

五、质量管理体系要求

采用质量管理体系需要组织的最高管理者进行战略决策。一个组织质量管理体系的设计和实施受其变化着的需求、具体目标、所提供的产品、所采用的过程以及该组织的规模和结构的影响。

组织建立管理体系的目的是:识别并满足其顾客和其他相关方(组织的人员、供方、所有者、社会)的需求与期望,以获取竞争优势,并以有效和高效的方式实现;实现、保持并改进组织的整体业绩和能力。

(一)质量管理原则的应用

前述的八项质量管理原则是组织质量管理体系的基础。按 2000 版 ISO 9000 族标准的设计思想,八项质量管理原则是为组织的最高管理者制定的,目的是使最高管理者领导组织进行业绩改进。八项质量管理原则的应用不仅可为组织带来直接利益,而且对成本和风险的管理起着重要作用。

八项原则对于成本管理的重要作用是:成本控制的持续改进;通过全员参与可以降低因部门壁垒而带来的管理成本;通过过程方法、管理的系统方法可以提高管理的效率,降低时间、经历等成本。八项原则对于风险管理的重要作用是降低不良供方所带来的风险,基于事实的决策方法可以降低错误决策所带来的巨大风险。

考虑到利益、成本和风险的管理对组织、顾客和其他相关方而言都很重要,关于组织整体业绩的这些考虑可影响:

(1)顾客的忠诚。

(2)业务的保持和发展。

(3)营运结果,例如收入和市场份额。

(4)对市场机会的灵活与快速反应。

(5)成本和周转期(通过有效和高效地利用资源达到)。

(6)对最好地达到预期结果的过程的整合。

(7)通过提高组织能力获得的竞争优势。

(8)了解并激励员工去实现组织的目标以及参与持续改进。

(9)相关方对组织有效性和效率的信心,这可通过该组织业绩的经济和社会效益、产品寿命周期以及信誉来证实。

(10)通过优化成本和资源以及灵活快速地共同适应市场的变化,为组织及其供方创造价值的能力。

(二)过程方法

2000 版 ISO 9000 族标准鼓励组织在建立、实施质量管理体系以及提高质量管理体系的有效性和效率时,采用过程方法,以便通过满足相关方的要求来提高其满意程度。

为使组织能有效和高效地运作,组织必须识别并管理许多相互关联的活动,这就是过程方法。过程方法的优点是它可对由诸过程构成的系统内的过程之间的连接,以及它们之间的联系和相互作用进行连续的控制。

当过程方法用于质量管理体系时,着重强调以下几个方面的重要性:

(1)理解并满足要求。

(2)需要从增值方面考虑过程。

(3)获取过程业绩和有效性方面的结果。

(4)以目标测量为依据对过程进行持续改进。

(三)体系和过程的管理

2000版ISO 9000族标准希望组织的最高管理者通过以下方式建立一个以顾客为中心的组织:

(1)确定体系和过程,这些体系和过程要得到准确的理解以及有效和高效的管理与改进。

(2)确保过程有效和高效地运行并受控,确保具有用于确定组织良好业绩的测量方法,连续地收集并使用过程数据和信息。

(3)引导组织进行持续改进,并使用适宜的方法评价过程改进,例如自我评价和管理评审。

2000版ISO 9000族标准提出了质量管理体系要求,这是许多专家和企业长期研究与实践的结晶。具体的内容是:

(1)识别质量管理体系所需的过程及其在组织中的应用。

(2)确保这些过程的顺序和相互作用。

(3)确定为确保这些过程有效运行和控制所需的准则和方法。

(4)确保可获得必要的资源和信息,以支持这些过程的有效运作和对这些过程的监控。

(5)测量、监控与分析这些过程。

(6)采取必要的措施,以实现对这些过程所策划的结果和对这些过程的持续改进。

(四)文件

组织的管理者应规定建立、实施并保持质量管理体系以及支持组织过程有效和高效运行所需的文件,包括相关记录。文件的性质和范围应满足合同、法律、法规要求以及顾客和其他相关方的需求与期望,并应与组织相适应。文件可以采取适合组织需求的任何形式或媒体。

组织应该根据其规模和活动的类型、过程及其相互作用的复杂程度,人员的能力等因素来决定其质量管理体系文件的详略程度以及采用媒体的形式或类型。

1. 文件要求

组织的质量管理体系文件应包括形成文件的质量方针和质量目标声明,质量手册,形成文件的程序,组织为确保其过程有效策划、运作和控制所需的文件,质量记录。

2. 质量手册

组织应编制和保持质量手册,质量手册包括:

(1)质量管理体系的范围,包括任何删减的细节与合理性。

(2)为质量管理体系编制形成文件的程序或对其引用。

(3)质量管理体系过程的相互作用的表述。

3. 文件控制

质量管理体系所要求的文件应予以控制。为此,组织应编制形成文件的程序,以规定以下几方面所需的控制：文件发布前得到批准，以确保文件是充分的；必要时对文件进行评审、更新并再次批准；确保文件的更改和现行修订状态得到识别；确保在使用处可获得有关版本的适用文件；确保文件保持清晰、易于识别；确保外来文件得到识别，并控制其发布；防止作废文件的非预期使用，当因任何原因而保留作废文件时，对这些文件进行适当的标识。

4.记录控制

质量记录是一种特殊类型的文件，应进行严格的控制。组织应制定并保持质量记录，以提供质量管理体系符合要求和有效运行的证据。根据 2000 版 ISO 9000 族标准的要求，组织应编制形成文件的程序，以规定质量记录的标识、存储、保护、检索、保存期限和处置所需的控制。质量记录应保持清晰、易于识别和检索。记录的形式可以有纸质、多媒体、软盘、电子文档、电子邮件。

总之，《质量管理体系——要求》(GB/T 19001—2008)标准所规定的，对需要采用标准的组织而言，是最基本的要求。

【小贴士】

有些组织在准备采用 2008 版标准之前，可能已经生产了很多年，他们在过去的生产过程中使用着一个质量管理体系，当这些组织准备采用新版标准时，要做的不是完全废弃掉之前的管理体系，而是按照新版标准的要求对正在使用的管理体系进行补充、完善和改进。

本章小结

本章讲述了建筑工程质量管理的相关内容，主要包括建筑工程质量管理及控制体系和 ISO 9000 质量管理体系两部分内容。本章内容要求质量员必须熟练掌握。

【推荐阅读材料】

(1)《建设工程质量管理条例》(国务院令 279 号)。

(2)中华人民共和国国家标准.《建筑工程项目管理规范》(GB/T 50326—2006)。北京：中国建筑工业出版社，2006。

思考练习题

1.什么是工程质量？它有哪些特性？

2.质量管理的八项原则是什么？

3.八项原则对于成本管理的重要作用是什么？

4.最高管理者在质量管理体系中的作用什么？

第四章　施工质量计划与质量控制

【学习目标】

- 掌握质量策划的概念。
- 掌握施工质量计划的内容。
- 掌握施工质量计划的编制方法。
- 熟悉影响质量的主要因素。
- 熟悉施工准备阶段的质量控制方法。
- 熟悉施工阶段的质量控制方法。
- 熟悉设置施工质量控制点的原则和方法。

第一节　施工质量计划

一、质量策划

国际标准 ISO 9000:2005 中对质量策划的定义是:质量策划是"质量管理的一部分,致力于制定质量目标并规定必要的运行过程和相关资源以实现质量目标"。

项目质量策划是围绕项目所进行的质量目标策划、运行过程策划、确定相关资源等活动的过程。项目质量策划的结果是明确项目质量目标;明确为达到质量目标应采取的措施,包括必要的作业过程;明确应提供的必要条件,包括人员、设备等资源条件;明确项目参与各方、部门或岗位的质量职责。质量策划的结果可用质量计划、质量技术文件等质量管理文件形式加以表达。

(一)设备安装工程项目施工质量策划的依据

策划的主要依据是招标文件、施工合同、施工标准规范、法规、施工图纸、设备说明书、现场环境及气候条件、以往的经验和教训等。

(二)设备安装工程项目施工质量策划的方法

由项目总工程师组织相关技术、质量人员,在熟悉施工合同、设计图纸、现场条件的基础上进行策划,策划的方法有按施工阶段进行策划、按质量影响因素进行策划和按工程施工层次进行策划三种。一般整体工程的质量控制策划应按施工阶段来进行,关键过程、特殊过程或对技术质量要求较高的过程,可按质量影响因素进行详细策划,也可以将三种方法结合起来进行。策划的结果是形成施工准备工作计划、施工组织设计、施工方案和专题措施。

(三)设备安装工程项目施工质量策划的主要内容

1. 按施工阶段进行质量策划

按施工阶段进行质量策划可分为事前控制、事中控制和事后控制三个方面。

(1)事前控制主要包括:工程项目划分及质量目标的分解、质量管理组织及其职责、质量控制依据的文件、施工人员计划及资格审查、原材料半成品计划及进场管理,确定施工工艺、方案及机具控制、检验和试验计划、关键过程和特殊过程、质量控制点设置和施工质量记录要求,进行技术交底、施工图审核、施工测量等控制。

(2)事中控制主要包括工序质量、隐蔽工程质量、设备监造、检测及试验、中间产品、成品保护、分部分项工程质量验收或评定等控制以及施工变更等控制。

(3)事后控制主要包括联动试车、工程质量验收、工程竣工资料验收、工程回访保修等。

2. 按质量影响因素进行质量策划

按质量影响因素进行质量策划的主要内容包括人员控制、设备材料控制、施工机具控制、施工方法控制和施工环境控制。

3. 按工程施工层次控制进行质量管理策划

按工程施工层次控制进行质量管理策划的主要内容包括对单位(子单位)工程、分部(子分部)工程、分项工程中每个层次的质量特性和要求进行质量管理策划。

(四)设备安装工程项目施工质量策划的实施

1. 落实责任,明确质量目标

质量策划的目的就是要确保项目质量目标的实现,项目经理部是质量策划贯彻落实的基础。首先,要组织精干、高效的项目领导班子,特别是选派训练有素的项目经理,是保证质量体系持续有效运行的关键。其次,对质量策划的工程总体质量目标实施分解,确定工序质量目标,并落实到班组和个人。有了这两条,贯标工作就有了基本的保障。

2. 加强过程控制,保证工程质量

过程控制是贯标工作和施工管理工作的一项重要内容。只有保证施工过程的质量,才能确保最终建筑产品的质量。为此,必须搞好以下几个方面的控制:

(1)认真实施技术质量交底制度。每个分项工程施工前,项目部专业人员都应按质量要求编写技术交底,向直接操作的班组做好有关施工规范、操作规程的交底工作,并按规定做好质量交底记录。

(2)实施首件样板制。样板检查合格后,再全面展开施工,确保工程质量。

(3)对关键过程和特殊过程应该制订相应的作业指导书,设置质量控制点,并从人、机、料、法、环等方面实施连续监控。必要时开展 QC 小组活动进行质量攻关。

3. 加强检测控制

质量检测是及时发现和消除不合格工序的主要手段。质量检验的控制,主要是从制度上加以保证。例如:技术复核制度、现场材料进货验收制度、三检制度、隐蔽验收制度、首件样板制度、质量联查制度和质量奖惩办法等。通过这些检测控制,有效地防止不合格工序转序,并能制订出有针对性的纠正和预防措施。

4. 监督质量策划的落实,验证实施效果

对项目质量策划的检查重点应放在对质量计划的监督检查上。公司检查部门要围绕质量计划不定期地对项目部进行监督和指导,项目经理要经常对质量计划的落实情况进行符合性和有效性的检查,发现问题,及时纠正。在质量计划考核时,应注意证据确凿,奖惩分明,使项目上的质量体系运行正常有效。

二、施工质量计划的内容

(一)质量计划的概念

质量计划是指确定施工项目的质量目标并规定达到这些质量目标必要的作业过程、专门的质量措施和资源等工作。质量计划往往不是一个单独文件,而是由一系列文件所组成的。项目开始时,应从总体考虑,编制规划性的质量计划,例如质量管理计划,随着项目的进展,编制各阶段较详细的质量计划,例如项目操作规范。项目质量计划的格式和详细程度并无统一规定,但应与工程的复杂程度及施工单位的施工部署相适应,计划应尽可能简明。其作用是,对外可作为针对特定工程项目的质量保证,对内可作为针对特定工程项目质量管理的依据。

(二)质量计划编制的依据

(1)合同中有关产品(或过程)的质量要求。

(2)与产品(或过程)有关的其他要求。

(3)质量管理体系文件。

(4)组织针对项目的其他要求。

(三)施工项目质量计划的主要内容

(1)质量目标和要求。

(2)质量管理组织和职责。

(3)所需的过程、文件和资源。

(4)产品(或过程)所要求的评审、验证、确认、监视、检验和试验活动及接受准则。

(5)记录的要求。

(6)所采取的措施。

三、施工质量计划的编制方法

施工项目质量计划应由项目经理主持编制。质量计划作为对外质量保证和对内质量控制的依据文件,应体现施工项目从分项工程、分部工程到单位工程的过程控制,同时也要体现从资源投入到完成工程质量最终检验和试验的全过程控制。施工项目质量计划编制的要求主要包括以下几个方面。

(一)质量目标

合同范围内的全部工程的所有使用功能符合设计(或更改)图纸的要求。分项工程、分部工程、单位工程质量达到既定的施工质量验收统一标准,合格率100%,其中专项达到:

(1)所有隐蔽工程为业主质检部门验收合格。

(2)卫生间不渗漏,地下室、地面不出现渗漏,所有门窗不渗漏雨水。

(3)所有保温层、隔热层不出现冷热桥。

(4)所有高级装饰达到有关设计规定。

(5)所有的设备安装、调试符合有关验收规范。

(6)特殊工程的目标。

(二)管理职责

(1)项目经理是本工程实施的最高负责人,对工程符合设计、验收规范、标准要求负责,对工程按期交工负责,以保证整个工程项目质量符合合同要求。

(2)项目生产副经理对工程进度负责,调配人力、物力保证按图纸和规范施工,协调同业主、分包商的关系,负责审核结果、整改措施和质量纠正措施及实施。

(3)队长、工长、测量员、试验员、计量员在项目质量副经理的直接指导下,负责所管部位和分项施工全过程的质量,使其符合图纸和规范要求,有更改者符合更改要求,有特殊规定者符合特殊要求。

(4)材料员、机械员对进场的材料、构件、机械设备进行质量验收或退货、索赔,有特殊要求的物资、构件、机械设备执行质量副经理的指令。对业主提供的物资和机械设备按合同规定进行验收,对分包商提供的物资和机械设备按合同规定进行验收。

(三)资源提供

施工项目质量计划要规定各项资源的提供方式和考核方式等。

规定项目经理部管理人员及操作工人的岗位任职标准及考核认定方法,规定项目人员流动时进出人员的管理程序,规定人员进场培训(包括供方队伍、临时工、新进场人员)的内容、考核、记录等,规定对新技术、新结构、新材料、新设备修订的操作方法和操作人员进行培训并记录等,规定施工所需的临时设施(含临建、办公设备、住宿房屋等)、支持性服务手段、施工设备及通信设备等。

(四)工程项目实现过程策划

施工项目质量计划中规定施工组织设计或专项项目质量的编制要点及接口关系,规定重要施工过程的技术交底和质量策划要求,规定新技术、新材料、新结构、新设备的策划要求,规定重要施工过程验收的准则或技艺评定方法。

(五)材料、机械、设备、劳务及试验等采购控制

施工项目质量计划对施工项目所需的材料、设备等要规定供方产品批准及质量管理体系的要求、采购的法规要求,有可塑性要求时,要明确其记录、标志的主要方法等。

(六)施工工艺过程的控制

施工项目质量计划对工程从合同签订到交付使用全过程的控制方法作出规定。对工程的总进度计划、分段进度计划、分包工程的进度计划、特殊部位进度计划、中间交付的进度计划等作出过程识别和管理规定。

(七)搬运、储存、包装、成品保护和交付过程的控制

施工项目的质量计划要对搬运、储存、包装、成品保护和交付过程的控制方法作出相应的规定。具体包括:施工项目实施过程所形成的分项、分部、单位工程的半成品及成品的保护方案、措施、交接方式等内容的规定;工程中间交付、竣工交付工程的收尾、维护、验评,后续工作处理的方案、措施、方法的规定;材料、构件、机械设备的运输、装卸、储存的控制方案及措施的规定。

(八)检验、试验和测量的过程控制

施工项目质量计划要规定在本工程项目上使用所有检验、试验、测量和计量设备的控制和管理制度,包括:设备的标识方法;设备的校准方法;标明、记录设备准状态的方法;明确哪些记录需要保存,以便一旦发现设备失准,确定以前的测试结果是否有效。

（九）不合格品的控制

施工项目的质量计划要编制作业、分项、分部工程不合格品出现的补救方案和预防措施，规定合格品与不合格品之间的标志，并制订隔离措施。

【小贴士】

项目质量管理应按下列程序实施：

(1)进行质量策划，确定质量目标。

(2)编制质量计划。

(3)实施质量计划。

(4)总结项目质量管理工作，提出持续改进的要求。

第二节　施工质量控制

一、施工质量控制概述

根据 GB/T 19000—2008 质量管理体系标准的质量术语定义，质量控制是质量管理的一部分，是致力于满足质量要求的一系列相关活动。施工质量控制是在明确的质量方针指导下，通过对施工方案和资源配置的计划、实施、检查和处置，进行施工质量目标的事前控制、事中控制和事后控制的系统过程。

施工质量控制具有如下特点。

（一）控制因素多

工程项目的施工质量受到多种因素的影响。这些因素包括设计、材料、机械、地质、水文、气象、施工工艺、操作方法、技术措施、管理制度、社会环境等。因此，要保证工程项目的施工质量，必须对所有这些影响因素进行有效控制。

（二）控制难度大

由于建筑产品生产的单件性和流动性，不具有一般工业产品生产常有的固定生产流水线、规范化的生产工艺、完善的检测技术、成套的生产设备和稳定的生产环境，不能进行标准化施工，施工质量容易产生波动；而且施工场面大、人员多、工序多、关系复杂、作业环境差，都加大了质量控制的难度。

（三）过程控制要求高

工程项目在施工过程中，由于工序衔接多、中间交接多、隐蔽工程多，施工质量具有一定的过程性和隐蔽性。在施工质量控制工作中，必须加强对施工过程的质量检查，及时发现和整改存在的质量问题，避免事后从表面进行检查。过程结束后的检查难以发现在过程中产生，又被隐蔽了的质量隐患。

（四）终检局限大

工程项目建成以后不能像一般工业产品那样，依靠终检来判断和控制产品的质量；也不可能像工业产品那样将其拆卸或解体检查内在质量，或更换不合格的零部件。所以，工程项目的终检（竣工验收）存在一定的局限性。因此，工程项目的施工质量控制应强调过程控制，边施工边检查边整改，及时做好检查、认证记录。

二、工程项目质量控制的主要原理

(一)PDCA 循环原理

PDCA 循环,是人们在管理实践中形成的基本理论方法。从实践论的角度看,管理就是确定任务目标,并按照 PDCA 循环原理来实现预期目标。由此可见,PDCA 是目标控制的基本方法,其循环模式如图 4-1 所示。

(1)P(计划,Plan):可以理解为质量计划阶段,明确目标并制订实现目标的行动方案。在建设工程项目的实施中,"计划"是指各相关主体根据其任务目标和责任范围,确定质量控制的组织制度、工作程序、技术方法、业务流程、资源配置、检验试验要求、质量记录方式、不合格处理、管理措施等具体内容和做法的文件,"计划"还须对其实现预期目标的可行性、有效性、经济合理性进行分析论证,按照规定的程序与权限审批执行。

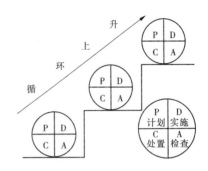

图 4-1　PDCA 循环模式

(2)D(实施,Do):包含两个环节,即计划行动方案的交底和按计划规定的方法与要求展开工程作业技术活动。计划交底的目的在于使具体的作业者和管理者,明确计划的意图和要求,掌握标准,从而规范行为,全面地执行计划的行动方案,步调一致地去努力实现预期的目标。

(3)C(检查,Check):指对计划实施过程进行各种检查,包括作业者的自检、互检和专职管理者专检。各类检查都包含两大方面:一是检查是否严格执行了计划的行动方案,实际条件是否发生了变化,不执行计划的原因;二是检查计划执行的结果,即产出的质量是否达到标准的要求,对此进行确认和评价。

(4)A(处置,Action):对于质量检查所发现的质量问题或质量不合格,及时进行原因分析,采取必要的措施,予以纠正,保持质量形成的受控状态。处置分纠偏和预防两个步骤。前者是采取应急措施,解决当前的质量问题;后者是将信息反馈给管理部门,反思问题症结或计划时的不周,为今后类似问题的质量预防提供借鉴。

(二)"三全"控制管理

"三全"管理来自于全面质量管理 TQC 的思想,同时包融在质量体系标准(GB/T 19000 idt ISO 9000)中,它指生产企业的质量管理应该是全面、全过程和全员参与的。

(1)全面质量控制:是指工程(产品)质量和工作质量的全面控制。

(2)全过程质量控制:是指根据工程质量的形成规律,从源头抓起,全过程推进。

(3)全员参与控制:从全面质量管理的观点看,无论是组织内部的管理者还是作业者,每个岗位都承担着相应的质量职能,一旦确定了质量方针目标,就应组织和动员全体员工参与到实施质量方针的系统活动中去,发挥自己的角色作用。

三、影响施工质量的因素

影响施工质量的因素主要有五大方面,即 4M1E,指人(Man)、材料(Material)、机械

（Machine）、方法（Method）和环境（Environment）。事前对这五方面的因素严加控制，是保证施工项目质量的关键。

（一）人的控制

人，是指直接参与施工的组织者、指挥者和操作者。人，作为控制的对象，要避免产生失误；作为控制的动力，要充分调动人的积极性，发挥人的主导作用。为此，除加强政治思想教育、劳动纪律教育、职业道德教育、专业技术培训，健全岗位责任制，改善劳动条件，公平合理地激励劳动热情外，还需根据工程特点，从确保质量出发，在人的技术水平、人的生理缺陷、人的心理行为、人的错误行为等方面来控制人的使用。例如对技术复杂、难度大、精度高的工序或操作，应由技术熟练、经验丰富的工人来完成；反应迟钝、应变能力差的人，不能操作快速运行、动作复杂的机械设备；对某些要求万无一失的工序和操作，一定要分析人的心理行为，控制人的思想活动，稳定人的情绪；对具有危险源的现场作业，应控制人的错误行为，严禁吸烟、打赌、嬉戏、误判断、误动作等。

此外，应严格禁止无技术资质的人员上岗操作；对不懂装懂、图省事、碰运气、有意违章的行为，必须及时制止。总之，在使用人的问题上，应从政治素质、思想素质、业务素质和身体素质等方面综合考虑，全面控制。

（二）材料的控制

材料的控制包括原材料、成品、半成品、构配件等的控制，主要是严格检查验收，正确合理地使用，建立管理台账，进行收、发、储、运等各环节的技术管理，避免混料和将不合格的原材料使用到工程上。

（三）机械控制

机械控制包括施工机械设备、工具等的控制。要根据不同工艺特点和技术要求，选用合适的机械设备，正确使用、管理和保养好机械设备。为此要健全"人机固定"制度、"操作证"制度、岗位责任制度、交接班制度、"技术保养"制度、"安全使用"制度、机械设备检查制度等，确保机械设备处于最佳使用状态。

（四）方法控制

这里所指的方法控制，包含施工方案、施工工艺、施工组织设计、施工技术措施等的控制，主要应切合工程实际、能解决施工难题、技术可行、经济合理，有利于保证质量、加快进度、降低成本。

（五）环境控制

影响工程质量的环境因素较多，有工程技术环境，例如工程地质、水文、气象等；工程管理环境，例如质量保证体系、质量管理制度等；劳动环境，如劳动组合、作业场所、工作面等。环境因素对工程质量的影响，具有复杂而多变的特点，例如气象条件就变化万千，温度、湿度、大风、暴雨、酷暑、严寒都直接影响工程质量。又如前一工序往往就是后一工序的环境，前一分项、分部工程也就是后一分项、分部工程的环境。因此，根据工程特点和具体条件，应对影响质量的环境因素，采取有效的措施严加控制。尤其是施工现场，应建立文明施工和文明生产的环境，保持材料工件堆放有序，道路畅通，工作场所清洁整齐，施工程序井井有条，为确保质量、安全创造良好条件。

四、施工质量控制的基本内容和方法

(一)质量文件审核

审核有关技术文件、报告或报表,是项目经理对工程质量进行全面管理的重要手段。这些文件包括:

(1)施工单位的技术资质证明文件和质量保证体系文件。

(2)施工组织设计和施工方案及技术措施。

(3)有关材料和半成品及构配件的质量检验报告。

(4)有关应用新技术、新工艺、新材料的现场试验报告和鉴定报告。

(5)反映工序质量动态的统计资料或控制图表。

(6)设计变更和图纸修改文件。

(7)有关工程质量事故的处理方案。

(8)相关方面在现场签署的有关技术签证和文件等。

(二)现场质量检查

1. 现场质量检查的内容

(1)开工前的检查,主要检查是否具备开工条件,开工后是否能够保持连续正常施工,能否保证工程质量。

(2)工序交接检查,对于重要的工序或对工程质量有重大影响的工序,应严格执行"三检"制度,即自检、互检、专检;未经监理工程师(或建设单位技术负责人)检查认可,不得进行下道工序的施工。

(3)隐蔽工程的检查,施工中凡是隐蔽工程必须检查认证后方可进行隐蔽掩盖。

(4)停工后复工的检查,因客观因素停工或处理质量事故等停工复工时,经检查认可后方能复工。

(5)分项、分部工程完工后的检查,应经检查认可,并签署验收记录后,才能进行下一工程项目的施工。

(6)成品保护的检查,检查成品有无保护措施以及保护措施是否有效可靠。

2. 现场质量检查的方法

现场质量检查的方法主要有目测法、实测法和试验法等。

1)目测法

目测法,即凭借感官进行检查,也称观感质量检验。其手段可概括为"看、摸、敲、照"四个字。看,就是根据质量标准要求进行外观检查。例如,清水墙面是否洁净,喷涂的密实度和颜色是否良好、均匀,工人的操作是否正常,内墙抹灰的大面及口角是否平直,混凝土外观是否符合要求等。摸,就是通过触摸手感进行检查、鉴别。例如油漆是否光滑,浆活是否牢固、不掉粉等。敲,就是运用敲击工具进行音感检查。例如,对地面工程、装饰工程中的水磨石、面砖、石材饰面等,均应进行敲击检查。照,就是通过人工光源或反射光照射,检查难以看到或光线较暗的部位。例如,管道井、电梯井等内的管线、设备安装质量,装饰吊顶内连接及设备安装质量等。

2)实测法

实测法,就是通过实测数据与施工规范、质量标准的要求及允许偏差值进行对照,以此判断质量是否符合要求。其手段可概括为"靠、量、吊、套"四个字。靠,就是用直尺及塞尺检查诸如墙面、地面、路面等的平整度。量,就是指用测量工具和计量仪表等检查断面尺寸、轴线、标高、湿度、温度等的偏差。例如,大理石板拼缝尺寸与超差数量,摊铺沥青拌和料的温度,混凝土坍落度的检测等。吊,就是利用托线板以及线锤吊线检查垂直度。例如,砌体垂直度检查、门窗的安装等。套,是以方尺套方,辅以塞尺检查。例如,对阴阳角的方正、踢脚线的垂直度、预制构件的方正、门窗口及构件的对角线检查等。

3)试验法

试验法,是指通过必要的试验手段对质量进行判断的检查方法,主要包括理化试验和无损检验。

(1)理化试验:工程中常用的理化试验包括物理力学性能方面的检验和化学成分及其含量的测定等两个方面。力学性能的检验如各种力学指标的测定,包括抗拉强度、抗压强度、抗弯强度、抗折强度、冲击韧性、硬度、承载力等。各种物理性能方面的测定如密度、含水量、凝结时间、安定性及抗渗、耐磨、耐热性能等。化学成分及其含量的测定如钢筋中的磷、硫含量,混凝土粗骨料中的活性氧化硅成分,以及耐酸、耐碱、抗腐蚀性等。此外,根据规定有时还需进行现场试验,例如,对桩或地基的静载试验、下水管道的通水试验、压力管道的耐压试验、防水层的蓄水或淋水试验等。

(2)无损检测:利用专门的仪器仪表从表面探测结构物、材料、设备的内部组织结构或损伤情况。常用的无损检测方法有超声波探伤、X 射线探伤、γ 射线探伤等。

五、施工准备阶段的质量控制

施工准备阶段的质量控制是指项目正式施工活动开始前,对各项准备工作及影响质量的各因素和有关方面进行的质量控制。施工准备是为保证施工生产正常进行而必须事先做好的工作。施工准备工作不仅是在工程开工前要做好,而且贯穿于整个施工过程。施工准备的基本任务就是为施工项目建立一切必要的施工条件,确保施工生产顺利进行,确保工程质量符合要求。

(一)技术资料、文件准备的质量控制

(1)施工项目所在地的自然条件及技术经济条件调查资料。对施工项目所在地的自然条件和技术经济条件的调查,是为选择施工技术与组织方案收集基础资料,并以此作为施工准备工作的依据。具体收集的资料包括:地形与环境条件,地质条件,地震级别,工程水文地质情况,气象条件以及当地水、电、能源供应条件,交通运输条件,材料供应条件等。

(2)施工组织设计。施工组织设计是指导施工准备和组织施工的全面性技术经济文件。对施工组织设计要进行两方面的控制:一是选定施工方案后,制订施工进度时,必须考虑施工顺序、施工流向,主要分部分项工程的施工方法,特殊项目的施工方法和技术措施能否保证工程质量;二是制订施工方案时,必须进行技术经济比较,使工程项目满足符合性、有效性和可靠性要求,取得施工工期短、成本低、安全生产、效益好的经济质量。

(3)国家及政府有关部门颁布的有关质量管理方面的法律、法规及质量验收标准。质量管理方面的法律、法规,规定了工程建设参与各方的质量责任和义务,质量管理体系建立的要求、标准,质量问题处理的要求、质量验收标准等,这些是进行质量控制的重要依据。

(4)工程测量控制资料。施工现场的原始基准点、基准线、参考标高及施工控制网等数

据资料,是施工之前进行质量控制的一项基础工作。这些数据资料是进行工程测量控制的重要内容。

（二）设计交底和图纸审核的质量控制

设计图纸是进行质量控制的重要依据。为使施工单位熟悉有关的设计图纸,充分了解拟建项目的特点、设计意图和工艺与质量要求,减少图纸的差错,消除图纸中的质量隐患,要做好设计交底和图纸审核工作。

1. 设计交底

工程施工前,由设计单位向施工单位有关人员进行设计交底,其主要内容包括:

（1）地形、地貌、水文气象、工程地质及水文地质等自然条件。

（2）施工图设计依据:初步设计文件,规划、环境等要求,设计规范。

（3）设计意图:设计思想、设计方案比较、基础处理方案、结构设计意图、设备安装和调试要求、施工进度安排等。

（4）施工注意事项:对基础处理的要求,对建筑材料的要求,采用新结构、新工艺的要求,施工组织和技术保证措施等。

交底后,由施工单位提出图纸中的问题和疑点,以及要解决的技术难题。经协商研究,拟定出解决办法。

2. 图纸审核

图纸审核是设计单位和施工单位进行质量控制的重要手段,也是使施工单位通过审查熟悉设计图纸,了解设计意图和关键部位的工程质量要求,发现和减少设计差错,保证工程质量的重要方法。图纸审核的主要内容包括:

（1）对设计者的资质进行认定。

（2）设计是否满足抗震、防火、环境卫生等要求。

（3）图纸与说明是否齐全。

（4）图纸中有无遗漏、差错或相互矛盾之处,图纸表示方法是否清楚并符合标准要求。

（5）地质及水文地质等资料是否充分、可靠。

（6）所需材料来源有无保证,能否替代。

（7）施工工艺、方法是否合理,是否切合实际,是否便于施工,能否保证质量要求。

（8）施工图及说明书中涉及的各种标准、图册、规范、规程等,施工单位是否具备。

（三）采购质量控制

采购质量控制主要包括对采购产品及其供方的控制,制订采购要求和验证采购产品。建设项目中的工程分包,也应符合规定的采购要求。

1. 物资采购

采购的物资应符合设计文件、标准、规范、相关法规及承包合同要求,如果项目部另有附加的质量要求,也应予以满足。

对于重要物资、大批量物资、新型材料以及对工程最终质量有重要影响的物资,可由企业主管部门对可供选用的供方进行逐个评价,并确定合格供方名单。

2. 分包服务

对各种分包服务选用的控制应根据其规模、对其控制的复杂程度区别对待。一般通过分包合同,对分包服务进行动态控制。评价及选择分包方应考虑的原则如下:

（1）有合法的资质，外地单位经本地主管部门核准。

（2）与本组织或其他组织合作的业绩、信誉。

（3）分包方质量管理体系对按要求如期提供稳定质量的产品的保证能力。

（4）对采购物资的样品、说明书或检验、试验结果进行评定。

3. 采购要求

采购要求是采购产品控制的重要内容。采购要求的形式可以是合同、订单、技术协议、询价单及采购计划等，采购要求包括：

（1）有关产品的质量要求或外包服务要求。

（2）有关产品提供的程序性要求。例如供方提交产品的程序，供方生产或服务提供的过程要求，供方设备方面的要求。

（3）对供方人员资格的要求。

（4）对供方质量管理体系的要求。

4. 采购产品验证

（1）对采购产品的验证有多种方式，例如在供方现场检验、进货检验，查验供方提供的合格证据等。

（2）当组织或其顾客拟在供方现场实施验证时，组织应在采购要求中事先作出规定。

（四）质量教育与培训

通过教育培训和其他措施提高员工的能力，增强质量和顾客意识，使员工满足所从事的质量工作对能力的要求。

六、施工阶段的质量控制

（一）技术交底

做好技术交底是保证施工质量的重要措施之一。项目开工前应由项目技术负责人向承担施工的负责人或分包人进行书面技术交底，技术交底资料应办理签字手续并归档保存。每一分部工程开工前均应进行作业技术交底。技术交底书应由施工项目技术人员编制，并经项目技术负责人批准实施。技术交底的内容主要包括：任务范围、施工方法、质量标准和验收标准，施工中应注意的问题，可能出现意外的措施及应急方案，文明施工和安全防护措施以及成品保护要求等。

（二）测量控制

项目开工前应编制测量控制方案，经项目技术负责人批准后实施。在施工过程中必须认真进行施工测量复核工作，这是施工单位应履行的技术工作职责，其复核结果应报送监理工程师复验确认后，方能进行后续相关工序的施工。常见的施工测量复核有：

（1）工业建筑测量复核。

（2）民用建筑测量复核。

（3）高层建筑测量复核。

（4）管线工程测量复核。

（三）计量控制

施工过程中的计量工作包括施工生产时的投料计量、施工测量、监测计量以及对项目、产品或过程的测试、检验、分析计量等。其主要任务是统一计量单位制度，组织量值传递，保证量值统一。计量控制的工作重点是:建立计量管理部门和配置计量人员;建立健全和完善计量管理的规章制度;严格按规定有效控制计量器具的使用、保管、维修和检验;监督计量过程的实施,保证计量的准确。

(四)工序施工质量控制

工序施工质量控制是施工阶段质量控制的重点。只有严格控制工序质量,才能确保施工项目的实体质量。工序施工质量控制主要包括工序施工条件质量控制和工序施工效果质量控制。

(五)特殊过程的质量控制

特殊过程是指该施工过程或工序施工质量不易或不能通过其后的检验和试验而得到充分的验证,或者万一发生质量事故则难以挽救的施工过程。特殊过程的质量控制是施工阶段质量控制的重点。

1.选择质量控制点的原则

质量控制点的选择应以那些保证质量的难度大、对质量影响大或是发生质量问题时危害大的对象进行设置。选择的原则是:对工程质量形成过程产生直接影响的关键部位、工序或环节及隐蔽工程;施工过程中的薄弱环节,或者质量不稳定的工序、部位或对象;对下道工序有较大影响的上道工序;采用新技术、新工艺、新材料的部位或环节;施工上无把握的、施工条件困难的或技术难度大的工序或环节;用户反馈指出和过去有过返工的不良工序。

2.质量控制点重点控制的对象

(1)人的行为。

(2)材料的质量与性能。

(3)施工方法与关键操作。

(4)施工技术参数。

(5)技术间歇。

(6)施工顺序。

(7)易发生或常见的质量通病。

(8)新技术、新材料及新工艺的应用。

(9)产品质量不稳定和不合格率较高的工序应列为重点,认真分析、严格控制。

(10)特殊地基或特种结构。

(六)成品保护的质量控制

成品保护的措施一般有防护、包裹、覆盖、封闭等几种方法。

七、施工质量控制点设置的原则和方法

(一)施工质量控制点设置的原则

设置质量控制点,实施跟踪控制是工程质量控制的有效手段。在工程项目进行的不同阶段,依据项目的实际情况,设置不同的质量控制点,通过对控制点的设置,将工程质量总目标分解为各控制点的分目标,以便通过对各控制点分目标的控制,来实现对工程质量总目标的控制。

有效设置质量控制点必须遵循以下原则。

1.质量控制点应突出重点

在项目各项工作的各阶段环节中,对项目质量的影响程度不一样,我们应当对容易引起质量问题的环节进行重点关注。质量控制点设置在信息系统工程的关键时刻和关键部位,有利于控制影响系统质量的关键因素。

2.质量控制点应当易于纠偏

质量控制点设置在系统质量目标偏差易于测定的关键活动和关键时刻,有利于承建单位质量控制人员及时制订纠偏措施。比如在综合布线隐蔽工程施工时,应当采取旁站的方法来开展监理工作;在墙上预埋线槽或管道时,应当在线槽或管道开挖时进行检查,检查承建单位是否按照规范进行施工;在线槽或管道掩埋之前,还要检查线槽或管道的质量是否符合要求,如果不符合要求应责令返工。如果在线槽开挖和掩埋前没有对线槽的施工过程和质量进行检查,势必对工程进度、成本造成影响或使工作量增大。

3.质量控制点应有利于参与工程建设的三方共同从事工程质量的控制活动

建设单位、承包单位和监理单位可根据各自质量控制特点建立不同的质量控制点。三方可根据项目的具体情况,协商确定共同的质量控制点,并制订各自的质量控制措施。

4.保持质量控制点设置的灵活性和动态性

质量控制点在项目实施中,并不是一成不变的。在项目实施过程中,我们应该根据项目建设的实际情况,对已设立的质量控制点随时进行必要的调整,以达到对信息系统工程总目标的全过程、全方位的控制,保证工程项目总目标的实现。

质量控制点是实施质量控制的重点。在施工过程中的关键过程或环节及隐蔽工程,施工中的薄弱环节或质量变异大的工序、部位和施工对象,对后续工程施工或后续阶段质量和安全有重大影响的工序、部位和施工对象,施工中无足够把握的、施工条件困难或技术难度大的过程或环节,在采用新技术或新设备应用部位或环节都应设置质量控制点。

(二)施工质量控制点设置的方法

1.质量控制措施的设计

选择了控制点,就要针对每个控制点进行控制措施设计。主要步骤和内容如下:

(1)列出质量控制点明细表。

(2)设计控制点施工流程图。

(3)进行工序分析,找出主导因素。

(4)制订工序质量控制表,对影响质量特性的主导因素定出明确的控制范围和控制要求。

(5)编制保证质量的作业指导书。

(6)编制计量网络图,明确标出各控制因素采用什么计量仪器、编号、精度等,以便进行精确计量。

(7)质量控制点审核。可由设计者的上一级领导进行审核。

2.质量控制点的实施

(1)交底。将控制点的"控制措施设计"向操作班组进行认真交底,必须使工人真正了解操作要点。

(2)质量控制人员在现场进行重点指导、检查、验收。

(3)工人按作业指导书认真进行操作,保证每个环节的操作质量。

(4)按规定做好检查并认真做好记录,取得第一手数据。

(5)运用数据统计方法,不断进行分析与改进,直至质量控制点验收合格。

(6)质量控制点实施中应明确工人、质量控制人员的职责。

【案例4-1】

某机电安装公司通过招标承担了某制造厂采暖锅炉及辅助设备安装工程。在进行工程质量验收时发生下列事件:与锅炉本体连接的主干管上,发现有一段管子的壁厚比设计要求小了1 mm;该段管质量证明书和验收手续齐全,除壁厚外,其他项目均满足设计要求;这是因为当时工期紧,原规格管数量不够而采用现有管子。

问题:

(1)针对该事件,简述对设备安装工程采用的设备、材料和半成品检验的要求有哪些?

(2)上述事件要通过验收,应采用哪一种处理方案?

【案例评析】

(1)设备安装工程采用的设备、材料和半成品应按各专业施工质量验收规范的规定进行检验。检验应当有书面记录和专人签字;未经检验和检验不合格的,不得使用。检验方法、检验数量、检验结果的记录,应符合各专业施工质量验收规范的规定。

(2)上述事件要通过验收,须经原设计单位核算认可,能够满足结构安全和使用功能方可给予验收,否则予以更换。

【案例4-2】

某公司承包了某工厂通风空调工程,工程内容包括空调风系统(包括风管和配件的制作安装,风口安装)、水系统(包括冷热水管道、冷却水管道和冷凝水管道安装)、冷热源设备以及洁净厂房内的洁净空调系统等安装工程。工程设备有冷冻机、锅炉、冷却塔、水泵、空调箱、风机盘管和风机等,大型设备分布在地下一层,冷却塔位于屋顶层。洁净空调系统风管采用镀锌钢板,其他风管采用新型无机复合风管。工程材料由施工单位采购。

为了保证施工质量和洁净度要求,项目部对施工各阶段进行了质量控制的策划。

大型设备的吊装时间很集中。需对其供应时间、安装顺序及拖运通道的细节认真研究,并要与建筑施工协调配合,项目部制订最佳的施工方案。

问题:

(1)施工阶段质量控制策划的主要内容是什么?

(2)项目部应在工程的哪些部位和工序设置质量控制点?

(3)质量影响因素控制法,应如何对该工程的材料控制进行策划?

【案例评析】

(1)施工阶段质量控制的策划主要内容包括:工序质量控制,隐蔽工程质量控制,设备监造控制,检测及试验控制,中间产品控制,成品保护控制,分项、分部工程质量验收或评定的控制,施工变更控制等。

(2)项目部应在对工程的质量有严重影响的关键部位、关键工序设置质量控制点:洁净空调系统密封的洁净度和连接的严密性;冷冻机、锅炉、冷却塔、水泵、空调箱、风机盘管和风机等关键设备的安装水平度和垂直度偏差;风管的连接,空调冷凝水管的坡度;空调风机盘管、风管、供回水管、冷凝水管的隐蔽工程安装;采用新型无机复合风管的制作和安装。

(3)应策划工程设备监造及检验、原材料及半成品质量控制(检验、报验或送检、复验)、材料标识控制、材料代用控制、材料储存及保管控制、材料出库领用控制、退库材料控制等。

本章小结

建设工程施工质量控制是在明确的质量目标条件下,贯彻执行建设工程质量法规和强制性标准,正确配置施工生产要素和采用科学的管理方法,使工程项目实现预期的使用功能和质量标准。本章主要应用质量管理和设备安装质量员评价大纲的相关知识,结合设备安装质量管理的特点,通过案例分析,掌握质量策划、施工质量计划的内容与编制方法、影响施工质量的因素、施工质量控制的方法、设置施工质量控制点的原则等建设工程施工质量计划和质量控制的内容。

思考练习题

1. 简述质量策划的含义。
2. 简述质量计划的含义。
3. 施工质量计划编制的依据是什么?
4. 施工质量计划的主要内容有哪些?
5. 简述质量控制的含义。
6. 影响施工质量的因素有哪些?
7. 质量文件审核的内容有哪些?
8. 现场质量检查的方法主要有哪些?
9. 工序施工质量控制的依据是什么?
10. 质量控制点重点控制的对象有哪些?

下篇 专业技能

第五章 给水排水及采暖工程质量验收

【学习目标】
- 熟悉建筑给水排水及采暖工程中常用的各类金属、非金属管材的质量要求。
- 熟悉常用的各类阀门、配件、设备质量要求。
- 掌握建筑给水排水系统质量验收标准。
- 掌握室内热水供应系统质量验收标准。
- 掌握卫生洁具安装质量验收标准。
- 掌握建筑中水系统及游泳池系统质量验收标准。
- 掌握供热锅炉及辅助设备安装质量验收标准。

第一节 基本规定

一、总则

建筑给水排水及采暖工程是建筑单位工程中的一个分部工程,在施工中采用的施工质量检验和评定要求不得低于本章的标准。建筑给水排水及采暖工程的分项工程,应按系统、区域、施工段或楼层等进行划分。分项工程应划分若干个检验批进行验收。建筑给水排水及采暖工程的分部工程由 10 个子分部工程组成,10 个子分部工程又分为 34 个分项工程,详细划分见表 5-1。

二、质量管理

建筑给水排水及采暖工程施工现场应具有必要的施工技术标准、健全的质量管理体系和工程质量检测制度,实现施工全过程质量控制。

建筑给水排水及采暖工程的施工应按照批准的工程设计文件、图纸、图集、技术规程和批准的施工方案、技术交底、质量目标设计进行施工。修改设计应有设计单位出具的设计变更通知单、施工方案、技术交底变更手续,施工操作人员不得随意改变设计和施工方案。

建筑给水排水及采暖工程的施工应编制施工组织设计或施工方案,经批准后方可实施。给水排水工程施工前应由设计单位进行设计交底。当施工单位发现施工图有错误时,应及时向设计单位提出变更设计的要求。给水排水管道工程施工前应编制施工组织设计。

表 5-1　建筑给水排水采暖工程分部、分项工程划分

分部工程	序号	子分部工程	分项工程
建筑给水排水及采暖工程	1	室内给水系统	给水管道及配件安装、室内消火栓系统安装、给水设备安装、管道防腐、绝热
	2	室内排水系统	排水管道及配件安装、雨水管道及配件安装
	3	室内热水供应系统	管道及配件安装、辅助设备安装、防腐、绝热
	4	卫生器具安装	卫生器具安装、卫生器具给水配件安装、卫生器具排水管道安装
	5	室内采暖系统	管道及配件安装、辅助设备及散热器安装、金属辐射板安装、低温热水地板辐射采暖系统安装、系统水压试验及调试、防腐、绝热
	6	室外给水管网	给水管道安装、消防水泵接合器及室外消火栓安装、管沟及井室
	7	室外排水管网	排水管道安装、排水管沟与井池
	8	室外供热管网	管道及配件安装、系统水压试验及调试、防腐、绝热
	9	建筑中水系统及游泳池系统	建筑中水系统管道及辅助设备安装、游泳池水系统安装
	10	供热锅炉及辅助设备安装	锅炉安装、辅助设备及管道安装、安全附件安装、烘炉、煮炉和试运行、换热站安装、防腐、绝热

建筑给水排水及采暖工程的施工单位应当具有相应的资质。工程质量验收人员应具备相应专业技术资格。

【小贴士】

《建筑工程施工质量验收统一标准》(GB 50300—2001)第3.0.3条规定,建筑工程施工质量应按照下列要求进行验收:

(1)建筑工程施工质量应符合标准和相关专业验收规范的规定。

(2)参加工程施工质量验收的各方人员应具备规定的资格。

(3)工程质量的验收均应在施工单位自行检查评定的基础上进行。

(4)检验批的质量应按主控项目和一般项目进行验收。

三、材料设备管理

材料设备验收是质量管理重要环节之一。从制订供应计划到组织采购、安排运输等一系列材料供应工作的成果,要通过验收这一环节来实现,要取得适用的材料以满足工程建设的需要。材料验收工作对入库以后的保管、领发和使用也有着重要的影响,如果不合格的材料进入施工环节,投入生产就会影响产品质量,甚至造成质量及安全事故。

建筑给水排水及采暖工程所使用的主要材料、成品、半成品、配件、器具和设备必须具有中文质量合格证明文件,规格、型号及性能检测报告应符合国家技术标准或设计要求。进场时应做检查验收,并经监理工程师核查确认。

工程建设使用的所有材料进场时应对品种、规格、外观等进行验收,包装完好,表面无划痕及外力冲击破损现象。

材料验收是提高工程质量的关键环节,主要器具和设备必须有完整的安装使用说明书。对涉及安全、功能的有关产品,应根据质量验收规范进行复验,并由监理工程师(建设单位技术负责人)检查认可。在运输、保管和施工过程中,应采取有效措施防止损坏和腐蚀。

阀门安装前,应做强度和严密性试验。试验应在每批(同牌号、同型号、同规格)数量中抽取 10%,且不少于 1 个。对于安装在主干管上起切断作用的闭路阀门,应逐个做强度和严密性试验。应符合以下规定:阀门的强度试验压力为公称压力的 1.5 倍;严密性试验压力为公称压力的 1.1 倍;试验压力在试验持续时间内应保持不变,且壳体填料及阀瓣密封面无渗漏。阀门试压持续时间应不少于表 5-2 的规定。

表 5-2　阀门试验持续时间

公称直径 DN（mm）	最短试验持续时间(s)		
	严密性试验		强度试验
	金属密封	非金属密封	
≤50	15	15	15
65~200	30	15	60
250~450	60	30	180

当管道上使用冲压弯头时,所使用的冲压弯头外径应与管道外径相同。

四、施工过程质量控制

(1)建筑给水排水及采暖工程与相关各专业之间,应进行交接质量检验,并形成记录。

(2)隐蔽工程应在隐蔽前经验收各方检验合格后,才能隐蔽,并形成记录。

(3)当地下室或地下构筑物外墙有管道穿过时,应采取防水措施。对有严格防水要求的建筑物,必须采用柔性防水套管。

(4)管道穿过结构伸缩缝、抗震缝及沉降缝时,应根据情况采取下列保护措施:

①在墙体两侧采取柔性连接。

②在管道或保温层外皮上、下部留有不小于 150 mm 的净空。

③在穿墙处做方形补偿器,水平安装。

(5)对于同一房间内,同类型的采暖设备、卫生器具及管道配件,除特殊要求外,应安装在同一高度。

(6)当明装管道成排安装时,直线部分应互相平行。曲线部分:当管道水平或垂直并行时,应与直线部分保持等距;当管道水平且上下并行时,弯管部分的曲率半径应一致。

(7)管道支、吊、托架的安装,应符合下列规定:

①位置正确,埋设应平整牢固。

②固定支架与管道接触应紧密,固定应牢靠。

③滑动支架应灵活,滑托与滑槽两侧间应留有 3~5 mm 的间隙,纵向移动量应符合设

计要求。

④无热伸长管道的吊架、吊杆应垂直安装。

⑤有热伸长管道的吊架、吊杆应向热膨胀的反方向偏移。

⑥固定在建筑结构上的管道支、吊架不得影响结构的安全。

⑦钢管水平安装的支、吊架间距不应大于表5-3的相关规定。

表5-3　钢管管道支架的最大间距

公称直径 DN（mm）		15	20	25	32	40	50	70	80	100	125	150	200	250	300
支架的最大间距(m)	保温管	2	2.5	2.5	2.5	3	3	4	4	4.5	6	7	7	8	8.5
	不保温管	2.5	3	3.5	4	4.5	5	6	6	6.5	7	8	9.5	11	12

⑧采暖、给水及热水供应系统的塑料管及复合管垂直或水平安装的支架间距应符合表5-4的相关规定。

表5-4　塑料管及复合管管道支架的最大间距

管径（mm）			12	14	16	18	20	25	32	40	50	63	75	90	110
最大间距（m）	立管		0.5	0.6	0.7	0.8	0.9	1.0	1.1	1.3	1.6	1.8	2.0	2.2	2.4
	水平管	冷水管	0.4	0.4	0.5	0.5	0.6	0.7	0.8	0.9	1.0	1.1	1.2	1.35	1.55
		热水管	0.2	0.2	0.25	0.3	0.3	0.35	0.4	0.5	0.6	0.7	0.8		

⑨铜管垂直或水平安装的支架间距应符合表5-5的相关规定。

表5-5　铜管管道支架的最大间距

公称直径 DN（mm）		15	20	25	32	40	50	65	80	100	125	150	200
支架的最大间距（m）	垂直管	1.8	2.4	2.4	3.0	3.0	3.0	3.5	3.5	3.5	3.5	4.0	4.0
	水平管	1.2	1.8	1.8	2.4	2.4	2.4	3.0	3.0	3.0	3.0	3.5	3.5

（8）采暖、给水及热水供应系统的金属管道立管管卡安装应符合下列规定：

①楼层高度小于或等于5 m,每层必须安装1个。

②楼层高度大于5 m,每层不得少于2个。

③管卡安装高度,距地面应为1.5～1.8 m,2个以上管卡应匀称安装,同一房间管卡应安装在同一个高度上。

（9）管道及管道支墩,严禁铺设在冻土和未经处理的松土上。

（10）管道穿过墙壁和楼板,应设置金属或塑料套管。安装在楼板内的套管,其顶部应高出装饰地面20 mm;安装在卫生间及厨房内的套管,其顶部应高出装饰地面50 mm,底部应与楼板地面相平;安装在墙壁内的套管其两端与饰面相平。穿过楼板的套管与管道之间缝隙应用阻燃密实材料和防水油膏填实,且端面应光滑。穿墙套管与管道之间宜用阻燃密实材料填实,且端面应光滑。管道的接口不得设在套管内。

(11)弯制钢管,弯曲半径应符合下列规定:

①热弯:应不小于管道外径的 3.5 倍。

②冷弯:应不小于管道外径的 4 倍。

③焊接弯头:应不小于管道外径的 1.5 倍。

④冲压弯头:应不小于管道外径。

(12)管道接口应符合下列规定:

①管道采用粘接接口,管端插入承口的深度不得小于表5-6 的相关规定。

表 5-6　管端插入承口的深度

公称直径 DN(mm)	20	25	32	40	50	75	100	125	150
插入深度(mm)	16	19	22	26	31	44	61	69	80

②熔接连接管道的结合面应有一均匀的熔接圈,不得出现局部熔瘤或熔接圈凹凸不匀现象。

③采用橡胶圈接口的管道,允许沿曲线敷设,每个接口的最大偏转角不得超过 2°。

④法兰连接时衬垫不得凸入管内,其外边缘以接近螺栓孔为宜,不得安放双垫或偏垫。

⑤连接法兰的螺栓,直径和长度应符合标准,拧紧后,突出螺母的长度不应大于螺杆直径的 1/2。

⑥螺纹连接管道安装后的管螺纹根部应有 2~3 扣的外露螺纹,多余的麻丝应清理干净并作防腐处理。

⑦当承插口采用水泥捻口时,油麻必须清洁、填塞密实,水泥应捻入并密实饱满,其接口面凹入承口边缘的深度不得大于 2 mm。

(13)卡箍式连接两管口端应平整、无缝隙,沟槽应均匀,卡紧螺栓后管道应平直,卡箍安装方向应一致。

(14)各种承压管道系统和设备应做水压试验,非承压管道系统和设备应做灌水试验。

【案例 5-1】

某工程室内采暖系统阀门试验记录单如表5-7 所示。

问题:请指出阀门(清洗)试验记录的几处错误,并改正。

【案例评析】

根据本章相关规定得出,该阀门(清洗)试验记录共有两处错误。

(1)对于公称直径 DN65~200 的阀门进行严密性试验,金属密封的试验时间为 30 s,而该项目闸阀的严密性试验时间为 20 s。

(2)对于公称直径 DN65~200 的阀门进行强度试验,试验压力应为公称压力的 1.5 倍,应大于等于 0.45 MPa,而该项目闸阀的强度试验压力为 0.4 MPa。

表 5-7　阀门(清洗)试验记录

工程名称	××小区1#楼			施工单位		××建筑工程公司			
分项工程名称	室内采暖管道及配件安装			监理(建设)单位		××市建设监理公司			
环境温度	20 ℃	公称压力	0.3 MPa	试验日期		××××年××月××日			
阀门名称	闸阀	角球阀	直球阀	过滤器	直温控阀	角温控阀	球阀	排气阀	锁阀闭
规格	DN80	DN15	DN15	DN20	DN15	DN15	DN20	DN15	DN20
密封材料	钢垫	铅油麻丝	铅油麻丝	铅油麻丝	铅油麻丝	铅油麻丝	铅油麻丝	铅油麻丝	铅油麻丝
试验介质	自来水	自来水	自来水	自来水	自来水	自来水	自来水	自来水	自来水
试验压力及时间	强度(MPa)	0.4	0.75	0.75	0.75	0.75	0.75	0.75	0.75	0.75
	时间(s)	20	60	60	60	60	60	60	60	60
	严密性(MPa)	0.6	0.6	0.6	0.6	0.6	0.6	0.6	0.6	0.6
	时间(s)	60	60	60	60	60	60	60	60	60
试验结论	符合设计要求及《建筑给水排水及采暖工程施工质量验收规范》(GB 50242—2002)的规定,合格								
	施工单位					监理(建设)单位			
试验人:	专业质量检查员:		项目专业技术(质量)负责人:(公章)			监理工程师:(公章)			

第二节　室内给水系统

一、一般规定

本节内容适用于工作压力不大于1.0 MPa的室内给水和消火栓系统管道安装工程的质量检验与验收。为适应当前高层建筑室内给水和消火栓系统工作压力的需求,将其工作压力限定在不大于1.0 MPa。

二、室内给水系统安装材料质量控制

(一)生活给水系统材料质量要求

1.给水管材、阀门质量要求

(1)室内给水管材必须符合设计要求。

(2)给水系统必须采用与管材相适应的管件。

(3)生活给水系统所涉及的材料必须达到饮用水卫生标准。生活饮用水管道优先使用塑料管及铝塑复合管,条件受限制地区可以使用镀锌钢管。

2. 管材及阀门质量要求

管材及阀门应符合国家及部门现行标准,同时具备技术质量鉴定文件和产品合格证及保修证明。

3. 钢管质量要求

钢管表面应无裂纹、缩孔、夹渣、重皮、折叠等缺陷,管壁不能有麻点及超过壁厚负偏差的锈蚀或凹陷。

焊接钢管的连接,当管径小于或等于 32 mm 时,应采用螺纹连接;当管径大于 32 mm 时,应采用焊接。管径小于或等于 32 mm 的管道多用于连接散热设备立支管,拆卸相对较多,且截面较小,实施焊接时易使其截面缩小,因此参照各地习惯做法规定,不同管径的管道采用不同的连接方法。

4. 铜管质量要求

铜管的纵向划深深度不大于 0.3 mm,横向的凸起高度或凹入深度不大于 0.35 mm,面积不超过管子表面积的 0.5%。

5. 给水铸铁管的选择

当工作压力为 0.45 MPa 以下时,应选用低压管;当工作压力为 0.75~10.45 MPa 时,应选用高压管;当工作压力为 0.45~0.75 MPa 时,应选用均压管。如果一条管线上压力不同,应按高值压力选管。同一管线上不宜选用不同压力等级的给水铸铁管。

6. 铸铁管质量要求

铸铁管内侧表面不得有裂纹、冷隔、瘪陷和错位等缺陷,且接口处不得有黏砂及凸起,承口根部不得有凹陷,其他部分不得有大于 2 mm 厚的黏砂及大于 5 mm 的凸起或凹陷。

7. 镀锌钢管质量要求

镀锌钢管用螺纹法兰连接,其规格及压力等级应符合铸铁螺纹法兰标准,法兰材质为灰口铸铁,法兰表面光滑,不得有气泡、裂纹、斑点、毛刺及其他降低法兰强度和连接可靠性的缺陷。法兰端面应垂直于螺纹中心线。

8. 塑料管和复合材料管质量要求

塑料管和复合材料管的管材和管件的内表面光滑平整,无气泡、裂口、裂纹、脱皮,且色泽一致。

9. 阀门

当阀门在管径小于或等于 50 mm 管路中起截断作用时,宜采用截止阀;当阀门在管径大于 50 mm 管路中起截断作用时,宜采用蝶阀。

10. 水表质量要求

水表表壳铸造规矩,无砂眼、裂纹,表玻璃盖无损坏,铅封完整。

(二)给水管道接口材料质量要求

1. 法兰连接垫片及螺栓

(1)法兰垫片一般采用橡胶板,其质地应柔软,无老化变质现象,表面不应有折损、皱纹等缺陷。

(2)螺栓及螺母的螺纹应完整,无伤痕、毛刺等缺陷。螺栓与螺母应配合良好,无松动或卡涩现象。

2. 螺纹口填料

给水管道螺纹接口填料为麻丝和厚白漆或聚四氟乙烯生料带。麻丝应采用纤维长的亚麻,厚白漆应不含杂质和垃圾、洁净且不干结。聚四氟乙烯生料带应采用经过鉴定的专业生产厂生产的成卷包装的合格产品。

3. 铸铁给水管道承插接口材料

(1)油麻应是在95%的汽油和5%的石油沥青中浸透晾干的线麻。

(2)水泥用强度等级不低于32.5的硅酸盐水泥或矿渣硅酸盐水泥。水泥应在有效期内使用,并在干燥处存放,防止受潮变质。

(3)橡胶圈应与承插口大小间隙匹配,安装时橡胶断面压缩率为35%～40%,橡胶强度和弹性良好,无老化变质现象。

(三)室内消火栓材料、设备质量要求

(1)管材、管件设备等应有出厂合格证,消防专用设备及附件应有"CCC"认证证件。

(2)管材应符合设计要求,碳素钢管不得有弯曲、锈蚀、重皮及凹凸不平等现象;镀锌钢管管壁内外应镀锌均匀,无锈蚀飞刺等现象。

(3)管件一般采用球墨铸铁,要求锻造规矩、表面光洁、无裂纹。

(4)水泵接合器、仪表等要求配件齐全,启闭灵活。关闭严密,外观无裂纹等。

(5)消火栓箱体的规格、型号要求符合设计要求,箱体表面平整、光洁,无锈蚀、划伤,箱门启闭灵活,箱体方正,无变形现象,箱内配件齐全。栓阀外形规矩,无裂纹,启闭灵活,关闭严密,密封良好。

(6)消防泵及气压给水装置,进场后应进行开箱检验,设备型号、规格应与设计要求一致,配件齐全,无缺损,进出口的保护物应完好无损。

(四)室内给水设备质量要求

(1)水泵型号、规格应符合设计要求,并有出厂合格证和厂家提供的技术手册、检测报告。配件齐全,无缺损等。

(2)水箱规格、材质、外形尺寸、各接口等应符合设计要求。水箱应有卫生检测报告、试验记录和合格证。

(3)稳压罐的型号和规格应符合设计要求,有厂家合格证、技术手册和产品检测报告。

(五)给水管道连接及配件安装规定

(1)管径小于或等于100 mm的镀锌钢管应采用螺纹连接,套丝扣时破坏的镀锌层表面及外露螺纹部分应作防腐处理;管径大于100 mm的镀锌钢管应采用法兰或卡套式专用管件连接,镀锌钢管与法兰的焊接处应二次镀锌。

(2)给水铸铁管管道采用水泥捻口或橡胶圈接口方式进行连接。

(3)铜管连接可采用专用接头或焊接,当管径小于22 mm时宜采用承插或套管焊接,承口应迎介质流向安装;当管径大于或等于22 mm时宜采用对口焊接。

(4)给水塑料管和复合管可以采用橡胶圈接口、粘接接口、热熔连接、专用管件连接及法兰连接等形式。塑料管和复合管与金属管件、阀门等的连接应使用专用管件连接,不得在塑料管上套丝。

(5)给水立管和装有3个或3个以上配水点的支管始端,要求安装可拆卸的连接件,主要是为了便于维修,拆装方便。

（6）冷、热水管道同时安装应符合下列规定：

①上、下平行安装时热水管应在冷水管上方。

②垂直平衡安装时热水管应在冷水管左侧。

三、室内给水系统质量验收

（一）室内给水管道系统安装

1. 主控项目

（1）室内给水管道的水压试验必须符合设计要求。当设计未注明时，各种材质的给水管道系统试验压力均为工作压力的 1.5 倍，但不得小于 0.6 MPa。

检验方法：

①金属及复合管给水管道系统。在试验压力下观测 10 min，压力降不应大于 0.02 MPa，然后降到工作压力进行检查，应不渗不漏。

②塑料管给水系统应在试验压力下稳压 1 h，压力降不得超过 0.05 MPa，然后在工作压力的 1.15 倍状态下稳压 2 h，压力降不得超过 0.03 MPa，同时检查各连接处不得渗漏。

【小贴士】

管道系统试压完毕后，应及时拆除所有临时盲板，并核对记录，填写表 5-8。

表 5-8　管道系统试压记录表

工程名称									
管线系统名称									
试压日期				年　　月　　日					
管线编号	材质	设计参数			强度试验			严密性试验		
		介质	压力	温度	介质	压力	鉴定	介质	压力	鉴定
试压情况说明和结论									
试压人员或班组长：									
施工单位：_____　负责人：_____　技术负责人：_____　质量检查员：_____									

（2）给水系统交付使用前必须进行通水试验并做好记录。

检验方法：观察和开启阀门、水嘴等放水。

（3）生活给水系统管道在交付使用前必须冲洗和消毒，并经有关部门取样检验，符合国家《生活饮用水卫生标准》（GB 5749—2006）方可使用。

检验方法：检查有关部门提供的检测报告。

（4）室内直埋给水管道（塑料管道和复合管道除外）应作防腐处理。埋地管道防腐层材质和结构应符合设计要求。

检验方法:观察或局部解剖检查。

2.一般项目

(1)给水引入管与排水排出管水平净距不得小于 1 m。室内给水管与排水管水平敷设时,两管间的最小水平净距不小于 0.5 m;交叉敷设时,垂直净距不小于 0.15 m。给水管应敷设在排水管上部,若给水管必须敷设在排水管下部,给水管应加套管,其长度不小于排水管管径的 3 倍。

检验方法:尺量检查。

(2)管道及管件焊接的焊缝表面质量应符合下列要求:

①焊缝外形尺寸应符合图纸和工艺文件的规定,焊缝高度不得低于母材表面,焊缝与母材应圆滑过渡。

②焊缝及热影响区表面应无裂纹、未熔合、未焊透、夹渣、弧坑和气孔等缺陷。

检验方法:观察检查。

③给水水平管道应有 0.002~0.005 的坡度坡向泄水装置。

检验方法:水平尺和尺量检查。

④给水管道和阀门安装的允许偏差应符合表 5-9 的相关规定。

表 5-9 管道和阀门安装的允许偏差和检验方法

序号	项目			允许偏差 (mm)	检验方法
1	水平管道纵横方向弯曲	钢管	每米	1	用水平尺、直尺、拉线和尺量检查
			全长(25 m 以上)	≤25	
		塑料管复合管	每米	1.5	用水平尺、直尺、拉线和尺量检查
			全长(25 m 以上)	≤25	
		铸铁管	每米	2	用水平尺、直尺、拉线和尺量检查
			全长(25 m 以上)	≤25	
2	立管垂直度	钢管	每米	3	吊线和尺量检查
			全长(5 m 以上)	≤8	
		塑料管复合管	每米	2	吊线和尺量检查
			全长(5 m 以上)	≤8	
		铸铁管	每米	3	吊线和尺量检查
			全长(5 m 以上)	≤10	
3	成排管段和成排阀门	在同一平面上间距		3	尺量检查

⑤水表应安装在便于检修,不受暴晒、污染和冻结的地方,水表外壳上箭头方向应与水流方向一致,安装螺翼式水表,表前与阀门应有不小于 8 倍水表接口直径的直线管段。表外壳距墙表面净距为 10~30 mm;水表进水口中心标高按设计要求,允许偏差为 ±10 mm。

检验方法:观察和尺量检查。

为保护水表不受损坏,兼顾南北方气候差异限定水表安装位置。对螺翼式水表,为保证水表测量精度,规定了表前与阀门间应有不小于 8 倍水表接口直径的直线管段。水表外壳距墙面净距应保持安装距离。

⑥管道的支、吊架安装应平整牢固,其最大间距除符合表 5-3 ~ 表 5-5 中相关规定外,还应符合表 5-10 的规定。

检验方法:观察、尺量及手扳检查。

(二)室内消火栓系统安装

1.主控项目

室内消火栓系统安装完成后应取屋顶层(或水箱间内)试验消火栓和首层取两处消火栓做试射试验,以达到设计要求为合格。

检验方法:实地试射检查。

室内消火栓给水系统在竣工后均应做消火栓试射试验,以检验其使用效果,但不能逐个试射,故选取有代表性的三处:屋顶(北方一般在屋顶水箱间等室内)试验消火栓,首层取两处消火栓。屋顶试验消火栓试射可检验两股充实水柱同时到达最远点消火栓的能力。

2.一般项目

(1)安装消火栓水龙带。水龙带与水枪和快速接头绑扎好后,应根据箱内构造将水龙带挂放在箱内的挂钉、托盘或支架上。

检验方法:观察检查。

(2)箱式消火栓的安装应符合下列规定。

①栓口应朝外,并不应安装在门轴侧。

②栓口中心距地面为 1.1 m,允许偏差为 ±20 mm。

③阀门中心距箱侧面为 140 mm,距箱后内表面为 100 mm,允许偏差为 ±5 mm。

④消火栓箱体安装的垂直度允许偏差为 3 mm。

检验方法:观察和尺量检查。

箱式消火栓的安装,其栓口朝外且不应安装在门轴侧,主要是取用方便;栓口中心距地面为 1.1 m,符合现行防火设计规范规定。

(三)给水设备安装

1.主控项目

(1)水泵就位前的基础混凝土强度、坐标、标高、尺寸和螺栓孔位置必须符合设计规定。

检验方法:对照图纸用仪器和尺量检查。

(2)水泵试运转的轴承温升必须符合设备说明书的规定。

检验方法:温度计实测检查。

(3)敞口水箱的满水试验和密闭水箱(罐)的水压试验必须符合设计与规范的规定。

检验方法:满水试验静置 24 h 观察,不渗不漏;水压试验在试验压力下 10 min 压力不降,不渗不漏。

2.一般项目

(1)水箱支架或底座安装,其尺寸及位置应符合设计规定,埋设平整牢固。

检验方法:对照图纸,尺量检查。

(2)水箱溢流管和泄放管应设置在排水地点附近但不得与排水管直接连接。

检验方法:观察检查。

(3)立式水泵的减振装置不应采用弹簧减振器。

检验方法:观察检查。

(4)室内给水设备安装的允许偏差应符合表5-10的相关规定。

表5-10　室内给水设备安装的允许偏差和检验方法

序号	项目		允许偏差(mm)	检验方法
1	静置设备	坐标	15	经纬仪或拉线、尺量
		标高	±5	用水准仪、拉线和尺量检查
		垂直度(每米)	5	吊线和尺量检查
2	离心式水泵	立式泵体垂直度(每米)	0.1	水平尺和塞尺检查
		卧式泵体垂直度(每米)	0.1	水平尺和塞尺检查
	联轴器同心度	轴向倾斜(每米)	0.8	在联轴器互相垂直的四个位置上用水准仪/百分表或测微螺钉和塞尺检查
		径向位移	0.1	

(5)管道及设备保温层的厚度和平整度的允许偏差应符合表5-11的相关规定。

表5-11　管道及设备保温层的允许偏差和检验方法

序号	项目		允许偏差(mm)	检验方法
1	厚度		$+0.1\delta$ -0.05δ	用钢针刺入
2	表面平整度	卷材	5	用2 m靠尺和楔形塞尺检查
		涂抹	10	

注:δ为保温层厚度。

【案例5-2】

小李是某安装公司新招聘的质量员,表5-12是小李制作的某小区室内给水系统安装检验批质量验收记录。

表 5-12　某小区室内给水系统安装检验批质量验收记录

工程名称	××小区		子分部工程名称		给水管道及配件安装		
施工单位	××安装公司		分包单位		××房地产公司		
项目经理	×××	分包项目经理	×××	专业工长	×××	施工班组长	×××
施工执行标准名称及编号		《建筑给水排水及采暖工程施工质量验收规范》(GB 50242—2002)					
施工质量验收规范的规定				检查方法	施工单位检查评定		监理验收记录
主控项目	1	管网水压试验	试验压力为工作压力的 1.5 倍,并且≥0.6 MPa				
一般项目	2	箱式消火栓	栓口中心距地面为 1.0 m,允许偏差±20 mm	观察和尺量检查			
	3	水平管道	给水水平管道应有 0.002～0.003 的坡度坡向泄水装置	水平尺和尺量检查			
	4	水表安装	表外壳距墙表面净距为 10～30 mm;水表进水口中心标高按设计要求,允许偏差为 ±10 mm	现场观察检查			
施工单位检查评定		项目专业质量检查员: 年　月　日			监理(建设单位项目专业技术负责人): 年　月　日		

问题:小李制作的室内给水系统安装检验批质量验收记录共有几处错误,请指正。

【案例评析】

小李制作的室内给水系统安装检验批质量验收记录共有 3 处错误,分别是:

(1)给水管道及配件安装不是子分部工程名称,而是分项工程名称。

(2)箱式消火栓,栓口中心距地面应为 1.1 m。

(3)给水水平管道应有 0.002～0.005 坡度坡向泄水装置。

作为施工单位的质量员,其岗位职责就是进行项目的质量控制,因此质量员对相关的验收标准必须掌握,不允许出现小李这种现象。

第三节　室内排水系统

一、一般规定

本节适用于室内排水管道、雨水管道及卫生器具安装工程。

二、室内排水系统材料质量控制

(一)室内排水系统管材选择要求

(1)生活污水管道应使用塑料管、铸铁管或混凝土管(由成组洗脸盆或饮用喷水器到共用水封之间的排水管和连接卫生器具的排水短管,可使用钢管)。

(2)雨水管道宜使用塑料管、铸铁管、镀锌和非镀锌钢管或混凝土管等。

(3)悬挂式雨水管道应选用钢管、铸铁管或塑料管。

(4)易受振动的雨水管道(如锻造车间)应使用钢管。

(5)金属排水管道及附件。

①主材:包括排水铸铁管、钢管、铸铁管件、清扫口、地漏、铸铁透气帽、隔油器等管材。管壁应厚度均匀,造型规矩,不得有黏砂、毛刺、砂眼、裂纹等现象,承口内外光滑整洁,法兰压盖、光管端口平整光洁,地漏水封高度不小于50 mm,丝扣不得出现偏扣、乱扣、丝扣不全等现象。

②辅料:包括密封橡胶圈、灰口铸铁压兰、螺栓螺母、密封橡胶套、不锈钢管箍、油麻、水泥、防水油膏、防锈漆、调和漆、沥青漆、玻璃布、银粉漆、型钢、圆钢等。

(6)非金属排水管道及管件。

①目前常用的管材有 UPVC 芯层发泡和实壁管、UPVC 空壁螺旋和实壁螺旋管、ABS 管等。

②管材应具有较强的耐腐蚀性、良好的抗冲击性和降低噪声的性能,外观光泽好并且颜色一致。管材、管件外表层应光滑无气泡、裂纹,管壁厚度符合相关标准且厚度均匀,管材直端挠度不大于10‰。

③黏结剂应使用厂家配套产品并应有生产日期和有效期。

④防火套管、阻火圈具有检验部门测试报告。

⑤辅材有黏结剂、型钢、圆钢、卡架、螺栓、胀杆、螺母、肥皂、清洁剂、丙酮等,应符合设计要求。

(二)室内排水系统管道安装要求

(1)金属管道的承插和管箍接口应符合以下要求:

①承插和管箍接口环缝间隙应均匀,填料应先用麻丝填充,其填充量约占整个水泥接口深度的1/3,再用水泥或石棉水泥捻口。且应检查使用材料是否正确。

②填料捻口应敲打密实、饱满,填料凹入承口边缘不大于5 mm。灰口应平整、光滑,用湿润的麻丝箍在接口处进行养护,不得用水泥砂浆抹口。

(2)埋地敷设的排水管道,不得布置在如下地方:

①穿越设备基础,或受重压处。

②穿过沉降缝、伸缩缝、烟道和风道处。

③直接敷设在松软土层上。

当必须在上述地方布置排水管时,应采取相应技术措施。

(3)通向室外的排出管,过墙时应符合以下要求:

①穿承重砖墙或砖砌基础处,预留洞的洞顶应与管道顶部的距离不小于150 mm。

②穿过地下室外墙或地下构筑物的墙壁处,应采取防水措施。

③穿过墙壁或基础,必须下返时,应吊顺水三通(或用45°弯头连接45°斜三通)连接,在垂直管段顶部应设地面清扫口。

(4)承插式柔性接口排水铸铁管应采用离心浇筑工艺生产,不得采用砂型立模浇筑工艺生产。

（5）铸铁排水管检查口、清扫口安装。污水管道应按设计要求和规范规定设置检查口和清扫口，具体安装时还应符合下列规定：

①立管上的检查口安装高度由地面至检查口中心为 1 m，允许偏差 ± 10 mm，并应高于该卫生器具上边缘 150 mm，检查口的朝向应便于检查。

②当排水管在楼板下悬吊敷设时，若将清扫口设在上层的地面上，清扫口与墙面的垂直距离不小于 200 mm；当排水管起点安装堵头代替清扫口时，与墙面距离不小于 400 mm。

（6）塑料管承插黏结接口应满足下列要求：

①各地工厂生产的聚氯乙烯管都有其各自配套胶粘剂，使用前应检查其是否配套。

②黏结连接之前，用布将承插口需黏结部位的水分、灰尘全部擦拭干净，若有油污需用丙酮除掉，然后用刷子把胶粘剂涂于承插口连接面，在 5 ~ 15 s 内将管子插入承口，插入黏结时将插口转动 90°，以利于黏结剂分布均匀。胶粘剂固化时间约 1 min，因此需注意，在插入后应有稍长于 1 min 的定位时间，待其固化后才松手。

（7）塑料排水管的伸缩接头安装。伸缩节间距的设置不大于 4 m，一般宜逐层设置。扫除口带伸缩节的可设置在每层地面以上 1 m 的位置。安装伸缩节时，应按制造厂说明书要求设置好规定管卡，在伸缩节中安好橡胶密封圈，在管子承插口黏结固定后，应拆除限位装置，以利于热胀冷缩。

（8）排水管道通水试验应符合下列规定：

①排水系统竣工后的通水试验，按给水系统 1/3 配水点同时开放，检查各排水点是否畅通，接口有无渗漏。

②通水试验应根据管道布置，采用分层、分区段做通水试验，先从下层开始局部通水，再做系统通水。通水时在浴缸、面盆等处放满水，然后同时排水，观察排水情况，以不堵不漏、排水畅通为合格。试验时做好通水试验记录。

三、室内排水系统质量验收

（一）排水管道及配件安装

1. 主控项目

（1）隐蔽或埋地的排水管道在隐蔽前必须做灌水试验，其灌水高度应不低于底层卫生器具的上边缘或底层地面高度。

检验方法：满水 15 min 水面下降后，再灌满观察 5 min，液面不降，以管道及接口无渗漏为合格。

（2）生活污水铸铁管道的坡度必须符合设计要求或表 5-13 的相关规定。

表 5-13　生活污水铸铁管道的坡度

项次	管径（mm）	标准坡度	最小坡度
1	50	0.035	0.025
2	75	0.025	0.015
3	100	0.020	0.012
4	125	0.015	0.010
5	150	0.010	0.007
6	200	0.008	0.005

检验方法：水平尺、拉线尺量检查。

（3）生活污水塑料管道的坡度必须符合设计要求或表5-14的相关规定。

表5-14　生活污水塑料管道的坡度

项次	管径(mm)	标准坡度	最小坡度
1	50	0.025	0.012
2	75	0.015	0.008
3	110	0.012	0.006
4	125	0.010	0.005
5	160	0.007	0.004

检验方法：水平尺、拉线尺量检查。

（4）排水塑料管必须按设计要求及位置装设伸缩节。当设计无要求时，伸缩节间距不得大于4 m。高层建筑中明设排水塑料管应按设计要求设置阻火圈或防火套管。

检验方法：观察检查。

（5）排水主立管及水平干管管道均应做通球试验，通球球径不小于排水管道管径的2/3，通球率必须达到100%。

检查方法：通球检查。

2. 一般项目

（1）在生活污水管道上设置的检查口或清扫口，当设计无要求时应符合下列规定：

①在立管上应每隔一层设置一个检查口，但在最底层和有卫生器具的最高层必须设置。当为两层建筑时，可仅在底层设置立管检查口；当有乙字弯管时，则在该层乙字弯管的上部设置检查口。检查口中心高度距操作地面一般为1 m，允许偏差±20 mm；检查口的朝向应便于检修。暗装立管，在检查口处应安装检修门。

②在连接2个及2个以上大便器或3个及3个以上卫生器具的污水横管上应设置清扫口。当污水管在楼板下悬吊敷设时，可将清扫口设在上一层楼地面上，污水管起点的清扫口与管道相垂直的墙面距离不得小于200 mm；当污水管起点设置堵头代替清扫口时，与墙面距离不得小于400 mm。

③在转角小于135°的污水横管上，应设置检查口或清扫口。

④污水横管的直线管段，应按设计要求的距离设置检查口或清扫口。

检验方法：观察和尺量检查。

（2）埋在地下或地板下的排水管道的检查口，应设在检查井内。井底表面标高与检查口的法兰相平，井底表面应有5%坡度，坡向检查口。

检验方法：尺量检查。

（3）金属排水管道上的吊钩或卡箍应固定在承重结构上。固定件间距：横管不大于2 m，立管不大于3 m。楼层高度小于或等于4 m，立管可安装1个固定件。立管底部的弯管处应设支墩或采取固定措施。

检验方法：观察和尺量检查。

【小贴士】

金属排水管道较重,要求吊钩或卡箍固定在承重结构上是为了安全。固定件间距则根据调研确定。要求立管底部的弯管处设支墩,主要防止立管下沉,造成管道接口断裂。

(4)排水塑料管道支、吊架间距应符合表5-15的相关规定。

表5-15 排水塑料管道支、吊架最大间距 （单位:m）

管径(mm)	50	75	110	125	160
立管	1.2	1.5	2.0	2.0	2.0
横管	0.5	0.75	1.10	1.30	1.6

检验方法:尺量检查。

(5)排水通气管道安装。

排水通气管不得与风道或烟道连接,且应符合下列规定:

①通气管应高出屋面300 mm,但必须大于最大积雪厚度。

②当在通气管出口4 m以内有门、窗时,通气管应高出门、窗顶600 mm或引向无门、窗一侧。

③在经常有人停留的平屋顶上,通气管应高出屋面2 m,并应根据防雷要求设置防雷装置。

④屋顶有隔热层从隔热层板面算起。

检验方法:观察和尺量检查。

(6)安装未经消毒处理的医院含菌污水管道,不得与其他排水管道直接连接。

检验方法:观察检查。

(7)饮食业工艺设备引出的排水管及饮用水水箱的溢流管,不得与污水管直接连接,并预留出不小于100 mm的隔断空间。

检验方法:观察及尺量检查。

(8)通向室外排水检查井的排水管,当穿过墙壁或基础必须下返时,应采用45°三通和45°弯头连接,并应在垂直管段顶部设置清扫口。

检验方法:观察和尺量检查。

(9)由室内通向室外排水检查井的排水管,井内引入管应高于排出管或与两管顶相平,并不小于90°的水流转角,若跌落差大于300 mm,可不受角度限制。

检验方法:观察和尺量检查。

(10)用于室内排水的室内管道、水平管道与立管的连接,应采用45°三通或45°四通和90°斜三通或90°斜四通。立管与排出管端部的连接,应采用两个45°弯头或曲率半径不小于4倍管径的90°弯头。

检验方法:观察和尺量检查。

(11)室内排水管道安装的允许偏差应符合表5-16的相关规定。

(二)雨水管道及配件安装

1.主控项目

(1)安装在室内的雨水管道安装后应做灌水试验,灌水高度必须达到每根立管上部的雨水斗。

表 5-16　室内排水和雨水管道安装的允许偏差和检验方法

项次	项目				允许偏差（mm）	检验方法
1	坐标				15	用水准仪（水平尺）、直尺、拉线和尺量检查
2	标高				±15	
3	横管纵横方向弯曲	铸铁管	每米		≤1	
			全长（25 m 以上）		≤25	
		钢管	每米	管径≤100 mm	1	
				管径＞100 mm	1.5	
			全长（25 m 以上）	管径≤100 mm	≤25	
				管径＞100 mm	≤38	
		塑料管	每米		1.5	
			全长（25 m 以上）		≤38	
		钢筋混凝土管、混凝土管	每米		3	
			全长（25 m 以上）		≤75	
4	立管垂直度	铸铁管	每米		3	吊线和尺量检查
			全长（5 m 以上）		≤15	
		钢管	每米		3	
			全长（5 m 以上）		≤10	
		塑料管	每米		3	
			全长（5 m 以上）		≤15	

　　检验方法:灌水试验持续 1 h,不渗不漏。

　　(2)雨水管道如采用塑料管,其伸缩节安装应符合设计要求。

　　检验方法:对照图纸检查。

　　(3)悬吊式雨水管道的敷设坡度不得小于 5‰,埋地雨水管道的最小坡度应符合表 5-17 的相关规定。

表 5-17　地下埋设雨水排水管道的最小坡度

项次	管径(mm)	最小坡度(‰)
1	50	20
2	75	15
3	100	8
4	125	6
5	150	5
6	200 ～ 400	4

检验方法:水平尺、拉线尺量检查。

2.一般项目

(1)雨水管道不得与生活污水管道相连接。

检验方法:观察检查。

(2)雨水斗管的连接应固定在屋面承重结构上。雨水斗边缘与屋面连接处应严密不漏。当连接管管径设计无要求时,不得小于 100 mm。

检验方法:观察和尺量检查。

(3)悬吊式雨水管道的检查口或带法兰堵口的三通的间距不得大于表 5-18 的相关规定。

表 5-18　悬吊管检查口间距

项次	悬吊直径(mm)	检查口间距(mm)
1	≤150	≤15
2	≥200	≤20

检验方法:拉线、尺量检查。

(4)雨水钢管管道焊口允许偏差应符合表 5-19 的相关规定。

表 5-19　钢管管道焊口允许偏差和检验方法

项次	项目		允许偏差	检验方法
1	焊口平直度	管壁厚 10 mm 以内	管壁厚 1/4	焊接检验尺和游标卡尺检查
2	焊缝加强面	高度	+1 mm	
		宽度		
3	咬边	深度	<0.5 mm	直尺检查
		长度　连续长度	25 mm	
		长度　总长度(两侧)	小于焊缝长度的 10%	

【案例 5-3】

某安装公司进行某小区室内排水工程建设,施工过程中承包方为了缩短工期,未对雨水管管材进行检验,直接在该工程中使用。而在验收过程中,质量员发现施工方未对雨水管进行灌水试验,同时发现生活污水管道清扫口也未按规定进行设置。

问题:

(1)室内雨水管管材质量如何控制?

(2)室内雨水管如何进行灌水试验?

(3)生活污水管道清扫口如何设置?

【案例评析】

(1)雨水管道宜使用塑料管、铸铁管、镀锌和非镀锌钢管或混凝土管等。室内雨水管宜采用塑料管,要求管壁应厚度均匀、造型规矩,不得有黏砂、毛刺、砂眼、裂纹等。

(2)室内雨水管必须做灌水试验,灌水高度必须达到每根立管上部的雨水斗。

(3)生活污水管道上设置的检查口或清扫口,当设计无要求时应遵循前面排水管道及配件安装质量验收的相关规定。

第四节 室内热水供应系统

一、一般规定

本节内容适用于工作压力不大于 1.0 MPa,热水温度不超过 75 ℃的室内热水供应管道及辅助设备安装工程。

二、室内热水供应系统材料质量控制

热水供应系统的管道应采用塑料管、复合管、镀锌钢管和铜管。

(1)热镀锌钢管及管件应有符合国家或部门现行标准的技术质量鉴定文件或产品合格证书;内外表面锌皮应均匀,无脱落、明显锈蚀、毛刺、凹陷、扭曲等疵病,管件无偏扣、乱扣、丝扣不全或角度不准等现象。当壁厚 $\delta \leq 3.5$ mm 时,表面不准有超过 0.5 mm 深的伤痕;当 $\delta > 3.5$ mm 时,伤痕不准超过 1 mm。

(2)塑料管及管件、复合管及管件应有产品出厂质量合格证,并应具备国家或地市有关卫生、建材等部门的认证文件(化学建材测试中心的测试报告和中国预防医学科学院环境卫生检测所的检验报告)和企业产品说明书。

(3)管材和管件上应有明显的标志,标明生产厂的名称(或商标)、规格和主要技术特性。其包装上应标有批号、数量、生产日期和检验代号。

(4)管材和管件的颜色应一致,色泽均匀,无分解变色。

(5)管材的内外表面应光滑平整、清洁,不允许有分层、针孔、气泡、起皮、痕纹和夹渣,允许有轻微的、局部的、不使外径和壁厚超出允许公差的划伤、凹坑、压入物和斑点等缺陷。

(6)管材在运输、装卸和搬运时,应小心轻放,不得受到剧烈碰撞和尖锐物体冲击,不得抛、摔、滚、拖,应避免接触油污。

(7)铜管及管件的进场检验。

①管材内表面不应存在任何有害层。

②管材内外表面应光滑、清洁,不应有分层、针孔、裂纹、起皮、气泡、粗划道、夹渣、绿锈等缺陷。断口应无毛刺。

③管材表面允许有轻微的、局部的、不使管材外径和壁厚有允许偏差的划伤、凹坑压入物和矫直痕迹等缺陷。轻微的氧化色、发暗水迹等不作报废依据。

④铜管管件应具有清洁光亮的外观,其外表面允许有轻微的模痕,但不得有裂纹、明显的凹凸不平和超过壁厚负偏差的划痕,纵向划痕深度不应大于壁厚的 10%,且不超过 0.3 mm。

⑤铜管及管件的质量必须符合中华人民共和国国家标准《无缝铜水管和铜气管》(GB/T 18033—2007)的规定。

(8)太阳能热水器的类型应符合设计要求。成品应有出厂合格证。

附属装置:过滤器、补偿器、法兰等应符合设计要求,应有产品合格证及说明书。型钢、圆钢、管卡、螺栓、螺母、油、麻、垫、电气焊条等符合设计要求。

三、室内热水供应系统质量验收

(一)管道及配件安装

1. 主控项目

(1)热水供应系统安装完毕,管道保温之前应进行水压试验。试验压力应符合设计要求。当设计未注明时,热水供应系统水压试验压力应为系统顶点的工作压力加 0.1 MPa,同时在系统顶点的试验压力不小于 0.3 MPa。

检验方法:钢管或复合管道系统试验压力下 10 min 内压力降不大于 0.02 MPa,然后降至工作压力检查,压力应不降,且不渗漏。塑料管道系统在试验压力下稳压 1 h,压力降不得超过 0.05 MPa,然后在工作压力 1.15 倍状态下稳压 2 h,压力降不得超过 0.03 MPa,连接处不得有渗漏。

(2)热水供应管道应尽量利用自然弯补偿热伸缩,直线段过长则应设置补偿器。补偿器的型式、规格、位置应符合设计要求,并按有关规定进行预拉伸。

检验方法:对照设计图纸检查。

(3)热水供应系统竣工后必须进行冲洗。

检验方法:现场观察检查。

2. 一般项目

(1)管道安装坡度应符合设计规定。

检验方法:水平尺、拉线尺量检查。

(2)温度控制器及阀门应安装在便于观察和维护的位置。

检验方法:观察检查。

(3)热水供应管道和阀门安装的允许偏差应符合表 5-10 的相关规定。

(4)热水供应系统管道应保温(浴室内明装管道除外),保温材料、厚度、保护壳等应符合设计规定。保温层厚度和平整度的允许偏差应符合表 5-11 的相关规定。

(二)辅助设备安装

1. 主控项目

(1)在安装太阳能集热器玻璃前,应对集热排管和上、下集管做水压试验,试验压力为工作压力的 1.5 倍。

检验方法:试验压力下 10 min 内压力不降,不渗不漏。

(2)热交换器应以工作压力的 1.5 倍做水压试验。蒸汽部分应不低于蒸汽供汽压力加 0.3 MPa,热水部分应不低于 0.4 MPa。

检验方法:试验压力下 10 min 内压力不降,不渗不漏。

(3)水泵就位前的基础混凝土强度、坐标、标高、尺寸和螺栓孔位置必须符合设计要求。

检验方法:对照图纸用仪器和尺量检查。

(4)水泵试运转的轴承温升必须符合设备说明书的规定。

检验方法:温度计实测检查。

(5)敞口水箱的满水试验和密闭水箱(罐)的水压试验必须符合设计要求与相关规定。

检验方法:满水试验静置 24 h,观察不渗不漏;水压试验在试验压力下 10 min 内压力不降,不渗不漏。

2.一般项目

(1)安装固定式太阳能热水器,朝向应正南。如受条件限制,其偏移角不得大于15°。集热器的倾角,对于春、夏、秋三个季节使用的,应采用当地纬度为倾角;若以夏季为主,可比当地纬度减少10°。

检验方法:观察和分度仪检查。

(2)由集热器上、下集管接往热水箱的循环管道应有不小于5‰的坡度。

检验方法:尺量检查。

(3)自然循环的热水箱底部与集热器上集管之间的距离为0.3~1.0 m。

检验方法:尺量检查。

(4)制作吸热钢板凹槽时,其圆度应准确,间距应一致。安装集热排管时,应用卡箍和钢丝紧固在钢板凹槽内。

检验方法:扳手和尺量检查。

(5)太阳能热水器的最低处应安装泄水装置。

检验方法:观察检查。

(6)热水箱及上、下集管等循环管道均应保温。

检验方法:观察检查。

(7)凡以水作介质的太阳能热水器,在0 ℃以下地区使用时,应采取防冻措施。

检验方法:观察检查。

(8)热水供应辅助设备安装的允许偏差应符合表5-13的相关规定。

(9)太阳能热水器安装的允许偏差应符合表5-20的相关规定。

表5-20　太阳能热水器安装的允许偏差和检验方法

项目			允许偏差	试验方法
板式直管太阳能热水器	标高	中心线距地面(mm)	±20	尺量
	固定安装朝向	最大偏移角	不大于15°	分度仪检查

第五节　室内卫生洁具

一、一般规定

本节内容适用于室内污水盆、洗涤盆、洗脸(手)盆、盥洗槽、浴盆、淋浴器、大便器、小便器、小便槽、大便冲洗槽、妇女卫生盆、化验盆、排水栓、地漏、加热器、煮沸消毒器和饮水器等卫生器具安装的质量检验与验收。

二、室内卫生洁具材料质量控制

(一)室内卫生洁具的材料要求

(1)卫生洁具的型号、规格、质量要求必须符合设计要求,并有出厂合格证。

（2）卫生洁具表面应平整、光滑、无裂纹，排水口尺寸正确，给水排水管连接孔及支架固定良好。

（3）卫生洁具给水配件应有合格证。新产品必须在技术检定合格后才能使用。

（4）安装前应对产品进行检查，镀铬件表面应无锈斑及起壳等缺陷。

（5）水箱配件应为节水产品。

（二）室内卫生洁具安装要求

（1）卫生洁具的安装应采用预埋螺栓或膨胀螺栓安装固定。

（2）当卫生洁具安装高度设计无要求时，应符合表 5-21 的相关规定。

表 5-21　卫生洁具的安装高度

项次	卫生洁具名称		卫生洁具安装高度（mm）		说明
			居住和公共建筑	幼儿园	
1	污水盆（池）	架空式	800	800	
		落地式	500	500	
2	洗涤盆（池）		800	800	自地面至洁具上边缘
3	洗脸盆、洗手盆（有塞、无塞）		800	500	
4	盥洗槽		800	500	
5	浴盆		≤520	—	
6	蹲式大便器	高水箱	1 800	1 800	自台阶面至高水箱底
		低水箱	900	900	自台阶面至低水箱底
7	坐式大便器	高水箱	1 800	1 800	自地面至高水箱底
	低水箱	外露排水管式	510	370	自地面至低水箱底
		虹吸喷射式	470	370	
8	小便器	挂式	600	450	自地面至下边缘
9	小便槽		200	150	自地面至台阶面
10	大便槽冲洗水箱		≥2 000		自台阶至水箱底
11	妇女卫生盆		360		自地面至洁具上边缘

（3）卫生洁具给水配件的安装高度，当设计无要求时，应符合表 5-22 的相关规定。

（三）卫生洁具成品保护质量要求

（1）洁具在搬运和安装时要防止磕碰。稳装后洁具排水口应用防护用品堵存，镀铬零件用纸包好，以免堵塞或损坏。

（2）当在釉面砖、水磨石墙面剔孔洞时，宜用手电钻或先用小錾子轻剔掉釉面，待剔至砖底灰层处方可用力，但不得过猛，以免将面层剔碎或震成空鼓现象。

（3）洁具稳装后，为防止配件丢失或损坏，如拉链、堵链等材料及配件，应在竣工前统一安装。

（4）安装完的洁具应加以保护，防止洁具瓷面受损和整个洁具损坏。

表 5-22　卫生洁具给水配件的安装高度

项次	给水配件名称		配件中心距地面高度（mm）	冷热水龙头距离（mm）
1	架空式污水盆(池)水龙头		1 000	—
2	落地式污水盆(池)水龙头		800	—
3	洗涤盆(池)水龙头		1 000	150
4	住宅集中给水龙头		1 000	—
5	洗手盆水龙头		1 000	—
6	洗脸盆	水龙头（上配水）	1 000	150
		水龙头（下配水）	800	150
		角阀（下配水）	450	—
7	盥洗槽	水龙头	1 000	150
		冷热水管上下并行，其中热水龙头	1 100	150
8	浴盆	水龙头（上配水）	670	150
9	淋浴器	截止阀	1 150	95
		混合阀	1 150	—
		淋浴喷头下沿	2 100	—
10	蹲式大便器(台阶面算起)	高水箱角阀及截止阀	2 040	—
		低水箱角阀	250	—
		手动式自闭冲洗阀	600	—
		脚踏式自闭冲洗阀	150	—
11	蹲式大便器（台阶面算起）	拉管式冲洗阀（从地面算起）	1 600	—
		带防污助冲器阀门（从地面算起）	900	—
12	坐式大便器	高水箱角阀及截止阀	2 040	—
		低水箱角阀	150	—
13	大便槽冲洗箱截止阀（从台阶面算起）		≥2 400	—
14	立式小便器角阀		1 130	—
15	挂式小便器角阀及截止阀		1 050	—
16	小便槽多孔冲洗管		1 100	—
17	实验室化验水龙头		1 000	—
18	妇女卫生盆混合阀		360	—

注:装设在幼儿园的洗手盆、洗脸盆和盥洗槽水嘴中心距地面安装高度应为 700 mm,其他卫生洁具给水配件的安装高度,应按卫生洁具实际尺寸相应减小。

（5）通水试验前应检查地漏是否畅通，分户阀门是否关好，然后按层段分房间逐一进行通水试验，以免漏水使装修工程受损。

（6）在冬季室内不通暖时，各种洁具必须将水放净。存水弯应无积水，以免将洁具和存水弯冻裂。

三、卫生洁具安装质量验收

（一）卫生洁具安装

1. 主控项目

（1）排水栓和地漏的安装应平正、牢固，低于排水表面，周边无渗漏。地漏水封高度不低于 50 mm。

检验方法：试水观察法。

（2）卫生洁具交工前应做满水和通水试验。

检验方法：满水后各连接件不渗不漏，通水试验给水排水通畅。

2. 一般项目

（1）卫生洁具安装的允许偏差应符合表 5-23 的相关规定。

表 5-23　卫生洁具给水配件的安装高度

项次	项目		允许偏差（mm）	检验方法
1	坐标	单独洁具	10	拉线、吊线和尺量检查
		成排洁具	5	
2	标高	单独洁具	±15	
		成排洁具	±10	
3	洁具水平度		2	水平尺和尺量检查
4	洁具垂直度		3	吊线和尺量检查

（2）有饰面的浴盆，应留有通向浴盆排水口的检修门。

检验方法：观察检查。

（3）小便槽冲洗管，应采用镀锌钢管或硬质塑料管。冲洗孔应斜向下方安装，冲洗水流同墙面成 45°角。镀锌钢管钻孔后应进行二次镀锌。

检验方法：观察检查。

（4）卫生洁具的支、托架必须防腐良好，安装平整、牢固，与洁具接触紧密、平稳。

检验方法：观察和手扳检查。

（二）卫生洁具给水配件安装

1. 主控项目

卫生洁具给水配件应完好无损伤，接口严密，启闭部分灵活。

检验方法：观察及手扳检查。

2. 一般项目

（1）卫生洁具给水配件安装标高的允许偏差应符合表 5-24 的规定。

表 5-24   卫生洁具给水配件安装标高的允许偏差和检验方法

项次	项目	允许偏差(mm)	检验方法
1	大便器高、低水箱角阀及截止阀	±10	尺量检查
2	水嘴	±10	
3	淋浴器喷头下沿	±15	
4	浴盆软管淋浴器挂钩	±15	

（2）浴盆软管淋浴器挂钩的高度,若设计无要求,应距地面 1.8 m。

检验方法:尺量检查。

（三）卫生洁具排水管道安装

1. 主控项目

（1）与排水横管连接的各卫生洁具的受水口与立管均应采取妥善可靠的防渗、防漏措施。

检验方法:观察和手扳检查。

（2）连接卫生洁具的排水管道接口应紧密不漏,固定支架及管卡等支撑位置应正确、牢固,与管道的接触应平整。

检验方法:观察及通水检查。

2. 一般项目

（1）卫生洁具排水管道安装的允许偏差应符合表 5-25 的相关规定。

表 5-25   卫生洁具排水管道安装的允许偏差及检验方法

项次	检查项目		允许偏差(mm)	检验方法
1	横管弯曲度	每 1 m 长	2	水平尺检查
		横管长度≤10 m,全长	<8	
		横管长度>10 m,全长	10	
2	卫生洁具排水管口及横支管纵横坐标	单独洁具	10	尺量检查
		成排洁具	5	
3	卫生洁具的接口标高	单独洁具	±10	水平尺及尺量检查
		成排洁具	±5	

检验方法:用水平尺和尺量检查。

（2）连接卫生洁具的排水管管径和最小坡度,当设计无要求时,应符合表 5-26 的相关规定。

表 5-26　连接卫生洁具的排水管管径和最小坡度

项次	卫生洁具名称		排水管管径(mm)	管道最小坡度(‰)
1	污水盆(池)		50	25
2	单、双格洗涤盆(池)		50	25
3	洗手盆、洗脸盆		32~50	20
4	浴盆		50	20
5	淋浴器		50	20
6	大便器	高、低水箱	100	12
		自闭式冲洗阀	100	12
		拉管式冲洗阀	100	12
7	小便器	手动、自闭式冲洗阀	40~50	20
		自动冲洗水箱	40~50	20
8	化验盆(无塞)		40~50	25
9	净身器		40~50	20
10	饮水器		20~50	10~20
11	家用洗衣机		50(软管为30)	

检验方法:用水平尺和尺量检查。

第六节　室内采暖系统

一、一般规定

本节内容适用于饱和蒸汽压力不大于 0.7 MPa,热水温度不超过 130 ℃的室内采暖系统安装工程的质量检验与验收。采暖管道安装时,一般是先安装室外干管,然后安装室内干管、立管、支管。安装前,应按设计要求检查管道及配件的规格、型号和质量,同时清除管道内部的污垢和杂物。金属辐射板散热器安装前,必须进行水压试验。试验合格后,方可安装。

二、室内采暖系统材料质量控制

(一)室内采暖系统材料质量要求

1. 主材

(1)管材,包括碳素钢管、无缝钢管、复合管等,不能有弯曲、腐锈、开缝、重皮、飞刺、壁厚不均匀等现象。

（2）管件，不能有偏扣、乱扣、砂眼、断丝、裂纹等缺陷。

（3）阀门，不得有裂纹、乱扣、表面损伤、开闭不严密等缺陷。安装前应做严密性、强度试验，主控阀门100%试验；一般阀门应在每批（同品牌、同型号、同规格）中抽取10%，且不少于1个。

（4）主要管材、管件、配件的材质证明、合格证、使用说明书等应齐全、有效。

2.辅材

型钢、管卡、螺栓、螺母、铅油、麻垫、焊条、油漆等都应选择符合质量要求的材料。

（二）散热器质量要求

1.主材

（1）散热器应表面光洁，不得有砂眼、对口不平整、偏口、裂纹、弯曲、变形、损伤、脱皮、漆皮受损等现象。散热器的型号、规格、使用压力必须符合设计要求，并有出厂检验报告和合格证。

（2）散热器的组对零件：对丝、炉堵、炉补心等符合设计要求，不得有偏扣、断口、乱丝、裂纹等现象。散热器连接的主要配件（例如阀门、三通调节阀）必须有出厂合格证。

2.辅材

圆钢、角钢、拉条、托钩、固定卡、胀栓、放风门、衬垫、麻线、机油、铅油、油漆等辅材在选用上均应符合质量和规范要求。

（三）金属辐射板主材及连接件质量要求

（1）吊顶金属辐射板，由符合德标 DIN2394 的高精度钢管和 1.25 mm 厚的辐射板用双点焊工艺焊接制成。

（2）辐射板上部必须敷设带铝箔的绝缘层。绝缘层厚 40 mm，导热系数约为 0.04 W/km，密度为 25 kg/m^3。

（3）辐射板基本模块间为卡压或螺扣固定材料。

（四）低温热水地板辐射采暖材料质量要求

1.管材

（1）与其他供热系统共用一集中供热水源系统，且其他供热系统采用钢制散热器等易腐蚀构件时，PB 管、PE－X 管和 PP－R 管宜有阻氧层，以有效防止渗入氧加速对系统的氧化腐蚀。

【小贴士】

（1）交联聚乙烯管（PE－X）可在 －70～110 ℃ 的条件下长期使用。主要用于建筑物内冷热水系统，包括生活热水、热水供暖和地板供暖。

（2）无规共聚聚丙烯（PP－R）目前主要的应用领域为建筑冷热水系统。适用于公称压力为 0.6 MPa、1.0 MPa、1.6 MPa、2.0 MPa，公称外径为 12～16 mm，输送水温在 95 ℃ 以下的建筑内给水管材。

（3）聚丁烯（PB）管能够长期承受高达其屈服强度 90% 的应力，具有强度高、耐蠕变性能好、热变形温度高、耐热性能好、脆化温度低等特点。使用温度范围为 －20～90 ℃，最高可达 110 ℃ 的高温，耐磨损、耐冲击性能好，可长期在较高温度下工作。

（2）管材的外径、最小壁厚及允许偏差，应符合相关标准要求。

（3）管材以盘管方式供货，长度不得小于 100 m/盘。

2. 管件

（1）管件与螺纹连接部分配件的本体材料,应为锻造黄铜。使用 PP－R 管作为加热管时,与 PP－R 管直接接触的连接件表面应镀镍。

（2）管件的外表应完整、无缺损、无开裂、无变形。

（3）管件螺纹应完整,如有断丝和缺丝,不得大于螺纹全丝扣数的 10%。

（4）管件的物理力学性能,应符合相关标准要求。

3. 绝热板材

（1）绝热板材宜采用聚苯乙烯泡沫塑料,其物理性能应符合以下几点要求:

①密度不应小于 20 kg/m³;

②吸水率不应大于 4%;

③导热系数不应大于 0.05 W/(m・K);

④压缩应力不小于 100 kPa;

⑤氧指数不小于 32。

（2）为增强绝热板材的整体强度,并便于安装和固定加热管,对绝热板表面可作如下处理:

①敷有玻璃布基铝箔面层;

②敷有真空镀铝聚酯薄膜面层;

③敷设低碳钢丝网。

三、室内采暖系统质量控制

（一）管道及配件安装

1. 主控项目

（1）管道安装坡度,当设计未注明时,应符合下列规定:

①汽、水同向流动的热水采暖管道和汽、水同向流动的蒸汽管道及凝结水管道,坡度应为 3‰,且不得小于 2‰。

②汽、水逆向流动的热水采暖管道和汽、水逆向流动的蒸汽管道,坡度不应小于 5‰。

③散热器支管的坡度应为 1%,坡向应利于排气和泄水。

检验方法:观察,水平尺、拉线、尺量检查。

（2）补偿器的型号、安装位置及预拉伸和固定支架的构造及安装位置应符合设计要求。

检验方法:对照图纸,现场观察,并查验预拉伸记录。

（3）平衡阀及调节阀型号、规格、公称压力及安装位置应符合设计要求。

安装完后应根据系统平衡要求进行调试并作出标识。

检验方法:对照图纸查验产品合格证,并现场查看。

【小贴士】

热水采暖系统由于水力失调导致热力失调的情况多有发生。为此,系统中的平衡阀及调节阀,应按设计要求安装,并在试运行时进行调节、作出标识。

（4）蒸汽减压阀和管道设备上安全阀的型号、规格、公称压力及安装位置应符合设计要求。安装完毕后应根据系统工作压力进行调试,并作出标识。

检验方法:照图纸查验产品合格证及调试结果证明书。

（5）方形补偿器制作时,应用整根无缝钢管煨制,若需要接口,其接口应设在垂直臂的中间位置,且接口必须焊接。

检验方法:观察检查。

(6)方形补偿器应水平安装,并与管道的坡度一致;若其臂长方向垂直安装,必须设排气及泄水装置。

检验方法:观察检查。

2.一般项目

(1)热量表、疏水器、除污器、过滤器及阀门的型号、规格、公称压力及安装位置应符合设计要求。

检验方法:对照图纸查验产品合格证。

(2)钢管管道焊口尺寸的允许偏差应符合表5-19的规定。

(3)采暖系统入口装置及分户热计量系统入户装置,应符合设计要求。安装位置应便于检修、维护和观察。

检验方法:现场观察。

(4)当散热器支管长度超过1.5 m时,应在支管上安装管卡。

检验方法:尺量和观察检查。

(5)上供下回式系统的热水干管变径应顶平偏心连接,蒸汽干管变径应底平偏心连接。

检验方法:观察检查。

(6)在管道干管上焊接垂直或水平分支管道时,干管开孔所产生的钢渣及管壁等废弃物不得残留管内,且分支管道在焊接时不得插入干管内。

检验方法:观察检查。

(7)膨胀水箱的膨胀管及循环管上不得安装阀门。

检验方法:观察检查。

(8)当采暖热媒为110~130 ℃的高温水时,管道可拆卸件应使用法兰,不得使用长丝和活接头。法兰垫料应使用耐热橡胶板。

检验方法:观察和查验进料单。

(9)焊接钢管管径大于32 mm的管道转弯,在作为自然补偿时应使用煨弯。塑料管及复合管除必须使用直角弯头的场合外应使用管道直接弯曲转弯。

检验方法:观察检查。

(10)管道、金属支架和设备的防腐和涂漆应保持良好,无脱皮、起泡、流淌和漏涂缺陷。

检验方法:现场观察检查。

(11)管道和设备保温的允许偏差应符合表5-11的相关规定。

(12)采暖管道安装的允许偏差应符合表5-27的相关规定。

(二)辅助设备及散热器安装

1.主控项目

(1)散热器组对后,以及整组出厂的散热器在安装之前应做水压试验。试验压力设计无要求时应为工作压力的1.5倍,但不小于0.6 MPa。

检验方法:试验时间为2~3 min,压力不降且不渗不漏。

表 5-27　采暖管道安装的允许偏差和检验方法

项次	项目			允许偏差	检验方法
1	横管道纵、横方向弯曲(mm)	每米	管径≤100 mm	1 mm	用水平尺、直尺、拉线和尺量检查
			管径>100 mm	1.5 mm	
		全长(25 m 以上)	管径≤100 mm	≤13 mm	
			管径>100 mm	≤25 mm	
2	立管垂直度	每米		2 mm	吊线和尺量检查
		全长(5 m 以上)		≤10 mm	
3	弯管	椭圆率 $\dfrac{D_{max} - D_{min}}{D_{max}}$	管径≤100 mm	10%	用外卡钳和尺量检查
			管径>100 mm	8%	
		折皱不平度(mm)	管径≤100 mm	4 mm	
			管径>100 mm	5 mm	

注：D_{max}、D_{min} 分别为管子最大外径、最小外径。

【小贴士】

　　散热器在系统运行时损坏漏水,危害较大。因此,规定组对后整组出厂的散热器在安装之前应进行水压试验,并限定最低试验压力为 0.6 MPa。

　　(2)水泵、水箱、热交换器等辅助设备安装的质量检验与验收应按《给水排水管道工程施工及验收规范》(GB 50268—2008)的相关规定执行。

　　2.一般项目

　　(1)散热器组对应平直紧密,组对后的平直度应符合表5-28 的相关规定。

表 5-28　组对后的散热器平直度允许偏差

项次	散热器类型	片数(片)	允许偏差(mm)
1	长翼型	2～4	4
		5～7	6
2	铸铁片式钢制片式	3～15	4
		16～25	6

　　检验方法:拉线和尺量。

　　(2)组对散热器的垫片应符合下列规定:

　　①组对散热器垫片应使用成品,组对后垫片外露不应大于 1 mm。

　　②当散热器垫片材质设计无要求时,应采用耐热橡胶。

　　检验方法:观察和尺量检查。

　　(3)散热器支架、托架安装,位置应准确,埋设牢固。散热器支架、托架数量,应符合设计或产品说明书要求。如设计未注明,则应符合表5-29 的相关规定。

　　检验方法:现场清点检查。

表 5-29　散热器支架、托架数量

项次	散热器形式	安装方式	每组片数(片)	上部托钩或卡架数(个)	下部托钩或卡架数(个)	合计(个)
1	长翼型	挂墙	2~4	1	2	3
			5	2	2	4
			6	2	3	5
			7	2	4	6
2	柱型、柱翼型	挂墙	3~8	1	2	3
			9~12	1	3	4
3	柱型、柱翼型	挂墙	13~16	2	4	6
			17~20	2	5	7
			21~25	2	6	8
4	柱型、柱翼型	带足落地	3~8	1	—	1
			9~12	1	—	1
			13~16	2	—	2
			17~20	2	—	2
			21~25	2	—	2

(4)散热器背面与装饰后的墙内表面安装距离,应符合设计或产品说明书要求。如设计未注明,应为 30 mm。

检验方法:尺量检查。

(5)铸铁或钢制散热器表面的防腐及面漆应附着良好,色泽均匀,无脱落、起泡、流淌和漏涂缺陷。

检验方法:现场观察。

(6)散热器安装允许偏差应符合表 5-30 的相关规定。

表 5-30　散热器安装允许偏差

项次	项目	允许偏差(mm)	检验方法
1	散热器背面与墙内表面距离	3	尺量
2	与窗中心线或设计定位尺寸	20	
3	散热器垂直度	3	吊线和尺量

(三)金属辐射板安装

(1)辐射板在安装前应做水压试验,如设计无要求,试验压力应为工作压力的 1.5 倍,但不得小于 0.6 MPa。

检验方法:试验压力下 2~3 min 压力不降且不渗不漏。

（2）水平安装的辐射板应有不小于5‰坡度的回水管。

检验方法：水平尺、拉线和尺量检查。

（3）辐射板管道及带状辐射板之间应使用法兰连接。

检验方法：观察检查。

（四）低温热水地板辐射采暖系统安装

1. 主控项目

（1）地面下敷设的盘管埋地部分不应有接头。

检验方法：隐蔽前现场查看。

（2）盘管隐蔽前必须进行水压试验，试验压力为工作压力的1.5倍，但不小于0.6 MPa。

检验方法：稳压1 h内压力降不大于0.05 MPa，且不渗不漏。

【小贴士】

隐蔽前对盘管进行水压试验，检验其应具备的承压能力和严密性，以确保地板辐射采暖系统的正常运行。

（3）加热盘管弯曲部分不得出现硬折弯现象，曲率半径应符合下列规定：

①塑料管：不应小于管道外径的8倍。

②复合管：不应小于管道外径的5倍。

检验方法：尺量检查。

2. 一般项目

（1）分水器与集水器型号、规格、公称压力及安装位置、高度等应符合设计要求。

检验方法：对照图纸及产品说明书，尺量检查。

（2）加热盘管管径、间距和长度应符合设计要求。间距偏差不大于±10 mm。

检验方法：拉线和尺量检查。

（3）防潮层、防水层、隔热层及伸缩缝应符合设计要求。

检验方法：填充层浇灌前观察检查。

（4）填充层强度等级应符合设计要求。

检验方法：做试块抗压试验。

（五）系统水压试验及调试

1. 主控项目

（1）采暖系统安装完毕，管道保温之间应进行水压试验。试验压力应符合设计要求。当设计未注明时，应符合下列规定：

①蒸汽、热水采暖系统，应以系统顶点工作压力加0.1 MPa做水压试验，同时在系统顶点的试验压力不小于0.3 MPa。

②高温热水采暖系统，试验压力应为系统顶点工作压力加0.4 MPa。

③使用塑料管及复合管的热水采暖系统，应以系统顶点工作压力加0.2 MPa做水压试验，同时在系统顶点的试验压力不小于0.4 MPa。

检验方法：使用钢管及复合管的采暖系统应在试验压力下10 min内压力降不大于0.02 MPa，降至工作压力后检查，不渗、不漏。使用塑料管的采暖系统应在试验压力下1 h内压力降不大于0.05 MPa，然后降压至工作压力的1.15倍，稳压2 h，压力降不大于0.03 MPa，同时各连接处不渗不漏。

（2）系统试压合格后，应对系统进行清洗并清扫过滤器及除污器。

检验方法：现场观察，直至排出水不含泥沙、铁屑等杂质，且水色不浑浊为合格。

【小贴士】

为保证系统内部清洁，防止因泥沙等积存影响热媒的正常流动。系统充水、加热，进行试运行和调试是对采暖系统功能的最终检验，检验结果应满足设计要求。若加热条件暂不具备，应延期进行该项工作。

（3）系统冲洗完毕应充水、加热，进行试运行和调试。

检验方法：观察、测量室温应满足设计要求。

第七节　室外给水管网

一、一般规定

本节内容适用于民用建筑群（住宅小区）及厂区的室外给水管网安装工程。

二、室外给水管网材料质量控制

（一）室外给水管网管材质量要求

（1）输送生活给水的管道应采用塑料管、复合管、经可靠防腐处理的钢管或有衬里的给水铸铁管。塑料管、复合管或给水铸铁管的管材及配件应是同一厂家的配套产品。

（2）室外架空敷设管道应采用镀锌钢管或非镀锌钢管。塑料管道不得露天架空敷设，若必须露天架空敷设应有保温和防晒等措施。地埋管道应采用复合管、塑料管、镀锌钢管、球墨铸铁管。

（3）钢管管件的规格、材料、等级应符合设计要求，表面应无裂纹、斑疤、严重锈蚀等质量缺陷。

（4）铸铁管应有制造厂名称和商标、制造日期及工作压力符号标记。对铸铁管、管件应进行外观检查，每批抽10%检查其表面状况、涂漆质量尺寸偏差。铸件的内外表面应整洁，不得有冷隔、裂纹、瘪陷和错位等缺陷，其他要求如下：

①承口的根部不得有缺陷，其他部分的局部凹陷不得大于5 mm。

②铸铁管内、外表面的漆层应完整光洁，附着牢固。

③承插部分不得有黏砂及凸起，其他部分不得有大于2 mm厚度的黏砂及5 mm高的凸起。

④机械加工部位的轻微孔穴不大于1/3厚度，且不大于5 mm。

⑤间断沟陷、局部重皮及疤痕的深度不大于5%壁厚加2 mm，环状重皮及划伤的深度不大于5%壁厚加1 mm。

（5）当承插接口采用膨胀水泥时，采用的膨胀水泥应在有效期内，一般存放不超过3个月。每批膨胀水泥使用前应进行膨胀试验，失效水泥不得使用。膨胀水泥接口所用的砂应用筛子筛选。粒径为0.5~2.5 mm，并用水清洗后才能使用。

（6）复合管、塑料管等新型管材、管件的规格、品种、公差等均应符合国家产品质量要求。塑料管材、管件及接口密封材料应具有出厂合格证，并标明生产厂家、出厂日期、检验代号及有效使用期限。

（7）钢管管件焊接所采用焊条化学成分、机械强度应与管材相匹配。

（8）给水管道所采用橡胶圈应采用食品级橡胶,其卫生标准应符合《食品用橡胶制品卫生标准》（GB 4806.1—1994）的规定。

（9）阀门的型号、规格、材质应与设计要求一致。阀体应无裂纹或其他损坏,阀杆转动灵活,闸板牢固。对于 DN100 及以上阀门,应 100% 进行强度和严密性试验。若有不合格,应进行解件、研磨,检查密封填料并挤压严密,再进行试压。

（二）消防水泵接合器及室外消火栓材料质量要求

（1）消火栓、消防接合器、止回阀、安全阀、截止阀、蝶阀、闸阀等无裂痕,开关灵活严密,锻造规矩,手轮无损坏,并有出厂合格证。

（2）三通、弯头、法兰、连接短管等规格及型号符合设计要求,并有出厂合格证。

（三）室外砌筑给水管沟及井室材料质量要求

（1）砖。砖的强度等级不应低于 MU7.5,其品种、规格、强度等级、外观等级必须符合设计要求,有出厂证明、试验报告单。

（2）水泥。一般采用矿渣硅酸盐水泥和普通硅酸盐水泥,应有产品合格证和出厂检验报告,进场后应对强度、稳定性及其他主要的性能指标进行取样复试。其质量必须符合国家现行标准《通用硅酸盐水泥》（GB 175—2007/XG1—2009）等规定。

（3）水。宜采用饮用水。当采用其他水源时,其水质应符合国家现行标准《混凝土用水标准》（JCJ 63—2006）的规定。

（4）宜采用质地坚硬、级别良好而洁净的中粗砂,其含沙量不应大于 3%；砂的品种、质量应符合国家现行标准《普通混凝土用砂、石质量及检验方法标准》（JCJ 52—2006）的要求,进场后应取样复试合格。

（5）预制板。预制板的品种、规格、外观、强度等级必须符合设计要求,有出厂证明。

三、室外给水管网质量控制

（一）给水管道安装

1. 主控项目

（1）给水管道在埋地敷设时,应在当地的冰冻线以下,当必须在冰冻线以上敷设时,应做可靠的保温防潮措施。穿越道路部位的埋深不得小于 700 mm。

检验方法：现场观察检查。

（2）给水管道不得直接穿越污水井、化粪池、公共厕所等污染源。

检验方法：观察检查。

（3）管道接口法兰、卡扣、卡箍等应安装在检查井或地沟内,不应埋在土壤中。

检验方法：观察检查。

（4）给水系统各种井室内的管道安装,若设计无要求,井壁距法兰或承口的距离：当管径小于或等于 450 mm 时,不得小于 250 mm；当管径大于 450 mm 时,不得小于 350 mm。

检验方法：尺量检查。

（5）管网必须进行水压试验,试验压力为工作压力的 1.5 倍,但不得小于 0.6 MPa。

检验方法：当管材为钢管、铸铁管时,在试验压力下,10 min 内压力降不大于 0.05 MPa,

然后降至工作压力进行检查,压力保持不变,不渗不漏。管材为塑料管时,试验压力下,稳压1 h,压力降不大于0.05 MPa,然后降压至工作压力进行检查,压力应保持不变,不渗不漏。

(6)镀锌钢管、无缝钢管的埋地防腐必须符合设计要求,当设计无规定时,可按表5-31中相关规定执行。卷材与管材间应粘贴牢固,无空鼓、滑移、接口不严等。

表5-31　管道防腐种类

防腐层层次 (从金属表面起)	正常防腐层	加强防腐层	特加强防腐层
1	冷底子油	冷底子油	冷底子油
2	沥青涂层	沥青涂层	沥青涂层
3	外包保护层	加强保护层	加强保护层
	—	(封闭层)	(封闭层)
4	—	沥青涂层	沥青涂层
5	—	外包保护层	加强包扎层
	—	—	(封闭层)
6	—	—	沥青涂层
7	—	—	外包保护层
防腐层厚度不小于(mm)	3	6	9

检验方法:观察和切开防腐层检查。

(7)给水管道在竣工后,必须对管道进行冲洗,饮用水管道还要在冲洗后进行消毒,满足饮用水卫生要求。

检验方法:观察冲洗水的浊度,查看有关部门提供的检验报告。

2. 一般项目

(1)管道的坐标、标高、坡度应符合设计要求,管道安装的允许偏差应符合表5-32的相关规定。

(2)管道、金属支架的涂漆,应附着良好,无脱皮、起泡、流淌和漏涂,色泽一致无污染。

检验方法:现场观察检查。

(3)管道连接应符合工艺要求,阀门、水表等安装位置应正确。塑料给水管管道上的水表、阀门等设施其重量或启闭装置的扭矩不得作用于管道上,当管径≥50 mm时,必须设独立的支承装置。

表 5-32　**室外给水管道安装的允许偏差和检验方法**

项次	项目			允许偏差(mm)	检验方法
1	坐标	铸铁管	埋地	100	拉线和尺量检查
			敷设在沟槽内	50	
		钢管、塑料管、复合管	埋地	100	
			敷设在沟槽内或架空	40	
2	标高	铸铁管	埋地	±50	拉线和尺量检查
			敷设在地沟内	±30	
		钢管、塑料管、复合管	埋地	±50	
			敷设在地沟内或架空	±30	
3	水平管纵横向弯曲	铸铁管	直段(25 m 以上)起点—终点	40	拉线和尺量检查
		钢管、塑料管、复合管	直段(25 m 以上)起点—终点	30	
4	隔热层	厚度	$+0.1\delta$ -0.05δ		用 2 m 靠尺和楔形塞尺检查
		表面平直度	卷材或板材	5	
			涂抹或其他	10	

检验方法:现场观察检查。

(4)给水管道与污水管道在不同标高平行敷设,当其垂直间距在 500 mm 以内,给水管管径小于或等于 200 mm 时,管壁水平间距不得小于 1.5 m;管径大于 200 mm 的,不得小于 3 m。

检验方法:观察及尺量检查。

(5)铸铁管承插捻口的对口间隙应不小于 3 mm,最大间隙不得大于表 5-33 的相关规定。

表 5-33　**铸铁管承插捻口的对口最大间隙**　　　　　　　　(单位:mm)

管径	沿直线敷设	沿曲线敷设
75	4	5
100～200	5	7～13
300～500	6	14～22

检验方法:尺量检查。

(6)铸铁管沿直线敷设,承插捻口的环形间隙应符合表 5-34 的规定。沿曲线敷设,每个接口允许有 2°转角

检验方法:尺量检查。

表 5-34　铸铁管承插捻口的环形间隙　　　　　　　　（单位:mm）

管径	标准环形间隙	允许偏差
75～200	10	+3～-2
250～450	11	+4～-2
500	12	+4～-2

(7)向口内填油麻填料前,将堵塞物拿掉。捻口用的油麻填料必须清洁,填塞后应捻实,其深度应占整个环形间隙深度的1/3。填麻应密实均匀,应保证接口环形间隙均匀。

检验方法:观察和尺量检查。

【小贴士】

给水铸铁管采用承插捻口连接时,捻麻是接口内一项重要工作,捻麻是否压实将直接影响管接口的严密性。提出深度占整个环形间隙深度的1/3是为进行施工过程控制时参考。

(8)捻口用水泥强度应不低于32.5 MPa,接口水泥应密实饱满,其接口水泥面凹入承口边缘的深度不得大于2 mm。

检验方法:观察和尺量检查。

(9)采用水泥捻口的给水铸铁管,当安装地点有侵蚀性的地下水时,应在接口处涂抹沥青防腐层。

检验方法:观察检查。

(10)采用橡胶圈接口的埋地给水管道,在土壤或地下水对橡胶圈有腐蚀的地段,在回填土前应用沥青胶泥、沥青麻丝或沥青锯末等材料封闭橡胶圈接口。

橡胶圈接口的管道,每个接口的最大允许偏转角不得超过表5-35的规定。

表 5-35　橡胶圈接口最大允许偏转角

公称直径 DN(mm)	100	125	150	200	250	300	350	400
允许偏转角度	5°	5°	5°	5°	4°	4°	4°	3°

检验方法:观察和尺量检查。

(二)消防水泵接合器及室外消火栓安装

1.主控项目

(1)系统必须进行水压试验,试验压力为工作压力的1.5倍,但不小于0.6 MPa。
检验方法:在试验压力下10 min内压力降不应大于0.05 MPa,然后降至工作压力进行检查,压力应保持不变,不渗不漏为合格。

(2)消防管道在竣工前,必须对管道进行冲洗。

检验方法:观察冲出水的浊度。

(3)消防水泵接合器和消火栓的位置、标志应明显,栓口的位置应方便操作。当消防水泵接合器和室外消火栓采用墙壁式时,若设计无要求,进、出水栓口的中心安装高度距地面应为1.1 m,其上方应设有防坠落物打击的措施。

检验方法:观察和尺量检查。

2.一般项目

(1)室外消火栓和消防水泵接合器的各项安装尺寸应符合设计要求,栓口安装高度允

许偏差为 ±20 mm。

检验方法:观察和尺量检查。

(2)地下式消防水泵接合器顶部进水口或地下式消火栓的顶部出水口与消防井盖底面的距离不得大于 400 mm,井内应有足够的操作空间,并设爬梯。寒冷地区井内应做防冻保护。

检验方法:观察和尺量检查。

(3)消防水泵接合器的安全阀及止回阀安装位置和方向应正确,阀门启闭应灵活。

检验方法:现场观察和手扳检查。

【小贴士】消防水泵接合器的安全阀应进行定压(定压值应由设计给定),定压后的系统应能保证最高处的一组消火栓的水栓能有 10～15 m 的充实水柱。

(三)管沟及井室

1. 主控项目

(1)管沟的基层处理和井室的地基必须符合设计要求。

检验方法:现场观察检查。

(2)各类井室的井盖应符合设计要求,应有明显的文字标识,各种井盖不得混用。

检验方法:现场观察检查。

(3)设在通车路面下或小区道路下的各种井室,必须使用重型井圈和井盖,井盖上表面应与路面相平,允许偏差为 ±5 mm。绿化带上和不通车的地方可采用轻型井圈和井盖,井盖的上表面应高出地坪 50 mm,并在井盖周围以 2% 的坡度向外做水泥砂浆护坡。

检验方法:观察和尺量检查。

(4)重型铸铁或混凝土井圈,不得直接放在井室的砖墙上,砖墙上应做不小于 80 mm 厚的细石混凝土垫层。

检验方法:观察和尺量检查。

2. 一般项目

(1)管沟的坐标、位置、沟底标高应符合设计要求。

检验方法:观察和尺量检查。

(2)管沟的沟底层应是原土层,或是夯实的回填土,沟底应平整,坡度应顺畅,不得有尖、硬的物体、块石等。

检验方法:观察检查。

(3)沟基为岩石不易清除的块石或砾石层时沟底应下挖 100～200 mm,填铺细砂或粒径不大于 5 mm 的细土,夯实到沟底标高后,方可进行管道敷设。

检验方法:观察和尺量检查。

(4)管沟回填土,管顶上部 200 mm 以内应用砂子或土,并不得用机械回填;管顶上部 500 mm 以内不得回填直径大于 100 mm 的石块或冻土块;上部用机械回填时,机械不得在管沟上行走。

检验方法:观察和尺量检查。

(5)井室的砌筑应按设计或给定的标准图施工。井室的底标高在地下水位以上时,基层应为素土夯实;在地下水位以下时,基层应打 100 mm 厚的混凝土底板。砌筑应采用水泥砂浆,内表面抹灰后应严密不透水。

检验方法:观察和尺量检查。

(6)管道穿过井壁处,应用水泥砂浆分两次填塞严密、抹平不得渗漏。

检验方法:观察检查。

第八节　室外排水管网

一、一般规定

本节适用于民用建筑群(住宅小区)及厂区的室外排水管网安装工程。

二、室外排水管网材料质量控制

(一)排水管规格及质量要求

室外排水管道应采用混凝土管、钢筋混凝土管、排水铸铁管或塑料管。其规格及质量必须符合现行国家标准及设计要求,并附有产品说明书和质量合格证书。

(二)排水管沟及井池质量要求

(1)排水管沟及井池的土方工程、沟底的处理、管道穿井壁处的处理、管沟及井池周围的回填要求等,均参照给水管沟及井室的规定执行。

(2)各种排水井、池应按设计给定的标准图施工,各种排水井和化粪池均应用混凝土做底板(雨水井除外),厚度不小于 100 mm。

三、室外排水管网质量控制

(一)排水管道安装

1. 主控项目

(1)排水管道的坡度必须符合设计要求,严禁无坡和倒坡。

检验方法:用水准仪或拉线尺量检查。

【小贴士】

排水管道坡度符合表 5-36 的相关规定。

表 5-36　排水管道最小坡度

管径 DN(mm)	生活污水		生产废水雨水	生产污水
	标准坡度	最小坡度		
50	0.035	0.025	0.020	0.030
75	0.025	0.015	0.015	0.020
100	0.020	0.012	0.008	0.012
125	0.015	0.010	0.006	0.010
150	0.010	0.005	0.005	0.005
200	0.008	0.004	0.004	0.004
250	—	—	0.003 5	0.003 5
300	—	—	0.003	0.003

（2）管道埋设前必须做灌水试验和通水试验，排水应畅通无堵塞，管接口无渗漏。

检验方法：按检查井分段试验，试验水头以试验段上游管顶加 1 m，时间不小于 30 min，逐段观察。

2. 一般项目

（1）管道的坐标和标高应符合设计要求，安装的允许偏差应符合表 5-37 的相关规定。

表 5-37 室外排水管道安装的允许偏差和检验方法

项次	项目		允许偏差（mm）	检验方法
1	坐标	埋地	100	拉线尺量
		敷设在沟槽内	50	
2	标高	埋地	±20	用水平仪拉线和尺量
		敷设在沟槽内	±20	
3	水平管道纵横向弯曲	每 5 m 长	10	拉线尺量
		全长（两井间）	30	

（2）排水铸铁管采用水泥捻口时，油麻填料应密实，接口水泥应密实饱满，其接口凹入管口边缘深度不大于 2 mm。

检验方法：观察及尺量检查。

（3）排水铸铁管外壁在安装前应除锈，涂两遍石油沥青漆。

检验方法：观察检查。

（4）安装承插接口的排水管道时，管道和管件的承口应与水流方向相反。

检验方法：观察检查。

（5）当混凝土管和钢筋混凝土管采用抹带接口时，应符合下列规定：

①抹带前应将管口的外壁凿毛，扫净，当管径小于或等于 500 mm 时，抹带可一次完成；当管径大于 500 mm 时，应分两次抹成，抹带不得有裂纹。

②钢丝网应在管道就位前放入下方，抹压砂浆时，应将钢丝网抹压牢固，钢丝网不得外露。

③抹带厚度不得小于管壁的厚度，宽度宜为 80 ~ 100 mm。

检验方法：观察及尺量检查。

（6）管道承插口的接口结构和填料符合设计要求，环缝均匀、密实饱满、灰口平整光滑、养护良好，其接口面凹入承口边缘且深度不得大于 5 mm。

检验方法：观察和尺量检查。

（7）管道的管座（墩），构造应正确、埋设平整牢固、支座与管子接触紧密。

检验方法：观察检查。

（8）管道抹带接口的材质、高度和宽度应符合设计要求，无间断和裂缝、表面平整、高度和宽度均匀一致。

检验方法：观察和尺量检查。

（二）排水管管沟及池井

1. 主控项目

（1）沟基的处理和井池的底板强度必须符合设计要求。

检验方法:现场观察和尺量检查,检查混凝土强度报告。

（2）排水检查井、化粪池的底板及进、出水管的标高,必须符合设计,其允许偏差为±15 mm。

检验方法:用水准仪及尺量检查。

【小贴士】

如沟基夯实和支墩大小、尺寸、距离、强度等不符合要求,待管道安装好,土回填后必然造成沉降不均,管道或接口处将受力不均而断裂。如井池底板不牢,给管网带来损坏。因此,必须重视排水沟管基的处理和保证井池的底板强度。沟槽底宽和边坡坡度应符合表5-38、表5-39的相关规定。

表5-38　沟槽底宽尺寸 （单位:m）

管材名称	不同管径(mm)沟槽底宽尺寸				
	50~75	100~200	250~350	400~450	500~600
铸铁管、塑料管	0.70	0.80	0.90	1.10	1.50
陶土管	0.80	0.80	1.00	1.20	1.60
钢筋混凝土管	0.90	1.00	1.00	1.30	1.70

注:当管径大于 1 000 mm 时,对任何管材沟底净宽均为 $D_w + 0.6$ m(D_w 为管箍外径)。当用支撑板加固管沟时,沟底净宽加 0.1 m;当沟深大于 2.5 m 时,每增深 1 m,净宽加 0.1 m。在地下水位较高的土层中,管沟的排水宽度为 0.3~0.5 m。

表5-39　沟槽边坡坡度

土壤类别	坡度(高:宽)		
	槽深 0~1 m	槽深 1~3 m	槽深 3~5 m
砂土	1:0.50	1:0.75	1:1.00
亚砂土	—	1:0.50	1:0.67
亚黏土	—	1:0.33	1:0.50
黏土	—	1:0.25	1:0.33

注:1. 当人工挖土不把土抛于沟槽上边而随时运走时,即可采用机械在沟底挖土的坡度。

2. 表中砂土不包括细砂和松砂。

3. 在个别情况下,若有足够依据或采用多种挖土机,均可不受本表的限制。

4. 距离沟边 0.8 m 以内,不应堆集弃土和材料,弃土堆置高度不超过 1.5 m。

2. 一般项目

（1）井、池的规格及尺寸和位置应正确,砌筑和抹灰符合要求。

检验方法:观察及尺量检查。

（2）井盖选用应正确,标志应明显,标高应符合设计要求。

检验方法:观察、尺量检查。

（3）井、池的规格及尺寸位置应正确,砌筑和抹灰符合要求。

检查方法:观察及尺量检查。

第九节　室外供热管网

一、一般规定

本节适用于厂区及民用建筑群(住宅小区)的饱和蒸汽压力不大于0.7 MPa、热水温度不超过130 ℃的室外供热管网安装工程质量的检验与验收。

二、室外供热管网材料质量控制

(一)管材质量要求

供热管网的管材应按设计要求。当设计未注明时,应符合下列规定:

(1)当管径小于或等于40 mm时,应使用焊接钢管。

(2)当管径为50~200 mm时,应使用焊接钢管或无缝钢管。

(3)当管径小于200 mm时,应使用螺旋焊接钢管。

(二)管道连接要求

室外供热管道连接均应采用焊接连接。

三、室外供热管网质量控制

(一)管道及配件安装

1. 主控项目

(1)平衡阀及调节阀型号、规格及公称压力应符合设计要求。安装后应根据系统要求进行调试,并作出标志。

检验方法:对照设计图纸及产品合格证,并现场观察调试结果。

(2)供热管网的管材应符合设计要求。

(3)补偿器的位置必须符合设计要求,并应按设计要求或产品说明书进行预拉伸。管道固定支架的位置和构造必须符合要求。

检验方法:对照图纸,并查验预拉伸记录。

(4)检查井室、用户入口处管道布置应便于操作及维修,支、吊、托架稳固,并满足设计要求。

检验方法:对照图纸,观察检查。

(5)直埋管道的保温应符合设计要求,当接口在现场发泡时,接头处厚度一致,接头处保护层必须与管道保护层成一体,符合防潮防水要求。

检验方法:对照图纸,观察检查。

2. 一般项目

(1)管道水平敷设其坡度应符合设计要求。

检验方法:对照图纸,用水准仪(水平尺)、拉线和尺量检查。

(2)除污器构造应符合设计要求,安装位置和方向应正确。管网冲洗后应清除内部污物。

检验方法:打开清扫口检查。

(3)室外供热管道安装的允许偏差应符合表5-40的相关规定。

表 5-40　室外供热管道安装的允许偏差和检验方法

项次	项目			允许偏差	检验方法
1	坐标	敷设在沟槽内及架空		20 mm	用水准仪(水平尺)、直尺、拉线
		埋地		50 mm	
2	标高	敷设在沟槽内及架空		±10 mm	尺量检查
		埋地		±15 mm	
3	水平管道纵、横方向弯曲	每米	管径≤100 mm	1 mm	用水准仪(水平尺)、直尺、拉线
			管径>100 mm	1.5 mm	
		全长(25 m以上)	管径≤100 mm	≤13 mm	
			管径>100 mm	≤25 mm	
4	弯管	椭圆率 $\dfrac{D_{max}-D_{min}}{D_{max}}$	管径≤100 mm	8%	用外卡钳和尺量检查
			管径>100 mm	5%	
		折皱不平度	管径≤100 mm	4 mm	
			管径125~200 mm	5 mm	
			管径250~400 mm	7 mm	

(4)管道焊口的允许偏差应符合表5-19的相关规定。

(5)管道及管件焊接的焊缝表面质量应符合下列规定:

①焊缝外形尺寸应符合图纸和工艺文件的规定,焊缝高度不得低于母材表面,焊缝与母材应圆滑过渡。

②焊缝及热影响区表面应无裂纹、未熔合、未焊透、夹渣、弧坑和气孔等缺陷。

检验方法:观察检查。

(6)供热管道的供水管或蒸汽管,当设计无规定时,应敷设在载热介质前进方向的右侧或上方。

检验方法:对照图纸,观察检验。

(7)地沟内的管道安装位置,其净距(保温层外表面)应符合下列规定:

与沟壁　　　　　　　　　　　100~150 mm

与沟底　　　　　　　　　　　100~200 mm

与沟顶　(不通行地沟)　　　　50~100 mm

　　　　(半通行和通行地沟)　200~300 mm

检验方法:尺量检查。

(8)架空敷设的供热管道安装高度,当设计无规定时,应符合下列规定(以保温层外表计算):

①人行地区,不小于2.5 m。

②通行车辆地区,不小于4.5 m。

③跨越铁路,距轨顶不小于6 m。

检验方法:尺量检查。

(9)防锈漆的厚度应均匀,不得有脱皮、起泡、流淌和漏涂等缺陷。

检验方法:保温前观察检查。

(10)管道保温层的厚度和平整度的允许偏差应符合表5-11的相关规定。

(二)系统水压试验及调试

1. 主控项目

(1)供热管道的水压试验压力应为工作压力的1.5倍,但不得小于0.6 MPa。

检验方法:在试验压力下10 min内压力降不大于0.05 MPa,然后降至工作压力下检查,不渗不漏。

(2)管道试压合格后,应进行冲洗。

检验方法:现场观察,以水色不浑浊为合格。

(3)管道冲洗完毕应通水、加热,进行试运行和调试。当不具备加热条件时,应延期进行。

检验方法:测量各建筑物热力入口处供回水温度及压力。

(4)当供热管道做水压试验时,试验管道上的阀门应开启,试验管道与非试验管道应隔断。

检验方法:开启和关闭阀门检查。

【案例5-4】

某安装公司承建部分新建城市热力管道工程,该工程采用通行地沟敷设,管材采用DN1 000钢管。施工前,质量员小张首先审查了管道材质、合格证以及焊接专业分包单位和人员资质。施工过程中,小张测量管道保温层至沟壁的距离为80 mm。

问题:

(1)室外供热管道应采用何种连接方式?

(2)管道与沟壁的距离是否符合要求?

【案例评析】

(1)室外供热管道连接均应采用焊接连接。

(2)地沟内的管道安装位置,其净距(保温层外表面)应符合下列规定。

与沟壁	100～150 mm
与沟底	100～200 mm
与沟顶(不通行地沟)	50～100 mm
(半通行和通行地沟)	200～300 mm

因此,在该工程通行地沟中,管道至沟壁的距离为80 mm,不符合要求。

第十节　建筑中水系统及游泳池水系统

一、一般规定

(1)中水系统中的原水管道管材及配件要求按本章第五节相关规定执行。

(2)中水系统给水管道及排水管道检验标准按本章第四、五节相关规定执行。

(3)游泳池排水系统安装、检验标准等按本章第五节相关规定执行。

二、建筑中水系统及游泳池水系统材料质量控制

(一)建筑中水系统管道及辅助设备材料质量控制

1. 中水系统

中水系统的主材包括镀锌钢管、铸铁排水管、复合管、塑料管等及其配件。

(1)镀锌钢管。管件内外壁镀锌饱满光洁,壁厚均匀无锈蚀、砂眼、气泡、裂纹,丝扣不得出现偏扣、乱扣、丝扣不全等现象,并要符合设计要求,具有出厂合格证、材质检验证明。

(2)铸铁排水管。管件壁厚均匀,造型规矩,无毛刺、黏砂、砂眼、裂纹等现象,承口内外光滑整洁,法兰压盖、光管端口平整,并符合设计要求,具有出厂合格证、材质检测证明。

(3)复合管及其配件等内外应光洁平整,无色差、分解变色线、气泡、砂眼、裂纹、痕纹、脱皮级碰撞凹陷;管材、管件宜采用同一厂家产品,符合设计要求,应有出厂合格证及材料检验报告。

(4)塑料管。管件标明规格、公称压力、生产厂名或商标等标识,包装上应有批号、数量、生产日期和检验代号,内外壁应光洁平整,无气泡、脱皮、裂纹、分解色线和明显的痕纹、凹陷、槽沟、杂质等,色泽一致;管材、管件宜用同一厂家产品,且符合设计要求,具有产品合格证及有关部门的检测报告。

2. 主要设备

变频水泵、补水设备、格栅、投药设备、消毒设备及配件等应符合设计要求,并有出厂合格证及材质检测报告、设备使用说明书。

3. 辅料

(1)各种管卡、油麻、黏结剂(宜采用与管材同一厂家产品)、螺栓、螺母、垫圈等应有产品合格证。

(2)焊条应有产品合格证并与母材相匹配。

(3)水泥强度等级不低于32.5级,应有产品合格证和出厂检验报告,进场后进行抽样复检。复检合格方可使用。

(二)游泳池水系统材料质量控制

(1)材料与附件。管材、管件、格栅、给水口、回水口、泄水口等应采用耐腐蚀材料,例如PVC管。

(2)主要设备。毛发过滤器、砂滤罐、循环水泵、加药设备、补水泵、定压罐和热交换设备。

(3)所用材料与设备,应符合设计要求,并附有产品说明书、质量合格证和检测报告。

三、建筑中水系统及游泳池水系统安装质量控制

(一)建筑中水系统管道及辅助设备安装

1. 主控项目

(1)中水高位水箱应与生活高位水箱分设在不同的房间内,当条件不允许只能设在同一房间时,与生活高位水箱的净距离应大于2 m。

检验方法:观察和尺量检查。

(2)中水给水管道不得装设取水水嘴。便器冲洗宜采用密闭型设备和器具。绿化、浇

洒、汽车冲洗宜采用壁式或地下式的给水栓。

检验方法:观察检查。

(3)中水供水管道严禁与生活饮用水给水管道连接,并应采取下列措施:

①中水管道外壁应涂浅绿色标志。

②中水池(箱)、阀门、水表及给水栓均应有"中水"标志。

检验方法:观察检查。

(4)中水管道不宜暗装于墙和楼板内。当必须暗装于墙槽内时,在管道上必须有明显且不会脱落的标志。

检验方法:观察检查。

2. 一般项目

(1)中水给水管道管材及配件应采用耐腐蚀的给水管管材及附件。

检验方法:观察检查。

(2)当中水管道与生活饮用水管道、排水管道平行埋设时,其水平净距离不得小于0.5 m;当交叉埋设时,中水管道应位于生活饮用水管道下面、排水管道的上面,其净距离不应小于0.15 m。

检验方法:观察和尺量计算方法。

(二)游泳池水系统安装

1. 主控项目

(1)游泳池的给水口、回水口、泄水口应采用耐腐蚀的铜、不锈钢、塑料等材料制造。溢流槽、格栅应为耐腐蚀材料制造,并为组装型。安装时其外表面应与池壁或池底面相平。

检验方法:观察检查。

(2)游泳池的毛发聚集器应采用铜或不锈钢等耐腐蚀材料制造,过滤筒(网)的孔径应不大于3 mm,其面积应为连接管截面面积的1.5~2倍。

检验方法:观察和尺量检查。

(3)游泳池地面,应采取有效措施防止冲洗排水流入池内。

检验方法:观察检查。

2. 一般项目

(1)游泳池循环水系统加药(混凝剂)的药品溶解池、溶液池及定量投加设备应采用耐腐蚀材料制作。输送溶液的管道应采用塑料管、胶管或铜管。

检验方法:观察检查。

(2)游泳池的浸脚、浸腰消毒的给水管、投药管、溢流管、循环管和泄空管应采用耐腐蚀材料制成。

检验方法:观察检查。

第十一节　供热锅炉及辅助设备安装

一、一般规定

本节内容适用于建筑供热和生活热水供应的额定工作压力不大于1.25 MPa、热水温度不超过130 ℃的整装蒸汽和热水锅炉及辅助设备安装工程的质量检验与验收。同时也适用于燃油、燃气的供暖和供热水整装锅炉及辅助设备的安装工程的质量检验与验收。适用于本节的整装锅炉及辅助设备安装工程的质量检验与验收,除应按本规范规定执行外,尚应符合现行国家有关规范、规程、标准规定。

二、供热锅炉及辅助设备安装材料质量控制

(一)锅炉安装材料质量控制

(1)工程使用的主要材料、成品、半成品、器具、配件和设备必须具有中文质量合格证明文件,规格、型号及性能检测报告应符合设计标准或设计要求,包装应完好,表面无划痕及外力冲击破坏。包装上应有批号、数量、生产日期和检验代码,并经监理工程师核查确认。

(2)主要器具和设备必须有完整的安装使用说明书。在运输、保管和施工过程中,应采取有效措施防止损坏或腐蚀。

(二)辅助设备及管道安装材料质量控制

(1)各种金属管材、型钢、阀门及管件的规格、型号必须符合设计要求,并符合产品出厂标准,不得有损伤、腐蚀或其他表面缺陷。

(2)锅炉辅助设备应齐全完好,并符合设计要求。根据设备清单对所有设备及零部件进行清点验收。对缺损件应做记录及时解决。清点后应妥善保管。

(3)分汽缸属于一、二类压力容器。分汽缸必须由具有相应资质的压力容器制造厂制造。出厂时,应经当地锅炉压力容器监督检验部门检验报告,并提交产品合格证。

(4)管道、设备和容器的保温,应在防腐和水压试验合格后进行。

(5)保温的设备和容器,应采用黏结保温钉固定保温层,其间距一般为 200 mm。当需采用焊接勾钉固定保温层时,其间距一般为 250 mm。

(三)安全附件安装材料质量控制

(1)根据清单对所有安全附件及零部件进行清点验收。

(2)对缺损件应做记录并及时解决。清点后应妥善保管。

(3)安全阀上必须有下列装置。

①杠杆式安全阀要有防止重锤自行移动的装置和限制杠杆越出导架。

②弹簧式安全阀要有提升手把和防止随便拧动调节螺丝的装置。

③静重式安全阀要有防止重片飞脱装置。

④冲量式安全阀的冲量接入导管上的阀门,要保持全开并加铅封。

(4)安全阀出厂时,应有金属铭牌。铭牌上至少应载明安全阀型号、制造厂名、产品编号、出厂年月、公称压力(MPa)、阀门喉径(mm)、提升高度(mm)、排放系数等项目。

(5)压力表应符合的要求:

①压力表精度不应低于2.5 级。

②压力表表盘刻度极限值应大于或等于工作压力的 1.5 倍。

③表盘直径不得小于 100 mm。

(6)压力表有下列情况之一者应禁止使用:

①当有限止钉的压力表在无压力时,指针转动后不能回到限止钉处;当没有限止钉的压力表在无压力时,指针离零位的数值超过压力表规定允许偏差。

②表盘玻璃破碎或表盘刻度模糊不清。

③封印损坏或超过检验有效期。

④表内泄漏或指针跳动。

⑤其他影响压力表准确指示的缺陷。

(7)水表计(表)结构应符合下列要求:

①旋塞内径及玻璃管的内径都不得小于8 mm。

②锅炉运行中能够吹洗或更换玻璃板(管)、云母片。

(8)水位计应有下列装置:

①为防止水位计(表)损坏伤人,玻璃管式水位表应有防护装置(例如保护罩、快关阀、自动闭球锁等),但不得妨碍观察真实水位。

②水位计(表)应有放水阀门和接到安全地点的放水带。

(四)换热站材料质量控制

对换热站和密闭式膨胀水箱按压力容器的技术规定进行检查验收。设备应随机带制造图,强度计算书,焊接、材质、水压试验等合格证明以及使用说明书等相关技术资料。

三、供热锅炉及辅助设备安装质量控制

(一)锅炉安装质量

1.主控项目

(1)锅炉设备基础的混凝土强度必须达到设计要求,基础的坐标、标高、几何尺寸和螺栓孔位置应符合表5-41的规定。

表5-41　锅炉辅助设备基础的允许偏差和检验方法

项次	项目		允许偏差(mm)	检验方法
1	基础坐标位置		20	经纬仪、拉线和尺量
2	基础各不同平面的标高		0,-20	水准仪、拉线和尺量
3	基础平面外形尺寸		20	尺量检查
4	凸台上平面尺寸		0,-20	
5	凹穴尺寸		+20,0	
6	基础上平面水平度	每米	5	水平仪(水平尺)和楔形塞尺检查
		全长	10	
7	竖向偏差	每米	5	经纬仪或吊线和尺量
		全高	10	
8	预埋地脚螺栓	标高(顶端)	+20,0	水准仪、拉线和尺量
		中心距(根部)	2	

项次	项目		允许偏差（mm）	检验方法
9	预留地脚螺栓孔	中心位置	10	尺量
		深度	−20,0	
		孔壁垂直度	10	吊线和尺量
10	预埋活动地脚螺栓锚板	中心位置	5	拉线和尺量
		高	+20,0	
		水平度（带槽锚板）	5	水平尺和楔形塞尺检查
		水平度（带螺纹孔锚板）	2	

（2）非承压锅炉,应严格按设计或产品说明书的要求施工。锅炉筒顶部必须敞口或装设大气连通管,连通管上不得安装阀门。

检验方法:对照设计图纸或产品说明书检查。

【小贴士】

根据《蒸汽锅炉安全监察规程》和《热水锅炉安全监察规程》,省煤器的出口处或入口处应安装安全阀、截止阀、止回阀、排气阀、排水管、旁通烟道、循环管等,而施工单位则往往疏忽这些,造成锅炉运行时存在安全隐患。

（3）以天然气为燃料的锅炉的天然气释放管或大气排放管不得直接通向大气,应通向储存或处理装置。

检验方法:对照设计图纸检查。

（4）当两台或两台以上燃油锅炉共用一个烟囱时,每一台锅炉烟道上均应配备风阀或挡板装置,并应具有操作调节和闭锁功能。

检验方法:观察和手扳检查。

（5）锅炉的锅筒和水冷壁的下集箱及后棚管的后集箱的最低处排污阀及排污管道不得采用螺纹连接。

检验方法:观察检查。

（6）锅炉的汽、水系统安装完毕后,必须进行水压试验。水压试验的压力应符合表 5-42 的相关规定。

表 5-42　水压试验压力规定

项次	设备名称	工作压力 P（MPa）	试验压力（MPa）
1	锅炉本体	$P < 0.59$	1.5P 但不小于 0.2
		$0.59 \leqslant P \leqslant 1.18$	$P + 0.3$
		$P > 1.18$	1.25P
2	可分式省煤器	P	1.25$P + 0.5$
3	非承压锅炉	大气压力	0.2

注:1. 工作压力 P 对蒸汽锅炉指锅筒工作压力,对热水锅炉指额定出水压力;

2. 铸铁锅炉水压试验同热水锅炉;

3. 非承压锅炉水压试验压力为 0.2 MPa,试验期间压力应保持不变。

检验方法：

①在试验压力下 10 min 内压力降不超过 0.02 MPa；然后降至工作压力进行检查，压力不降，不渗，不漏；

②观察检查，不得有残余变形，受压元件金属和焊缝上不得有水珠和水雾。

（7）机械炉排安装完毕后应做冷态运转试验，连续运转时间应少于 8 h。

检验方法：观察运转试验全过程。

（8）锅炉本体管道及管件焊接的焊缝质量应符合下列规定：

①焊缝表面质量应符合《建筑给水排水及采暖工程施工质量验收规范》（GB 50242—2002）第 11.2.10 条的相关规定。

②管道焊口尺寸的允许偏差应符合表 5-19 的规定。

③无损探伤的检测结果应符合锅炉本体设计的相关要求。

检验方法：观察和检验无损探伤检测报告。

2. 一般规定

（1）锅炉安装的坐标、标高、中心线和垂直度的允许偏差应符合表 5-43 的相关规定。

表 5-43　锅炉安装的允许偏差和检验方法

项次	项目		允许偏差（mm）	检验方法
1	坐标		10	经纬仪、拉线和尺量
2	标高		±5	水准仪、拉线和尺量
3	中心线垂直度	卧式锅炉炉体全高	3	吊线和尺量
		立式锅炉炉体全高	4	吊线和尺量

（2）组装链条炉排安装的允许偏差和检验方法应符合表 5-44 的相关规定。

表 5-44　组装链条炉排安装的允许偏差和检验方法

序号	项目		允许偏差（mm）	检验方法
1	炉排中心位置		2	经纬仪、拉线和尺量
2	墙板的标高		±5	水准仪、拉线和尺量
3	墙板的垂直度，全高		3	吊线和尺量
4	墙板间两对角线的长度之差		5	钢丝线和尺量
5	墙板框的纵向位置		5	经纬仪、拉线和尺量
6	墙板顶面的纵向水平度		长度的 1/1 000，且≤5	拉线、水平尺和尺量
7	墙板间的间距	跨度≤2 m	+3,0	钢丝线和尺量
		跨度＞2 m	+5,0	
8	两墙板的顶面在同一水平面上的相对高差		5	水准仪、吊线和尺量
9	前轴、后轴的水平度		长度的 1/1 000	拉线、水平尺和尺量
10	前轴和后轴轴心线相对高差		5	水准仪、吊线和尺量
11	各轨道在同一水平面上的相对高差		5	水准仪、吊线和尺量
12	相邻两轨道间的距离		±2	钢丝线和尺量

（3）往复炉排安装的允许偏差和检验方法应符合表 5-45 的相关规定。

表 5-45　往复炉排安装的允许偏差和检验方法

序号	项目		允许偏差（mm）	检验方法
1	两侧板的相对标高		3	水准仪、吊线和尺量
2	两侧板间的间距	跨度≤2 m	+3,0	钢丝线和尺量
		跨度>2 m	+4,0	
3	两侧板的垂直度,全高		3	吊线和尺量
4	两侧板间两对角线的长度之差		5	钢丝线和尺量
5	炉排片的纵向间隙		1	钢板尺量
6	炉排片两侧的间隙		2	

（4）铸铁省煤器的安装应符合下列要求：

①铸铁省煤器安装前的外观检查。

安装前应认真检查在省煤器四周嵌填的石棉绳是否严密牢固,外壳箱板是否平整、各部结合是否严密,缝隙过大的应进行调整。

肋片有无损坏,每根省煤器管上破损的翼片数不应大于总翼片数的 5%；整个省煤器中有破损翼片的根数不应大于总根数的 10%。

②铸铁省煤器支承架安装的允许偏差和检验方法应符合表 5-46 的相关要求。

表 5-46　铸铁省煤器支承架安装的允许偏差和检验方法

序号	项目	允许偏差（mm）	检验方法
1	支承架的位置	3	经纬仪、拉线和尺量
2	支承架的标高	0,−5	水准仪、吊线和尺量
3	支承架的纵向和横向水平度（每米）	1	水平尺和塞尺检查

③省煤器的出口处（或入口处）应按设计或锅炉图纸要求安装阀门和管道。

检查方法：对照设计图纸检查。

（5）锅炉本体安装应按设计或产品说明书要求布置坡度并坡向排污阀。

检验方法：用水平尺或水准仪检查。

（6）锅炉由炉底送风的风室及锅炉底座与基础之间必须封堵严密。

检验方法：观察检查。

（7）省煤器的出口处（或入口处）应按设计或锅炉图纸要求安装阀门和管道。

检验方法：对照设计图纸检查。

（8）电动调节机构与电动执行机构的转臂应在同一平面内动作,传动部分应灵活、无空行程及卡阻现象,其选种及伺服时间应满足使用要求。

检验方法：操作时观察检查。

（二）辅助设备及管道安装

1.主控项目

（1）辅助设备基础的混凝土强度必须达到设计要求,基础坐标、标高、几何尺寸、螺栓孔位置必须符合本节的规定。

(2)风机试运转,轴承温升应符合下列规定:

①滑动轴承温度最高不得超过 60 ℃。

②滚动轴承温度最高不得超过 80 ℃。

检验方法:用测振仪表检查。

(3)分汽缸(分水器、集水器)安装前应进行水压试验,试验压力为工作压力的 1.5 倍,但不得小于 0.6 MPa。

检验方法:试验压力下 10 min 内无压降、无渗漏。

(4)敞口箱、罐安装前应做满水试验;密闭箱、罐应以工作压力的 1.5 倍做水压试验,但不得小于 0.4 MPa。

检验方法:满水试验满水后静置 24 h 不渗不漏;水压试验在试验压力下 10 min 内无压降,不渗不漏。

(5)地下直埋油罐在埋地前应做气密性试验,试验压力降不应小于 0.03 MPa。

检验方法:试验压力下观察 30 min 不渗不漏,无压降。

(6)连接锅炉及辅助设备工艺管道安装完毕后,必须进行系统水压试验,试验压力为系统最大工作压力的 1.5 倍。

检验方法:在试验压力 10 min 内压力降不超过 0.05 MPa,然后降至工作压力进行检查,不渗不漏。

(7)各种设备主要操作通道的净距如设计不明确不应小于 1.5 m,辅助的操作通道净距不应小于 0.8 m。

检验方法:尺量检查。

(8)管道连接的法兰、焊缝和连接管件以及管道上的仪表、阀门的安装位置应便于检修,并不得紧贴墙壁、楼板或管架。

检验方法:观察检查。

2.一般项目

(1)锅炉辅助设备安装的允许偏差应符合表 5-47 的规定。

表 5-47   锅炉辅助设备安装的允许偏差和检验方法

项次	项目			允许偏差	检验方法
1	送、引风机	坐标		10	经纬仪、拉线和尺量
		标高		±5	水准仪、拉线和尺量
2	各种静置设备(各种容器、箱、罐等)	坐标		15	经纬仪、拉线和尺量
		标高		±5	水准仪、拉线和尺量
		垂直度(1 m)		2	吊线和尺量
3	离心式水泵	泵体水平度(1 m)		0.1	水平尺和塞尺检查
		联轴器同心度	轴向倾斜(1 m)	0.8	水准仪、百分表(测微螺钉)和塞尺检查
			径向位移	0.1	

（2）连接锅炉及辅助设备的工艺管道安装的允许偏差应符合表5-48的规定。

表5-48　工艺管道安装的允许偏差和检验方法

项次	项目		允许偏差（mm）	检验方法
1	坐标	架空	15	水准仪、拉线和尺量
		地沟	10	
2	标高	架空	±15	水准仪、拉线和尺量
		地沟	±10	
3	水平管道纵、横方向弯曲	DN≤100	2‰，最大50	直尺和拉线检查
		DN>100	3‰，最大70	
4	立管垂直		2‰，最大15	吊线和尺量
5	成排管道间距		3	直尺尺量
6	交叉管的外壁或绝热层间距		10	

（3）单斗式提升机安装应符合下列规定：

①导轨的间距偏差不大于2mm。

②垂直式导轨的垂直度偏差不大于1‰，倾斜式导轨的倾斜度偏差不大于2‰。

③料斗的吊点与料斗垂心在同一垂线上，重合度偏差不大于10mm。

④行程开关位置应准确，料斗运行平稳，翻转灵活。

检验方法：吊线坠、拉线及尺量检查。

（4）安装锅炉送、引风机，转动应灵活无卡碰等现象；送、引风机的传动部位，应设置安全防护装置。

检验方法：观察和启动检查。

（5）水泵安装的外观质量检查。泵壳不应有裂纹、砂眼及凹凸不平等缺陷；多级泵的平衡管路应无损伤或折陷现象；蒸汽往复泵的主要部件、活塞及活动轴必须灵活。

检验方法：观察和启动检查。

（6）手摇泵应垂直安装。安装高度若设计无要求，泵中心距地面为800mm。

检验方法：吊线和尺量检查。

（7）注水器安装高度，当设计无要求时，中心距地面为1.0~1.2m。

检验方法：尺量检查。

（8）除尘器安装应平衡牢固，位置和进、出口方向应正确。烟管与引风机连接时应采用软件接头，不得将烟管重量压在风机上。

检验方法：观察检查。

（9）热力除氧器和真空除氧器的排汽管通向室外，直接排入大气。

检验方法：观察检查。

（10）软化设备罐体的视镜应布置在便于观察的方向。树脂装填的高度应按设备说明书要求进行。

检验方法：对照说明书，观察检查。

（11）管道及设备保温层的厚度和平整度的允许偏差应符合表5-12的规定。

（12）在涂刷油漆前，必须清除管道及设备表面的灰尘、污垢、锈斑、焊渣等。涂漆的厚度应均匀，不得有脱皮、起泡、流淌和漏涂等缺陷。

检验方法：现场观察检查。

（三）安全附件安装

1. 主控项目

（1）锅炉和省煤器安全阀的定压和调整应符合表5-49的规定。锅炉上装有两个安全阀时，其中一个按表中较高值定压，另一个按较低值定压。装有一个安全阀时，应按较低值定压。

表5-49　安全阀定压规定

项次	工作设备	安全阀开启压力（MPa）
1	蒸汽锅炉	工作压力＋0.02
		工作压力＋0.04
2	热水锅炉	1.12倍工作压力，但不小于工作压力＋0.07
		1.14倍工作压力，但不小于工作压力＋0.01
3	省煤器	1.1倍工作压力

检验方法：检查定压合格证书。

（2）压力表的刻度极限值，应大于或等于工作压力的1.5倍，表盘直径不得小于100mm。

检验方法：现场观察和尺量检查。

（3）安装水位表应符合下列规定：

①水位表应有指示最高、最低水位的明显标志，玻璃板（管）的最低可见边缘应比最低水位低25 mm，最高可见边缘应比最高安全水位高25 mm。

②玻璃管式水位表应有防护装置。

③电接点式水位表的零点应与锅筒正常水位重合。

④采用双色水位表时，每台锅炉只能装设一个，另一个装设普通水位表。

⑤水位表应设置放水阀（或阀门）接到安全地点的放水管。

检验方法：现场观察和尺量检查。

（4）锅炉的高、低水位报警器和超温、超压报警器及联锁保护装置必须按设计要求安装齐全。

检验方法：启动、联动试验并做好试验记录。

（5）蒸汽锅炉安全阀应安装通向室外的排汽管。热水锅炉安全阀泄水管应接到安全地点。在排汽管和泄水管上不得装设阀门。

检验方法：观察检查。

2. 一般项目

（1）安装压力表必须符合下列规定：

①压力表必须安装在便于观察和吹洗的位置,并防止受高温、冰冻和振动的影响,同时要有足够的照明。

②压力表必须设存水弯管。存水弯管采用钢管煨制时,内径不应小于 6 mm。

③压力表与存水弯管之间应安装三通旋塞。

检验方法:观察和尺量检查。

(2)当测压仪表取源部件在水平工艺管道上安装时,取压口的方位应符合下列规定。

①测量液体压力的,在工艺管道的下半部与管道的水平中心线成 0°~45°夹角。

②测量蒸汽压力的,在工艺管道的上半部或下半部与管道水平中心线成 0°~45°夹角。

③测量气体压力的,在工艺管道的上半部。

检验方法:观察和尺量检查。

(3)安装温度计应符合下列规定:

①安装在管道和设备上的套管温度计,底部应插入流动介质内,不得装在引出的管段上或死角处。

②压力式温度计的毛细管应固定好并设保护措施,其转弯处的弯曲半径不应小于 50 mm,温包必须全部浸入介质内。

③热电偶温度计的保护套管应保证规定的插入深度。

检验方法:观察和尺量检查。

(4)当温度计与压力表在同一管道上安装时,按介质流动方向应在压力表下游处安装,当温度计需在压力表的上游安装时,其间距不应小于 300 mm。

检验方法:观察和尺量检查。

(四)烘炉、煮炉和试运行

1. 主控项目

(1)锅炉火焰、烘炉应符合下列规定:

①火焰应在炉膛中央燃烧,不应直接烧烤炉墙及炉拱。

②烘炉时间一般不少于 4 d,升温应缓慢,后期烟温不应高于 160 ℃,且持续时间不应少于 24 h。

③链条炉排在烘炉过程中应定期转动。

④烘炉的中、后期应根据锅炉水水质情况排污。

检验方法:计时测温、操作观察检查。

(2)烘炉结束后应符合下列规定:

①炉墙经烘烤后没有变形、裂纹及塌落现象。

②炉墙砌砂浆含水率达到7%以下。

检验方法:测试及观察检查。

(3)锅炉在烘炉、煮炉合格后,应进行 48 h 的带负荷连续试运行,同时应进行安全阀的热状态定压检验和调整。

检验方法:检查烘炉、煮炉及试运行全过程。

2. 一般项目

煮炉时间一般应为 2~3 d,若蒸汽压力较低,可适当延长煮炉时间。非砌筑或浇注保温材料保温的锅炉,安装后可直接进行煮炉。煮炉结束后,锅筒和集箱内壁应无油垢,擦去附着物后金属表面应无锈斑。

检验方法:打开锅筒和集箱检查孔检查。

(五)换热站安装

1. 主控项目

(1)热交换器应以最大工作压力的1.5倍做水压试验,蒸汽部分应不低于蒸汽供汽压力加0.3 MPa;热水部分应不低于0.4 MPa。

检验方法:在试验压力下,保持10 min压力不降。

(2)高温水系统中,循环水泵和换热器的相对安装位置应按设计文件施工。

检验方法:对照设计图纸检查。

(3)壳管式热交换器的安装,当设计无要求时,其封头与墙壁或屋顶的距离不得小于换热管的长度。

检验方法:观察和尺量检查。

2. 一般项目

(1)换热站内设备安装的允许偏差应符合表5-41的规定。

(2)换热站内循环泵、减压器、疏压器、除污器、流量计等的安装应符合《建筑给水排水及采暖工程施工质量验收规范》(GB 50242—2002)的相关规定。

(3)换热站内管道的安装允许偏差应符合表5-48的规定。

(4)管道及设备保温层的厚度和平整度的允许偏差应符合表5-19的规定。

本章小结

本章主要阐述了建筑给水排水及采暖工程质量验收的主要内容,包括给水排水及采暖系统基本规定和10个子分部工程。10个子分部工程包括室内给水系统、室内排水系统、室内热水供应系统、卫生洁具安装、室内采暖系统、室外排水系统、室外给水系统、室外供热管网、建筑中水系统及游泳池水系统、供热锅炉及辅助设备安装。其中,10个子分部工程包含34个分项工程。本章针对10个子分部工程材料质量控制和主控项目及一般项目的验收作了详细说明,使大家能够熟悉建筑给水排水及采暖工程质量验收的相关内容。

【推荐阅读资料】

(1)《建筑给水排水及采暖工程施工质量验收规范》(GB 50242—2002)。

(2)《通风与空调工程施工质量验收规范》(GB 50243—2002)。

(3)《建筑设计防火规范》(GB 50016—2006)(2001年版)。

(4)《高层民用建筑设计防火规范》(GB 50045—1995)(2005年版)。

(5)朱成.建筑给水排水及采暖工程施工质量验收规范应用图解.北京:机械工业出版社,2009。

(6)中国给水排水 http://www.watergasheat.com/index.asp。

思考练习题

1. 阀门在安装前如何进行质量控制？
2. 在对塑料给水管道进行质量验收时应注意哪些事项？
3. 消防管道安装完毕后，对其进行质量验收有何要求？
4. 室内雨水管道安装质量验收如何规定？
5. 排水管道支、吊架敷设应符合哪些规定？
6. 室外给水系统进行直埋敷设时有哪些规定？
7. 卫生洁具出口设置水封有何要求？
8. 如何对低温辐射采暖系统进行气密性试验？

第六章　通风与空调工程质量验收

【学习目标】

- 熟悉通风与空调工程中风管、部件及配件制作的质量要求。
- 掌握风管系统安装质量验收标准。
- 掌握通风与空调设备安装质量验收标准。
- 掌握空调制冷系统安装质量验收标准。
- 掌握风管与设备防腐绝热质量验收标准。
- 掌握通风与空调系统调试方法。

第一节　基本规定

一、工程施工管理规定

（一）通风与空调工程的划分

当通风与空调工程作为建筑工程的分部工程施工时，其子分部与分项工程的划分应按表6-1的规定执行。当通风与空调工程作为单位工程独立验收时，子分部上升为分部，分项工程的划分同上。

表 6-1　通风与空调分部工程的子分部划分

子分部工程	分项工程	
送、排风系统	风管与配件制作 部件制作 风管系统安装 风管与设备防腐 风机安装 系统调试	通风设备安装，消声设备制作安装
防、排烟系统		排烟风口、常闭正压风口与设备安装
除尘系统		除尘器与排污设备安装
空调系统		空调设备安装，消声设备制作与安装，风管与设备绝热
净化空调系统		空调设备安装，消声设备制作与安装，风管与设备绝热，高效过滤器安装，净化设备安装
制冷系统	制冷机组安装，制冷剂管道及配件安装，制冷附属设备安装，管道及设备的防腐与绝热，系统调试	
空调水系统	冷热水管道系统安装，冷却水管道系统安装，冷凝水管道系统安装，阀门及部件安装，冷却塔安装，水泵及附属设备安装，管道及设备的防腐与绝热，系统调试	

（二）对施工企业与施工人员的规定

（1）承担通风与空调工程项目的施工企业，应具有相应工程施工承包的资质等级及相应质量管理体系认证。

（2）施工企业承担通风与空调工程施工图纸深化设计及施工时，还必须具有相应的设计资质及质量管理体系，并应取得原设计单位的书面同意或签字认可。

（3）通风与空调工程中从事管道焊接施工的焊工，必须具备操作资格证书和相应类别管道焊接的考核合格证书。

在通风与空调工程施工中，金属管道采用焊接连接是一种常规的施工工艺。管道焊接的质量，将直接影响到工程的质量和系统的安全使用。《现场设备、工业管道焊接工程施工及验收规范》（GB 50236—1998）对焊工资格作出如下规定：从事相应的管道焊接工作，必须具有相应焊接方法考试项目合格证书，并在有效期内。

二、工程质量控制规定

（一）材料及设备的进场验收

通风与空调工程所使用的主要原材料、成品、半成品和设备的进场，必须对其进行验收。验收应经监理工程师认可，并应形成相应的质量记录。

（二）施工过程质量控制

（1）通风与空调工程的施工，应把每一个分项施工工序作为交接检验点，并形成相应的质量记录。

（2）施工过程中发现设计文件有差错的，应及时提出修改意见或更正建议，并形成书面文件及归档。

（3）通风与空调工程的施工应按规定的程序进行，并与土建及其他专业工种相互配合。和通风与空调系统有关的土建工程施工完毕后，应由建设或总承包、监理、设计及施工单位共同会检。会检的组织宜由建设、监理或总承包单位负责。

（三）工程质量验收规定

（1）通风与空调工程施工质量的验收，除应符合《通风与空调工程施工及验收规范》（GB 50243—2002）的规定外，还应按照被批准的设计图纸、合同约定的内容和相关技术标准的规定进行。施工图纸修改必须有设计单位的设计变更通知书或技术核定签证。

按被批准的设计图纸进行工程施工，是质量验收最基本的条件。工程施工是让设计意图转化成为现实，故施工单位无权任意修改设计图纸。修改设计必须有设计变更的正式手续。这对保证工程质量有重要作用。

主要技术标准是指工程中约定的施工及质量验收标准，包括相关国家标准、行业标准、地方标准与企业标准。其中相关国家标准为最低标准，必须采纳。工程施工也可以全部或部分采纳高于国家标准的行业、地方或企业标准。

（2）通风与空调工程分项工程施工质量的验收，应按《通风与空调工程施工及验收规范》（GB 50243—2002）对应分项的规定执行。子分部中的各个分项，可根据施工工程的实际情况一次验收或数次验收。

（3）通风与空调工程中的隐蔽工程，在隐蔽前必须经监理人员验收及认可签证。

通风与空调工程系统中的风管或管道，被安装于封闭的部位或埋设于结构内或直接埋地时，均属于隐蔽工程。在结构工程做永久性封闭前，必须对该部分将被隐蔽的风管或管道工程施工质量进行验收，且必须得到现场监理人员认可的合格签证，否则不得进行封闭作业。

(4)分项工程检验验收合格质量应符合下列规定：

①具有施工单位相应分项合格质量的验收记录。

②主控项目的质量抽样检验应全数合格。

③一般项目的质量抽样检验,除有特殊要求外,计数合格率不应小于 80%,且不得有严重缺陷。

(四)系统调试与检测

(1)通风与空调工程竣工的系统调试,应在建设和监理单位的共同参与下进行,施工企业应具有专业检测人员和符合有关标准规定的测试仪器。

通风与空调工程竣工的系统调试,是工程施工的一部分。它是将施工完毕的工程系统进行正确的调整,直至符合设计规定要求的过程。同时,系统调试也是对工程施工质量进行全面检验的过程。因此,强调建设和监理单位共同参与,既能起到监督的作用,又能提高对工程系统的全面了解,利于将来的运行管理。

(2)净化空调系统洁净室(区域)的洁净度等级应符合设计的要求。洁净度等级的检测应按《通风与空调工程施工及验收规范》(GB 50243—2002)的规定进行。

三、工程质量保修规定

通风与空调工程施工质量的保修期限,自竣工验收合格日起计算为两个采暖期和供冷期。在保修期内发生施工质量问题的,施工企业应履行保修职责,责任方承担相应的经济责任。

根据《建筑工程质量管理条例》规定,通风与空调工程的保修期限为两个采暖期和供冷期。此段时间内,在工程使用过程中如发现一些问题是正常的。问题可能是施工设备与材料的原因,也可能是业主或设计的原因。因此,应对产生的问题进行调查分析,找出原因,分清责任,然后进行整改,由责任方承担经济损失。通风与空调工程质量以两个采暖期和供冷期为保修期限,这对设计和施工质量提出了比较高的要求,但有利于本行业技术水平的进步,应予以认真执行。

第二节　风管的制作

一、一般规定

(1)本节适用于建筑工程通风与空调工程中,使用的金属、非金属风管与复合材料风管或风道的加工、制作质量的检验与验收。

工业与民用建筑通风与空调工程中所使用的金属与非金属风管,其加工和制作质量都应符合本节的规定,并按相应规定进行质量的检验和验收。

风管是用金属、非金属薄板等材料制作而成,用于空气流通的管道。根据风管制作的材质可分为金属风管和非金属风管。金属风管可采用普通钢板、镀锌钢板、不锈钢板、铝板等。非金属风管主要有硬聚氯乙烯风管、有机玻璃钢风管、无机玻璃钢风管、双面铝箔复合风管、防火板风管等。质量员应熟悉材料质量要求、风管制作质量控制要点,掌握主控项目及检验方法、一般项目及检验方法。

（2）对风管制作质量的验收，应按其材料、系统类别和使用场所的不同分别进行。主要包括风管的材质、规格、强度、严密性与成品外观质量等内容。

风管应按材料与不同分部项目规定的加工质量验收，一是要按风管的类别，二是要按风管属于哪个子分部进行验收。

（3）风管制作质量的验收，按设计图纸与规范的规定执行。工程中所选用的外购风管，还必须提供相应的产品合格证明文件或进行强度和严密性的验证，符合要求的方可使用。

一般情况下，风管的质量可以直接引用本节内容。但当设计根据工程的需要，认为风管施工质量标准需要高于本节的规定时，可以提出更严格的要求。此时，施工单位应按较高的标准进行施工，监理单位按照高标准验收。目前，风管的加工已经有向产品化发展的趋势，值得提倡。作为产品（成品）必须提供相应的产品合格证书或进行强度和严密性的验证，以证明所提供风管的加工工艺水平和质量。对工程中所选用的外购风管，应按要求进行查对，符合要求的方可同意使用。

（4）通风管道规格的验收，风管以外径或外边长为准，风道以内径或内边长为准。通风管道的规格宜满足表 6-2 和表 6-3 的规定。圆形风道应优先采用基本系列。非规则椭圆型风管参照矩形风管，并以长径平面边长及短径尺寸为准。

表 6-2　圆形风管规格　　　　　　　　　（单位：mm）

风管直径 D			
基本系列	辅助系列	基本系列	辅助系列
100	80	500	480
	90	560	530
120	110	630	600
140	130	700	670
160	150	800	750
180	170	900	850
200	190	1 000	950
220	210	1 120	1 060
250	240	1 250	1 180
280	260	1 400	1 320
320	300	1 600	1 500
360	340	1 800	1 700
400	380	2 000	1 900
450	420	—	—

表 6-3　矩形风管规格　　　　　　　　　（单位:mm）

风管边长				
120	320	800	2 000	4 000
160	400	1 000	2 500	—
200	500	1 250	3 000	—
250	630	1 600	3 500	—

风管的规格尺寸以外径或外边长为准,建筑风道以内边长为准。风管板材的厚度较薄,以外径或外边长为准对风管的截面面积影响很小,且与风管法兰以内径或内边长为准可以正确控制风道的内截面面积。

圆形风管规定了基本和辅助两个系列。一般送、排风及空调系统都应采用基本系列。除尘与气力输送系统的风管,管内流速高,管径对系统的阻力损失影响较大,在优先采用基本系列的前提下,可以采用辅助系列。强调采用基本系列的目的是在满足工程使用需要的前提下,实行工程的标准化施工

对于矩形风管的口径尺寸,从工程施工的情况来看,规格数量繁多,不便于明确规定。因此,采用规定边长规格,按需要组合的表达方法。

(5)风管系统按其系统的工作压力分为三个类别,其类别划分应符合表6-4的规定。

表 6-4　风管系统类别划分

系统类别	系统工作压力 P (Pa)	密封要求
低压系统	$P \leqslant 500$	接缝和接管连接处严密
中压系统	$500 < P \leqslant 1\ 500$	接缝和接管连接处增加密封措施
高压系统	$P > 1\ 500$	所有的拼接缝和接管连接处,均应采取密封措施

(6)镀锌钢板及各类含有复合保护层的钢板,应采用咬口连接或铆接,不得采用影响其保护层防腐性能的焊接连接方法。

(7)风管的密封,应以板材连接的密封为主,可采用密封胶嵌缝和其他方法密封。密封胶性能应符合使用环境的要求,密封面宜设在风管的正压侧。

二、材料质量控制

(1)所使用的型钢、板材等材料应符合现行国家有关产品标准的规定及设计要求,并具有合格证书和质量鉴定文件。

(2)镀锌钢板(带)应符合现行标准《连续热镀锌薄钢板和钢带》(GB/T 2518—2004)的要求,其性能宜选用机械咬口类。镀锌钢板的厚度应符合设计要求,表面应平整光滑,有镀锌层的结晶花纹,无明显锈斑、氧化层、锌层脱落、针孔麻点、起泡、起皮等弊病。

(3)普通钢板表面应平整、光滑,厚度均匀,并有紧密的氧化铁薄膜,不得有锈蚀、裂纹、结疤等缺陷。

(4)不锈钢板应符合现行国家标准《不锈钢冷轧钢板和钢带》(GB 3280—2007)的要

求,厚度均匀,表面光洁,板面不得有划痕、刮伤、锈蚀和凹穴等缺陷。

(5)铝板应符合国家现行标准《铝及铝合金轧制板材》(GB/T 3880—1997)的要求,光泽度良好,无明显的磨损及划伤。

(6)塑料复合板材的表面喷涂层应色泽均匀,厚度一致,且表面不得有起皮、分层或部分塑料涂层脱落等现象。

(7)净化空调工程的风管应选用优质镀锌钢板。当钢板厚度较大时,应选用冷轧薄板,不得采用热轧薄板。当风管工作环境有腐蚀时,宜采用不锈钢板。

(8)型钢材料应符合国家现行标准《热轧型钢》(GB/T 706—2008)及《热轧钢棒尺寸、外形、重量及允许偏差》(GB/T 702—2008)的要求。

(9)硬聚氯乙烯板材表面平整,厚度均匀,不得有气泡、裂缝、分层等现象。板材的四角应成90°,并不得有扭曲翘角现象。

(10)复合风管的覆面材料必须为不燃材料,内部的绝热材料应为不燃或难燃 B_1 级,法兰连接件及加固件等材料应不低于难燃 B_1 级。所用粘合剂、铝箔胶带及玻璃胶(密封胶)应与其板材材质相匹配,并应符合环保要求。

(11)铝箔符合保温板材的品种、规格、性能、厚度等技术参数应符合设计要求。板材的铝箔复合粘合应牢固,粘合表面单面产生的分层、起泡等缺陷不得大于0.006。

三、质量验收

(一)主控项目

(1)金属风管的材料品种、规格、性能与厚度等均应符合设计和现行国家产品标准的规定。当设计无规定时,应按本节执行。钢板或镀锌钢板的厚度不得小于表6-5的规定,不锈钢板的厚度不得小于表6-6的规定,铝板的厚度不得小于表6-7的规定。

表6-5　钢板风管板材厚度　　　　　　　　　　　　(单位:mm)

风管直径 D 或长边尺寸 b	圆形风管	矩形风管		除尘系统风管
		中、低压系统	高压系统	
$D(b) \leqslant 320$	0.5	0.5	0.75	1.5
$320 < D(b) \leqslant 450$	0.6	0.6	0.75	1.5
$450 < D(b) \leqslant 630$	0.75	0.6	0.75	2.0
$630 < D(b) \leqslant 1\ 000$	0.75	0.75	1.0	2.0
$1\ 000 < D(b) \leqslant 1\ 250$	1.0	1.0	1.0	2.0
$1\ 250 < D(b) \leqslant 2\ 000$	1.2	1.0	1.2	按设计
$2\ 000 < D(b) \leqslant 4\ 000$	按设计	1.2	按设计	

注:1.螺旋风管的钢板厚度可适当减小10%～15%。

　　2.排烟系统风管钢板厚度可按高压系统。

　　3.特殊除尘系统风管钢板厚度应符合设计要求。

　　4.不适用于地下人防与防火隔墙的预埋管。

表 6-6　高、中、低压系统不锈钢板风管板材厚度　　　　　　　（单位:mm）

风管直径 D 或长边尺寸 b	不锈钢板厚度
$D(b) \leqslant 500$	0.5
$500 < D(b) \leqslant 1\ 120$	0.75
$1\ 120 < D(b) \leqslant 2\ 000$	1.0
$2\ 000 < D(b) \leqslant 4\ 000$	1.2

表 6-7　中、低压系统铝板风管板材厚度　　　　　　　（单位:mm）

风管直径 D 或长边尺寸 b	铝板厚度
$D(b) \leqslant 320$	1.0
$320 < D(b) \leqslant 630$	1.5
$630 < D(b) \leqslant 2\ 000$	2.0
$2\ 000 < D(b) \leqslant 4\ 000$	按设计

检查数量:按材料与风管加工批数量抽查 10%,不得少于 5 件。

检查方法:查验材料质量合格证明文件、性能检测报告、尺量、观察检查。

(2)非金属风管的材料品种、规格、性能与厚度等应符合设计和现行国家产品标准的规定。当设计无规定时,应按本节执行。硬聚氯乙烯风管板材的厚度,不得小于表 6-8 或表 6-9 的规定;有机玻璃钢风管板材的厚度,不得小于表 6-10 的规定;无机玻璃钢风管板材的厚度应符合表 6-11 的规定,相应的玻璃布层数不应少于表 6-12 的规定,其表面不得出现返卤或严重泛霜。

表 6-8　中、低压系统硬聚氯乙烯圆形风管板材厚度　　　　　　　（单位:mm）

风管直径 D	板材厚度
$D \leqslant 320$	3.0
$320 < D \leqslant 630$	4.0
$630 < D \leqslant 1\ 000$	5.0
$1\ 000 < D \leqslant 2\ 000$	6.0

表 6-9　中、低压系统硬聚氯乙烯矩形风管板材厚度　　　　　　　（单位:mm）

风管长边尺寸 b	板材厚度
$b \leqslant 320$	3.0
$320 < b \leqslant 500$	4.0
$500 < b \leqslant 800$	5.0
$800 < b \leqslant 1\ 250$	6.0
$1\ 250 < b \leqslant 2\ 000$	8.0

表 6-10　中、低压系统有机玻璃钢风管板材厚度　　　　（单位:mm）

圆形风管直径 D 或矩形风管长边尺寸 b	壁厚
D(b) ≤ 200	2.5
200 < D(b) ≤ 400	3.2
400 < D(b) ≤ 630	4.0
630 < D(b) ≤ 1 000	4.8
1 000 < D(b) ≤ 2 000	6.2

表 6-11　中、低压系统无机玻璃钢风管板材厚度　　　　（单位:mm）

圆形风管直径 D 或矩形风管长边尺寸 b	壁厚
D(b) ≤ 300	2.5 ~ 3.5
300 < D(b) ≤ 500	3.5 ~ 4.5
500 < D(b) ≤ 1 000	4.5 ~ 5.5
1 000 < D(b) ≤ 1 500	5.5 ~ 6.5
1 500 < D(b) ≤ 2 000	6.5 ~ 7.5
D(b) > 2 000	7.5 ~ 8.5

表 6-12　中、低压系统无机玻璃钢风管玻璃纤维布厚度与层数

圆形风管直径 D 或矩形风管长边 b	风管管体玻璃纤维布厚度（mm）		风管法兰玻璃纤维布厚度（mm）	
	0.3	0.4	0.3	0.4
	玻璃布层数（层）			
D(b) ≤ 300	5	4	8	7
300 < D(b) ≤ 500	7	5	10	8
500 < D(b) ≤ 1 000	7	6	13	9
1 000 < D(b) ≤ 1 500	9	7	14	10
1 500 < D(b) ≤ 2 000	12	8	16	14
D(b) > 2 000	14	9	20	16

用于高压风管系统的非金属风管厚度应按设计规定。

检查数量:按材料与风管加工批数量抽查 10%,不得少于 5 件。

检查方法:查验材料质量合格证明文件、性能检测报告,尺量、观察检查。

（3）防火风管的本体、框架与固定材料、密封垫料必须为不燃材料,其耐火等级应符合设计的规定。

检查数量:按材料与风管加工批数量抽查 10%,不应少于 5 件。

检查方法:查验材料质量合格证明文件、性能检测报告,观察检查与点燃试验。

防火风管为建筑中的安全救生系统,是指建筑物局部起火后,仍能维持一定时间正常功能的风管。它们主要应用于火灾时的排烟和正压送风的救生保障系统,一般可分为 1 h、2 h、4 h 等不同要求级别。建筑物内的风管,需要具有一定时间的防火能力,这也是近年来建

筑物发生火灾得来的教训。

（4）复合材料风管的覆面材料必须为不燃材料，内部的绝热材料应为不燃或难燃 B_1 级，且对人体无害。

检查数量：按材料与风管加工批数量抽查 10%，不应少于 5 件。

检查方法：查验材料质量合格证明文件、性能检测报告，观察检查与点燃试验。

（5）风管必须通过工艺性的检测或验证，其强度和严密性要求应符合设计或下列规定：

①风管的强度应能满足在 1.5 倍工作压力下接缝处无开裂。

②矩形风管的允许漏风量应符合以下规定：

低压系统风管 $Q_L \leqslant 0.105\ 6P^{0.65}$；

中压系统风管 $Q_M \leqslant 0.035\ 2P^{0.65}$；

高压系统风管 $Q_H \leqslant 0.011\ 7P^{0.65}$。

其中，Q_L、Q_M、Q_H 分别为系统风管在相应工作压力下，单位面积风管单位时间内的允许漏风量，$\mathrm{m^3/(h \cdot m^2)}$；$P$ 为风管系统的工作压力，Pa。

③低压与中压圆形金属风管、复合材料风管以及采用非法兰形式的非金属风管的允许漏风量，应为矩形风管规定值的 50%。

④砖、混凝土风道的允许漏风量不应大于矩形低压系统风管规定值的 1.5 倍。

⑤排烟、除尘、低温送风系统按中压系统风管的规定，1～5 级净化空调系统按高压系统风管的规定。

检查数量：按风管系统的类别和材质分别抽查，不得少于 3 件及 15 $\mathrm{m^2}$。

检查方法：检查产品合格证明文件和测试报告，或进行风管强度和漏风量测试。

风管的强度和严密性能，是风管加工和制作质量的重要指标之一，必须达到。风管强度的检测主要检查风管的耐压能力，以保证系统安全运行的性能。验收合格的规定，为在 1.5 倍的工作压力下，风管的咬口或其他连接处没有张口、开裂等损坏现象。

风管系统由于结构的原因，少量漏风是正常的，也可以说是不可避免的。但是过量的漏风，则会影响整个系统功能的实现和能源的大量浪费。允许漏风量是指在系统工作压力条件下，系统风管的单位表面积、在单位时间内允许空气泄漏的最大数量。这个规定对于风管严密性能的检验是比较科学的，它与国际上的通用标准相一致。

（6）金属风管的连接应符合下列规定：

①风管板材拼接的咬口缝应错开，不得有十字型拼接缝。

②金属风管法兰材料规格不应小于表 6-13 或表 6-14 的规定。中、低压系统风管法兰的螺栓及铆钉孔的孔距不得大于 150 mm，高压系统风管不得大于 100 mm。矩形风管法兰的四角部位均应设有螺孔。

当采用加固方法提高了风管法兰部位的强度时，其法兰材料规格相应的使用条件可适当放宽。

无法兰连接风管的薄钢板，法兰高度应参照金属法兰风管的规定执行。

检查数量：按加工批数量抽查 5%，不得少于 5 件。

检查方法：尺量、观察检查。

（7）非金属（硬聚氯乙烯及有机、无机玻璃钢）风管的连接还应符合下列规定：

①法兰的规格应分别符合表 6-15～表 6-17 的规定，其螺栓孔的间距不得大于 120 mm；

矩形风管法兰的四角处,应设有螺孔。

表6-13　金属圆形风管法兰及螺栓规格　　　　　　（单位:mm）

风管直径 D	法兰材料规格		螺栓规格
	扁钢	角钢	
$D < 140$	20×4	—	M6
$140 < D \leqslant 280$	25×4	—	
$280 < D \leqslant 630$	—	25×3	
$630 < D \leqslant 1\,250$	—	30×4	M8
$1\,250 < D \leqslant 2\,000$	—	40×4	

表6-14　金属矩形风管法兰及螺栓规格　　　　　　（单位:mm）

风管长边尺寸 b	法兰材料规格（角钢）	螺栓规格
$b \leqslant 630$	25×3	M6
$630 < b \leqslant 1\,500$	30×3	M8
$1\,500 < b \leqslant 2\,500$	40×4	
$2\,500 < b \leqslant 4\,000$	50×5	M10

表6-15　硬聚氯乙烯圆形风管法兰规格　　　　　　（单位:mm）

风管直径 D	材料规格（宽×厚）	连接螺栓	风管直径 D	材料规格（宽×厚）	连接螺栓
$D \leqslant 180$	35×6	M6	$800 < D \leqslant 1\,400$	45×12	M10
$180 < D \leqslant 400$	35×8	M8	$1\,400 < D \leqslant 1\,600$	50×15	
$400 < D \leqslant 500$	35×10		$1\,600 < D \leqslant 2\,000$	60×15	
$500 < D \leqslant 800$	40×10		$D > 2\,000$		按设计

表6-16　硬聚氯乙烯矩形风管法兰规格　　　　　　（单位:mm）

风管边长 b	材料规格（宽×厚）	连接螺栓	风管边长 b	材料规格（宽×厚）	连接螺栓
$b \leqslant 160$	35×6	M6	$800 < b \leqslant 1\,250$	45×12	M10
$160 < b \leqslant 400$	35×8	M8	$1\,250 < b \leqslant 1\,600$	50×15	
$400 < b \leqslant 500$	35×10		$1\,600 < b \leqslant 2\,000$	60×15	
$500 < b \leqslant 800$	40×10	M10	$b > 2\,000$		按设计

表 6-17　有机、无机玻璃钢风管法兰规格　　　　　　（单位:mm）

风管直径 D 或风管边长 b	材料规格(宽×厚)	连接螺栓
D(b)≤400	30×4	M8
400<D(b)≤1 000	40×6	
1 000<D(b)≤2 000	50×8	M10

②采用套管连接时,套管厚度不得小于风管板材厚度。

检查数量:按加工批数量抽查5%,不得少于5件。

检查方法:尺量、观察检查。

(8)复合材料风管采用法兰连接时,法兰与风管板材的连接应可靠,其绝热层不得外露,不得采用降低板材强度和绝热性能的连接方法。

检查数量:按加工批数量抽查5%,不得少于5件。

检查方法:尺量、观察检查。

(9)砖、混凝土风道的变形缝,应符合设计要求,不应渗水和漏风。

检查数量:全数检查。

检查方法:观察检查。

(10)金属风管的加固应符合下列规定:

①圆形风管(不包括螺旋风管)直径大于等于800 mm,且其管段长度大于1 250 mm或总表面积大于4 m² 均应采取加固措施。

②矩形风管边长大于630 mm、保温风管边长大于800 mm,管段长度大于1 250 mm或低压风管单边平面积大于1.2 m²,中、高压风管单边平面积大于1.0 m²,均应采取加固措施。

③非规则椭圆风管的加固,应参照矩形风管执行。

检查数量:按加工批抽查5%,不得少于5件。

检查方法:尺量、观察检查。

(11)非金属风管的加固,除应符合上述规定外,还应符合下列规定:

①当硬聚氯乙烯风管的直径或边长大于500 mm时,其风管与法兰的连接处应设加强板,且间距不得大于450 mm。

②有机及无机玻璃钢风管的加固,应为本体材料或防腐性能相同的材料,并与风管成一整体。

检查数量:按加工批抽查5%,不得少于5件。

检查方法:尺量、观察检查。

硬聚氯乙烯风管焊缝的抗拉强度较低,故要求设有加强板。

(12)矩形风管弯管的制作,一般应采用曲率半径为一个平面边长的内外同心弧形弯管。当采用其他形式的弯管,平面边长大于500 mm时,必须设置弯管导流片。

检查数量:其他形式的弯管抽查20%,不得少于2件。

检查方法:观察检查。

（13）净化空调系统风管还应符合下列规定：

①当矩形风管边长小于或等于 900 mm 时，底面板不应有拼接缝；当矩形风管边长大于 900 mm 时，不应有横向拼接缝。

②风管所用的螺栓、螺母、垫圈和铆钉均应采用与管材性能相匹配、不会产生电化学腐蚀的材料，或采取镀锌或其他防腐措施，并不得采用抽芯铆钉。

③不应在风管内设加固框及加固筋，风管无法兰连接不得使用 S 形插条、直角形插条及立联合角形插条等形式。

④空气洁净等级为 1~5 级的净化空调系统风管不得采用按扣式咬口。

⑤风管的清洗不得用对人体和材质有危害的清洁剂。

⑥镀锌钢板风管不得有镀锌层严重损坏的现象，如表层大面积白花、锌层粉化等。

检查数量：按风管数抽查 20%，每个系统不得少于 5 个。

检查方法：查阅材料质量合格证明文件和观察检查，白绸布擦拭。

（二）一般项目

1. 金属风管的制作

金属风管的制作应符合下列规定：

（1）圆形弯管的曲率半径（以中心线计）和最少分节数量应符合表 6-18 的规定。圆形弯管的弯曲角度及圆形三通、四通支管与总管夹角的制作偏差不应大于 3°。

表 6-18　圆形弯管曲率半径和最少节数

弯管直径 D(mm)	曲率半径 R	弯管角度和最少节数							
		90°		60°		45°		30°	
		中节	端节	中节	端节	中节	端节	中节	端节
80~220	≥1.5D	2	2	1	2	1	2	—	2
220~450	D~1.5D	3	2	2	2	1	2	—	2
450~800	D~1.5D	4	2	2	2	1	2	1	2
800~1 400	D	5	2	2	2	2	2	1	2
1 400~2 000	D	8	2	5	2	3	2	2	2

（2）风管与配件的咬口缝应紧密、宽度应一致；折角应平直，圆弧应均匀，两端面平行。风管无明显扭曲与翘角；表面应平整，凹凸不大于 10 mm。

（3）风管外径或外边长的允许偏差：当风管外径或外边长小于或等于 300 mm 时，为 2 mm；当风管外径或外边长大于 300 mm 时，为 3 mm。管口平面度的允许偏差为 2 mm，矩形风管两条对角线长度之差不应大于 3 mm；圆形法兰任意正交两直径之差不应大于 2 mm。

（4）焊接风管的焊缝应平整，不应有裂缝、凸瘤、穿透的夹渣、气孔及其他缺陷等，焊接后板材的变形应矫正，并将焊渣及飞溅物清除干净。

检查数量：通风口与空调工程按制作数量 10% 抽查，不得少于 5 件；净化空调工程按制作数量抽查 20%，不得少于 5 件。

检查方法：查验测试记录，进行装配试验，尺量、观察检查。

2. 金属法兰连接风管的制作

金属法兰连接风管的制作还应符合下列规定：

（1）风管法兰的焊缝应熔合良好、饱满，无假焊和孔洞；法兰平面度的允许偏差为 2 mm，同一批量加工的相同规格法兰的螺孔排列应一致，并具有互换性。

（2）当风管与法兰采用铆接连接时，铆接应牢固，不应有脱铆和漏铆现象；翻边应平整、紧贴法兰，其宽度应一致，且不应小于 6 mm；咬缝与四角处不应有开裂与孔洞。

（3）当风管与法兰采用焊接连接时，风管端面不得高于法兰接口平面。除尘系统的风管，宜采用内侧满焊、外侧间断焊形式，风管端面距法兰接口平面不应小于 5 mm。

当风管与法兰采用点焊固定连接时，焊点应熔合良好，间距不应大于 100 mm；法兰与风管应紧贴，不应有穿透的缝隙或孔洞。

（4）当不锈钢板或铝板风管的法兰采用碳素钢时，其规格应符合表 6-13、表 6-14 的规定，并应根据设计要求作防腐处理；铆钉应采用与风管材质相同或不产生电化学腐蚀的材料。

检查数量：通风与空调工程按制作数量抽查 10%，不得少于 5 件；净化空调工程按制作数量抽查 20%，不得少于 5 件。

检查方法：查验测试记录，进行装配试验，尺量、观察检查。

验收时应先验收法兰的质量，后验收风管的整体质量。

3. 无法兰连接风管的制作

无法兰连接风管的制作还应符合下列规定：

（1）无法兰连接风管的接口及连接件，应符合表 6-19、表 6-20 的要求，圆形风管的芯管连接应符合表 6-21 的要求。

（2）薄钢板法兰矩形风管的附件，其尺寸应准确，形状应规则，接口处应严密。

表 6-19　圆形风管无法兰连接形式

无法兰连接形式		附件板厚（mm）	接口要求	使用范围
承插连接		—	插入深度 ≥30 mm，有密封要求	低压风管直径 <700 mm
带加强筋承插		—	插入深度 ≥20 mm，有密封要求	中、低压风管
角钢加固承插		—	插入深度 ≥20 mm，有密封要求	中、低压风管
芯管连接		≥管板厚	插入深度 ≥20 mm，有密封要求	中、低压风管
立筋抱箍连接		≥管板厚	翻边与楞筋匹配一致，紧固严密	中、低压风管
抱箍连接		≥管板厚	对口尽量靠近不重叠，抱箍应居中	中、低压风管宽度 ≥100 mm

表 6-20　矩形风管无法兰连接形式

无法兰连接形式		附件板厚(mm)	使用范围
S 形插条		≥0.7	低压风管单独使用连接处必须有固定措施
C 形插条		≥0.7	中、低压风管
立插条		≥0.7	中、低压风管
立咬口		≥0.7	中、低压风管
包边立咬口		≥0.7	中、低压风管
薄钢板法兰插条		≥1.0	中、低压风管
薄钢板法兰弹簧夹		≥1.0	中、低压风管
直角形平插条		≥0.7	低压风管
立联合角形插条		≥0.8	低压风管

注:薄钢板法兰风管也可采用铆接法兰条连接的方法。

表 6-21　圆形风管的芯管连接

风管直径 D(mm)	芯管长度 l (mm)	自攻螺丝或抽芯铆钉数量(个)	外径允许偏差(mm)	
			圆管	芯管
120	120	3×2	−1～0	−3～−4
300	160	4×2		
400	200	4×2	−2～0	−4～5
700	200	6×2		
900	200	8×2		
1 000	200	8×2		

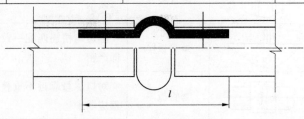

薄钢板法兰的折边（或法兰条）应平直,弯曲度不应大于 5/1 000;弹性插条或弹簧夹应与薄钢板法兰相匹配;角件与风管薄钢板法兰四角接口的固定应稳固、紧贴,端面应平整、相连处不应有大于 2 mm 的连续穿透缝。

（3）采用 C 形、S 形插条连接的矩形风管,其边长不应大于 630 mm;插条与风管加工插口的宽度应匹配一致,其允许偏差为 2 mm;连接应平整、严密,插条两端压倒长度不应小于 20 mm。

（4）采用立咬口、包边立咬口连接的矩形风管,其立筋的高度应大于或等于同规格风管的角钢法兰宽度。同一规格风管的立咬口、包边立咬口的高度应一致,折角应倾角、直线度允许偏差为 5/1 000;咬口连接铆钉的间距不应大于 150 mm,间隔应均匀;立咬口四角连接处的铆固应紧密、无孔洞。

检查数量:按制作数量抽查 10%,不得少于 5 件;净化空调工程抽查 20%,均不得少于 5件。

检查方法:查验测试记录,进行装配试验,尺量、观察检查。

4. 风管的加固

风管的加固应符合下列规定:

（1）风管的加固可采用楞筋、立筋、角钢（内、外加固）、扁钢、加固筋和管内支撑等形式,如图 6-1 所示。

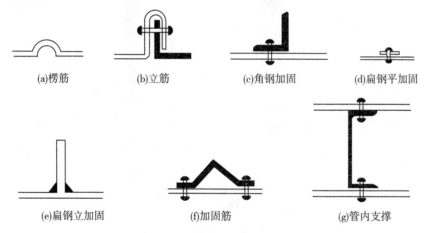

图 6-1　风管的加固形式

（2）楞筋或楞线的加固,排列应规则,间隔应均匀,板面不应有明显的变形。

（3）角钢、加固筋的加固,应排列整齐、均匀对称,其高度应小于或等于风管的法兰宽度。角钢、加固筋与风管的铆接应牢固,间隔应均匀,不应大于 220 mm;两相交处应连接成一体。

（4）管内支撑与风管的固定应牢固,各支撑点之间或与风管的边沿或法兰的间距应均匀,不应大于 950 mm。

（5）当中压和高压系统风管的管段长度大于 1 250 mm 时,还应有加固框补强。高压系统金属风管的单咬口缝,还应有防止咬口缝胀裂的加固或补强措施。

检查数量:按制作数量抽查 10%,净化空调系统抽查 20%,均不得少于 5 件。

检查方法:查验测试记录,进行装配试验,观察和尺量检查。

5.硬聚氯乙烯风管

硬聚氯乙烯风管除应执行一、(二)一般项目第 1 条中第(1)、(3)款和第 2 条中第(1)款外,还应符合下列规定:

(1)风管的两端面平行,无明显扭曲,外径或外边长的允许偏差为 2 mm;表面平整、圆弧均匀,凹凸不应大于 5 mm。

(2)焊缝的坡口形式和角度应符合表 6-22 的规定。

表 6-22　焊缝形式及坡口

焊缝形式	焊缝名称	图形	焊缝高度(mm)	板材厚度(mm)	焊缝坡口张角 α(°)
对接焊缝	V 形单面焊		2~3	3~5	70~90
	V 形双面焊		2~3	5~8	70~90
	X 形双面焊		2~3	≥8	70~90
搭接焊缝	搭接焊		≥最小板厚	3~10	—
填角焊缝	填角焊无坡角		≥最小板厚	6~18	—
			≥最小板厚	≥3	—

· 134 ·

焊缝形式	焊缝名称	图形	焊缝高度 （mm）	板材厚度 （mm）	焊缝坡口张角 α(°)
对角焊缝	V 形对角焊		≥最小板厚	3 ~ 5	70 ~ 90
	V 形对角焊		≥最小板厚	5 ~ 8	70 ~ 90
	V 形对角焊		≥最小板厚	6 ~ 15	70 ~ 90

（3）焊缝应饱满,焊条排列应整齐,无焦黄、断裂现象。

（4）用于洁净室时,还应按以下规定执行:

检查数量:按风管总数抽查 10%,法兰数抽查 5%,不得少于 5 件。

检查方法:尺量、观察检查。

6. 有机玻璃钢风管

有机玻璃钢风管除应执行以上关于风管的规定外,还应符合下列规定。

（1）风管不应有明显扭曲、内表面应平整光滑,外表面应整齐美观,厚度应均匀,且边缘无毛刺,并无气泡及分层现象。

（2）风管的外径或外边长尺寸的允许偏差为 3 mm,圆形风管的任意正交两直径之差不应大于 5 mm,矩形风管的两对角线之差不应大于 5 mm。

（3）法兰应与风管成一整体,并应有过渡圆弧,并与风管轴线成直角,管口平面度的允许偏差为 3 mm;螺孔的排列应均匀,至管壁的距离应一致,允许偏差为 2 mm。

（4）矩形风管的边长大于 900 mm,且当管段长度大于 1 250 mm 时,应加固。加固筋的分布应均匀、整齐。

检查数量:按风管总数抽查 10%,法兰数抽查 5%,不得少于 5 件。

检查方法:尺量、观察检查。

7. 无机玻璃钢风管

无机玻璃钢风管除应执行上述规定外,还应符合下列规定:

（1）风管的表面应光洁、无裂纹、无明显泛霜和分层现象。

（2）风管的外形尺寸的允许偏差应符合表 6-23 的规定。

（3）风管法兰的规定与有机玻璃钢法兰相同。

检查数量:按风管总数抽查 10%,法兰数抽查 5%,不得少于 5 件。

检查方法:尺量、观察检查。

直径或大边长	矩形风管外表平面度	矩形风管管口对角线之差	法兰平面度	圆形风管两直径之差
≤300	≤3	≤3	≤2	≤3
301～500	≤3	≤4	≤2	≤3
501～1 000	≤4	≤5	≤2	≤4
1 001～1 500	≤4	≤6	≤3	≤5
1 501～2 000	≤5	≤7	≤3	≤5
>2 000	≤6	≤8	≤3	≤5

表 6-23　无机玻璃钢风管外形尺寸　　　（单位：mm）

8. 砖、混凝土风道

砖、混凝土风道内表面水泥砂浆应抹平整,无裂缝,不渗水。

检查数量:按风道总数抽查10%,不得少于一段。

检查方法:观察检查。

9. 双面铝箔绝热板风管

双面铝箔绝热板风管除应执行上述规定外,还应符合下列规定:

(1)板材拼接宜采用专用的连接构件,连接后板面平面度的允许偏差为5 mm。

(2)风管的折角应平直,拼缝黏结应牢固、平整,风管的黏结材料宜为难燃材料。

(3)当风管采用法兰连接时,其连接应牢固,法兰平面度的允许偏差为2 mm。

(4)风管的加固,应根据系统工作压力及产品技术标准的规定执行。

检查数量:按风管总数抽查10%,法兰数抽查5%,不得少于5件。

检查方法:尺量、观察检查。

10. 铝箔玻璃纤维板风管

铝箔玻璃纤维板风管除应执行三、(二)一般项目第1条中第(2)、(3)款和第2条中第(2)款外,还应符合下列规定:

(1)风管的离心玻璃纤维板材应干燥、平整;板外表面的铝箔隔气保护层应与内芯玻璃纤维材料粘合牢固;内表面应有防纤维脱落的保护层,并应对人体无危害。

(2)当风管连接采用插入接口形式时,接缝处的黏结应严密、牢固,外表面铝箔胶带密封的每一边粘贴宽度不应小于25 mm,并应有辅助的连接固定措施。

当风管的连接采用法兰形式时,法兰与风管的连接应牢固,并应能防止板材纤维逸出和冷桥。

(3)风管表面应平整、两端面平行,无明显凹穴、变形、起泡、铝箔破损等现象。

(4)风管的加固,应根据系统工作压力及产品技术标准的规定执行。

检查数量:按风管总数抽查10%,不得少于5件。

检查方法:尺量、观察检查。

复合材料风管都是以产品供应的形式应用于工程的。在实际工程应用中,除应符合风管的一般质量要求外,还需根据产品技术标准的详细规定进行施工和验收。

11. 净化空调系统风管

净化空调系统风管还应符合下列规定:

（1）现场应保持清洁，存放时应避免积尘和受潮。当风管的咬口缝、折边和铆接等处有损坏时，应作防腐处理。

（2）风管法兰铆钉孔的间距，当系统洁净度的等级为 1～5 级时，不应大于 65 mm；当系统洁净度的等级为 6～9 级时，不应大于 100 mm。

（3）静压箱本体、箱内固定高效过滤器的框架及固定件应作镀锌、镀镍等防腐处理。

（4）制作完成的风管，应进行第二次清洗，经检查达到清洁要求后应及时封口。

检查数量：按风管总数抽查 20%，法兰数抽查 10%，不得少于 5 件。

检查方法：观察检查，查阅风管清洗记录，用白绸布擦拭。

【案例 6-1】

某空调工程采用集中式空调系统，风管系统设计工作压力为 1 700 Pa。某工程公司承担了此空调工程的施工任务。在风管的制作过程中，部分施工方法如下。

1. 部分风管为矩形钢板，风管长边尺寸 500 mm，钢板厚度 0.6 mm。

2. 输送温度高于 70 ℃烟气的风管管材为耐酸橡胶板。

3. 制作成型的风管进行工艺性检测时，风管的强度在 1.2 倍工作压力下接缝处无开裂。

4. 风管板材拼接处有十字型拼接缝。

5. 矩形钢板风管法兰铆钉孔的孔距为 200 mm。

问题：

（1）空调工程的风管系统按工作压力可划分为哪几种类型？该空调工程属于哪一类？

（2）分析该工程公司具体的施工方法在质量验收时能否合格？若不合格，应如何整改。

【案例评析】

（1）空调工程的风管系统按工作压力可划分为低压系统、中压系统与高压系统。该空调工程属于高压系统。

（2）该工程公司具体的施工方法和过程正确与否判定如下。

①不合格。正确做法：根据表 6-5 可知，当矩形钢板风管的长边尺寸为 500 mm 时，高压系统矩形风管的厚度为 0.75 mm。

②不合格。正确做法：当防烟、排烟系统或输送温度高于 70 ℃的空气和烟气时，应采用耐热橡胶板或不燃的耐温、防火材料等材料。

③不合格。正确做法：制作成型的风管进行工艺性检测时，风管的强度在 1.5 倍工作压力下接缝处无开裂。

④不合格。正确做法：风管板材拼接的咬口缝应错开，不得有十字型拼接缝。

⑤不合格。正确做法：中低压系统风管法兰的螺栓及铆钉孔的孔距不得大于 150 mm，高压系统风管不得大于 100 mm。

第三节　风管部件与消声器

一、一般规定

（1）本节适用于通风与空调工程中风口、风阀、排风罩等其他部件及消声器的加工制作或产成品质量的验收。

（2）一般风量调节阀按设计文件和风阀制作的要求进行验收。

风管部件有施工企业按工程的需要自行加工的，也有外购的产成品。按我国工程施工发展的趋势，风管部件以产品生产为主的格局正在逐步形成。为此，规定对一般风量调节阀按制作风阀的要求验收，其他的宜按外购产成品的质量进行验收。一般风量调节阀是指用于系统中，不要求严密关断的阀门，例如三通调节阀、系统支管的调节阀等。

二、质量控制

（一）材料质量控制

（1）制作风管部件与消声器的材质、厚度、规格型号应严格按照设计要求和相关标准选用，并应具有出厂合格证书或质量鉴定文件。

（2）风管部件与消声器制作材料，应进行外观检查，各种板材表面应平整，厚度均匀，无明显伤痕，并不得有裂纹、锈蚀等质量缺陷，型材应等型、均匀、无裂纹及严重锈蚀等现象。

（3）其他材料不能因其本身缺陷而影响或降低产品的质量或使用效果。

（4）防爆系统的部件必须严格按照设计要求制作，所用的材料严禁代用。

（5）防火阀所选用的零（配）件必须符合有关消防产品标准的规定。

（6）柔性短管应选用防腐、防潮、不透气、不易霉变的材料。防排烟系统的柔性短管的制作材料必须为不燃材料，空气洁净系统的柔性短管应是内壁光滑、不产尘的材料。

（7）消声器的吸声材料应按照设计要求和有关产品标准进行选用，吸声材料的材质、密度、吸湿率及防火性能应达到设计使用要求。

（8）消声器微穿孔板钓穿孔孔径和穿孔率必须符合设计图纸的要求。穿孔孔径的大小要一致，分布要均匀。

（二）施工过程质量控制

1. 风口制作

（1）风口的规格和尺寸应以颈部外径或外边长为准。

（2）风口外表面不得有明显的划伤、压痕与花斑，颜色应一致，焊点应光滑。采用板材制作的风口外表面拼接的缝隙，应不大于 0.2 mm，采用铝型材制作应不大于 0.15 mm。

（3）百叶式风口的叶片间距应均匀，其叶片间距允许偏差为 ±1 mm，两端轴应同心，叶片中心线直线度允许偏差为 0.03，叶片平行度允许偏差为 0.04。叶片应光滑，启闭应灵活。

（4）旋转式风口，转动应轻便灵活，接口处不应有明显漏风，叶片角度调节范围应符合设计要求。

（5）孔板式风口，孔口不得有毛刺，孔径和孔距应符合设计要求。

（6）球形风机内外球面间的配合应转动自如，定位后无松动。风量调节片能有效地调节风量。

2. 风罩制作

（1）风罩的制作，形状应规则，尺寸应准确，连接应牢固，其表面应平整光滑，外壳无尖锐边缘。

（2）回转式排气罩的拉杆及旋转轴与伞形罩的固定应牢靠，转动应灵活，回转范围应符合设计要求。

（3）升降式排气罩的导向滑道应平行，钢丝绳固定应牢靠。排气罩内外套管应圆整，间隙应均匀,偏差不应大于 3 mm。

（4）伞形罩的罩口应平整,其扩张角不宜大于 60°。

（5）槽边侧吸罩、条缝抽风罩的转角处弧度应均匀,吸入口应平整,罩口加强板分隔间距应一致。

（6）密闭罩的本体及部件应密闭,罩与排气柜或设备的接口应严密。

3. 风帽制作

（1）伞形风帽形状与倒伞形盖的组合应同心。伞形盖的支架高度应一致,其边缘应采取加固措施。

（2）筒形风帽形状应规则,其椭圆度不应大于直径的 2%。伞形盖的边缘与外筒体的距离应一致,挡风圈位置应正确。

（3）锥形风帽内外锥体的中心轴线应重合,两锥体间的水平距离应均匀,上下锥形组装的连接缝应顺水,下部排水应畅通。

（4）导向回转式风帽,其弯管的角度和节数应符合设计规定,组装后导向叶片与弯管的匹配应平衡,转动应灵活。

4. 手动多叶调节阀制作

（1）阀体外框的轴孔应集中采用样板下料和冲孔,并且要保持两侧轴孔距离相等、轴孔同心,缩小中心线偏移的误差。

（2）当成批生产时,可采取先组装一个调节阀作样板,来确定阀片的调节杆长度及连接点的位置。一般以阀片成 90°转角的状态下,确定调节杆的长度和连接点的位置。

（3）调节阀组装后,再确定定位板的全开和全闭两个状态间的刻度,标出全开和全关的标志,为工程试验调整后运行创造条件。

（4）阀片的下料过程中,应注意阀片长度与阀体留有一定的间隙,防止组装后产生碰撞现象。阀片必须能够相互贴合、间距均匀,搭接一致,保证在全关状态下的严密性。

5. 防火阀制作

（1）阀体外框和阀片的材料应选用 Q235 冷轧钢板,其厚度不应小于 2 mm。阀体外框与阀片组装后的间隙不应大于 2 mm,使防火阀在允许工作电压和最低动作电压下,手动开启、电动关闭动作灵活,并保持阀体在标准状况下,前后压差为 2 mm 水柱时,漏风量不得大于 5 $m^3/(m^2 \cdot min)$。

（2）阀体轴孔必须同心,阀片轴上下不同心度的偏差应控制在 ±1 mm 范围内。阀片轴可采用 Q235 圆钢,轴套采用黄铜、青铜、不锈钢等材料制作,防止轴和轴套产生锈蚀而影响关闭。

（3）执行机构组装好后应进行全面检查,以达到电动、手动动作灵活。

（4）防火阀的易熔片,严禁用尼龙绳或胶片等代用。如需要对易熔片进行检验,应在水浴内进行,以水温为准,其熔点温度与设计要求的允许偏差为 -2 ℃。易熔片要安装在阀板的迎风侧,阀板关闭应严密。

（5）防火阀的方向不能颠倒,若阀体上未标有气流流动的箭头方向,应以易熔件在迎风侧为准。温度熔断器安装后,必须逐一对每个阀门进行检查,使其处于正常状态。

6. 消声材料粘贴

（1）黏结剂要选用黏结强度高、固化时间短、稠度适宜的产品。为避免黏结的聚酯泡沫塑料表面受力不均匀,除刷黏结剂时应根据消声材料的尺寸外,可分段均匀地涂刷,待消声材料黏结后可用木板等负重物均匀压实。

（2）消声材料黏结前,必须将风管表面的水渍、油污等杂物擦干净。

（3）松散材料应选用复合要求的玻璃纤维布、细布、麻布等织物及金属丝网和塑料纱网等成型覆面材料,覆面层必须按设计要求或标准图的规定拉紧后装钉,保持松散消声材料的均匀分布,外表平整、牢固,在运输、安装、运转中不变形。

（4）在加工金属穿孔板时,必须将孔口的毛刺锉平。

三、质量验收

（一）主控项目

1. 手动单叶片或多叶片调节风阀

手动单叶片或多叶片调节风阀的手轮或扳手,应以顺时针方向转动为关闭,其调节范围及开启角度指示应与叶片开启角度相一致。用于除尘系统间歇工作点的风阀,关闭时应能密封。

检查数量:按批抽查10%,不得少于1个。

检查方法:手动操作、观察检查。

2. 电动、气动调节风阀

电动、气动调节风阀的驱动装置,动作应可靠,在最大工作压力下工作正常。

检查数量:按批抽查10%,不得少于1个。

检查方法:核对产品的合格证明文件、性能检测报告,观察或测试。

3. 防火阀和排烟阀（排烟口）

防火阀和排烟阀（排烟口）必须符合有关消防产品标准的规定,并具有相应的产品合格证明文件。

检查数量:按种类、批抽查10%,不得少于2个。

检查方法:核对产品的合格证明文件、性能检测报告。

【小贴士】

防火阀与排烟阀是使用于建筑工程中的救生系统,其质量必须符合消防产品的规定。

4. 防爆风阀

防爆风阀的制作材料必须符合设计规定,不得自行替换。

检查数量:全数检查。

检查方法:核对材料品种、规格,观察检查。

【小贴士】

防爆风阀主要使用于易燃、易爆的系统和场所,其材料使用不当,会造成严重的后果,故在验收时必须严格执行。

5. 净化空调系统的风阀

净化空调系统的风阀,其活动件、固定件以及坚固件均应采取镀锌或作其他防腐处理（如喷塑或烤漆）;阀体与外界相通的缝隙处,应有可靠的密封措施。

检查数量:按批抽查10%,不得少于1个。

检查方法:核对产品的材料,手动操作、观察。

6.工作压力大于 1 000 Pa 的调节风阀

工作压力大于 1 000 Pa 的调节风阀,生产厂应提供(在 1.5 倍工作压力下能自由开关)强度测试合格的证书(或试验报告)。

检查数量:按批抽查 10%,不得少于 1 个。

检查方法:核对产品的合格证明文件、性能检测报告。

7.防排烟系统柔性短管

防排烟系统柔性短管的制作材料必须为不燃材料。

检查数量:全数检查。

检查方法:核对材料品种的合格证明文件。

8.消声弯管

消声弯管的平面边长大于 800 mm 时,应加设吸声导流片;消声器内直接迎风面的布质覆面层应有保护措施;净化空调系统消声器内的覆面应为不易产尘的材料。

检查数量:全数检查。

检查方法:观察检查,核对产品的合格证明文件。

（二）一般项目

1.手动单叶片或多叶片调节风阀

手动单叶片或多叶片调节风阀应符合下列规定:

(1)结构应牢固,启闭应灵活,法兰应与相应材质风管的法兰相一致。

(2)叶片的搭接应贴合一致,与阀体缝隙应小于 2 mm。

(3)截面面积大于 1.2 m² 的风阀应实施分组调节。

检查数量:按类别、批抽查 10%,不得少于 1 个。

检查方法:手动操作,尺量、观察检查。

2.止回风阀

止回风阀应符合下列规定:

(1)启闭灵活,关闭时应严密。

(2)阀叶的转轴、铰链应采用不易锈蚀的材料制作,保证转动灵活、耐用。

(3)阀片的强度应保证在最大负荷压力下不弯曲变形。

(4)水平安装的止回风阀应有可靠的平衡调节机构。

检查数量:按类别、批抽查 10%,不得少于 1 个。

检查方法:观察、尺量,手动操作试验与核对产品的合格证明文件。

3.插板风阀

插板风阀应符合下列规定:

(1)壳体应严密,内壁应作防腐处理。

(2)插板应平整,启闭灵活,并有可靠的定位固定装置。

(3)斜插板风阀的上下接管应成一直线。

检查数量:按类别、批抽查 10%,不得少于 1 个。

检查方法:手动操作,尺量、观察检查。

4.三通调节风阀

三通调节风阀应符合下列规定:

（1）拉杆或手柄的转轴与风管的结合处应严密。

（2）拉杆可在任意位置上固定，手柄开关应标明调节的角度。

（3）阀板调节方便，并不与风管相碰擦。

检查数量：按类别、批分别抽查10%，不得少于1个。

检查方法：观察、尺量，手动操作试验。

5. 风量平衡阀

风量平衡阀应符合产品技术文件的规定。

检查数量：按类别、批分别抽查10%，不得少于1个。

检查方法：观察、尺量，核对产品的合格证明文件。

风量平衡阀是一个精度较高的风阀，由专业工厂生产，故强调按产品标准进行验收。

6. 风罩的制作

风罩的制作应符合下列规定：

（1）尺寸正确、连接牢固、开头规则、表面平整光滑，其外壳不应有尖锐边角。

（2）槽边侧吸罩、条缝抽风罩尺寸应正确，转角处弧度均匀、形状规则，吸入口平整，罩口加强板分隔间距应一致。

（3）厨房锅灶排烟罩应采用不易锈蚀材料制作，其下部集水槽应严密不漏水，并坡向排放口，罩内油烟过滤器应便于拆卸和清洗。

检查数量：每批抽查10%，不得少于1个。

检查方法：尺量、观察检查。

7. 风帽的制作

风帽的制作应符合下列规定：

（1）尺寸应正确，结构牢靠，风帽接管尺寸的允许偏差同风管的规定一致。

（2）伞形风帽伞盖的边缘应有加固措施，支撑高度尺寸应一致。

（3）锥形风帽内外锥体的中心应同心，锥体组合的连接缝应顺水，下部排水应畅通。

（4）筒形风帽的形状应规则、外筒体的上下沿口应加固，其不圆度不应大于直径的2%，伞盖边缘与外筒体的距离应一致，挡风圈的位置应正确。

（5）三叉形风帽三个支管的夹角应一致，与主管的连接应严密。主管与支管的锥度应为3°～4°。

检查数量：按批抽查10%，不得少于1个。

检查方法：尺量、观察检查。

8. 矩形弯管导流叶片

矩形弯管导流叶片的迎风侧边缘应圆滑，固定应牢固。导流片的弧度应与弯管的角度相一致。导流片的分布应符合设计规定。当导流叶片的长度超过1 250 mm时，应有加强措施。

检查数量：按批抽查10%，不得少于1个。

检查方法：核对材料，尺量、观察检查。

9. 柔性短管

柔性短管应符合下列规定：

（1）应选用防腐、防潮、不透气、不易霉变的柔性材料。用于空调系统的应采取防止结露的措施,用于净化空调系统的还应是内壁光滑、不易产生尘埃的材料。

（2）柔性短管的长度,一般宜为150～300 mm,其连接处应严密、牢固可靠。

（3）柔性短管不宜作为找正、找平的异径连接管。

（4）设于结构变形缝的柔性短管,其长度宜为变形缝的宽度加100 mm 及以上。

检查数量:按数量抽查10%,不得少于1个。

检查方法:尺量、观察检查。

10. 消声器

消声器的制作应符合下列规定:

（1）所选用的材料,应符合设计的规定,例如防火、防腐、防潮和卫生性能等要求。

（2）外壳应牢固、严密,其漏风量应符合本节相关的规定。

（3）充填的消声材料,应按规定的密度均匀铺设,并应有防止下沉的措施。消声材料的覆面层不得破损,搭接应顺气流,且应拉紧,界面无毛边。

（4）隔板与壁板结合处应紧贴、严密;穿孔板应平整、无毛刺,其孔径和穿孔率应符合设计要求。

检查数量:按批抽查10%,不得少于1个。

检查方法:尺量、观察检查,核对材料合格的证明文件。

11. 检查门

检查门应平整、启闭灵活、关闭严密,其与风管或空气处理室外的连接处应采取密封措施,无明显渗漏。

净化空调系统风管检查门的密封垫料,宜采用成型密封胶带或软橡胶条制作。

检查数量:按数量抽查20%,不得少于1个。

检查方法:观察检查。

12. 风口

风口的验收,规格以颈部外径与外边长为准,其尺寸的允许偏差值应符合表6-24 的规定。风口的外表装饰面应平整、叶片或扩散环的分布应匀称、颜色应一致、无明显的划伤和压痕;调节装置转动应灵活、可靠,定位后应无明显自由松动。

表6-24 风口尺寸允许偏差 （单位:mm）

圆形风口		
直径	≤250	>250
允许偏差	0～-2	0～-3
矩形风口		
边长	<300	300～800	>800
允许偏差	0～-1	0～-2	0～-3
对角线长度	<300	300～500	>500
对角线长度之差	≤1	≤2	≤3

检查数量:按类别、批分别抽查5%,不得少于1个。

检查方法:尺量、观察检查,核对材料合格的证明文件与手动操作检查。

第四节　风管系统安装

一、一般规定

（1）本节适用于通风与空调工程中的金属和非金属风管系统安装质量的检验和验收。

（2）风管系统安装后，必须进行严密性检验，合格后方能交付下道工序。风管系统严密性检验以主、干管为主。在加工工艺得到保证的前提下，低压风管系统可采用漏光法检测。

（3）当风管系统吊、支架采用膨胀螺栓等胀锚方法固定时，必须符合其相应技术文件的规定。

二、质量控制

（一）材料质量控制

（1）各种安装材料应具有出厂合格证书或质量鉴定文件及产品清单。

（2）风管成品不允许有变形、扭曲、开裂、空洞、法兰开焊、法兰脱落、漏铆、漏紧螺栓等缺陷。

（3）安装的阀体、消声器、罩体、风口等部件应检查调节装置是否灵活，消声片、油漆层有无损伤。

（4）安装使用材料包括螺栓、螺母、垫圈、垫料、自攻螺钉、铆钉、拉铆钉、电焊条、焊丝、不锈钢焊丝、石棉布、帆布、膨胀螺栓等，都应符合产品质量要求，不得存在影响安装质量的缺陷。

（5）型钢（包括扁钢、角钢、槽钢、圆钢）应按照家现行有关标准进行验收。

（6）风管法兰垫料的材料、规格、厚度符合设计要求，弹性良好、厚度均匀。

（7）风口的尺寸、规格、形式应符合设计要求，表面平整、无变形，自带调节部分应灵活、无卡涩和松动。表面喷涂的风口应颜色均匀、无色差，表面无划痕。

（8）当风阀、柔性短管、风帽和消声器采用法兰连接时，其法兰规格应与风管法兰规格相匹配。

（9）当风管无法兰连接时，采用法兰插条和弹簧夹的规格、厚度、强度应能满足设计和使用要求。

（二）施工过程质量控制

1. 预留孔洞和预埋吊杆位置

（1）在图纸会审中，应认真核对暖通施工图纸的风管穿过楼板和墙壁的坐标和标高与土建图纸中标示的位置是否相符。若有遗漏或不相符之处，应将提出的问题和解决办法，明确记载在图纸会纪要上，以便施工。

（2）在预埋预留风管支、吊、托架的垫铁或吊杆时，应根据确定的安装位置和间距，在混凝土的模板上弹线定点，以确保预埋的准确性。

（3）安装人员配合土建施工，在配合过程中，把已确定的风管走向、标高、坐标和间距，在混凝土的模板上弹线定点，以确保预埋的准确性。

2. 测定孔位置

(1)测定孔在风管上的位置应注意以下两点：

①所选的截面应是平直管段。

②测定截面距前面局部阻力的距离要比它距后面局部阻力的距离长一些。

(2)矩形截面测点的位置,是在矩形风管内测量平均风速时,应将风管截面划分为若干个相等的小截面,并使各小截面尽可能接近于正方形,其面积不得大于 0.05 m^2,测点位于各个小截面的中心处。

(3)圆形截面测点的位置应在互相垂直的同一截面上设置两点。在测得圆形风管内平均风速时,应根据管径的大小,将截面分成若干个面积相等的同心圆环,每个圆环测量四个点。

3. 支、吊架预埋件和膨胀螺栓固定

(1)预埋铁件的埋入部分不得涂刷红丹漆式沥青等防腐涂料,且预埋铁件上的铁锈和油污必须清除干净。

(2)采用膨胀螺栓固定支、吊架时,必须根据所承受的负荷认真选用。

(3)安装膨胀螺栓必须先在墙、屋顶等砖体或混凝土层上钻一个与膨胀螺栓套管直径和长度相同的孔洞。在考虑支架的施工方案时,必须要了解建筑物的结构情况。

4. 风管连接的密封处理

(1)通风、空调系统应根据输送各类不同介质和空气的温度而选用法兰垫片材质,一般可分为以下五个类别：

①一般送、排风及空调系统,应选用橡胶板、闭孔海绵橡胶板等。

②锅炉排烟除尘、烘干房的送、排风及加热炉的排气系统,应选用石棉绳或石棉橡胶板等。

③酸性及碱性气体的塑料或不锈钢排风系统,应选用耐酸、碱的橡胶板或软聚乙烯板等。

④印染、纺织工厂的送、排风及地下工程的通风系统应选用橡胶板、闭孔海绵橡胶板。

⑤除尘系统的风管,应选用橡胶板。

(2)法兰垫片的厚度应根据风管壁厚及系统要求的密闭程度决定,一般为 3~5 mm。

(3)垫片不能凸入风管内,否则它将会减少风管的有效截面,并增加系统的噪声、积尘和阻力。

(4)紧固法兰连接螺母时,螺母必须对称紧固均匀受力,不能成排或沿圆周一个挨一个地紧固,而且螺母应在法兰的同一侧,使外观整齐美观,也便于紧固。

5. 风管调平调直

(1)支、吊、托架按设计或规范要求的间距应等距离排列,但遇有风口、风阀等部件,应适当地错开一定距离。支、吊、托架的预埋件或膨胀螺栓的位置应正确牢固。各吊杆或支架的标高调整后应保持一致;对于有坡度要求的风管,其标高按其坡度保持一致。

(2)圆形风管用法兰管口翻边宽度调整风管的同心度。矩形风管可调整或更换法兰,使其对角线相等,并保证风管表面和平整度控制在 5~10 mm 范围内。

(3)在进行风管平整度检验时,对矩形风管应在横向拉线,用尺量其凹凸的高度;对圆形风管应纵向拉线,用尺量其凹凸的高度。

6. 百叶风口安装

（1）为保证组装后叶片的水平或垂直，外框叶片轴孔必须同心。

（2）百叶风口的叶片必须达到调节灵活又不能松动，以便气流长期作用从而改变气流方向。

（3）为避免叶片与外框间隙过小而产生碰擦现象，应在制作过程中考虑留有一定间隙。并保持外框和叶片的平整度。

7. 送风风口安装

（1）各类风口安装应注意美观、牢固、位置正确、转动灵活，在同一房间安装成排同类型风口，必须拉线找直找平；送风口必须标高一致，横平竖直，表面平整，与墙面平齐，间距相等或匀称；散流器或高效过滤器风口，应与顶棚平齐，位置对称，多风口成行排成一直线；并注意风口外形的完整性，不得碰撞损坏。

（2）为保持空头房间或洁净房间的密封性，防止将顶棚内的灰尘落入室内，在安装散流器或高效过滤器风口时，顶棚与风口接触处必须垫上闭孔泡沫橡胶密封垫。

（3）风口与风管连接不论是硬连接或是柔性连接，风口必须固定，连接牢固可靠。

8. 柔性短管安装

（1）柔性短管的长度不宜过长，一般为 150 ~ 250 mm。

（2）输送潮湿空气或安装在潮湿环境的柔性短管应选用涂胶帆布；输送腐蚀性气体的柔性短管应选用耐酸橡胶或软聚氯乙烯板；输送洁净空气，应选用里面光滑、不产尘、不透气的材料，其结合缝应牢固可靠。

（3）为保证柔性短管在系统运转过程中不扭曲，应松紧适度。

9. 风管固定

（1）风管的钢制套管的内径尺寸，应该以能够穿过风管的法兰和保温层为准，其间隙不能过大。

（2）钢制套管预埋在墙壁内，套管两端应与墙面取齐，不能突出墙面，或过多地凹入墙面；预埋在楼板中的套管上端应高出楼板面 50 mm 以上。为了使套管牢固地固定在墙壁和楼板中，套管应焊有肋板埋到结构中。

（3）钢套管的壁厚应根据套管截面面积大小确定，一般套管壁厚不小于 2 mm。防止弯曲变形。为使套管牢固地固定在建筑结构内，钢套管在预埋前其外表面不应涂油漆，并应除去表层铁锈和油污。

10. 安装后检查

风管系统安装后，必须进行严密性检验，合格后方能交付下一道工序。风管系统的严密性检验以主、干管为主，在加工工艺得到保证的前提下，低压风管系统可用漏光法检测。

三、验收质量

（一）主控项目

1. 当风管穿过需要封闭的防火、防爆的墙体或楼板时的安装

当风管穿过需要封闭的防火、防爆的墙体或楼板时，应设预埋管或防护套管，其钢板厚度不应小于 1.6 mm。风管与防护套管之间应用不燃且对人体无危害的柔性材料封堵。

检查数量：按数量抽查 20%，不得少于 1 个系统。

检查方法:尺量、观察检查。

2. 风管安装

风管安装必须符合下列规定:

(1)风管内严禁其他管线穿越。

(2)输送含有易燃、易爆气体或安装在易燃、易爆环境的风管系统应有良好的接地,通过生活区或其他辅助生产房间时必须严密,并不得设置接口。

(3)室外立管的固定拉索。

室外立管的固定拉索严禁拉在避雷针或避雷网上。

检查数量:按数量抽查20%,不得少于1个系统。

检查方法:手扳、尺量、观察检查。

3. 输送空气温度高于80 ℃的风管

输送空气温度高于80 ℃的风管,应按设计规定采取防护措施。

检查数量:按数量抽查20%,不得少于1个系统。

检查方法:观察检查。

4. 风管部件安装

风管部件安装必须符合下列规定:

(1)各类风管部件及操作机构的安装,应能保证其正常的使用功能,并便于操作。

(2)斜插板风阀的安装,阀板必须为向上拉启;水平安装时,阀板还应为顺气流方向插入。

(3)止回风阀、自动排气阀门的安装方向应正确。

检查数量:按数量抽查20%,不得少于5件。

检查方法:尺量、观察检查,动作试验。

5. 防火阀、排烟阀(口)的安装

防火阀、排烟阀(口)的安装方向、位置应正确。防火分区隔墙两侧的防火阀,距墙表面不应大于200 mm。

检查数量:按数量抽查20%,不得少于5件。

检查方法:尺量、观察检查,动作试验。

防火孔、排烟阀的安装方向、位置会影响阀门功能的正常发挥,故必须正确。防火墙两侧的防火阀离墙越远,对过墙管的耐火性能要求越高,阀门的功能作用越差。

6. 净化空调系统风管的安装

净化空调系统风管的安装还应符合下列规定:

(1)风管、静压箱及其他部件,必须擦拭干净,做到无油污和浮尘,当施工停顿或完毕时,端口应封好。

(2)法兰垫料应为不产尘、不易老化和具有一定强度和弹性的材料,厚度为5～8 mm,不得采用乳胶海绵;法兰垫片应尽量减少拼接,并不允许直缝对接连接,严禁在垫料表面涂涂料。

(3)风管与洁净室吊顶、隔墙等围护结构的接缝处应严密。

检查数量:按数量抽查20%,不得少于1个系统。

检查方法:观察、用白绸布擦拭。

7. 集中式真空吸尘系统的安装

集中式真空吸尘系统的安装应符合下列规定:

(1)真空吸尘系统弯管的曲率半径不应小于4倍管径,弯管的内壁面应光滑,不得采用褶皱弯管。

(2)真空吸尘系统三通的夹角不得大于45°,四通制作应采用两个斜三通的做法。

检查数量:按数量抽查20%,不得少于2件。

检查方法:尺量、观察检查。

8. 严密性检验

风管系统安装完毕后,应按系统类别进行严密性检验,漏风量应符合设计与《通风与空调工程施工质量验收规范》(GB 50243—2002)的规定。风管系统的严密性检验,应符合下列规定:

(1)低压系统风管的严密性检验应采用抽检,抽检率为5%,且不得少于1个系统。在加工工艺得到保证的前提下,采用漏光法检测。当检测不合格时,应按规定的抽检率做漏风量测试。

中压系统风管的严密性检验,应在漏光法检测合格后,对系统漏风量测试进行抽检,抽检率为20%,且不得少于1个系统。

高压系统风管的严密性检验,为全数进行漏风量测试。

系统风管严密性检验的被抽检系统,应全数合格,则视为通过;若有不合格,则应再加倍抽检,直至全数合格。

(2)净化空调系统风管的严密性检验,1~5级的系统按高压系统风管的规定执行;6~9级的系统按《通风与空调工程施工质量验收规范》(GB 50243—2002)的规定执行。

检查数量:按相关规定。

检查方法:按相关规定进行严密性测试。

9. 手动密闭阀安装

手动密闭阀安装,阀门上标志的箭头方向必须与受冲击波方向一致。

检查数量:全数检查。

检查方法:观察核对检查。

(二)一般项目

1. 风管的安装

风管的安装应符合下列规定:

(1)风管安装前,应清除内、外杂物,并做好清洁和保护工作。

(2)风管安装的位置、标高、走向,应符合设计要求。现场风管接口的配置,不得缩小其有效截面。

(3)连接法兰的螺栓应均匀拧紧,其螺母宜在同一侧。

(4)风管接口的连接应严密、牢固。风管法兰的垫片材质应符合系统功能的要求,厚度不应小于3 mm。垫片不应凸入管内,亦不宜突出法兰外。

(5)柔性短管的安装,应松紧适度,无明显扭曲。

(6)可伸缩性金属或非金属软风管的长度不宜超过2 m,并不应有死弯或塌凹。

(7)风管与砖、混凝土风道的连接接口,应顺着气流方向插入,并应采取密封措施。风管穿出屋面处应设有防雨装置。

（8）不锈钢板、铝板风管与碳素钢支架的接触处，应有隔绝或防腐绝缘措施。

检查数量：按数量抽查10%，不得少于1个系统。

检查方法：尺量、观察检查。

现场安装的风管接口、返弯或异径管等，由于配置不当、截面缩小过甚，往往会影响系统的正常运行，其中以连接风机和空调设备处的接口影响最为严重。

2. 无法兰连接风管的安装

无法兰连接风管的安装还应符合下列规定：

（1）风管的连接处，应完整无缺损，表面应平整，无明显扭曲。

（2）承插式风管的四周缝隙应一致，无明显的弯曲或褶皱；内涂的密封胶应完整，外粘的密封胶带，应粘贴牢固、完整无缺损。

（3）薄钢板法兰形式风管的连接，弹性插条、弹簧夹或紧固螺栓的间隔不应大于150 mm，且分布均匀，无松动现象。

（4）插条连接的矩形风管，连接后的板面应平整、无明显弯曲。

检查数量：按数量抽查10%，不得少于1个系统。

检查方法：尺量、观察检查。

3. 风管的连接

风管的连接应平直、不扭曲。明装风管水平安装，水平度的允许偏差为3/1 000，总偏差不应大于20 mm。明装风管垂直安装，垂直度的允许偏差为2/1 000，总偏差不应大于20 mm。暗装风管的位置，应正确，无明显偏差。

除尘系统的风管，宜垂直或倾斜敷设，与水平夹角宜大于或等于45°，小坡度和水平管应尽量短。

对含有凝结水或其他液体的风管，坡度应符合设计要求，并在最低处设排液装置。

检查数量：按数量抽查10%，但不得少于1个系统。

检查方法：尺量、观察检查。

对于暗装风管的水平度、垂直度，条文没有作出量的规定，只要求"位置应正确，无明显偏差"。这不是降低标准，而是从施工实际出发，如果暗装风管也要求其横平竖直，实际意义不大，况且在狭窄的空间内，各种管道纵横交叉，客观上也很难做到。

4. 风管支、吊架的安装

风管支、吊架的安装应符合下列规定：

（1）风管水平安装，当直径或长边尺寸小于或等于400 mm时，间距不应大于4 m；当直径或长边尺寸大于400 mm时，间距不应大于3 m。螺旋风管的支、吊架间距可分别延长至5 m和3.75 m；对于薄钢板法兰的风管，其支、吊架间距不应大于3 m。

（2）风管垂直安装，间距不应大于4 m，单根直管至少应有2个固定点。

（3）风管支、吊架宜按国标图集与规范选用强度和刚度相适应的形式和规格。对于直径或边长大于2 500 mm的超宽、超重等特殊风管的支、吊架应按设计规定。

（4）支、吊架不宜设置在风口、阀门、检查门及自控机构处，离风口或插接管的距离不宜小于200 mm。

（5）当水平悬吊的主、干风管长度超过20 m时，应设置防止摆动的固定点，每个系统不应少于 1 个。

(6)吊架的螺孔应采用机械加工。吊杆应平直,螺纹完整、光洁。安装后各副支、吊架的受力应均匀,无明显变形。

风管或空调设备使用的可调隔振支、吊架的拉伸或压缩量应按设计的要求进行调整。

(7)抱箍支架,折角应平直,抱箍应紧贴并箍紧风管。安装在支架上的圆形风管应设托座和抱箍,其圆弧应均匀,且与风管外径相一致。

检查数量:按数量抽查 10%,不得少于 1 个系统。

检查方法:尺量、观察检查。

风管安装后,还应立即对其进行调整,以避免出现各副支、吊架受力不匀或风管局部变形。

5.非金属风管的安装

非金属风管的安装还应符合下列规定:

(1)风管连接两法兰端面应平行、严密,法兰螺栓两侧应加镀锌垫圈。

(2)应适当增加支、吊架与水平风管的接触面积。

(3)硬聚氯乙烯风管的直段连续长度大于 20 m,应按设计要求设置伸缩节;支管的重量不得由干管来承受,必须自行设置支、吊架。

(4)风管垂直安装,支架间距不应大于 3 m。

检查数量:按数量抽查 10%,不得少于 1 个系统。

检查方法:尺量、观察检查。

6.复合材料风管的安装

复合材料风管的安装还应符合下列规定:

(1)复合材料风管的连接处,接缝应牢固,无孔洞和开裂。当采用插接连接时,接口应匹配、无松动,端口缝隙不应大于 5 mm。

(2)当采用法兰连接时,应有防冷桥的措施。

(3)支、吊架的安装宜按产品标准的规定执行。

检查数量:按数量抽查 10%,但不得少于 1 个系统。

检查方法:尺量、观察检查。

7.集中式真空吸尘系统的安装

集中式真空吸尘系统的安装应符合下列规定:

(1)吸尘管道的坡度宜为 0.005,并坡向立管或吸尘点。

(2)吸尘嘴与管道的连接,应牢固、严密。

检查数量:按数量抽查 20%,不得少于 5 件。

检查方法:尺量、观察检查。

8.各类风阀的安装

各类风阀安装在便于操作及检修的部位,安装后的手动或电动操作装置应灵活、可靠,阀板关闭应保持严密。

当防火阀直径或长边尺寸大于等于 630 mm 时,宜设独立支、吊架。

排烟阀(排烟口)及手控装置(包括预埋套管)的位置应符合设计要求。预埋套管不得有死弯及瘪陷。

除尘系统吸入管段的调节阀,宜安装在垂直管段上。

检查数量:按数量抽查 10%,不得少于 5 件。

检查方法:尺量、观察检查。

9. 风帽的安装

风帽的安装必须牢固,连接风管与屋面或墙面的交接处不应渗水。

检查数量:按数量抽查 10%,不得少于 5 件。

检查方法:尺量、观察检查。

10. 排、吸风罩的安装

排、吸风罩的安装位置应正确,排列整齐,牢固可靠。

检查数量:按数量抽查 10%,不得少于 5 件。

检查方法:尺量、观察检查。

11. 风口的安装

风口与风管的连接应严密、牢固,与装饰面相紧贴;表面平整、不变形,调节灵活、可靠。条形风口的安装,接缝处应衔接自然,无明显缝隙。同一厅室、房间内的相同风口的安装高度应一致,排列应整齐。

明装无吊顶的风口,安装位置和标高偏差不应大于 10 mm。

风口水平安装,水平度的偏差不应大于 3/1 000。

风口垂直安装,垂直度的偏差不应大于 2/1 000。

检查数量:按数量抽查 10%,不得少于 1 个系统或不少于 5 件和 2 个房间的风口。

检查方法:尺量、观察检查。

风口安装质量应以连接的严密性和观感的舒适、美观为主。

12. 净化空调系统风口的安装

净化空调系统风口的安装还应符合下列规定:

(1)风口安装前应清扫干净,其边框与建筑顶棚或墙面间的接缝处应加设密封垫料或密封胶,不应漏风。

(2)带高效过滤器的送风口,应采用可分别调节高度的吊杆。

检查数量:按数量抽查 20%,不得少于 1 个系统或不少于 5 件和 2 个房间的风口。

检查方法:尺量、观察检查。

【案例 6-2】

某工程公司承担了某宾馆空调工程的施工任务。在风管系统的验收中发现如下问题:

(1)风管穿过需要封闭的防火防爆楼板时,设置了 1.2 mm 厚的钢板防护管。

(2)风管在安装过程中先安装支管,而后安装主干管。

(3)当支、吊架的混凝土养护强度达到设计强度的 65% 时,施工人员进行了风管的承重安装。

(4)风管系统安装完成后,经严密性检验合格,进行下道工序的施工。

风管系统安装完成后,验收评定时发现风管安装不直、漏风。

问题:

(1)分析该工程公司具体的施工方法在质量验收时是否合格? 如不合格,该如何整改。

(2)在加工工艺得到保证的前提下,该空调工程应怎样进行严密性试验?

（3）按项目构成来讲，风管的制作与安装属于哪类工程？该工程的验收评定组织是怎样组成的？

（4）分析风管安装不直、漏风的原因。

【案例评析】

（1）该工程公司具体的施工方法在质量验收时是否合格判定如下：

①不合格。正确做法：当风管穿过需要封闭的防火防爆楼板或墙体时，应设钢板厚度不小于1.6 mm的预埋管或防护套管。

②不合格。正确做法：风管安装的程序通常为先上层后下层，先主干管后支管，先立管后水平管。

③不合格。正确做法：当固定支、吊、托架的砂浆及埋设钢制铺件和混凝土的养护强度达到设计强度的70%时，方准进行风管的承重安装。

④合格。

（2）在加工工艺得到保证的前提下，该空调工程要进行漏风量测试。

（3）按项目构成来讲，风管的制作与安装属于分析工程。该工程在施工班组自检的基础上，由监理工程师或建设单位项目负责人组织施工单位项目专业质量（技术）负责人等进行验收。

（4）风管安装不直、漏风的原因如下：

①各风管支、吊架位置标高不一致，间距不相等，受力不均。风管因自重影响，安装后产生弯曲。

②法兰与风管中心轴线不垂直。

③法兰互换性差。

④法兰平整度差，螺栓间距大，螺栓松紧度不一致。

⑤法兰垫料薄，接口有缝隙。

⑥法兰管口翻边宽度小。

⑦风管咬口开裂。

⑧室外安装风管咬口缝渗水。

第五节　通风与空调设备安装

一、一般规定

（1）本节适用于工作压力不大于5 kPa的通风机与空调设备安装质量的检验与验收。

（2）通风与空调设备应有装箱清单、设备说明书、产品质量合格证书和产品性能检测报告等随机文件，进口设备还应具有商检合格的证明文件。

（3）设备安装前，应进行开箱检查，并形成验收文字记录。参加人员为建设、监理、施工和厂商等单位的代表。

（4）设备就位前应对其基础进行验收，合格后方能安装。

（5）设备的搬运和吊装必须符合产品说明书的有关规定，并应做好设备的保护工作，防止因搬运或吊装而造成设备损伤。

二、质量控制

(一)材料质量控制

(1)通风与空调设备应有装箱清单、设备说明书、产品质量合格证书和产品性能检测报告等随机文件,进口设备还应具有商检合格的证明文件。

(2)到场设备、配件应与清单一致,设备及其零部件不得使其变形、损坏、锈蚀、错乱或丢失。

(3)风机盘管、诱导器设备的结构形式、安装形式、出口方向、进水位置应符合设计及安装要求。

(4)除尘器应有产品合格证,其型号、规格和尺寸必须符合设计要求。除尘器本体和配套件应完整、齐全,其内表面平整、无明显凹凸,圆弧均匀,拼缝错开,焊缝表面无裂痕、夹渣、明显砂眼、气孔等缺陷。

(5)除尘器制作的厚度应按照设计要求、标准样本材料明细表执行。并对其外观进行检查,确认后填写设备开箱检查记录单,经双方确认后方可安装。若有损坏应修复合格,损坏严重时应及时更换。

(6)消声器应具有出厂合格证或质量鉴定文件并经现场检查,质量合格。消声器的名称、型号和规格应符合设计要求,并标明气流方向,设备技术文件等资料应齐全。设备表面无损坏、无变形和锈蚀等现象。

(7)地脚螺栓通常随设备配套带来,其规格和质量应符合施工图纸或说明书要求。

(8)垫铁的规格、型号及安装数量应符合设计及设备安装有关规范的规定。

(9)橡胶减震垫的材料、规格,单位面积承载力,安装的数量和位置应符合设计及设备安装有关规范的规定。

(10)阻燃密封封条的性能参数、规格、厚度应符合设计和设备安装说明要求。

(11)密封胶的黏结强度、固化时间、性能参数(耐酸、耐碱、耐热)应能满足设备安装说明书要求。

(12)其他辅助材料,例如耐热垫片、密封液、硅橡胶、滤料、型钢、垫圈等应符合相应的产品质量标准。

(13)其他安装时使用的相关材料不得有质量缺陷。

(二)施工过程质量控制

1.通风机安装

(1)通风机安装前应在基础表面铲出麻面,以便二次浇筑的混凝土或水泥砂浆面层与基础紧密结合。

(2)通风机的吊装点应选在机架及规定的吊装点,现场组装的风机,绳索捆绑时,不得损伤机件表面。转子、轴颈和轴封等处均不应作捆绑部位。

(3)通风机的进风管、出风管应顺气流,并设单独支撑,与基础或其他建筑物连接牢固。风管与风机连接时,机壳不应承受其他机件的重量。

(4)通风机传动装置的外露部位及直通大气的进、出口处,必须装防护网或采取其他安全措施。通风机底座若不用隔振装置而直接安装在基础上,应用垫铁找平。固定通风机的地脚螺栓,除应戴垫圈外,还应有防护装置。

（5）滚动轴承风机安装，两轴承架上轴承孔的同轴度，可以叶轮和轴装好后转动灵活为准。

（6）轴流风机组装，叶轮与主体风筒的间隙应均匀分布。大型轴流风机组装应根据随机文件的要求进行，叶片安装角度应一致，在同一平面内运转应平稳。

（7）通风机叶轮旋转的静平衡，应做不少于三次盘动，叶轮每次不应停留在原来的位置上，并不得碰壳。

（8）管道风机安装前，应检查叶轮与机壳间的间隙，看是否符合设备技术文件的要求，风机的支架、托架应设隔振装置，并安装牢固。

（9）风幕机底板或支架的安装应牢固，整机安装前，应检查叶轮是否有碰壳现象，机壳应接地。热媒为热水或蒸汽的热风幕机，安装前应做水压试验，压力为系统最高压力的1.5倍，但不得小于0.4 MPa。风幕机安装的纵横水平度偏差不应大于2/1 000。

（10）安装隔振器的地面应平整，各组隔振器承受荷载的压缩量应均匀，不得偏心。隔振器使用前，应采取防止位移及过载的保护措施。

（11）隔振支、吊架的结构形式和外形尺寸应符合设计要求，焊接应符合技术规范。隔振架应水平安装在隔振器上，各组隔振器承受荷载的压缩量应均匀一致，高度误差应小于2 mm。

（12）通风机安装允许偏差和检验方法应符合表6-25的规定。

表6-25　通风机安装允许偏差和检验方法

项目		允许偏差	检验方法
中心线的平面位移		10 mm	经纬仪或拉线和尺量检查
标高		±10 mm	水准仪或水平仪、直尺、拉线和尺量检查
皮带轮轮宽中心平面偏移		1 mm	在主、从动皮带轮端面拉线和尺量检查
传动轴水平度		纵向 0.2/1 000 横向 0.3/1 000	在轴或皮带轮0°和180°的两个位置上，用水平仪检查
联轴器	两轴芯径向位移	0.05 mm	在联轴器相互垂直的四个位置上，用百分表检查
	两轴线倾斜	0.2/1 000	

2. 通风系统设备

1）风机减振器安装

（1）风机支架安装前，应在同规格的减振器中挑选自由高度相同的减振器，不能勉强安装。

（2）减振器安装前，除要求地面平整外，应注意各组减振器承受荷载的压缩量应均匀，高度误差小于2 mm，使其同心。

（3）减振器应按设计或标准图的要求布置，应做到各减振器受力均匀。为避免引起耦合振动，减振器的布置尽量对称于设备的主惯性轴，或布置在设备重心的平面内，以使各减振器受力均匀，变形量相等。当安装在设备下的各减振器变形量不相等时，应移动减振器，以使其变形量相等，使减振器上的设备重心与减振器垂直方向刚度中心重合。

2）旋风式除尘器安装

（1）严格控制在其圆度偏差在5‰以内。筒体内外表面应平整光滑，弧度均匀。

（2）在展开下料时做到旋风式除尘器的进风口短管平直，并与筒体内壁形成切线方向。

（3）除尘器的出风口应平直，并须使出风口短管与筒体同心，其偏差不得大于2 mm。

（4）螺旋导流板在焊接时应垂直于筒体，而且螺距要均匀一致。

（5）除尘器的集尘箱、检查口及所有法兰连接处，在连接时必须严密，不得漏气。

3）水膜除尘器安装

（1）水膜除尘器的喷嘴应同向等距离排列，喷嘴与水管连接要严密，保证液膜或液滴的完整、正常，防止含尘气流短路，避免排出的清洁气体夹带水分和增加气流的阻力。

（2）除尘器必须做到内壁光滑，不得有突出的横向接缝，焊缝应设在外筒体的外壁。

3. 空调系统设备安装

1）组装式空调器安装

（1）空调器的框架和壁板应采取模具化生产，使得各部位的尺寸准确一致，并在允许的偏差范围内。

（2）组装式空调器安装的顺序，一般是先将喷水段、水表面冷却器段及直接蒸发表面冷却器段按设计的施工图定位，然后向两端安装其余空气处理段，段体与段体之间应根据生产厂家提供的组装方式连接，其接缝应采用 6~8 mm 厚的闭孔海绵橡胶板垫片密封。应将其一面用黏结剂黏结在一个段体的法兰上。

（3）壁板与框架等部件之间应垫闭孔海绵橡胶压条，并用带有弹簧垫圈的螺丝紧固。

（4）空调器应组装在平整的基础上，基础的水泥砂浆抹面必须平整，其不平整度应不大于 2 mm。

2）风机盘管机组安装

（1）风机盘管安装前，应检查外观，并进行单机三速试运转及水压试验。三速试运转的允许偏差不大于转速（标牌）的 5%，试验压力应为系统工作压力的 1.5 倍，不漏为合格。

（2）排水坡度应正确，冷凝水应畅通地流到指定位置，供、回水阀及水过滤器应靠近风机盘管机组安装。

（3）供、回水管与风机盘管机组，应用金属或非金属软管连接，风管、回风箱及风口与风机盘管机组连接应严密、牢固。

（4）卧式风机盘管应由支、吊架固定，立式风机盘管安装应牢固，位置及高度应正确。

（5）安装后，对风机盘管镶接的水管、阀门及水过滤器应做渗漏检查。

3）消声器安装

（1）消声材料应选用符合设计的防火、防腐和防潮要求，消声风管及弯管内所衬消声材料应均匀贴紧，不得脱落。拼缝应密实，表面应平整。

（2）消声器外表面应平整，不得有明显的凹凸、划痕及锈蚀缺陷，外观清洁完整。

（3）大型组合式消声器现场安装，应按正确的施工顺序进行，消声组件的排列、方向与位置应符合设计要求。单个消声器组件的固定应牢固，当有两个或两个以上消声元件组成消声组时，其连接应紧密，不得松动，连接处表面过渡应圆滑顺气流。

（4）消声器、消声弯管均应单独设支、吊架，其重量不得由两端风管承担。

4）高效过滤器

（1）过滤器必须按出厂标志的方向搬运和保管。高效过滤器应在安装时从保护的塑料袋里取出，进行外观检查，若无脱胶和其他损坏现象，应立即安装。安装过程中不得触摸滤纸，防止滤纸被污染和损坏。

（2）高效过滤器安装前要检查过滤器框架或边口端面的平直性；端面平整度的允许偏

差,每只不应大于 1 mm。当端面平整度超过允许偏差时,只允许修改或调整框架的端面,不允许修改过滤器的外框。当高效过滤器刀架与液槽密封装置的 L 形或 U 形卡片的顶端端面接触不平整时,只允许修改 L 形或 U 形卡片,不允许修改高效过滤器的刀架。

(3)高效过滤器安装时,其外框上的箭头必须与气流方向一致。

(4)高效过滤器的波纹板必须垂直于地面,不允许反方向安装。

(5)高效过滤器与框架的密封,一般采用闭孔海绵橡胶板或氯丁橡胶板密封垫,也有的用硅橡胶涂抹密封。密封垫料厚度常采用 6 ~ 8 mm,定位粘贴在过滤器边框上,安装后的压缩率应大于 50%。

4. 净化空调系统设备安装

1)洁净系统安装

(1)洁净系统安装前,在施工现场将风管两端封闭塑料薄膜打开,再一次将风管内后来带入的灰尘进行擦拭。系统安装完毕或暂停安装时,必须将风管的开口处封闭。

(2)洁净系统的风管、配件和部件,必须采用不易起尘、积尘和便于清扫的材料制作。

(3)在各工种交叉施工的情况下,应保持施工作业现场的清洁。

2)装配式洁净室维护结构安装

(1)装配式洁净室的维护结构应采用标准金属壁板,壁板厚为 60 mm 左右,内外板均用 1 mm 钢板压制,表面烤漆,内装自熄式聚苯乙烯或聚氨酯泡沫塑料及岩棉等作保温、隔声用。

(2)根据顶棚骨架布置图,对骨架进行安装,保证"平正方直",使顶棚块材或高效过滤器能准确就位;将骨架通过吊片、吊杆、花篮螺丝及吊钳等部件与洁净室套间内的工字钢梁吊点连接,使骨架得到支撑,增强稳定性;在骨架的内侧贴好密封条,将顶棚块材嵌进骨架内,并固定好。

(3)在壁板装好后,顶马槽和屋角进行预装,应保证平直及使其接缝与壁板的接缝错开,并在顶马槽与壁板之间和屋角处垫好密封垫条,其顶棚、壁板上安装的照明灯具和传递窗等部件,必须在边框处用不易老化的橡胶压条进行密封。特别是暗装的照明灯具,必须对顶棚与灯具箱的接缝处进行密封处理。

(4)对接入洁净室的各种管路(各种气体管道、电线管等),其穿越壁板或顶板的孔洞应采用不起尘、不易燃的材料进行封闭,防止室外污染空气进入室内。

三、验收质量

(一)主控项目

1. 通风机的安装

通风机的安装应符合下列规定:

(1)型号、规格应符合设计规定,出口方向应正确。

(2)叶轮旋转应平稳,停转后不应每次停留在同一位置上。

(3)固定通风机的地脚螺栓应拧紧,并有防松动措施。

检查数量:全数检查。

检查方法:依据设计图核对、观察检查。

工程现场对风机叶轮安装的质量和平衡性的检查,最有效、粗略的方法就是盘动叶轮,观察它的转动情况和是否会停留在同一个位置。

2. 通风机传动装置

通风机传动装置的外露部位以及直通大气的进、出口,必须装设防护罩(网)或采取其他安全设施。

检查数量:全数检查。

检查方法:依据设计图核对、观察检查。

【小贴士】

为了防止风机对人造成意外伤害,对通风机转动件的外露部分和敞口作了强制的保护性措施规定。

3. 空调机组的安装

空调机组的安装应符合下列规定:

(1)型号、规格、方向和技术参数应符合设计要求;

(2)现场组装的组合式空气调节机组应做漏风量检测,其漏风量必须符合现行国家标准《组合式空调机组》(GB/T 14294—2008)的规定。

检查数量:按总数抽检20%,不得少于1台。净化空调系统的机组,1~5级全数检查,6~9级抽查50%。

检查方法:依据设计图核对,检查测试记录。

一般大型空调机组由于体积大,不便于整体运输,常采用散装或组装功能段运至现场进行整体拼装的施工方法。由于加工质量和组装水平的不同,组装后机组的密封性能存在着较大的差异,严重的漏风将影响系统的使用功能。同时,空调机组整机的漏风量测试也是工程设备验收的必要步骤之一。因此,现场组装的机组在安装完毕后,应进行漏风量的测试。

4. 除尘器的安装

除尘器的安装应符合下列规定:

(1)型号、规格、进出口方向必须符合设计要求。

(2)现场组装的除尘器壳体应做漏风量检测,在设计工作压力下允许漏风率为5%,其中离心式除尘器为3%。

(3)布袋除尘器、电除尘器的壳体及辅助设备接地应可靠。

检查数量:按总数抽查20%,不得少于1台;接地全数检查。

检查方法:按图核对,检查测试记录和观察检查。

现场组装的除尘器,在安装完毕后,应进行机组的漏风量测试。

5. 高效过滤器

高效过滤器应在洁净室及净化空调系统进行全面清扫和系统连续试车12 h以上后,在现场拆开包装并进行安装。安装前需进行外观检查和仪器检漏。目测不得有变形、脱落、断裂等破损现象;仪器抽检检漏应符合产品质量文件的规定。

合格后立即安装,其方向必须正确,安装后的高效过滤器四周及接口,应严密不漏;在调试前应进行扫描检漏。

检查数量:高效过滤器的仪器抽检检漏按批抽5%,不得少于1台。

检查方法:观察检查,按规定扫描检测或查看检测记录。

高效过滤器主要运用于洁净室及净化空调系统之中,其安装质量的好坏将直接影响到室内空气洁净度等级的实现,故应认真执行。

6. 净化空调设备的安装

净化空调设备的安装还应符合下列规定:

(1)净化空调设备与洁净室围护结构相连的接缝必须密封。

(2)风机过滤器单元(FFU 与 FMU 空气净化装置)应在清洁的现场进行外观检查,目测不得有变形、锈蚀、漆膜脱落、拼接板破损等现象;在系统试运转时,必须在进风口处加装临时中效过滤器作为保护。

检查数量:全数检查。

检查方法:按设计图核对,观察检查。

净化空调设备指的是空气净化系统应用的专用设备,安装时应达到清洁、严密。对于风机过滤器单元,还强调规定了系统试运行时,必须加装中效过滤器作为保护。

7. 静电空气过滤器

静电空气过滤器金属外壳接地必须良好。

检查数量:按总数抽查 20%,不得少于 1 台。

检查方法:核对材料,观察检查或电阻测定。

8. 电加热器的安装

电加热器的安装必须符合下列规定:

(1)电加热器与钢构架间的绝热层必须为不燃材料;接线柱外露的应加设安全防护罩。

(2)电加热器的金属外壳接地必须良好。

(3)连接电加热器的风管的法兰垫片,应采用耐热不燃材料。

检查数量:按总数抽查 20%,不得少于 1 台。

检查方法:核对材料,观察检查或电阻测定。

9. 干蒸汽加湿器的安装

干蒸汽加湿器的安装,蒸汽喷管不应朝下。

检查数量:全数检查。

检查方法:观察检查。

干蒸汽加湿器的喷气管如果向下安装,会使产生干蒸汽的工作环境遭到破坏,故不允许。

10. 过滤吸收器的安装

过滤吸收器的安装方向必须正确,并应设独立支架,与室外的连接管段不得泄漏。

检查数量:全数检查。

检查方法:观察或检测。

过滤吸收器是人防工程中一个重要的空气处理装置,具有过滤、吸附有毒有害气体,保障人身安全的作用。如果安装发生差错,将会使过滤吸收器的功能失效,无法保证系统的安全使用。

(二)一般项目

1. 通风机的安装

通风机的安装应符合下列规定:

(1)通风机的安装,应符合表 6-25 的规定,叶轮转子与机壳的组装位置应正确;叶轮进风口插入风机机壳进风口或密封圈的深度,应符合设备技术文件的规定,或为叶轮外径值的

1/100。

（2）现场组装的轴流风机叶片安装角度应一致,达到在同一平面内运转,叶轮与筒体之间的间隙应均匀,水平度允许偏差为1/1 000。

（3）安装隔振器的地面应平整,各组隔振器承受荷载的压缩量应均匀,高度误差应小于2 mm。

（4）安装风机的隔振钢支、吊架,其结构形式和外形尺寸应符合设计或设备技术文件的规定;焊接应牢固,焊缝应饱满、均匀。

检查数量:按总数抽查20%,不得少于1台。

检查方法:尺量,观察或检查施工记录。

为防止隔振器移位,规定安装隔振器的地面应平整。同一机座的隔振器压缩量应一致,使隔振器受力均匀。

安装风机的隔振器和钢支、吊架应按其荷载和使用场合进行选用,并应符合设计和设备技术文件的规定,以防造成隔振器失效。

2. 组合式空调机组及柜式空调机组的安装

组合式空调机组及柜式空调机组应符合下列规定:

（1）组合式空调机组各功能段的组装,应符合设计规定的顺序和要求;各功能段之间的连接应严密,整体应平直。

（2）机组与供回水管的连接应正确,机组下部冷凝水排放管的水封高度应符合设计要求。

（3）机组应清扫干净,箱体内应无杂物、垃圾和积尘。

（4）机组内空气过滤器(网)和空气热交换器翅片应清洁、完好。

检查数量:按总数抽查20%,不得少于1台。

检查方法:观察检查。

组合式空调机的组装、功能段的排序应符合设计规定,还要求达到机组外观整体平直、功能段之间的连接严密、保持清洁及做好设备保护工作等质量要求。

3. 空气处理室的安装

空气处理室的安装应符合下列规定:

（1）金属空气处理室壁板及各段的组装位置应正确,表面平整,连接严密、牢固。

（2）喷水段的本体及其检查门不得漏水,喷水管和喷嘴的排列、规格应符合设计的规定。

（3）表面式换热器的散热面应保持清洁、完好。当用于冷却空气时,在下部应设有排水装置,冷凝水的引流管或槽应畅通,冷凝水不外溢。

（4）表面式换热器与围护结构间的缝隙,以及表面式热交换器之间的缝隙,应封堵严密。

（5）换热器与系统供回水管的连接应正确,且严密不漏。

检查数量:按总数抽查20%,不得少于1台。

检查方法:观察检查。

现场组装空气处理室容易发生渗漏水的部位,主要是载预埋管、检查门、水管接口以及喷水段的组装接缝等处,施工质量验收时,应引起重视。目前,国内喷水式空气处理室,应用的数量虽然比较少,但是作为一种有效的空气处理形式,还是有实用的价值,故给予保留。表面式换热器的金属翅片在运输与安装过程中易被损坏和沾染污物,会增加空气阻力,影响热交换效率。

4.单元式空调机组的安装

单元式空调机组的安装应符合下列规定:

(1)分体式空调机组的室外机和风冷整体式空调机组的安装,固定应牢固、可靠;除应满足冷却风循环空间的要求外,还应符合环境卫生保护有关法规的规定。

(2)分体式空调机组的室内机的位置应正确,并保持水平,冷凝水排放应畅通。管道穿墙处必须密封,不得有雨水渗入。

(3)整体式空调机组管道的连接应严密、无渗漏,四周应留有相应的维修空间。

检查数量:按总数抽查20%,不得少于1台。

检查方法:观察检查。

5.除尘设备的安装

除尘设备的安装应符合下列规定:

(1)除尘器的安装位置应正确、牢固平稳,允许误差应符合表6-26的规定。

表6-26 除尘器安装的允许偏差和检验方法

项次	项目		允许偏差(mm)	检验方法
1	平面位移		≤10	用经纬仪或拉线、尺量检查
2	标高		±10	用水准仪、直尺、拉线和尺量检查
3	垂直度	每米	≤2	吊线和尺量检查
		总偏差	≤10	

(2)除尘器的活动或转动部件的动作应灵活、可靠,并应符合设计要求。

(3)除尘器的排灰阀、卸料阀、排泥阀的安装应严密,并便于操作与维护修理。

检查数量:按总数抽查20%,不得少于1台。

检查方法:尺量、观察检查及检查施工记录。

除尘器安装位置正确,可保证风管镶接的顺利进行。除尘器的安装质量与除尘效率有着密切关系,对除尘器安装的允许偏差和检验方法也作了具体规定。

除尘器的活动或转动部位为清灰的主要部件,故强调其动作应灵活、可靠。

除尘器的排灰阀、卸料阀、排泥阀的安装应严密,以防止产生粉尘泄漏、污染环境和影响除尘效率。

6.现场组装的静电除尘器的安装

现场组装的静电除尘器的安装,还应符合设备技术文件及下列规定:

(1)阳极板组合后的阳极排平面度允许偏差为5 mm,其对角线允许偏差为10 mm。

(2)阴极小框架组合后主平面的平面度允许偏差为5 mm,其对角线允许偏差为10 mm。

(3)阴极大框架的整体平面度允许偏差为15 mm,整体对角线允许偏差为10 mm。

(4)阳极板高度小于或等于7 m的电除尘器,阴、阳极间距允许偏差为5 mm。阳极板高度大于7 m的电除尘器,阴、阳极间距允许偏差为10 mm。

(5)振打锤装置的固定应可靠,振打锤的转动应灵活,锤头方向应正确;振打锤头与振打砧之间应保持良好的线接触状态,接触长度应大于锤头厚度的0.7倍。

检查数量:按总数抽查20%,不得少于1组。

检查方法:尺量、观察检查及检查施工记录。

7. 现场组装布袋除尘器的安装

现场组装布袋除尘器的安装,还应符合下列规定:

(1)外壳应严密、不漏,布袋接口应牢固。

(2)分室反吹袋式除尘器的滤袋安装,必须平直。每条滤袋的拉紧力应保持在25～35 N/m;与滤袋连接接触的短管和袋帽,应无毛刺。

(3)机械回转扁袋袋式除尘器的旋臂,转动应灵活可靠,净气室上部的顶盖,应密封不漏气,旋转应灵活,无卡阻现象。

(4)脉冲袋式除尘器的喷吹孔,应对准文氏管的中心,同心度允许偏差为2 mm。

检查数量:按总数抽查20%,不得少于1台。

检查方法:尺量、观察检查及检查施工记录。

对现场组装布袋除尘器的验收,主要应控制其外壳、布袋与机械落灰装置的安装质量。

8. 洁净室空气净化设备的安装

洁净室空气净化设备的安装,应符合下列规定:

(1)带有通风机的气闸室、吹淋室与地面间应有隔振垫。

(2)机械式余压阀的安装,阀体、阀板的转轴均应水平,允许偏差为2/1 000。余压阀的安装位置应在室内气流的下风侧,并不应在工作面高度范围内。

(3)传递窗的安装,应牢固、垂直,与墙体的连接处应密封。

检查数量:按总数抽查20%,不得少于1件。

检查方法:尺量、观察检查。

带有通风机的气闸室、吹淋室的振动会对洁净室的环境带来不利影响,因此要求垫隔振垫。对机械式余压阀、传递窗安装质量的验收,强调的是水平度和密封性。

9. 装配式洁净室的安装

装配式洁净室的安装应符合下列规定:

(1)洁净室的顶板和壁板(包括夹芯材料)应为不燃材料。

(2)洁净室的地面应干燥、平整,平整度允许偏差为1/1 000。

(3)壁板的构配件和辅助材料的开箱,应在清洁的室内进行,安装前应严格检查其规格和质量。壁板应垂直安装,底部宜采用圆弧或钝角交接;安装后的壁板之间、壁板与顶板间的拼缝,应平整严密,墙板的垂直允许偏差为2/1 000,顶板水平度的允许偏差与每个单间的几何尺寸的允许偏差均为2/1 000。

(4)洁净室吊顶在受荷载后应保持平直,压条全部紧贴。洁净室壁板若为上、下槽形板,其接头应平整、严密;组装完毕的洁净室所有拼接缝,包括与建筑的接缝,均应采取密封措施,做到不脱落,密封良好。

检查数量:按总数抽查20%,不得少于5处。

检查方法:尺量、观察检查及检查施工记录。

10. 洁净层流罩的安装

洁净层流罩的安装应符合下列规定：

(1)应设独立的吊杆，并有防晃动的固定措施。

(2)层流罩安装的水平度允许偏差为1/1 000，高度的允许偏差为±1 mm。

(3)层流罩安装在吊顶上，其四周与顶板之间应设有密封及隔振措施。

检查数量：按总数抽查20%，且不得少于5件。

检查方法：尺量、观察检查及检查施工记录。

11. 风机过滤器单元(FFU、FMU)的安装

风机过滤器单元(FFU、FMU)的安装应符合下列规定：

(1)风机过滤器单元的高效过滤器安装前应按《通风与空调工程施工质量验收规范》(GB 50243—2002)第7.2.5条的规定检漏，合格后进行安装，方向必须正确；安装后的FFU或FMU机组应便于检修。

(2)安装后的FFU风机过滤器单元，应保持整体平整，与吊顶衔接良好。风机箱与过滤器之间的连接，过滤器单元与吊顶框架间应有可靠的密封措施。

检查数量：按总数抽查20%，且不得少于2个。

检查方法：尺量、观察检查及检查施工记录。

12. 高效过滤器的安装

高效过滤器的安装应符合下列规定：

(1)当高效过滤器采用机械密封时，须采用密封垫料，其厚度为6~8 mm，并定位贴在过滤器边框上，安装后热料的压缩应均匀，压缩率为25%~50%。

(2)当采用液槽密封时，槽架安装应水平，不得有渗漏现象，槽内无污物和水分，槽内密封液高度宜为2/3槽深。密封液的熔点宜高于50 ℃。

检查数量：按总数抽查20%，且不得少于5个。

检查方法：尺量、观察检查。

当高效过滤器采用机械密封时，密封垫料的厚度及安装的接缝处理非常重要，厚度应按规定执行，接缝不应为直接连接。

当高效过滤器采用液槽密封时，密封液深度以2/3槽深为宜，过少会使插入端口处不易密封，过多会造成密封液外溢。

13. 消声器的安装

消声器的安装应符合下列规定：

(1)消声器安装前应保持干净，做到无油污和浮尘。

(2)消声器安装的位置、方向应正确，与风管的连接应严密，不得有损坏与受潮。两组同类型消声器不宜直接串联。

(3)现场安装的组合式消声器，消声组件的排列、方向和位置应符合设计要求。单个消声器组件的固定应牢固。

(4)消声器、消声弯管均应设独立支、吊架。

检查数量：整体安装的消声器，按总数抽查10%，且不得少于5台。现场组装的消声器全数检查。

检查方法：手扳和观察检查、核对安装记录。

强调消声器安装前,应做外观检查;安装过程中,应注意保护与防潮。不少消声器安装是具有方向要求的,不能反方向安装。消声器、消声弯管的体积、重量大,应设置单独支、吊架,不应使用风管承受消声器和消声弯管的重量。这样可以方便消声器或消声弯管的维修与更换。

14. 空气过滤器的安装

空气过滤器的安装应符合下列规定:

(1)安装平整、牢固,方向正确。过滤器与框架、框架与围护结构之间应严密无穿透缝。

(2)框架式或粗效、中效袋式空气过滤器的安装,过滤器四周与框架应均匀压紧,无可见缝隙,并应便于拆卸和更换滤料。

(3)卷绕式过滤器的安装,框架应平整,展开的滤料应松紧适度,上下筒体应平行。

检查数量:按总数抽查10%,且不得少于1台。

检查方法:观察检查。

空气过滤器与框架、框架与围护结构之间堵封得不严,会影响过滤器的滤尘效果,所以要求安装时无穿透的缝隙。

卷绕式过滤器的安装应平整,上下筒体应平行,以达到滤料的松紧一致,使用时不发生跑料。

15. 风机盘管机组的安装

风机盘管机组的安装应符合下列规定:

(1)机组安装前宜进行单机三速试运转及水压检漏试验。试验压力为系统工作压力的1.5倍,试验观察时间为2 min,不渗漏为合格。

(2)机组应设独立支、吊架,安装的位置、高度及坡度应正确、固定牢固。

(3)机组与风管、回风箱或风口的连接,应严密、可靠。

检查数量:按总数抽查10%,且不得少于1台。

检查方法:观察检查、查阅检查试验记录。

风机盘管机组安装前宜对产品的质量进行抽查,这样可使用工程质量得到有效的控制,避免安装后发现问题再返工。风机盘管机组的安装,还应注意水平坡度的控制,坡度不当,会影响凝结水的正常排放。

风机盘管机组与风管、回风箱或风口的连接,在工程施工中常存在不到位、空缝等不良现象。

16. 转轮式换热器安装

转轮式换热器安装的位置、转轮旋转方向及接管应正确运转,应平稳。

检查数量:按总数抽查20%,且不得少于1台。

检查方法:观察检查。

17. 转轮去湿机安装

转轮去湿机安装应牢固,转轮及传动部件应灵活、可靠,方向正确;处理空气与再生空气接管应正确;排风水平管须保持一定的坡度,并坡向排出方向。

检查数量:按总数抽查20%,且不得少于1台。

检查方法:观察检查。

18. 蒸汽加湿器的安装

蒸汽加湿器的安装应设置独立支架,并固定牢固;接管尺寸正确、无渗漏。

检查数量:全数检查。

检查方法:观察检查。

为防止蒸汽加湿器使用过程中产生不必要的振动,应设置独立支架,并固定牢固。

19. 空气风幕机的安装

空气风幕机的安装,位置方向应正确、牢固可靠,纵向垂直度与横向水平度的偏差均不应大于 2/1 000。

检查数量:按总数 10% 的比例抽查,且不得少于 1 台。

检查方法:观察检查。

为避免空气风幕机运转时发生不正常的振动,规定其安装应牢固可靠。风幕机常为明露安装,故对垂直度、水平度的允许偏差作出了规定。

20. 变风量末端装置的安装

变风量末端装置的安装,应设单独支、吊架,与风管连接前宜做动作试验。

检查数量:按总数抽查 10%,且不得少于 1 台。

检查方法:观察检查、查阅检查试验记录。

变风量末端装置应设置单独支、吊架,以便于调整和检修;与风管连接前宜做动作试验,确认运行正常后再封口,可以保证安装后设备的正常运行。

【案例 6-3】

某宾馆的空调末端采用风机盘管系统,在验收时发现风机盘管的冷水支管连接处漏水,凝结水盘内凝结水排不出而外溢。

问题:分析以上情况产生的原因,并说出其危害性。

【案例分析】

(1)原因分析:

①风机盘管与冷、热水支管采用硬连接,若套制的螺纹有一点偏斜,就会造成盘管接口损坏而漏水;一般采用半硬连接的经过退火的紫铜管或软连接的高压橡胶管等。

②凝结水管的坡度反坡或坡度过小,凝结水不能排泄,而从凝结水盘外溢。

③有些生产风机盘管的厂家由于质量低劣,出现滴水盘的排水口上端高出盘顶。

(2)危害性:由于冷、热水及凝结水漏水,对于卧式暗装风机盘管将会造成吊顶等装饰构件污染、损坏。

第六节　空调制冷系统安装

一、一般规定

(1)本节适用于空调工程中工作压力不高于 2.5 MPa,工作温度在 −20 ~ 150 ℃ 的整体式、组装式及单元式制冷设备(包括热泵)、制冷附属设备、其他配套设备和管路系统安装工程施工质量的检验和验收。不包括空气分离、速冻、深冷等的制冷设备及系统。

(2)制冷设备、制冷附属设备、管道、管件,以及阀门的型号、规格、性能及技术参数等必须符合设计要求。设备机组的外表应无损伤、密封应良好,随机文件和配件应齐全。

空调制冷是一个完整的循环系统,要求其机组、附属设备、管道和阀门等,均必须相互匹配、完好。为此,特作出了规定,要求它们的型号、规格和技术参数必须符合设计的规定,不能任意调换。

(3)与制冷机组配套的蒸汽、燃油、燃气供应系统和蓄冷系统的安装,还应符合设计文件、有关消防规范与产品技术文件的规定。

现在,空调制冷系统制冷机组的动力源,不再是仅使用单一的电能,已经发展成为多种能源的新格局。空调制冷设备新能源,例如燃油、燃气与蒸汽的安装,都具有较大的特殊性。为此,强调应按设计文件、有关的规范和产品技术文件的规定执行。

(4)空调用制冷设备的搬运和吊装,应符合产品技术文件和本章相关的规定。

制冷设备种类繁多、形状各一,其重量及体积差异很大,且装有相互关联的配件、仪表、电器和自控装置等,对搬运与吊装的要求较高。制冷机组的吊装就位,也是设备安装的主要工序之一。这里强调吊装不使设备变形、受损是关键。对大型、高空和特殊场合的设备吊装,应编制施工方案。

(5)制冷机组本体的安装、试验、试运转及验收还应符合现行国家标准《制冷设备、空气分离设备安装工程施工及验收规范》(GB 50274—2010)有关条文的规定。

二、质量控制

(一)材料质量控制

(1)采用的管材和焊接材料必须符合设计规定,并具有出厂合格证书或质量鉴定文件。

(2)制冷设备、制冷附属设备、管道、管件,以及阀门的型号、规格、性能及技术参数等必须符合设计要求,并有出厂合格证明。设备机组的外表应无损伤,密封应良好,随机文件和配件应齐全。

(3)无缝钢管内外表面应无明显腐蚀、无裂纹、脱皮及凹凸不平等缺陷。

(4)钢管内外壁均应光洁,无疵孔、裂缝、层裂、结疤或气泡等缺陷。

(5)设备的地脚螺栓以及平、斜垫铁材质、规格和加工精度应满足设备安装要求。

(6)设备安装所采用的减振器或减振垫的规格、材质和单位面积的承载率应符合设计和设备安装要求。

(7)制冷系统管径在 20 mm 以下的管道常用紫铜管,其规格如表 6-27 所示。当管径大于 20 mm 时常采用薄壁无缝钢管,其规格如表 6-28 所示。

表 6-27 制冷系统常用紫铜管规格

管外径(mm)	3.2	4	6	10	12	16	19	22	25
壁厚(mm)	0.8	1	1	1	1	1	1.5	1.5	1.5
质量(kg/m)	0.054	0.084	0.14	0.252	0.307	0.608	0.734	0.859	0.985

(8)制冷设备安装过程中,除准备各种标准紧固件和密封垫料外,还应准备润滑油、清洗剂及制冷剂等材料。

表 6-28　制冷系统常用无缝钢管规格

外径(mm)	14	18	25	32	38	45	57
壁厚(mm)	3	3	3	3.5	3.5	3.5	3.5
质量(kg/m)	0.814	1.11	1.63	2.46	2.98	3.58	4.62
外径(mm)	76	89	108	133	159	194	219
壁厚(mm)	4	4	4	4	4.5	6	6
质量(kg/m)	7.1	8.38	10.26	12.72	17.15	27.82	31.52

①润滑油种类较多,在制冷设备安装过程中主要用冷冻机油。冷冻机油有五种牌号,即 N15、N22、N32、N40 及 N68。

②零部件的清洗是设备安装中的重要工序,应正确选择清洗剂。清洗剂的种类较多,主要有煤油、汽油、松节油、松香水及香蕉水等。

煤油、汽油可用来清洗一般机械设备中的润滑油和润滑脂。当使用汽油清洗时,其环境含量不能超过 0.3 mg/L,而且零部件清洗后要立即涂润滑油。

松节油可用来清洗一般油基漆、醇酸树脂漆、天然树脂漆的漆膜。

松香水可用来清洗油性调和漆、磁漆、醇酸漆、油性清漆以及沥青等。

香蕉水可用来清洗机械设备表面的防锈漆。

(二)施工过程质量控制

1. 制冷设备安装

(1)活塞式制冷机安装应符合下列规定:

①整体安装的活塞式制冷机组,机身纵、横水平度允许偏差为 0.2‰,测量部位应在主轴外露部分或其他基准面上。

②立式设备的垂直度、卧式设备的水平度允许偏差均为 1‰。

③卧式冷凝器、管壳式蒸发器和贮液器应坡向集油的一段,其倾斜度为 1‰~2‰。

④贮液器及洗涤式油氨分离器的进液口均应低于冷凝器的出液口。

⑤直接膨胀表面式冷却器安装时,空气与制冷剂应呈逆向流动,冷却器四周的缝隙应堵严,冷凝水排除应畅通。

(2)螺杆式制冷机组安装时,其纵、横水平度允许偏差为 1‰,机组接管前,应先清洗吸、排气管,合格后方可连接,安装时不得影响电动机与压缩机的同轴度。

(3)溴化锂吸收式制冷机组安装时,机组内压应符合规定的出厂压力;机组就位后,其纵、横向水平度允许偏差为 5‰,双筒吸收式制冷机应分别找正上、下筒的水平。

(4)模块式冷水机组安装时,其纵、横水平度允许偏差为 1/1 000。多台模块式冷水机组单元并联组合,应牢固地固定在型钢基础上。连接后,模块机组外壳应保持完好,表面平整,接口牢固。机组进、出水管连接位置应正确,严密不漏。

(5)冷却塔安装应平稳,固定应牢固。冷却塔的出水管口及喷嘴的方向和位置应正确,布水均匀。有转动布水器的冷却塔,其转动部分必须灵活。喷水出口宜向下与水平成 30°夹角,且方向一致,不应垂直向下。

2. 制冷设备的拆洗检查

(1)用油封的活塞制冷机,若在技术文件规定期限内,外观完整,机体无损伤和锈蚀等现象,可仅拆卸缸盖、活塞、气缸内壁、吸排气阀、曲轴箱等,并清洗干净。油系统应畅通,检查紧固件是否牢固,并更换曲轴箱的润滑油。若在技术文件规定期限外,或机体有损伤和锈蚀等现象,则必须全面检查,并按设备技术文件规定拆洗装配,调整各部位间隙,并做好记录。

(2)充入保护气体的机组在设备技术文件规定期限内,外观完整和氮封压力无变化的情况下,不作内部清洗,仅作外表擦洗。当需清洗时,严禁混入水汽。

(3)制冷系统中的浮球阀和过滤器均应检查和清洗。

3. 制冷剂管道安装

(1)氟利昂压缩机的吸气水平管应坡向压缩机,坡度为0.004~0.005;排气管坡向油分离器,坡度为0.01~0.02。氨压缩机的吸气水平管应坡向蒸发器,坡度大于或等于0.003;排气管应坡向氨油分离器,坡度大于或等于0.001。

(2)液体制冷剂支道应从干管的底部或侧面接出,气态制冷剂支管应从干管的顶部或侧面接出。

(3)高低温管道竖向布置时,热管应设在冷管上部。冷管与支架接触处应设置与保温层厚度相同的硬质保温瓦或经过防腐处理的木垫,避免形成"冷桥"。

【小贴士】

冷桥是指在建筑物外围护结构与外界进行热量传导时,由于围护结构中的某些部位的传热系数明显大于其他部位,使得热量集中地从这些部位快速传递,从而增大了建筑物的空调、采暖负荷及能耗。

冷桥对于建筑物有着破坏作用,它会造成房间的耗冷量增加,浪费供冷的能源;会在高温侧有凝结水,影响隔热材料的隔热性能;还会影响高温侧房间的使用。要避免这些情况,就要尽量减少冷桥的数量和面积,对不可避免的冷桥,要用保温材料进行包裹。

4. 热力膨胀阀安装与调正

(1)热力膨胀阀的阀头应向上竖直安装,制冷剂应上进下出。

(2)感温包一般安装在水平回气管道的上方,回气管径大于ϕ5 mm,可装在回气管下侧45°位置。

5. 油浸过滤器安装

(1)金属网格油浸过滤器系统试运转前应用清洗剂或热碱水清洗干净,晾干后再浸上10号或20号机油。

(2)安装油浸过滤器时,应做到并列过滤器之间,过滤器与空调器箱体之间接缝严密。特别是并排过滤器安装,过滤器与过滤器之间的接缝缝隙应根据实际情况进行封闭,不能将污染空气漏过。

6. 自动卷绕式过滤器安装与调整

(1)组装在空调器内的自动卷绕式过滤器,在组装空调器各空气处理段箱体时,应找平找正。

(2)自动卷绕式过滤器的上滤料筒和下滤料筒在组装时必须调整到上、下滤料筒相互平行。

(3)在过滤器投入运转前,必须校验和调整,使压差调节器动作灵活、可靠。

7.压缩机负荷试车

(1)压缩机冷却水的进水温度不应超过35℃,出水温度不应超过40℃。

(2)压缩机各运转摩擦部件温度不得超过65℃。

(3)压缩机轴封温度不得超过65℃。填料式轴封漏油量不超过10滴/min,机械密封漏油量不超过10滴/h。

(4)压缩机的吸气温度较蒸发温度高3~12℃,压缩机的排气温度在70~135℃。

(5)压缩机排气压力:氨不得超过1.5 MPa,氟利昂-12不得超过1.1 MPa。吸气压力:氨不得超过0.4 MPa,氟利昂-12不得超过0.35 MPa。

(6)压缩机的吸气管道和阀门应结干霜,气缸不得结霜。

(7)压缩机的油压,有卸载装置的,油压比吸气压力高0.15~0.3 MPa;无卸载装置的,油压比吸气压力高0.05~0.15 MPa。油面不宜低于指示器的1/3。

(8)压缩机在运转中,只能有轻微的阀片起落声,不得有敲击声和其他杂音,无激烈的振动现象。

三、质量验收

(一)主控项目

(1)制冷设备与制冷附属设备的安装应符合下列规定:

①制冷设备、制冷附属设备的型号、规格和技术参数必须符合设计要求,并具有产品合格证书、产品性能检验报告。

②设备的混凝土基础必须进行质量交接验收,合格后方可安装。

③设备安装的位置、标高和管口方向必须符合设计要求。用地脚螺栓固定的制冷设备或制冷附属设备,其垫铁的放置位置应正确、接触紧密;螺栓必须拧紧,并有防松动措施。

检查数量:全数检查。

检查方法:查阅图纸核对设备型号、规格,产品质量合格证书和性能检验报告。

(2)直接膨胀表面式冷却器的外表应保持清洁、完整,空气与制冷剂应呈逆向流动;表面式冷却器与外壳四周的缝隙堵严,冷凝水排放应畅通。

检查数量:全数检查。

检查方法:观察检查。

直接膨胀表面式换热器的换热效率,与换热器内、外两侧的传热状态条件有关。设备安装时应保持换热器外表面清洁、空气与制冷剂呈逆向流动的状态。

(3)燃油系统的设备管道、储油罐以及日用油箱的安装,位置和连接方法应符合设计与消防要求。

燃气系统设备的安装应符合设计和消防要求。调压装置、过滤器的安装和调节应符合设备技术文件的规定,且应可靠接地。

检查数量:全数检查。

检查方法:按图纸核对、观察、查阅接地测试记录。

(4)制冷设备的各项严密性试验和试运行的技术数据,均应符合设备技术文件的规定。对组装式的制冷机组和现场充注制冷剂的机组,必须进行吹污、气密性试验、真空试验和充注制冷剂检漏试验,其相应的技术数据必须符合产品技术文件和有关现行国家标准、规范的规定。

检查数量:全数检查。

检查方法:旁站检查、检查和查阅试运行记录。

制冷设备各项严密性试验和试运行的过程,是对设备本体质量与安装质量验收的依据,必须引起重视,故把它作为验收的主控项目。对于组装式的制冷设备,试验的项目应符合条文中所列举项目的全部,并均应符合相应技术标准规定的指标。

(5)制冷系统管道、管件和阀门的安装应符合下列规定:

①制冷系统的管道、管件和阀门的型号、材质及工作压力等必须符合设计要求,并应具有出厂合格证、质量证明书。

②法兰、螺纹等处的密封材料应与管内的介质性能相适应。

③制冷剂液体管不得向上装成"Ω"形,气体管道不得向下装成"Ω"形(特殊回油管除外);液体支管引出时,必须从干管底部或侧面接出;气体支管引出时,必须从干管顶部或侧面接出;有两根以上的支管从干管引出时,连接部位应错开,间距不应小于2倍支管直径,且不小于200 mm。

④制冷机与附属设备之间制冷剂的管道的连接,其坡度与坡向应符合设计及设备技术文件要求。当设计无规定时,应符合表6-29的规定。

表6-29　制冷剂管道坡度、坡向

管道名称	坡向	坡度
压缩机吸气水平管(氟)	压缩机	≥10/1 000
压缩机吸气水平管(氨)	蒸发器	≥3/1 000
压缩机排气水平管	油分离器	≥10/1 000
冷凝器水平供液管	贮液器	(1~3)/1 000
油分离器至冷凝器水平管	油分离器	(3~50)/1 000

⑤制冷系统投入运行前,应对安全阀进行调试校核,其开启和回座压力应符合设备技术文件的要求。

检查数量:按总数抽检20%,且不得少于5件。

检查方法:核查合格证明文件、观察、水平仪测量、查阅调校记录。

(6)燃油管道系统必须设置可靠的防静电接地装置,其管道法兰应采用镀锌螺栓连接或在法兰处用铜导线进行跨接,且接合良好。

检查数量:系统全数检查。

检查方法:观察检查、查阅试验记录。

(7)燃气系统管道与机组的连接不得使用非金属软管。燃气管道的吹扫和压力试验应为压缩空气或氮气,严禁用水。当燃气供气管道压力大于0.005 MPa时,焊缝的无损检测执行标准应按设计规定。当设计无规定,且采用超声波探伤时,应全数检测,以质量不低于Ⅱ级为合格。

检查数量:系统全数检查。

检查方法:观察检查、查阅探伤报告和试验记录。

（8）氨制冷剂系统管道、附件、阀门及填料不得采用铜或铜合金材料（磷青铜除外），管内不得镀锌。氨系统的管道焊缝应进行射线照相检验，抽检率为10%，以质量不低于Ⅲ级为合格。在不易进行射线照相检验操作的场合，可用超声波检验代替，以不低于Ⅱ级为合格。

检查数量：系统全数检查。

检查方法：观察检查、查阅探伤报告和试验记录。

（9）输送乙二醇溶液的管道系统，不得使用内镀锌管道及配件。

检查数量：按系统的管段抽查20%，且不得少于5件。

检查方法：观察检查、查阅安装记录。

乙二醇溶液与锌易产生不利于管道使用的化学反应，故规定不得使用镀锌管道和配件。

（10）制冷管道系统应进行强度、气密性试验及真空试验，且必须合格。

检查数量：系统全数检查。

检查方法：旁站、观察检查和查阅试验记录。

制冷管路系统主要是指现场安装的制冷剂管路，包括气管、液管及配件。它们的强度、气密性与真空试验必须合格。这属于制冷管路系统施工验收中一个最基本的主控项目。

（二）一般项目

1. 制冷机组与制冷附属设备的安装

制冷机组与制冷附属设备的安装应符合下列规定：

（1）制冷设备及制冷附属设备安装位置、标高的允许偏差，应符合表6-30的规定。

表6-30　制冷设备与制冷附属设备安装允许偏差和检验方法

项次	项目	允许偏差（mm）	检验方法
1	平面位移	10	经纬仪或拉线和尺量检查
2	标高	±10	水准仪或经纬仪、拉线和尺量检查

（2）整体安装的制冷机组，其机身纵、横向水平度的允许偏差为1/1 000，并应符合设备技术文件的规定。

（3）制冷附属设备安装的水平度或垂直度允许偏差为1/1 000，并应符合设备技术文件的规定。

（4）采用隔振措施的制冷设备或制冷附属设备，其隔振器安装位置应正确；各个隔振器的压缩量，应均匀一致，偏差不应大于2 mm。

（5）设置弹簧隔振的制冷机组，应设有防止机组运行时水平位移的定位装置。

检查数量：全数检查。

检查方法：在机座或指定的基准面上用水平仪、水准仪等检测，尺量与观察检查。

不论是容积式制冷机组，还是吸收式制冷设备，它们对机体的水平度、垂直度等安装质量都有要求，否则会给机组的运行带来不良影响。

2. 模块式制冷机组单元多台并联

模块式制冷机组单元多台并联组合时，接口应牢固，且严密不漏。连接后机组的外表，应平整、完好，无明显的扭曲。

检查数量：全数检查。

检查方法:尺量、观察检查。

模块式制冷机组是按一定结构尺寸和形式,将制冷机、蒸发器、冷凝器、水泵及控制机构组成一个完整的制冷系统单元(即模块)。它既可以单独使用,又可以多个并联组成大容量冷水机组组合使用。模块与模块之间的管道,常采用 V 形夹固定连接。

3. 燃油系统油泵和蓄冷系统载冷剂泵的安装

燃油系统油泵和蓄冷系统载冷剂泵的安装,纵、横向水平度允许偏差为 1/1 000,连轴器两轴芯轴向倾斜允许偏差为 0.2/1 000,径向位移为 0.05 mm。

检查数量:全数检查。

检查方法:在机座或指定的基准面上,用水平仪、水准仪等检测,尺量、观察检查。

4. 制冷系统管道、管件的安装

制冷系统管道、管件的安装应符合下列规定:

(1)管道及管件的内外壁应清洁、干燥;铜管管道支、吊架的型式,位置,间距及管道安装标高应符合设计要求,连接制冷机的吸、排气管道应设单独支架;对于管径小于等于 20 mm 的铜管道,在阀门外应设置支架;当管道上下平行敷设时,吸气管应在下方。

(2)制冷剂管道弯管的弯曲半径不应小于 3.5D(管道直径),其最大外径与最小外径之差不应大于 0.08D,且不应使用焊接弯管及皱褶弯管。

(3)制冷剂管道分支管应按介质流向弯成 90° 弧度与主管连接,不宜使用弯曲半径小于 1.5D 的压制弯管。

(4)铜管切口应平整、不得有毛刺、凹凸等缺陷,切口允许倾斜偏差为管径的 1%,管口翻边后应保持同心,不得有开裂及皱褶,并应有良好的密封面。

(5)采用承插钎焊焊接连接的铜管,其插接深度应符合表 6-31 的规定,承插的扩口方向应迎介质流向。当采用套接钎焊焊接连接时,其插接深度应不小于承插连接的规定。

表 6-31 承插式焊接的铜管承口的扩口深度 (单位:mm)

铜管规格	DN15	DN20	DN25	DN32	DN40	DN50	DN65
承插口的扩口深度	9~12	12~15	15~18	17~20	21~24	24~26	26~30

采用对接焊缝组对管道的内壁应齐平,错边量不大于 0.1 倍壁厚,且不大于 1 mm。

(6)当管道穿越墙体或楼板时,管道的支、吊架和钢管的焊接应按本章第七节的有关规定执行。

检查数量:按系统抽查 20%,且不得少于 5 件。

检查方法:尺量、观察检查。

5. 制冷系统阀门的安装

制冷系统阀门的安装应符合下列规定:

(1)制冷剂阀门安装前应进行强度和严密性试验。强度试验压力为阀门公称压力的 1.5 倍,时间不得少于 5 min;严密性试验压力为阀门公称压力的 1.1 倍,持续时间 30 s 不漏为合格。合格后应保持阀体内干燥。若阀门进、出口封闭破损或阀体锈蚀的还应进行解体清洁。

(2)位置、方向和高度应符合设计要求。

(3)水平管道上的阀门手柄不应朝下,垂直管道上的阀门手柄应朝向便于操作的地方。

（4）自控阀门安装的位置应符合设计要求。电磁阀、调节阀、热力膨胀阀、升降式止回阀等的阀头均应向上；热力膨胀阀的安装位置应高于感温包，感温包应装在蒸发器末端的回气管上，与管道接触良好，绑扎紧密。

（5）安全阀应垂直安装在便于检修的位置，其排气管的出口应朝向安全地带，排液管应装在泄水管上。

检查数量：按系统抽查 20%，且不得少于 5 件。

检查方法：尺量、观察检查、旁站或查阅试验记录。

制冷系统中应有的阀门，在安装前均应进行严格的检查和验收。凡具有产品合格证明文件，进出口封闭良好，且在技术文件规定期限内的阀门，可不做解体清洗。对不符合上述条件的阀门应做全面拆卸检查，除污、除锈、清洗、更换垫料，然后重新组装，进行强度和密封性试验。同时，根据阀门的特性要求，对一些阀门的安装方向作出了规定。

6. 制冷系统的吹扫排污

制冷系统的吹扫排污应采用压力为 0.6 MPa 的干燥压缩空气或氮气，以浅色布检查 5 min，无污物为合格。系统吹扫干净后，应将系统中阀门的阀芯拆下清洗干净。

检查数量：全数检查。

检查方法：观察、旁站或查阅试验记录。

管路系统吹扫排污，应采用压力为 0.6 MPa 干燥压缩空气或氮气，目的是控制管内的流速不致过大，又能满足管路清洁、安全施工的要求。

第七节　空调水系统管道与设备安装

一、一般规定

（1）本节适用于空调工程水系统安装子分部工程，包括冷（热）水、冷却水、凝结水系统的设备（不包括末端设备）、管道及附件施工质量的检验及验收。

（2）镀锌钢管应采用螺纹连接。当管径大于 DN100 时，可采用卡箍式、法兰或焊接连接，但应对焊缝及热影响区的表面进行防腐处理。

（3）从事金属管道焊接的企业，应具有相应项目的焊接工艺评定，焊工应持有相应类别焊接的焊工合格证书。

（4）空调用蒸汽管道的安装，应按现行国家标准《建筑给水、排水及采暖工程施工质量验收规范》（GB 50242—2002）的规定执行。

二、质量控制

(一) 材料质量控制

（1）工程中所选用的对焊管件的外径和壁厚应与被连接管道的外径和壁厚相一致。

（2）镀锌碳素钢管及管件的规格种类应符合设计及生产标准要求，管壁内外镀锌均匀，无锈蚀、无飞刺等缺陷。管件无偏扣、乱扣、丝扣不全或角度不准确等现象。管材及管件均应有出厂合格证及其他相应质量证明材料。

（3）钢塑管道及管件的规格种类应符合设计及生产标准要求，管材及管件内外壁应光滑、平整、无裂纹、气泡、脱皮和严重的冷斑及明显的痕纹、凹陷,并附有产品说明书和质量合格证书。

(4)塑料管及管件的规格种类应符合设计及生产标准要求,管材及管件内外壁应光滑、平整、无裂纹、气泡、脱皮和严重的冷斑及明显的痕纹、凹陷,并附有产品说明书和质量合格证书。

(5)胶粘剂应标有生产厂名称、生产日期和使用年限,并应有出厂合格证和说明书。胶粘剂应呈自由流动状态,不得为凝胶体,应无异味,色度小于1°,浑浊度小于5 NTU。在未搅拌情况下不得有分层现象和析出物出现;胶粘剂内不得含有团块、不溶颗粒和其他杂质。

(6)设备安装所采用的减振器或减振垫的规格、材质和单位面积的承载率应符合设计和设备安装要求。

(7)支、吊架固定所采用的膨胀螺栓、射钉等,应选用符合国家标准的正规产品,其强度应能满足设备的安装要求。

(8)阀门安装前应按设计要求对型号、规格核对检查,无毛刺、裂纹,开关灵活严密,丝扣无损伤,直度和角度正确,手轮无损伤,并按照规范要求做好清洗和强度、严密性试验。

(9)应将管材及管件内外壁铁锈和污物清除干净,除完锈的管材应将管口封闭,并保持内外壁干燥。

(二)施工过程质量控制

(1)空气调节工程水系统的自动控制调节二通阀应采用等百分比特性的阀门,三通阀应采用抛物线或线形特性的阀门,其口径应符合设计的选定规格。

(2)电动调节阀安装时应注意阀体上箭头标示的流体方向,若阀体上未标示流体流动方向的箭头标志,应参照使用说明书或调节阀构造图安装。若无技术资料,二通阀按"高进低出"的方法进行安装。

(3)风机盘管和诱导器与冷、热水支管可采用半硬连接和软连接方式。半硬连接的支管采用经过退火的紫铜管,用活接头连接;软连接是用高压橡胶管套接,并在橡胶管的两端用螺栓将卡箍拧紧。

(4)排除的凝结水必须顺畅地流向设计要求的位置,凝结水管的坡度应坡向排水口,不允许反坡。凝结管不得接至卫生间的下水道内。

(5)在连接凝结水管前应进行修改,使排水口上端与盘底取平,便于凝结水的排除。

三、质量验收

(一)主控项目

(1)空调工程水系统的设备与附属设备、管道、管配件及阀门的型号、规格、材质及连接形式应符合设计规定。

检查数量:按总数抽查10%,且不得少于5件。

检查方法:观察检查外观质量并检查产品质量证明文件、材料进场验收记录。

(2)管道安装应符合下列规定:

①隐蔽管道必须按本章第一节相关的规定执行。

②焊接钢管、镀锌钢管不得采用热煨弯。

③管道与设备的连接,应在设备安装完毕后进行,与水泵、制冷机组的接管必须为柔性接口。柔性短管不得强行对口连接,与其连接的管道应设置独立支架。

④冷热水及冷却水系统应在系统冲洗、排污合格(目测:以排出口的水色和透明度与入水口对比相近,无可见杂物),再循环试运行 2 h 以上,且水质正常后才能与制冷机组、空调设备相贯通。

⑤固定在建筑结构上的管道支、吊架,不得影响结构的安全。管道穿越墙体或楼板处应设钢制套管,管道接口不得置于套管内,钢制套管应与墙体饰面或楼板底部平齐,上部应高出楼层地面 20 ~ 50 mm,并不得将套管作为管道支撑。

保温管道与套管四周间隙应使用不燃绝热材料填塞紧密。

检查数量:系统全数检查。每个系统管道、部件数量抽查 10%,且不得少于 5 件。

检查方法:尺量、观察检查,旁站或查阅试验记录、隐蔽工程记录。

【小贴士】

在实际工程中,当空调工程水系统的管道存在有局部埋地或隐蔽铺设时,在为其实施覆土、浇筑混凝土或其他隐蔽施工之前,必须进行水压试验并合格。若有防腐及绝热施工的,则应该完成全部施工,并经过现场监理的认可和签字,办妥手续后,方可进行下道隐蔽工程的施工。

管道与空调设备的连接,应在设备定位和管道冲洗合格后进行,一是可以保证接管的质量,二是可以防止管路内的垃圾堵塞空调设备。

(3)管道系统安装完毕,外观检查合格后,应按设计要求进行水压试验。当设计无规定时,应符合下列规定:

①冷热水、冷却水系统的试验压力,当工作压力小于等于 1.0 MPa 时,为 1.5 倍工作压力,但最低不小于 0.6 MPa;当工作压力大于 1.0 MPa 时,为工作压力加 0.5 MPa。

②对于大型或高层建筑垂直位差较大的冷(热)媒水、冷却水管道系统宜采用分区、分层试压和系统试压相结合的方法。一般建筑可采用系统试压方法。

分区、分层试压:对相对独立的局部区域的管道进行试压。在试验压力下,稳压 10 min,压力不得下降,再将系统压力降至工作压力,在 60 min 内压力不得下降、外观检查无渗漏为合格。

系统试压:在各分区管道与系统主、干管全部连通后,对整个系统的管道进行系统的试压。试验压力以最低点的压力为准,但最低点的压力不得超过管道与组成件的承受压力。压力试验升至试验压力后,稳压 10 min,压力下降不得大于 0.02 MPa,再将系统压力降至工作压力,外观检查无渗漏为合格。

③各类耐压塑料管的强度试验压力为 1.5 倍工作压力,严密性工作压力为 1.15 倍的设计工作压力。

④凝结水系统采用充水试验,应以不渗漏为合格。

检查数量:系统全数检查。

检查方法:旁站观察或查阅试验记录。

空调工程管道水系统安装后必须进行水压试验(凝结水系统除外),试验压力根据工程系统的设计工作压力分为两种。冷热水、冷却水系统的试验压力,当工作压力小于 1.0 MPa 时,为 1.5 倍工作压力,最低不小于 0.6 MPa;当工作压力大于等于 1.0 MPa 时,为工作压力加 0.5 MPa。

(4)阀门的安装应符合下列规定:

①阀门的安装位置、高度、进出口方向必须符合设计要求,连接应牢固紧密。

②安装在保温管道上的各类手动阀门,手柄均不得向下。

③阀门安装前必须进行外观检查,阀门的铭牌应符合现行国家标准《通用阀门标志》(GB 12220—1989)的规定。对于工作压力大于 1.0 MPa 及其在主干管上起到切断作用的阀门,应进行强度和严密性试验,合格后方准使用。其他阀门可不单独进行试验,待在系统试压中检验。

强度试验时,试验压力为公称压力的 1.5 倍,持续时间不少于 5 min,阀门的壳体、填料应无渗漏。

严密性试验时,试验压力为公称压力的 1.1 倍;试验压力在试验持续的时间内应保持不变,时间应符合表6-32 的规定,以阀瓣密封面无渗漏为合格。

表6-32　阀门压力持续时间

公称直径 DN(mm)	严密性试验最短试验持续时间(min)	
	金属密封	非金属密封
≤50	15	15
65～200	30	15
250～450	60	30
≥500	120	60

检查数量:(1)、(2)项抽查5%,且不得少于1个。水压试验以每批(同牌号、同规格、同型号)数量中抽查20%,且不得少于1个。对于安装在主干管上起切断作用的闭路阀门,全数检查。

检查方法:按设计图核对、观察检查,旁站或查阅试验记录。

(5)补偿器的补偿量和安装位置必须符合设计及产品技术文件的要求,并应根据设计计算的补偿量进行预拉伸或预压缩。

设有补偿器(膨胀节)的管道应设置固定支架,其结构形式和固定位置应符合设计要求,并应在补偿器的预拉伸(或预压缩)前固定;导向支架的设置应符合所安装产品技术文件的要求。

检查数量:抽查20%,且不得少于1个。

检查方法:观察检查,旁站或查阅补偿器的预拉伸或预压缩记录。

(6)冷却塔的型号、规格、技术参数必须符合设计要求。对含有易燃材料冷却塔的安装,必须严格执行防火安全的规定。

检查数量:全数检查。

检查方法:按图纸核对,监督执行防火规定。

(7)水泵的规格、型号、技术参数应符合设计要求和产品性能指标。水泵正常连续试运行的时间,不应少于 2 h。

检查数量:全数检查。

检查方法:按图纸核对,实测或查阅水泵试运行记录。

(8)水箱、集水缸、分水缸、储冷罐的满水试验或水压试验必须符合设计要求。储冷罐内壁防腐涂层的材质、涂抹质量、厚度必须符合设计或产品技术文件要求,储冷罐与底座必须进行绝热处理。

检查数量:全数检查。

检查方法:尺量、观察,查阅试验记录。

(二)一般项目

1. 空调水系统管道

当空调水系统的管道,采用建筑用硬聚氯乙烯(PVC-U)、聚丙烯(PP-R)、聚丁烯(PB)与交联聚乙烯(PEX)等有机材料时,其连接方法应符合设计和产品技术要求的规定。

检查数量:按总数抽查20%,且不得少于2处。

检查方法:尺量、观察检查,验证产品合格证书和试验记录。

2. 金属管道的焊接

金属管道的焊接应符合下列规定:

(1)管道焊接材料的品种、规格、性能应符合设计要求。管道对接焊口的组对和坡口形式等应符合表6-33的规定;对口的平直度为1/100,全长不大于10 mm。管道的固定焊口应远离设备,且不宜与设备接口中心线相重合。管道对接焊缝与支、吊架的距离应大于50 mm。

表6-33 管道焊接坡口形式和尺寸

项次	厚度 T(mm)	坡口名称	坡口形式	坡口尺寸			说明
				间隙 C(mm)	钝边 P(mm)	坡口角度 α(°)	
1	1~3	I形坡口		0~1.5	—	—	内壁错过量 ≤ 0.1T,且 ≤ 2 mm;外壁 ≤ 3 mm
	3~6			1~2.5			
2	6~9	V形坡口		0~2.0	0~2	65~75	
	9~26			0~3.0	0~3	55~65	
3	2~30	T形坡口		0~2.0	—	—	

(2)管道焊缝表面应清理干净,并进行外观质量的检查。焊缝外观质量不得低于现行国家标准《现场设备、工业管道焊接工程施工及验收规范》(GB 50236—1998)中相关规定(氨管为Ⅲ级)。

检查数量:按总数抽查20%,且不得少于1处。

检查方法:尺量、观察检查。

3. 螺纹连接的管道

螺纹连接的管道,螺纹应清洁、规整,且断丝或缺丝不大于螺纹全扣数的10%;连接牢固,接口处根部外露螺纹为2~3扣,无外露填料。镀锌管道的镀锌层应注意保护,对局部的破损处,应作防腐处理。

检查数量:按总数抽查5%,且不得少于5处。

检查方法:尺量、观察检查。

4.法兰连接的管道

法兰连接的管道,法兰面应与管道中心线垂直,并同心。法兰对接应平行,其偏差不应大于其外径的1.5/1 000,且不得大于2 mm;连接螺栓长度应一致、螺母在同侧,均匀拧紧。螺栓紧固后不应低于螺母平面。法兰的衬垫规格、品种与厚度应符合设计要求。

检查数量:按总数抽查5%,且不得少于5处。

检查方法:尺量、观察检查。

5.钢制管道的安装

钢制管道的安装应符合下列规定:

(1)管道和管件在安装前,应将其内、外壁的污物和锈蚀清除干净。当管道安装间断时,应及时封闭敞开的管口。

(2)管道弯制弯管的弯曲半径,热弯不应小于管道外径的3.5倍、冷弯不应小于4倍;焊接弯管不应小于1.5倍;冲压弯管不应小于1倍。弯管的最大外径与最小外径的差不应大于管道外径的8/100,管壁减薄率不应大于15%。

(3)冷凝水排水管坡度,应符合设计文件的规定。当设计无规定时,其坡度宜大于或等于8‰;软管连接的长度,不宜大于150 mm。

(4)冷热水管道与支、吊架之间,应有绝热衬垫(承压强度能满足管道重量的不燃、难燃硬质绝热材料或经防腐处理的木衬垫),其厚度不应小于绝热层厚度,宽度应大于支、吊架支承面的宽度。衬垫的表面应平整,衬垫接合面的空隙应填实。

(5)管道安装的坐标、标高和纵、横向的弯曲度应符合表6-34的规定。在吊顶内等暗装管道的位置应正确,无明显偏差。

表6-34 管道安装的允许偏差和检验方法

项目			允许偏差(mm)	检查方法
坐标	架空及地沟	室外	25	按系统检查管道的起点、终点、分支点和变向点及各点之间的直管,用经纬仪、水准仪、液体连通器、水平仪、拉线和尺量检查
		室内	15	
	埋地		60	
标高	架空及地沟	室外	±20	
		室内	±15	
	埋地		±25	
水平管道平直度	DN≤100 mm		2L‰,最大40	用直尺、拉线和尺量检查
	DN>100 mm		3L‰,最大60	
立管垂直度			5L‰,最大25	用直尺、线锤、拉线和尺量检查
成排管段间距			15	用直尺尺量检查
成排管段或成排阀门在同一平面上			3	用直尺、拉线和尺量检查

注:L为管道的有效长度(mm)。

检查数量:按总数抽查 10%,且不得少于 5 处。

检查方法:尺量、观察检查。

6. 钢塑复合管道的安装

钢塑复合管道的安装,当系统工作压力不大于 1.0 MPa 时,可采用涂(衬)塑焊接钢管螺纹连接,与管道配件的连接深度和紧固扭矩应符合表 6-35 的规定;当系统工作压力为 1.0 ~ 2.5 MPa 时,可采用涂(衬)塑无缝钢管法兰连接或沟槽式连接,管道配件均为无缝钢管涂(衬)塑管件。

表 6-35　钢塑复合管螺纹连接深度及紧固扭矩

公称直径 DN(mm)		15	20	25	32	40	50	65	80	100
螺纹连接	深度(mm)	11	13	15	17	18	20	23	27	33
	牙数	6.0	6.5	7.0	7.5	8.0	9.0	10.0	11.5	13.5
扭矩(N·m)		40	60	100	120	150	200	250	300	400

沟槽式连接的管道,其沟槽与橡胶密封圈和卡箍套必须为配套合格产品,支、吊架的间距应符合表 6-36 的规定。

表 6-36　沟槽式连接管道的沟槽及支、吊架的间距

公称直径 DN(mm)	沟槽深度 (mm)	允许偏差 (mm)	支、吊架的间距 (mm)	端面垂直度允许偏差(mm)
65 ~ 100	2.20	0 ~ +0.3	3.5	1.0
125 ~ 150	2.20	0 ~ +0.3	4.2	
200	2.50	0 ~ +0.3	4.2	1.5
225 ~ 250	2.50	0 ~ +0.3	5.0	
300	3.0	0 ~ +0.5	5.0	

注:1. 连接管端面应平整光滑、无毛刺;沟槽过深,应作为废品,不得使用。

　　2. 支、吊架不得支承在连接头上,水平管的任意两个连接头之间必须有支、吊架。

检查数量:按总数抽查 10%,且不得少于 5 处。

检查方法:尺量、观察检查、查阅产品合格证明文件。

钢塑复合管道既具有钢管的强度,又具有塑料管耐腐蚀的特性,是一种空调水系统中应用较理想的材料。但是,如果在施工过程中处理不当,管内的涂塑层遭到破坏,则会丧失其优良的防腐蚀性能。故规定当系统工作压力小于等于 1.0 MPa 时,宜采用涂(衬)塑无缝钢管法兰连接或沟槽式连接,管道的配件也为无缝钢管涂(衬)塑管件。沟槽式连接管道的沟槽与连接使用的橡胶密封圈和卡箍套也必须为配套合格产品。这点应该引起重视,否则不易保证施工质量。

管道的沟槽式连接为弹性连接,不具有刚性管道的特性,故规定支、吊架不得支承在连接卡箍上,其间距应符合表 6-37 的规定。水平管的任两个连接卡箍之间必须设有支、吊架。

表 6-37 钢管道支、吊架的最大间距

公称直径 DN(mm)		15	20	25	32	40	50	70	80	100	125	150	200	250	300
支架的最大间距 (m)	L_1	1.5	2.0	2.5	2.5	3.0	3.5	4.0	5.0	5.0	5.5	6.5	7.5	8.5	9.5
	L_2	2.5	3.0	3.5	4.0	4.5	5.0	6.0	6.5	6.5	7.5	7.5	9.0	9.5	10.5
		对大于 300 mm 的管道可参考 300 mm 管道													

注:1. 适用于工作压力不大于 2.0 MPa,不保温或保温材料密度不大于 200 kg/m³ 的管道系统。

2. L_1 用于保温管道,L_2 用于不保温管道。

7. 风机盘管机组及其他空调设备与管道的连接

风机盘管机组及其他空调设备与管道的连接,宜采用弹性接管或软接管(金属或非金属软管),其耐压值应大于等于 1.5 倍的工作压力。软管的连接应牢固、不应有强扭和瘪管。

检查数量:按总数抽查 10%,且不得少于 5 处。

检查方法:观察、查阅产品合格证明文件。

8. 金属管道的支、吊架

金属管道的支、吊架的型式、位置、间距、标高应符合设计或有关技术标准的要求。设计无规定时,应符合下列规定。

(1)支、吊架的安装应平整牢固,与管道接触紧密。管道与设备连接处,应设独立支、吊架。

(2)冷(热)媒水、冷却水系统管道机房内总管及干管的支、吊架,应采用承重防晃管架;与设备连接的管道管架宜有减振措施。当水平支管的管架采用单杆吊架时,应在管道起始点、阀门、三通、弯头及长度每隔 15 m 设置承重防晃支、吊架。

(3)无热位移的管道吊架,其吊杆应垂直安装;有热位移的,其吊杆应向热膨胀(或冷收缩)的反方向偏移安装,偏移量按计算确定。

(4)滑动支架的滑动面应清洁、平整,其安装位置应从支承面中心向位移反方向偏移 1/2 位移值或符合设计文件规定。

(5)竖井内的立管,每隔 2~3 层应设导向支架。在建筑结构负重允许的情况下,水平安装管道支、吊架的间距应符合表 6-37 的规定。

(6)管道支、吊架的焊接应由持合格证焊工施焊,并不得有漏焊、欠焊或焊接裂纹等缺陷。当支架与管道焊接时,管道侧的咬边量,应小于 0.1 管壁厚。

检查数量:按系统支架数量抽查 5%,且不得少于 5 个。

检查方法:尺量、观察检查。

沟槽式连接管道的支、吊架距离,不得执行本规定。

9. 采用建筑用硬聚氯乙烯(PVC-U)、聚丙烯(PP-R)与交联聚乙烯(PEX)等管道

采用建筑用硬聚氯乙烯(PVC-U)、聚丙烯(PP-R)与交联聚乙烯(PEX)等管道时,管道与金属支、吊架之间应有隔绝措施,不可直接接触。当为热水管道时,还应加宽其接触的面积。支、吊架的间距应符合设计和产品技术要求的规定。

检查数量:按系统支架数量抽查 5%,且不得少于 5 个。

检查方法:观察检查。

热水系统的非金属管道,其强度与温度成反比,故要求增加其支、吊架支承面的面积,一般宜加倍。

10. 阀门、集气罐、自动排气装置、除污器(水过滤器)等管道部件的安装

阀门、集气罐、自动排气装置、除污器(水过滤器)等管道部件的安装应符合设计要求,并应符合下列规定:

(1)阀门安装的位置、进出口方向应正确,并便于操作;接连应牢固紧密,启闭灵活;成排阀门的排列应整齐美观,在同一平面上的允许偏差为 3 mm。

(2)电动、气动等自控阀门在安装前应进行单体的调试,包括开启、关闭等动作试验。

(3)冷冻水和冷却水的除污器(水过滤器)应安装在进机组前的管道上,方向正确且便于清污;与管道连接牢固、严密,其安装位置应便于滤网的拆装和清洗。过滤器滤网的材质、规格和包扎方法应符合设计要求。

(4)闭式系统管路应在系统最高处及所有可能积聚空气的高点设置排气阀,在管路最低点应设置排水管及排水阀。

检查数量:按规格、型号抽查 10%,且不得少于 2 个。

检查方法:对照设计文件尺量、观察和操作检查。

11. 冷却塔的安装

冷却塔的安装应符合下列规定:

(1)基础标高应符合设计的规定,允许误差为 ±20 mm。冷却塔地脚螺栓与预埋件的连接或固定应牢固,各连接部件应采用热镀锌或不锈钢螺栓,其紧固力应一致、均匀。

(2)冷却塔安装应水平,单台冷却塔安装水平度和垂直度允许偏差均为 2/1 000。当同一冷却水系统的多台冷却塔安装时,各台冷却塔的水面高度应一致,高差不应大于 30 mm。

(3)冷却塔的出水口及喷嘴的方向和位置应正确,积水盘应严密无渗漏;分水器布水均匀。带转动布水器的冷却塔,其转动部分应灵活,喷水出口按设计或产品要求,方向应一致。

(4)冷却塔风机叶片端部与塔体四周的径向间隙应均匀。对于可高速转动的叶片,角度应一致。

检查数量:倒数检查。

检查方法:尺量、观察检查,积水盘做充水试验或查阅试验记录。

冷却塔安装的位置大都在建筑顶部,一般需要设置专用的基础或支座。冷却塔属于大型的轻型结构设备,运行时既有水的循环,又有风的循环。因此,在设备安装验收时,应强调固定质量和连接质量。

12. 水泵及附属设备的安装

水泵及附属设备的安装应符合下列规定:

(1)水泵的平面位置和标高允许偏差为 ±10 mm,安装的地脚螺栓应垂直、拧紧,且与设备底座接触紧密。

(2)垫铁组放置位置正确、平稳,接触紧密,每组不超过 3 块。

(3)整体安装的泵,纵向水平偏差不应大于 0. 1/1 000,横向水平偏差不应大于 0. 2/1 000;解体安装的泵纵、横向安装水平偏差均不应大于 0. 05/1 000。

当水泵与电机采用联轴器连接时,联轴器两轴芯的允许偏差,轴向倾斜不应大于

0.2/1 000,径向位移不应大于 0.05 mm。

小型整体安装的管道水泵不应有明显偏斜。

（4）减振器与水泵基础的连接。

减振器与水泵基础的连接应牢固、平稳、接触紧密。

检查数量：全数检查。

检查方法：扳手试拧、观察检查，用水平仪和塞尺测量或查阅设备安装记录。

13. 水箱、集水器、分水器、储冷罐等设备的安装

水箱、集水器、分水器、储冷罐等设备的安装，支架或底座的尺寸、位置应符合设计要求。设备与支架或底座接触紧密，安装平正、牢固。平面位置允许偏差为 15 mm,标高允许偏差为 ±5 mm,垂直度允许偏差为 1/1 000。

膨胀水箱安装的位置及接管的连接，应符合设计文件的要求。

检查数量：全数检查。

检查方法：尺量、观察检查，旁站或查阅试验记录。

第八节　防腐与绝热

一、一般规定

（1）风管与部件及空调设备绝热工程施工应在风管系统严密性检验合格后进行。

风管与部件及空调设备绝热工程施工的前提条件，是在风管系统严密性检验合格后才能进行。风管系统的严密性检验，是指对风管系统所进行的漏光检测或漏风量测定。

（2）空调工程的制冷系统管道，包括制冷剂和空调水系统绝热工程的施工，应在管路系统强度与严密性检验合格和防腐处理结束后进行。

管道的绝热施工是管道安装工程的后道工序，只有当前道工序完成，并被验证合格后才能进行。

（3）普通薄钢板在制作风管前，宜预涂防锈漆一遍。

普通薄钢板风管防腐处理，可采取两种方法，即先加工成型后刷防腐漆和先刷防腐漆后加工成型。两者相比，后者的施工工效高，并对咬口缝和法兰铆接处的防腐效果要好得多。

（4）支、吊架的防腐处理应与风管或管道相一致，其明装部分必须涂面漆。

在一般情况下，支、吊架与风管或管道同为黑色金属材料，并处于同一环境。因此，它们的防腐处理应与风管或管道相一致。而在有些含有酸、碱或其他腐蚀性其他的建筑厂房。风管或管道采用聚氯乙烯、玻璃钢或不锈钢板（管）时，则支、吊架的防腐处理应与风管、管道的抗腐蚀性能相同或按设计的规定执行。

油漆可分为底漆和面漆。底漆以附着和防锈蚀的性能为主，面漆以保护底漆、增加抗老化性能和调节表面色泽为主。非隐蔽明装部分的支、吊架，若不刷面漆会使防腐底漆很快老化失效，且不美观。

（5）油漆施工时，应采取防火、防冻、防雨等措施，并不应在低温或潮湿环境下作业。明装部分的最后一遍色漆，宜在安装完毕后进行。

油漆施工时，应采取防火、防冻、防雨等措施，这是一般油漆工程施工必须做到的基本要

求。但是有些操作人员并不重视这方面的工作,不但会影响油漆质量,还可能引发火灾事故。另外,大部分的油漆在低温时(通常在5℃以下)黏度增大,喷漆不易进行,造成厚薄不匀,不易干燥等缺陷,影响防腐效果。如果在潮湿的环境下(一般指相对湿度大于85%)进行防腐施工,由于金属表面聚集了一定量的水汽,易使涂膜附着能力降低和产生气孔等,故作此规定。

二、质量控制

(一)材料质量控制

(1)油漆必须在有效期内使用,若过期,应送技检部门鉴定后方可使用。

(2)当底漆和面漆采用不同厂家的产品时,涂刷面漆前应做黏结力检验,合格后方可施工。

(3)所用绝热材料要具备出厂合格证或质量鉴定文件,必须是有效保质期内的合格产品。

(4)使用的绝热材料的材质、密度、规格及厚度应符合设计要求和消防防火规范要求。

(5)保温材料在储存、运输、现场保管过程中不应受潮湿和机械损伤。

(6)绝热层材料的材质、厚度、密度、含水率、导热系数等性能参数应符合设计要求。

(7)玻璃丝布的经向和纬向密度应满足设计要求,玻璃丝布的宽度应符合实际施工的需要。

(8)保温钉、胶粘剂等附属材料均应符合防火及环保的相关要求。

(二)施工过程质量控制

1. 防腐

1)表面处理

薄钢板制作的风管在涂刷防锈漆前,必须对其表面的油污、铁锈和氧化皮层进行清除,再用棉纱擦净。对于防腐要求严格的风管(如洁净系统的风管),必须采用喷砂除锈工艺。

2)油漆牌号选用

油漆的牌号或种类,一般设计都有明确的要求。若设计无明确要求,可根据施工验收规范的规定选用。特别注意樟丹或氧化铁红防锈底漆不能用于镀锌钢板。

3)涂刷施工

(1)油漆调的稠度既不能过大,也不能过小。

(2)在涂刷第二道防锈底漆时,第一道防锈底漆必须彻底干燥。

(3)在涂刷油漆时,一般要求环境温度不低于5℃,相对湿度不大于85%。

4)风管及部件局部涂刷

(1)风管制好前预先在薄钢板上进行喷涂防锈底漆,如果采用风管制作后涂刷油漆,在制作过程中必须先将薄钢板在咬口部位涂刷防锈底漆。

(2)法兰或加固角钢制作后,必须在和风管组装前涂刷防锈底漆。

(3)风口和风阀的叶片和本体,应在组装前根据工艺情况先涂刷防锈底漆。

(4)支、吊架的防腐工作,必须在下料预制后进行。

5)喷涂法施工

(1)喷涂装置使用前,首先应检查高压系统各固定螺母,以及管路接头是否拧紧。

（2）涂料应经过滤后才能使用，在喷涂过程中不得将吸入管拿离涂料液面。

（3）喷枪嘴与被喷物表面的距离一般应控制在 300～380 mm。

（4）较大的物件喷幅宽度以 300～500 mm 为宜，较小的物件以 100～300 mm 为宜，一般以 300 mm 为宜。

（5）喷枪与物面的喷射角度为 30°～80°。

（6）喷幅的搭接应为幅宽的 1/6～1/4，视喷幅的宽度而定。

（7）喷枪运行速度为 60～100 cm/s。

2. 绝热

1）保温材料选用

（1）保温材料应选用导热系数小、表观密度小，具有多孔性、抗压强度大、不易变形、吸湿性小、不存水、不易燃烧、不腐烂、保温层与防潮层及保护层结合为一体的、价格低的材料。

（2）保温钉间距可按风管端面尺寸大小自行确定，一般为 150～250 mm。对风管表面不平处可多加保温钉固定贴合。

（3）保温材料拼接缝应使纵横接缝错开，当缝隙较大时，可用胶粘剂灌封或用胶粘纸密封。

2）绝热层捆扎

（1）硬质绝热制品的绝热层，可采用镀锌铁丝双股捆扎，捆扎的间距不应大于 400 mm。

（2）半硬质及软质绝热制品的绝热层，应根据管道直径大小，采用包装钢带、镀锌铁丝或宽度为 60 mm 的粘胶带进行捆扎。其捆扎的间距，对于半硬质绝热制品不应大于 300 mm；对于软质毡、垫，不应大于 200 mm。

（3）每块绝热制品上的捆扎件，不得少于两道。

（4）不得采用螺旋式缠绕捆扎。

（5）软质毡、垫的保温层厚度和密度应均匀，外形应规整，经压实捆扎后的容重必须符合设计规定的安装容重。

3）金属保护层

（1）不得有松脱、翻边、豁口、翘缝和明显的凹坑。

（2）管道金属保护壳的环向接缝，应与管道轴线保持垂直，纵向接缝应与管道轴线保持平行。

（3）金属护壳的接缝方向，应与管道坡度方向一致。

（4）金属保护层椭圆度（长短轴之差），不得大于 10 mm。

（5）保冷结构的金属保护层，不得漏贴密封剂或密封胶带。

（6）金属保护层的搭接尺寸，不得小于 20 mm，膨胀缝处不得少于 50 mm；如在露天或潮湿环境中，不得少于 50 mm，膨胀缝不得少于 75 mm。

4）石棉水泥保护层

用石棉水泥作保护层，配料应正确，厚度要均匀，外表面平整。

5）保温层固定

（1）黏结剂应在施工前认真选择经过试验确认合格的产品，并具备无腐蚀、固化快、不老化、黏结强度高及黏结后在潮湿环境中不脱落等性能。

（2）保温钉固定前清除风管表面的油污等污物，并用清洗剂将风管表面和保温钉表面的油污清洗干净。黏结后不能马上进行保温作业,必须待黏结剂固化后有一定的黏结强度后才能进行,防止保温钉脱落。

(3)保温钉在风管上单位面积上的数量要达到设计要求,但必须分布均匀,防止分布不均集中受力,使保温钉脱落。

6)风管及设备绝热施工

绝热工程应采用不燃或难燃材料,其材质、密度、规格、厚度应符合设计要求。净化系统的绝热工程不应采用易产尘的材料。

风管及设备的绝热层用卷、散材料时,厚度应均匀,包扎牢固,不得有散财外露的缺陷。保护层应符合以下要求:

(1)当用玻璃纤维布、塑料布作保护层时,搭接处应顺水流方向,搭接均匀,松紧适当,始端与终端必须用镀锌铁丝扎牢,外表宜刷防火涂料两遍。

(2)当用石棉水泥时,配料应准确,分两次施抹,涂抹厚度应均匀,外表面应平整。

(3)当用薄钢板时,连接缝应顺水流方向,以防渗漏。纵向拼接缝可用咬接,纵向拼接缝及横向拼接缝的边缘应起凸鼓。

7)制冷管道系统绝热施工

(1)绝热工程施工前,应对绝热材料的质量进行检验,所用的材料材质、规格、厚度应符合设计要求。

(2)硬质管壳绝热层施工时,粘贴应牢固,绑扎应紧密,无滑动、松弛、断裂。管壳的拼缝应用树脂腻子或沥青胶泥嵌填实。

(3)用橡塑材料施工时,一般采用切开接合法,在切口两边均匀涂粘胶,将缝口接合。所有接缝必须粘牢,弯头、异径管、三通等处的绝热层应衔接自然。阀门及法兰处的绝热层必须留出螺栓安装的距离,一般为螺栓长度加 25 ~ 30 mm,接缝处应用相同的材料填实。

(4)管道穿墙、接板处的绝热,应用不燃或难燃的软散材料填实。

(5)防潮层应紧密粘贴在绝热层上,封闭良好,不得有虚粘、气泡、折皱、裂缝等缺陷。

三、质量验收

(一)主控项目

1. 风管和管道的绝热

风管和管道的绝热,应采用不燃或难燃材料,其材质、密度、规格与厚度应符合设计要求。当采用难燃材料时,应对其难燃性进行检查,合格后方可使用。

检查数量:按批随机抽查 1 个。

检查方法:观察检查、检查材料合格证,并做点燃试验。

从防火的角度出发,绝热材料应尽量采用不燃的材料。但是,从绝热的使用效果、性能等诸条件来对比,难燃材料还有其相对的长处,在工程中还占有一定的比例。难燃材料一般用易燃材料作基材,采用添加阻燃剂或浸涂阻燃材料而制成。它们的外型与易燃材料差异不大,很易混淆。无论是国内还是国外,都发生过空调工程中绝热材料被引燃后造成恶果。为此明确规定,当工程绝热材料为难燃材料时,必须对其难燃性能进行验证,合格后方准使用。

2. 防腐涂料和油漆

防腐涂料和油漆,必须是在有效保质期限内的合格产品。

检查数量:按批检查。

检查方法:观察、检查材料合格证。

防腐涂料和油漆都有一定的有效期,超过期限后,其性能会发生很大的变化。工程中当然不得使用过期的和不合格的产品。

3. 不燃绝热材料

在下列场合必须使用不燃绝热材料:

(1)电加热器前后 800 mm 的风管和绝热层。

(2)穿越防火隔墙两侧 2 m 范围内风管、管道和绝热层。

检查数量:全数检查。

检查方法:观察、检查材料合格证与做点燃试验。

电加热器前后 800 mm 和防火墙两侧 2 m 范围内风管的绝热材料,必须为不燃材料。这主要是为了防止电加热器可能引起绝热材料的自燃和杜绝邻室火灾通过风管或管道绝热材料传递的通道。

4. 输送介质温度低于周围空气露点温度的管道

输送介质温度低于周围空气露点温度的管道,当采用非闭孔性绝热材料时,隔汽层(防潮层)必须完整,且封闭良好。

检查数量:按数量抽查 10%,且不得少于 5 段。

检查方法:观察检查。

空调冷媒水系统的管道,当采用通孔性的绝热材料时,隔汽层(防潮层)必须完整、密封。通孔性绝热材料由疏松的纤维材料和空气层组成,空气是热的不良导体,两者结合构成了良好的绝热性能。这个性能的前提条件是要求空气层为静止的或流动非常缓慢。所以,当使用通孔性绝热材料作为绝热材料时,外表面必须加设隔汽层(防潮层),且隔汽层应完整,并封闭良好。当使用输送介质温度低于周围空气露点温度的管道时,隔汽层的开口之处与绝热材料内层的空气产生对流,空气中的水蒸气遇到过冷的管道将被凝结、析出。凝结水的产生将进一步降低材料的热阻,加速空气的对流,随着时间的推迟最终导致绝热层失效。

5. 位于洁净室内的风管及管道的绝热

位于洁净室内的风管及管道的绝热,不应采用易产尘的材料(如玻璃纤维、短纤维矿棉等)。

检查数量:全数检查。

检查方法:观察检查。

洁净室控制的主要对象就是空气中的浮尘数量,室内风管与管道的绝热材料如采用易产生尘的材料(如玻璃纤维、短纤维矿棉等),显然对洁净室的洁净度达标不利。

(二)一般项目

1. 喷、涂油漆的漆膜

喷、涂油漆的漆膜,应均匀、无堆积、皱纹、气泡、掺杂、混色与漏涂等缺陷。

检查数量:按面积检查 10%。

检查方法:观察检查。

2.各类空调设备及部件的油漆喷、涂

各类空调设备及部件的油漆喷、涂,不得遮盖铭牌标志和影响部件的功能使用。

检查数量:按数量检查10%,且不得少于2个。

检查方法:观察检查。

在空调工程施工中,一些空调设备或风管与管道的部件,需要进行油漆修补或重新涂刷。在操作中不注意对设备标志的保护与对风口等的转动轴、叶片活动面的防护,会造成标志无法辨认或叶片粘连影响正常使用等问题。

3.风管系统部件的绝热

风管系统部件的绝热,不得影响其操作功能。

检查数量:按数量检查10%,且不得少于2个。

检查方法:观察检查。

4.绝热材料层

绝热材料层应密实,无裂缝、空隙等缺陷。表面应平整,当采用卷材或板材时,允许偏差为5 mm;当采用涂抹或其他方式时,允许偏差为10 mm。防潮层(包括绝热层的端部)应完整,且封闭良好;其搭连缝应顺水。

检查数量:管道按轴线长度抽查10%;部件、阀门抽查10%,且不得少于2个。

检查方法:观察检查,用钢丝刺入保温层,尺量。

5.风管绝热层采用黏结方法固定

风管绝热层采用黏结方法固定时,施工应符合下列规定:

(1)黏结剂的性能应符合使用温度和环境卫生的要求,并与绝热材料相匹配。

(2)黏结材料宜均匀地涂在风管、部件或设备的外表面上,绝热材料与风管、部件及设备表面应紧密贴合,无空隙。

(3)绝热层纵、横向的连缝,应错开。

(4)绝热层粘贴后,若进行包扎或捆扎,包扎的搭连处应均匀、贴紧;捆扎得应松紧适度,不得损坏绝热层。

检查数量:按数量抽查10%。

检查方法:观察检查和检查材料合格证。

6.风管绝热层采用保温钉连接固定

风管绝热层采用保温钉连接固定时,施工应符合下列规定:

(1)保温钉与风管、部件及设备表面的连接,可采用黏结或焊接,结合应牢固,不得脱落;焊接后应保持风管的平整,并不应影响镀锌钢板的防腐性能。

(2)矩形风管或设备保温钉的分布应均匀,其数量底面每平方米不应少于16个,侧面不应少于10个,顶面不应少于8个。首行保温钉至保温材料边沿的距离应小于120 mm。

(3)风管法兰部位的绝热层的厚度,不应低于风管绝热层的0.8倍。

(4)有防潮隔汽层绝热材料的拼缝处,应用粘胶带封严。粘胶带的宽度不应小于50 mm。粘胶带应牢固地粘贴在防潮面层上,不得有胀裂和脱落。

检查数量:按数量抽查10%,且不得少于5处。

检查方法:观察检查。

采用保温钉固定绝热层的施工方法,其钉的固定极为关键。在工程中,保温钉脱落的现象时有发生。保温钉不牢固的主要原因,有黏结剂选择不当,黏结处不清洁(有油污、灰尘或水汽等),黏结剂过期失效或黏结后未完全固化等。因此,强调黏结应牢固,不得脱落。

如果保温钉的连接采用焊接固定的方法,则要求固定牢固,能在数千克的拉力下不脱落。同时,应在保温钉焊接后,仍保持风管的平整。当保温钉焊接连接应用于镀锌钢板时,应达到不影响其防腐性能。一般宜采用螺柱焊焊接的技术和方法。

7. 绝热涂料作绝热层

绝热涂料作绝热层时,应分层涂抹,厚度均匀,不得有气泡和漏涂等缺陷,表面固化层应光滑,牢固无缝隙。

检查数量:按数量抽查10%。

检查方法:观察检查。

绝热涂料是一种新型的不燃绝热材料,施工时直接涂抹在风管、管道或设备的表面,经干燥固化后即形成绝热层。该材料的施工,主要是涂抹性的湿作业,故规定要涂层均匀,不应有气泡和漏涂等缺陷。当涂层较厚时,应分层施工。

8. 采用玻璃纤维布作绝热保护层

当采用玻璃纤维布作绝热保护层时,搭接的宽度应均匀,宜为30~50 mm,且松紧适度。

检查数量:按数量抽查10%,且不得少于10 m²。

检查方法:尺量、观察检查。

9. 管道阀门、过滤器及法兰部位的绝热结构

管道阀门、过滤器及法兰部位的绝热结构应能单独拆卸。

检查数量:按数量抽查10%,且不得少于5个。

检查方法:观察检查。

10. 管道绝热层的施工

管道绝热层的施工应符合下列规定:

(1)绝热产品的材质和规格,应符合设计要求,管壳的粘贴应牢固、敷设应平整,绑扎应紧密,无滑动、松弛与断裂现象。

(2)硬质或半硬质绝热管壳的拼接缝隙,保温时不应大于5 mm,保冷时不应大于2 mm,并用黏结材料勾缝填满;纵缝应错开,外层的水平接缝应设在侧下方。当绝热层的厚度大于100 mm 时,应分层敷设,层间应压缝。

(3)硬质或半硬质绝热管壳应用金属丝或难腐织带捆扎,其间距为300~350 mm,且每节至少捆扎2道。

(4)松散或软质绝热材料应按规定的密度压缩其体积,疏密应均匀。当毡类材料在管道上包扎时,搭接处不应有空隙。

检查数量:按数量抽查10%,且不得少于10段。

检查方法:尺量、观察检查及查阅施工记录。

11. 管道防潮层的施工

管道防潮层的施工应符合下列规定:

(1)防潮层应紧密粘贴在绝热层上,封闭良好,不得有虚粘、气泡、褶皱、裂缝等缺陷。

(2)立管的防潮层,应由管道的低端向高端敷设,环向搭接的缝口应朝向低端;纵向的搭接缝应位于管道的侧面,并顺水。

（3）当卷材防潮层采用螺旋形缠绕的方式施工时，卷材的搭接宽度宜为 30～50 mm。

检查数量：按数量抽查 10%，且不得少于 10 m。

检查方法：尺量、观察检查。

12. 金属保护壳的施工

金属保护壳的施工应符合下列规定：

（1）应紧贴绝热层，不得有脱壳、褶皱、强行接口等现象。接口的搭接应顺水，并有凸筋加强，搭接尺寸为 20～25 mm。采用自攻螺丝固定时，螺钉间距应匀称，并不得刺破防潮层。

（2）户外金属保护壳的纵、横向接缝，应顺水；其纵向接缝应位于管道的侧面。金属保护壳与外墙面或屋顶的交接处应加设泛水。

检查数量：按数量抽查 10%。

检查方法：观察检查。

13. 冷热源机房内制冷系统管道的外表面

冷热源机房内制冷系统管道的外表面，应做色标。

检查数量：按数量抽查 10%。

检查方法：观察检查。

为了方便系统的管理和维修，应根据国家有关规定作出标识。

【案例 6-4】

某通风工程施工验收时，发现风管保温存在以下问题：

（1）所选用绝热材料规格与管道管径不配套，即绝热材料内径偏大。

（2）绝热材料接缝处开裂，封闭不严密。

（3）风管上部有漏贴保温的现象。

（4）施工人员对其他部位进行安装调试时，造成保温层损坏。

以上问题如何整改才能保证验收质量。

【案例评析】

以上问题的整改方法如下：

（1）在管道绝热施工时，应按管道实际尺寸采用与之相匹配的绝热材料。

（2）黏结剂（胶水）在使用过程中应防止挥发干化，以免影响黏结效果。

（3）由于风管安装布设位置通常较高，尤其是风管上部，施工人员登高施工不是很方便，风管上部施工人员很难观察到是否有漏贴漏检情况发生。

（4）安装调试时，应注意保护已经施工好的保温层。若保温层损坏，应及时更换。

第九节　系统调试

一、一般规定

（1）系统调试所使用的测试仪器和仪表，性能应稳定可靠，其精度等级及最小分度值应能满足测定的要求，并应符合国家有关计量法规及检定规程的规定。

（2）通风与空调工程的系统调试，应由施工单位负责、监理单位监督，设计单位与建设单位参与和配合。系统调试的实施可以是施工企业本身或委托给具有调试能力的其他单位。

通风与空调工程完工后的系统调试,应以施工企业为主,监理单位监督,设计单位、建设单位参与配合。设计单位的参与,除应提供工程设计的参数外,还应对调试过程中出现的问题提出明确的修改意见;监理、建设单位参加调试,既可起到工程的协调作用,又有助于工程的管理和质量的验收。

有的施工企业本身不具备工程系统调试的能力,则可以委托给具有相应调试能力的其他单位或施工企业。

(3)系统调试前,承包单位应编制调试方案,报送专业监理工程师审核批准;调试结束后,必须提供完整的调试资料和报告。

通风与空调工程的系统调试是一项技术性很强的工作,调试的质量会直接影响到工程系统功能的实现。因此,规定调试前必须编制调试方案,方案可指导调试人员按规定的程序、正确方法与进度实施调试,同时,也利于监理工程师对调试过程的监督。

(4)通风与空调工程系统无生产负荷的联合试运转及调试,应在制冷设备和通风与空调设备单机试运转合格后进行。空调系统带冷(热)源的正常联合试运转不应少于8 h,当竣工季节与设计条件相差较大时,仅做不带冷(热)源试运转。通风、除尘系统的连续试运转不应少于2 h。

(5)净化空调系统运行前应在回风、新风的吸入口处和粗、中效过滤器前设置临时用过滤器(例如无纺布等),实行对系统的保护。净化空调系统的检测和调整,应在系统进行全面清扫,且已运行24 h及以上达到稳定后进行。

二、质量控制

(一)材料质量控制

(1)通风与空调系统调试所使用的仪器仪表应有出厂合格证书并通过合格计量检验部门的检定。

(2)严格执行计量法,不准在调试工作岗位上使用无检定合格印、证或超过检定周期以及经检定不合格的计量仪器仪表。

(3)系统调试所使用的测试仪器和仪表,性能应稳定可靠,其精度等级最小分度值应能满足测定的要求,并应符合国家有关计量法规及检定规程的规定。综合效果测定时,所使用的仪表精度级别应高于被检对象的级别。

(4)搬运和使用仪器仪表要轻拿轻放,防止震动和撞击,不使用时应放在专用工具仪表箱内,防止受潮、受污等。

(二)施工过程质量控制

(1)通风与空调工程系统无生产负荷的联合试运转及调试,应在制冷设备和通风与空调设备单机试运转合格后进行。空调系统带冷热源的正常联合试运转不应少于8 h,当竣工季节与设计条件相差较大时,仅做不带冷热源试运转。通风、除尘系统的连续试运转不应少于2 h。

(2)通风机单机试运转前,必须检查各项安全措施,加适量机械油。盘动叶轮,检查有无卡阻和碰壳现象。试运转时,叶轮选择方向应正确、平稳,其电动机运转功率应符合设备技术文件的规定。在额定转速下试运转时间不得少于2 h。

（3）水泵试运转中不应有异常振动和声响，电动机的电流和功率不应超过额定值，各密封处不得渗漏，紧固连接部位不应松动，轴封填料温升正常。

（4）风口处的风速若用风速仪测量，应贴近格栅或网格，平均风速测定可采用匀速移动法或定点测量法等，匀速移动法不应少于 3 次，定点测量法的测点不应小于 5 个。

（5）洁净室洁净度的检测，应在空态或静态下进行或按合约规定。室内洁净度检测时，人员不宜多于 3 人，均必须穿与洁净室洁净度等级相适应的洁净工作服。

三、质量验收

（一）主控项目

1. 系统调试

通风与空调工程安装完毕，必须进行系统的测定和调整，简称调试。系统调试应包括下列项目：

（1）设备单机试运转及调试。

（2）系统无生产负荷下的联合试运转及调试。

检查数量：全数。

检查方法：观察、旁站、查阅调试记录。

2. 设备单机试运转及调试

设备单机试运转及调试应符合下列规定：

（1）通风机、空调机组中的风机，叶轮旋转方向正确、运转平稳、无异常振动与声响，其电机运行功率应符合设备技术文件的规定。在额定转速下连续运转 2 h 后，滑动轴承外壳最高温度不得超过 70 ℃，滚动轴承不得超过 80 ℃。

（2）水泵叶轮旋转方向正确，无异常振动和声响，紧固连接部位无松动，其电机运行功率值符合设备技术文件的规定。水泵连续运转 2 h 后，滑动轴承外壳最高温度不得超过 70 ℃，滚动轴承不得超过 75 ℃。

（3）冷却塔本体应稳固、无异常振动，其噪声应符合设备技术文件的规定。风机试运转按上述（1）的规定；冷却塔风机与冷却水系统循环试运行不少于 2 h，运行应无异常情况。

（4）制冷机组、单元式空调机组的试运转，应符合设备技术文件和现行国家标准《制冷设备、空气分离设备安装工程施工及验收规范》（GB 50274—2010）的有关规定，正常运转不应少于 8 h。

（5）电控防火、防排烟风阀（口）的手动、电动操作应灵活、可靠，信号输出正确。

检查数量：上述（1）项按风机数量抽查 10%，且不得少于 1 台；上述（2）、（3）、（4）项全数检查；上述（5）项按系统中风阀的数量抽查 20%，且不得少于 5 件。

检查方法：观察、旁站、用声级计测定、查阅试运转记录及有关文件。

3. 空调系统无生产负荷的联合试运转及调试

空调系统无生产负荷的联合试运转及调试应符合下列规定：

（1）系统总风量调试结果与设计风量的偏差不应大于 10%。

（2）空调冷热水、冷却水总流量测试结果与设计流量的偏差不应大于 10%。

（3）舒适空调的温度、相对湿度应符合设计的要求。恒温、恒湿房间室内空气温度、相对湿度及波动范围应符合设计规定。

检查数量:按风管系统数量抽查 10%,且不得少于 1 个系统。

检查方法:观察、旁站、查阅调试记录。

4.防排烟系统联合试运行与调试

防排烟系统联合试运行与调试的结果(风量及正压),必须符合设计与消防的规定。

检查数量:按总数抽查 10%,且不得少于 2 个楼层。

检查方法:观察、旁站、查阅调试记录。

5.净化空调系统

净化空调系统应符合下列规定:

(1)单向流洁净室系统的系统总风量调试结果与设计风量的允许偏差为 0~20%,室内各风口风量与设计风量的允许偏差为 15%。新风量与设计新风量的允许偏差为 10%。

(2)单向流洁净室系统的室内截面平均风速的允许偏差为 0~20%,且截面风速不均匀度不应大于 0.25。新风量和设计新风量的允许偏差为 10%。

(3)相邻不同级别洁净室之间和洁净室与非洁净室之间的静压差不应小于 5 Pa,洁净室与室外的静压差不应小于 10 Pa。

(4)室内空气洁净度等级必须符合设计规定的等级或在商定验收状态下的等级要求。

高于等于 5 级的单向流洁净室,在门开启的状态下,测定距离门 0.6 m 室内侧工作高度处空气的含尘浓度,亦不应超过室内洁净度等级上限的规定。

检查数量:调试记录全数检查,测点抽查 5%,且不得少于 1 点。

检查方法:检查、验证调试记录,进行测试校核。

洁净室洁净度的测定,一般应以空态或静态为主,并应符合设计的规定等级,另外,工程也可以采用与业主商定验收状态条件下,进行室内的洁净度的测定和验证。

(二)一般项目

1.设备单机试运转及调试

设备单机试运转及调试应符合下列规定:

(1)水泵运行时不应有异常振动和声响,壳体密封处不得渗漏,紧固连接部位不应松动,轴封的温升应正常;在无特殊要求的情况下,普通填料汇漏量不应大于 60 mL/h,机械密封的不应大于 5 mL/h。

(2)风机、空调机组、风冷热泵等设备运行时,产生的噪声不宜超过产品性能说明书的规定值。

(3)风机盘管机组的三速、温控开关的动作应正确,并与机组运行状态一一对应。

检查数量:上述(1)、(2)项抽查 20%,且不得少于 1 台;上述(3)项抽查 10%,且不得少于 5 台。

检查方法:观察、旁站、查阅试运转记录。

2.通风工程系统无生产负荷联动试运转及调试

通风工程系统无生产负荷联动试运转及调试应符合下列规定:

(1)系统联动试运转中,设备及主要部件的联动必须符合设计要求,动作协调、正确,无异常现象。

(2)系统经过平衡调整,各风口或吸风罩的风量与设计风量的允许偏差不应大于 15%。

(3)湿式除尘器的供水与排水系统运行应正常。

3. 空调工程系统无生产负荷联动试运转及调试

空调工程系统无生产负荷联动试运转及调试还应符合下列规定：

（1）空调工程水系统应冲洗干净、不含杂物，并排除管道系统中的空气；系统连续运行应达到正常、平稳；水泵的压力和水泵电机的电流不应出现大幅波动。系统平衡调整后，各空调机组的水流量应符合设计要求，允许偏差为 20%。

（2）各种自动计量检测元件和执行机构的工作应正常，满足建筑设备自动化（BA、FA 等）系统对被测定参数进行检测和控制的要求。

（3）当多台冷却塔并联运行时，各冷却塔的进、出水量应达到均衡一致。

（4）空调室内噪声应符合设计规定要求。

（5）有压差要求的房间、厅堂与其他相邻房间之间的压差，舒适性空调正压为 0～25 Pa；工艺性的空调应符合设计的规定。

（6）有环境噪声要求的场所，制冷、空调机组应按现行国家标准《采暖通风与空气调节设备噪声声功率级的测定工程法》（GB 9068—1988）的规定进行测定。洁净室内的噪声应符合设计的规定。

检查数量：按系统数量抽查 10%，且不得少于 1 个系统或 1 间。

检查方法：观察、用仪表测量检查及查阅调试记录。

4. 通风与空调工程的控制和监测设备

通风与空调工程的控制和监测设备，应能与系统的检测元件和执行机构正常沟通，系统的状态参数应能正确显示，设备联锁、自动调节、自动保护应能正确动作。

检查数量：按系统或监测系统总数抽查 30%，且不得少于 1 个系统。

检查方法：旁站观察，查阅调试记录。

【案例 6-5】

某空调工程调试运行验收时，制冷压缩机运转无明显异常现象，但空调房间温度降不下来，满足不了生产工艺和工作人员舒适的要求。

试分析空调房间温度降不下来的原因。

【案例分析】

空调房间温度降不下来的原因：

（1）制冷剂充灌得不足；制冷剂不足可从膨胀阀处听到有间断的液体流动声，当严重不足时，将在膨胀阀后的管道上出现结霜现象。

（2）制冷系统有部位泄漏。

（3）冷凝器的冷却水量不足或冷却水温偏高。

（4）热力膨胀阀开度不适当。

（5）热力膨胀阀和感温包安装不合适；一般要求膨胀阀应垂直安装，感温包安装在回气管道的水平部位；在有集油弯头的情况下，感温包应安装在集油弯头之前；当蒸发器出口处设有气液交换器时，感温包应安装在气液交换器之前。

本章小结

通风与空调工程施工质量验收包括：基本规定，风管制作，风管部件与消音器制作，风管系统安装,通风与空调设备安装,空调制冷系统安装,空调水系统管道与设备安装,防腐与绝缘,系统调试等内容。通风与空调工程施工质量验收分为基本规定、质量控制、质量验收三个部分,其中质量控制包括材料质量控制和施工过程质量控制,质量验收包括主控项目和一般项目。

【推荐阅读资料】

(1)《通风与空调工程施工质量验收规范》(GB 50243—2002)。

(2)《机械设备安装工程施工及验收通用规范》(GB 50231—2009)。

(3)《制冷设备、空气分离设备安装工程施工及验收规范》(GB 50274—2010)。

(4)《压缩机、风机、泵安装工程施工及验收规范》(GB 50275—98)。

(5)《氨制冷系统安装工程施工及验收规范》(SBJ 12—2011)。

(6)《采暖通风与空气调节设计规范》(GB 50019—2003)。

(7)《民用建筑供暖通风与空气调节设计规范》(GB 50736—2012)。

(8)《洁净厂房设计规范》(GB 50073—2001)。

(9)《医院洁净手术部建筑技术规范》(GB 50333—2002)。

(10)中国通风与空调门户 http://www.tfykt.com

(11)建筑热能通风空调 http://www.chinabee.org

(12)暖通空调在线 http://www.ehvacr.com

思考练习题

1.通风与空调工程可划分为几个分部分项工程?

2.按系统的工作压力,风管系统如何分类?

3.风管穿过墙体和楼板时,如何施工才能符合质量要求?

4.风机盘管机组安装过程中,如何施工才能符合施工质量要求?

5.在进行质量验收时,水泵应正常连续试运行多长时间?

6.管道绝热层如何施工,才能符合施工质量要求?

7.空调系统带冷(热)源的正常联合试运转多长时间,才能符合质量验收要求?

第七章　建筑电气工程质量验收

【学习目标】
- 熟悉建筑电气工程材料及设备质量要求。
- 掌握线路敷设的质量验收标准。
- 掌握电缆线路的质量验收标准。
- 掌握母线装置的质量验收标准。
- 掌握电气设备的质量验收标准。
- 掌握灯具安装的质量验收标准。
- 掌握开关、插座、风扇安装的质量验收标准。
- 掌握防雷接地装置安装的质量验收标准。

第一节　基本规定

一、一般规定

（1）建筑电气工程施工现场的质量管理,除应符合国家标准《建筑工程质量验收统一标准》(GB 50300—2001)第 3.0.1 条的规定外,还应符合下列规定:

①电工、焊工、起重吊装工和电气调试人员等,按有关要求持证上岗。

②安装和调试用各类计量器具,应检定合格,使用时应在有效期内。

（2）除设计要求外,承力建筑钢结构构件上,不得采用熔焊连接固定电气线路、设备和器具的支架、螺栓等部件,且严禁热加工开孔。

（3）额定电压交流 1 kV 及以下的应为低压电器设备、器具和材料,额定电压大于交流1 kV、直流 1.5 kV 的应为高压电器设备、器具和材料。

（4）电气设备上计量仪表和电气保护有关的仪表应检定合格,当投入试运行时,应在有效期内。

这些仪表的指示或信号准确与否,关系到正确判断电气设备和其他建筑设备的运行状态,以及预期的功能和安全要求。

（5）建筑电气动力工程的空载试运行和建筑电气照明工程的负荷试运行,应按本规定执行;建筑电气动力工程的负荷试运行,依据电气设备及相关建筑设备的种类、特性,编制试运行方案或作业指导书,并应经施工单位审查批准、监理单位确认后执行。

（6）动力和照明工程的漏电保护装置应做模拟动作试验。

漏电保护装置,也称剩余(冗余)电流保护装置,是当用电设备发生电气故障形成电气设备可接近裸露导体带电时,为避免造成电击伤害人或动物而迅速切断电源的保护装置,故而在安装前或安装后要做模拟动作试验,以保证其灵敏度和可靠性。

（7）接地（PE）或接零（PEN）支线必须单独与接地（PE）或接零（PEN）干线相连接，不得串联连接。

（8）高压的电气设备和布线系统继电保护系统的交接试验，必须符合国家标准《电气装置安装工程电气设备交接试验标准》（GB 50150—2006）的规定。

高压的电气设备和布线系统及继电保护系统，在建筑电气工程中，是电网电力供应的高压终端，在投入运行前必须做交接试验，试验标准统一按国家标准《电气装置安装工程电气设备交接试验标准》（GB 50150—2006）执行。

（9）低压的电气设备和布线系统的交接试验，应符合本章的规定。

低压部分交接试验结合建筑电气工程特点在有的分项工程中作了补充规定。

（10）送至建筑智能化工程变送器的电量信号精度等级应符合设计要求，状态信号应正确；接收建筑智能化工程的指令应使建筑电气工程的自动开关动作符合指令要求，且手动、自动切换功能正常。

建筑智能化工程能正常运转离不开建筑电气工程的配合，以上规定已明确了彼此接口关系。

二、主要设备、材料、成品和半成品进场验收

（一）主要设备、材料、成品和半成品进场检验

主要设备、材料、成品和半成品进场检验结论应有记录，确认符合本章规定，才能在施工中应用。

主要设备、材料、成品和半成品进场检验的工作过程、检验结果要有书面证据，要有记录。检验工作应有施工单位和监理单位参加，以施工单位为主，并由监理单位确认。

（二）因有异议送有资质的实验室进行抽样检测

因有异议送有资质的实验室进行抽样检测，实验室应出具检测报告，确认符合本章和相关技术规定，才能在施工中应用。

（三）依法定程序批准进入市场的新电气设备、器具和材料进场验收

依法定程序批准进入市场的新电气设备、器具和材料进场验收，除符合本章规定外，还应提供安装、使用、维修和试验要求等技术文件。

（四）进口电气设备、器具和材料进场验收

进口电气设备、器具和材料进场验收，除符合本章规定外，还应提供商检证明和中文的质量合格证明文件、规格、型号、性能检测报告以及中文的安装、使用、维修和试验要求等技术文件。

我国加入世界贸易组织后，进口的电气设备、器具、材料日趋增多，按国际惯例应进行商检，且提供中文的相关文件。

（五）经批准的免检产品或认定的名牌产品进场验收

经批准的免检产品或认定的名牌产品，当进场验收时，宜不做抽样检测。

（六）变压器、箱式变电所、高压电器及电瓷制品

变压器、箱式变电所、高压电器及电瓷制品应符合下列规定：

（1）查验合格证和随带技术文件，变压器有出厂试验记录。

（2）外观检查：有铭牌，附件齐全，绝缘件无缺损、裂纹，充油部分不渗漏，充气高压设备气压指示正常，涂层完整。

（七）高低压成套配电柜、蓄电池柜、不间断电源柜、控制柜（屏、台）及动力、照明配电箱（盘）

高低压成套配电柜、蓄电池柜、不间断电源柜、控制柜（屏、台）及动力、照明配电箱（盘）应符合下列规定：

（1）查验合格证和随带技术文件，实行生产许可证和安全认证制度的产品，应有许可证编号和安全认证标志。不间断电源柜有出厂试验记录。

（2）外观检查：有铭牌，柜内元器件无损坏丢失、接线无脱落松焊，蓄电池柜内电池壳体无碎裂、漏液，充油、充气设备无泄露，涂层完整，无明显碰撞凹陷。

（八）柴油发电机组

柴油发电机组应符合下列规定：

（1）依据装箱单，核对主机、附件、专用工具、备品备件和随带技术文件，查验合格证和出厂试运行记录，发电机及其控制柜有出厂试验记录。

（2）外观检查：有铭牌，机身无缺陷，涂层完整。

当柴油发电机组供货时，零部件多，要依据装箱单逐一清点。通常，发电机是由柴油机厂向电机厂订货后，统一组装成发电机组，有电机制造厂的出厂试验记录，可在交接试验时做对比用。

（九）电动机、电加热器、电动执行机构和低压开关设备

电动机、电加热器、电动执行机构和低压开关设备等应符合下列规定：

（1）查验合格证和随带技术文件，实行生产许可证和安全认证制度的产品，有许可证编号和安全认证标志。

（2）外观检查：有铭牌，附件齐全，电气接线端子完好，设备器件无缺损，涂层完整。

（十）照明灯具及附件

照明灯具及附件应符合下列规定：

（1）查验合格证，新型气体放电灯具有随带技术文件。

（2）外观检查：灯具涂层完整，无损伤，附件齐全。防爆灯具铭牌上有防爆标志和防爆合格证号，普通灯具有安全认证标志。

（3）对成套灯具的绝缘电阻、内部接线等性能进行现场抽样检测。灯具的绝缘电阻值不小于 $2\ \text{M}\Omega$，内部接线为铜芯绝缘电线，芯线截面面积不小于 $0.5\ \text{mm}^2$，橡胶或聚氯乙烯（PVC）绝缘电线的绝缘层厚度不小于 $0.6\ \text{mm}$。当对游泳池和类似场所灯具（水下灯及防水灯具）的密闭和绝缘性能有异议时，按批抽样送有资质的实验室检测。

按国家标准《爆炸性环境用防爆电气设备》（GB 3836—2000）的规定，防爆电气产品获得防爆合格证后方可生产。防爆电气设备的类型、级别、组别和外壳上的"Ex"标志，是其重要特征，验收时要依据设计图纸认真仔细核对。

测量绝缘电阻时，兆欧表的电压等级，按国家标准《电气装置安装工程电气设备交接试验标准》（GB 50150—2006）规定执行：

（1）100 V 以下的电气设备或线路，采用 250 V 兆欧表。

（2）100～500 V 的电气设备或线路，采用 500 V 兆欧表。

（3）500～3 000 V 的电气设备或线路，采用 1 000 V 兆欧表。

（4）3 000～10 000 V 的电气设备或线路，采用 2 500 V 兆欧表。

注：本检测方法对用电设备的电气部分绝缘检测同样适用，本说明对以后有关条款同样有效。

（十一）开关、插座、接线盒和风扇及其附件

开关、插座、接线盒和风扇及其附件应符合下列规定：

（1）查验合格证，防爆产品有防爆合格证号，实行安全认证制度的产品有安全认证标志。

（2）外观检查：开关、插座的面板及接线盒盒体完整、无碎裂、零件齐全，风扇无损坏，涂层完整，调速器等附件适配。

（3）对开关、插座的电气和机械性能进行现场抽样检测。检测规定如下：

①不同极性带电部件间的电气间隙和爬电距离不小于 3 mm。

②绝缘电阻值不小于 5 MΩ。

③用自攻锁紧螺钉或自攻螺钉安装的，螺钉与软塑固定件旋合长度不小于 8 mm，软塑固定件在经受 10 次拧紧退出试验后，无松动或掉渣，螺钉及螺纹无损坏现象。

④金属间相旋合的螺钉螺母，拧紧后完全退出，反复 5 次仍能正常使用。

（4）当对开关、插座、接线盒及其面板等塑料绝缘材料阻燃性能有异议时，按批抽样送有资质的实验室检测。

（十二）电线、电缆

电线、电缆应符合下列规定：

（1）按批查验合格证，合格证有生产许可证编号，按《额定电压 450 V/750 V 及以下聚乙烯绝缘电缆》（GB 5023.1～5023.7 idt IEC 227－1－7）生产的产品有安全认证标志。

（2）外观检查：包装完好，抽检的电线绝缘层完整无损，厚度均匀。电缆无压扁、扭曲，铠装不松卷。耐热、阻燃的电线、电缆外护层有明显标识和制造厂标。

（3）按制造标准，现场抽样检测绝缘层厚度和圆形线芯的直径；线芯直径误差不大于标称直径的 1%；常用的 BV 型绝缘电线的绝缘层厚度不小于表 7-1 的规定。

表 7-1　BV 型绝缘电线的绝缘层厚度

序号	1	2	3	4	5	6	7	8	9
电线芯线标称截面面积（mm²）	1.5	2.5	4	6	10	16	25	35	50
绝缘层厚度规定值（mm）	0.7	0.8	0.8	0.8	1.0	1.0	1.2	1.2	1.4
序号	10	11	12	13	14	15	16	17	
电线芯线标称截面面积（mm²）	70	95	120	150	185	240	300	400	
绝缘层厚度规定值（mm）	1.4	1.6	1.6	1.8	2.0	2.2	2.4	2.6	

（4）当对电线、电缆的绝缘性能、导电性能和阻燃性能有异议时，按批抽样送有资质的实验室检测。

《额定电压 450 V/750 V 及以下聚氯乙烯绝缘电缆　第一部分：一般要求》（GB 5023.1～5023.7 idt IEC 227－1）前言中指出"本标准使用的产品均是我国电工产品认证委员会强

制认证的产品",所以按此标准生产的产品均应有安全认证的标志。施行生产许可证的,应在合格证上或提供的文件上有合格证编号。

按国家标准《额定电压 450 V/750 V 及以下聚氯乙烯绝缘电缆》(GB 5023.1 ~ 5023.7 idt IEC 227 - 1 - 7)生产的电缆(电线),其适用范围是交流标称电压不超过 450 V/750 V 的动力装置。与旧标准相比,对施工安装而言,要掌握的是:

①U_0/U 的定义基本不变,仅作了文字上的调整。

②没有了 300 V/500 V 这个电压等级。

③铝芯绝缘电线的制造标准未列入国家标准。

④型号、规格的命名有了较大的变化。

通常在进场验收时,对电线、电缆的绝缘层厚度和电线的线芯直径比较关注,数据与国际标准的规定是一致的。

仅从电线、电缆的几何尺寸,不足以说明其导电性能、绝缘性能一定能满足要求。电线、电缆的绝缘性能、导电性能和阻燃性能,除与几何尺寸有关外,更重要的是与构成的化学成分有关,在进场验收时无法判定的,要送有资质的实验室进行检测。

(十三)导管

导管应符合下列规定:

(1)按批查验合格证。

(2)外观检查:钢导管无压扁、内壁光滑。非镀锌钢导管无严重锈蚀,按制造标准出厂的油漆完整;镀锌钢导管镀层覆盖完整、表面无锈斑;绝缘导管及配件不碎裂、表面有阻燃标记和制造厂标。

(3)按制造标准现场抽样检测导管的管径、壁厚及均匀度。当对绝缘导管及配件的阻燃性能有异议时,按批抽样送有资质的实验室检测。

电气安装用导管也是建筑电气工程中使用的大宗材料,按国家推荐性标准《电气安装用导管的技术要求　通用要求》(GB/T 13381.1—1992)和特殊要求等标准,进行现场验收;这些标准与 IEC 标准是基本一致的。

(十四)型钢和电焊条

型钢和电焊条应符合下列规定:

(1)按批查验合格证和材质证明书;当有异议时,按批抽样送有资质的实验室检测。

(2)外观检查:型钢表面无严重锈蚀,无过度扭曲、弯折变形;电焊条包装完整,拆包抽检,焊条尾部无锈斑。

(十五)镀锌制品(支架、横担、接地极、避雷用型钢等)和外线金具

镀锌制品(支架、横担、接地极、避雷用型钢等)和外线金具应符合下列规定:

(1)按批查验合格证或镀锌厂出具的镀锌质量证明书。

(2)外观检查:镀锌层覆盖完整、表面无锈斑,金具配件齐全,无砂眼。

(3)当对镀锌质量有异议时,按批抽样送有资质的实验室检测。

(十六)电缆桥架、线槽

电缆桥架、线槽应符合下列规定:

(1)查验合格证。

(2)外观检查:部件齐全,表面光滑、不变形;钢制桥架涂层完整,无锈蚀;玻璃钢制桥架色泽均匀,无破损碎裂。铝合金桥架涂层完整,无扭曲变形,不压扁,表面无划伤。

由于不同材质的电缆桥架使用的环境不同,防腐蚀的性能也不同,所以对外观质量的要求也各有特点。

(十七)封闭母线、插接母线

封闭母线、插接母线应符合下列规定:

(1)查验合格证和随带安装技术文件。

(2)外观检查:防潮密封良好,各段编号标志清晰,附件齐全,外壳不变形,母线螺栓搭接面平整、镀层覆盖完整、无起皮和麻面;插接母线上的静触头无缺损、表面光滑、镀层完整。

封闭母线、插接母线订货时,除指定导电部分的规格尺寸外,还要根据电气设备布置位置和建筑物层高、母线敷设位置等条件,提出母线外形尺寸的规格和要求,这些是制造商必须满足的,且应在其提供的安装技术文件上作出说明,包括编号或安装顺序号、安装注意事项等。

【小贴士】

母线搭接面和插接式母线静触头表面的镀层质量及平整度是导电良好的关键,也是查验的重点。

(十八)裸母线、裸导线

裸母线、裸导线应符合下列规定:

(1)查验合格证。

(2)外观检查:包装完好,裸母线平直,表面无明显划痕,测量厚度和宽度符合制造标准;裸导线表面无明显损伤,无松股、扭折和断股(线),测量线径符合制造标准。

(十九)电缆头部件及接线端子

电缆头部件及接线端子应符合下列规定:

(1)查验合格证。

(2)外观检查:部件齐全,表面无裂纹和气孔,随带的袋装涂料或填料不泄漏。

(二十)钢制灯柱

钢制灯柱应符合下列规定:

(1)按批查验合格证。

(2)外观检查:涂层完整,根部接线盒盒盖紧固件和内置熔断器、开关等器件齐全,盒盖密封垫片完整。钢柱内设有专用接地螺栓,地脚螺孔位置按提供的附图尺寸,允许偏差为+2 mm。

(二十一)钢筋混凝土电杆和其他混凝土制品

钢筋混凝土电杆和其他混凝土制品应符合下列规定:

(1)按批查验合格证。

(2)外观检查:表面平整,无缺角露筋,每个制品表面有合格印记;钢筋混凝土电杆表面光滑,无纵向、横向裂纹,杆身平直,弯曲不大于杆长的1/1 000。

当工程规模较大时,钢筋混凝土电杆和其他混凝土制品常是分批进场,所以要按批查验。

对混凝土电杆的检验要求,符合《电气装置安装工程35 kV及以下架空电力线路施工及验收规范》(GB 50173—1992)的规定。

三、工序交接确认

(一)架空线路及杆上电气设备安装

架空线路及杆上电气设备安装应按以下程序进行:

(1)线路方向和杆位及拉线坑位测量埋桩后,经检查确认,才能挖掘杆坑和拉线坑。

(2)杆坑、拉线坑的深度和坑型,经检查确认,才能立杆和埋设拉线盘。

(3)杆上高压电气设备交接试验合格,才能通电。

(4)架空线路做绝缘检查,且经单相冲击试验合格,才能通电。

(5)架空线路的相位经检查确认,才能与接户线连接。

【小贴士】

杆上高压电气设备和材料均要按本章技术规定(即分项工程中的具体规定)进行试验后才能通电,即不经试验不准通电。至于在安装前试验还是安装后试验,可视具体情况而定。通常是在地面试验后再安装就位,但必须注意,安装时应不使电气设备和材料受到撞击和破损,尤其应注意防止电瓷部件的损坏。

架空线路的绝缘检查,主要是目视检查,检查的目的是查看线路上有无例如树枝、风筝和其他杂物悬挂在上面。采用单相冲击试验后才能三相同时通电,这一操作要求是为了检查每相对地绝缘是否可靠,在单相合闸的涌流电压作用下是否会击穿绝缘,若首次通电贸然三相同时合闸,万一发生绝缘击穿,事故的后果要比单相合闸绝缘击穿大得多。

架空线路相位确定后,接户线接电时不致接错,不使单相 220 V 入户的接线错接成 380 V 入户,也可对有相序要求的保证相序正确,同时对三相负荷的分配均匀也有好处。

(二)变压器、箱式变电所安装

变压器、箱式变电所安装应按以下程序进行:

(1)变压器、箱式变电所的基础验收合格,且对埋入基础的电线导管、电缆导管和变压器进、出线预留孔及相关预埋件进行检查,才能安装变压器、箱式变电所。

(2)杆上变压器的支架紧固检查后,才能吊装变压器且就位固定。

(3)变压器及接地装置交接试验合格,才能通电。

基础验收是土建工作和安装工作的中间工序交接,只有验收合格,才能开展安装工作。验收时应依据施工设计图纸核对形位尺寸,并对是否可以安装(指混凝土强度、基坑回填、集油坑卵石铺设等条件)作出判断。

除杆上变压器可以视具体情况在安装前或安装后做交接试验外,其他的均应在安装就位后做交接试验。

(三)成套配电柜、控制柜(屏、台)和动力、照明配电箱(盘)安装

成套配电柜、控制柜(屏、台)和动力、照明配电箱(盘)安装应按以下程序进行:

(1)埋设的基础型钢和柜、屏、台下的电缆沟等相关建筑物检查合格,才能安装柜、屏、台。

(2)室内外落地动力配电箱的基础验收合格,且对埋入基础的电线导管、电缆导管进行检查,才能安装箱体。

(3)墙上明装的动力、照明配电箱(盘)的预埋件(金属埋件、螺栓),在抹灰前预留和预埋;暗装的动力、照明配电箱的预留孔和动力、照明配线的线盒及电线导管等,经检查确认到

位,才能安装配电箱(盘)。

(4)接地(PE)或接零(PEN)连接完成后,核对柜、屏、台、箱、盘内的元件规格、型号,且交接试验合格,才能投入试运行。

(四)低压电动机、电加热器及电动执行机构

低压电动机、电加热器及电动执行机构应与机械设备完成连接,绝缘电阻测试合格,经手动操作符合工艺要求,才能接线。

(五)柴油发电机组安装

柴油发电机组安装应按以下程序进行:

(1)基础验收合格,才能安装机组。

(2)地脚螺栓固定的机组经初平、螺栓孔灌浆、精平、紧固地脚螺栓、二次灌浆等机械安装程序,安放式的机组将底部垫实。

(3)油、气、水冷、风冷、烟气排放等系统和隔振防噪声设施安装完成;按设计要求配置的消防器材齐全到位;发电机静态试验、随机配电盘控制柜接线检查合格,才能空载试运行。

(4)发电机空载试运行和试验调整合格,才能负荷试运行。

(5)在规定时间内,连续无故障负荷试运行合格,才能投入备用状态。

柴油发电机组的柴油机需空载试运行,经检查无油、水泄漏,且机械运转平稳、转速自动或手动控制符合要求,这时发电机已做过静态试验,才具备条件做下一步的发电机空载和负载试验。为了防止空载试运行时发生意外,燃油外漏,引发火灾事故,所以要按设计要求或消防规定配齐灭火器材,同时还应做好消防灭火预案。

柴油机空载试运行合格,做发电机空载试验,否则盲目带上发电机负荷,是不安全的。

(六)不间断电源

不间断电源按产品技术要求试验调整,应检查确认,才能接至馈电网络。

(七)低压电气动力设备试验和试运行

低压电气动力设备试验和试运行应按以下程序进行:

(1)设备的可接近裸露导体接地(PE)或接零(PEN)连接完成,经检查合格,才能进行试验。

(2)动力成套配电(控制)柜、屏、台、箱、盘的交流工频耐压试验、保护装置的动作试验合格,才能通电。

(3)控制回路模拟动作试验合格,盘车或手动操作,电气部分与机械部分的转动或动作协调一致,经检查确认,才能空载试运行。

接地(PE)或接零(PEN)由施工设计选定,只有做好该项工作后进行电气测试、试验,对人身和设备的安全才是有保障的。

规定先试验合格后通电,是重要的、合理的工作顺序,目的是确保安全。

(八)裸母线、封闭母线、插接式母线安装

裸母线、封闭母线、插接式母线安装应按以下程序进行:

(1)变压器、高低压成套配电柜、穿墙套管及绝缘子等安装就位,经检查合格,才能安装变压器和高低压成套配电柜的母线。

(2)封闭、插接式母线安装,在结构封顶、室内底层地面施工完成或已确定地面标高、场地清理、层间距离复核后,才能确定支架设施位置。

（3）与封闭、插接式母线安装位置有关的管道、空调及建筑装修工程施工基本结束，确认扫尾施工不会影响已安装的母线，才能安装母线。

（4）封闭、插接式母线每段母线组对接续前，绝缘电阻测试合格，绝缘电阻值大于20MΩ，才能安装组对。

（5）母线支架和封闭、插接式母线的外壳接地（PE）或零（PEN）连接完成，母线绝缘电阻测试和交流工频耐压试验合格，才能通电。

（九）电缆桥架安装和桥架内电缆敷设

电缆桥架安装和桥架内电缆敷设应按以下程序进行：

（1）测量定位，安装桥架的支架，经检查确认，才能安装桥架。

（2）桥架安装检查合格，才能敷设电缆。

（3）绝缘测试合格，才能敷设电缆。

（4）电缆电气交接试验合格，且对接线去向、相位和防火隔堵措施等检查确认，才能通电。

先装支架是合理的工序，若反过来进行施工，不仅会导致电缆桥架损坏，而且要用大量的临时支撑，也是极不经济的。

电缆敷设前要做预试绝缘检查，若合格则可进行敷设，否则最终试验不合格，拆下返工浪费太大。

无论高压、低压建筑电气工程，施工的最后阶段，都应做交接试验，合格后才能交付通电，投入运行。这样可以鉴别工程的可靠性和在分、合闸过程中暂存冲击的耐受能力。所以，电缆通电前也必须按规定做交接试验。

【小贴士】

电缆的防火隔堵措施在施工设计中有明确的位置和具体要求，措施未实施，电缆不能通电，以防万一发生电气火灾，导致整幢建筑物受损。

（十）电缆在沟内、竖井内支架上敷设

电缆在沟内、竖井内支架上敷设按以下程序进行：

（1）电缆沟、电缆竖井内的设施，模板及建筑废料等清除，测量定位后，才能安装支架。

（2）电缆沟、电缆竖井内支架安装及电缆导管敷设结束，接地（PE）或接零（PEN）连接完成，经检查确认，才能敷设电缆。

（3）电缆敷设前绝缘测试合格，才能敷设。

（4）电缆交接试验合格，且对接线去向、相位和防火隔堵措施等检查确认，才能通电。

（十一）电线导管、电缆导管和线槽敷设

电线导管、电缆导管和线槽敷设应按以下程序进行：

（1）除埋入混凝土的非镀锌钢管外壁外，其他场所的非镀锌钢管内外壁均作防腐处理，经检查确认，才能配管。

（2）室外直埋导管的路径、沟槽深度、宽度及垫层处理经检查确认，才能埋设导管。

（3）现浇混凝土板内配管在底层钢筋绑扎完成，上层钢筋未绑扎前敷设，且检查确认，才能绑扎上层钢筋和浇筑混凝土。

（4）现浇混凝土墙体内的钢筋网片绑扎完成，门、窗等位置已放线，经检查确认，才能在墙体内配管。

（5）被隐蔽的接线盒和导管在隐蔽前检查合格，才能隐蔽。

（6）在板、柱等部位明配管的导管套管、埋件、支架等检查合格，才能配管。

（7）吊顶上的灯位及电气器具位置先放样，且与土建及各专业施工单位商定，才能在吊顶内配管。

（8）顶棚和墙壁面喷浆、油漆或壁纸等基本完成，才能敷设线槽、槽板。

（十二）电线、电缆穿管及线槽敷线

电线、电缆穿管及线槽敷线应按以下程序进行：

（1）接地（PE）或接零（PEN）及其他焊接施工完成，经检查确认，才能穿入电线或电缆以及线槽内敷线。

（2）与导管连接的柜、屏、台、箱、盘安装完成，管内积水及杂物清理干净，经检查确认，才能穿入电线、电缆。

（3）电缆穿管前绝缘测试合格，才能穿入导管。

（4）电线、电缆交接试验合格，且对接线去向和相位等检查确认，才能通电。

（十三）钢索配管的预埋件及预留孔

钢索配管的预埋件及预留孔，应预埋、预留完成；装修工程除地面外基本结束，才能吊装钢索及敷设线路。

（十四）电缆头制作和接线

电缆头制作和接线应按以下程序进行：

（1）电缆连接位置、连接长度和绝缘测试经检查确认，才能制作电缆头。

（2）控制电缆绝缘电阻测试和校线合格，才能接线。

（3）电线、电缆交接试验和相位校对合格，才能接线。

（十五）照明灯具安装

照明灯具安装应按以下程序进行：

（1）安装灯具的预埋螺栓、吊杆和吊顶上嵌入式灯具安装专用骨架等完成，按设计要求做承载试验合格，才能安装灯具。

（2）影响灯具安装的模板、脚手架拆除；顶棚和墙面喷浆、油漆或壁纸等及地面清理工作基本完成后，才能安装灯具。

（3）导线绝缘测试合格，才能为灯具接线。

（4）高空安装的灯具，地面通断电试验合格，才能安装。

（十六）照明开关、插座、风扇安装

吊扇的吊钩预埋完成，电线绝缘测试应合格，顶棚和墙面的喷浆、油漆或壁纸等基本完成，才能安装开关、插座和风扇。

（十七）照明系统的测试和通电试运行

照明系统的测试和通电试运行应按以下程序进行：

（1）电线绝缘电阻测试前电线的接续完成。

（2）照明箱（盘）、灯具、开关、插座的绝缘电阻测试在就位前或接线前完成。

（3）备用电源或事故照明电源作空载自动投切试验前拆除负荷，空载自动投切试验合格，才能做有载自动投切试验。

（4）电气器具及线路绝缘电阻测试合格，才能通电试验。

(5)照明全负荷试验必须在本条的(1)、(2)、(4)完成后进行。

(十八)接地装置安装

接地装置安装应按以下程序进行:

(1)建筑物基础接地体:底板钢筋敷设完成,按设计要求做接地施工,经检查确认,才能支模或浇筑混凝土。

(2)人工接地:按设计要求位置开挖沟槽,经检查确认,才能打入接地极和敷设地下接地干线。

(3)接地模块:按设计位置开挖模块坑,并将地下接地干线引到模块上,经检查确认,才能相互焊接。

(4)装置隐蔽:检查验收合格,才能覆土回填。

(十九)引下线安装

引下线安装应按以下程序进行:

(1)利用建筑物柱内主筋作引下线,在柱内主筋绑扎后,按设计要求施工,经检查确认,才能支模。

(2)直接从基础接地体或人工接地体暗敷埋入粉刷层内的引下线,经检查确认不外露,才能贴面砖或刷涂料等。

(3)直接从基础接地体或人工接地体引出明敷的引下线,先埋设或安装支架,经检查确认,才能敷设引下线。

(二十)等电位联结

等电位联结应按以下程序进行:

(1)总等电位联结:对可作导电接地体的金属管道入户处和供总等电位联结的接地干线的位置检查确认,才能安装焊接总等电位联结端子板,按设计要求做总等电位联结。

(2)辅助等电位联结:对供辅助等电位联结的接地母线位置检查确认,才能安装。

焊接辅助等电位联结端子板,按设计要求做辅助等电位联结。

(3)对特殊要求的建筑金属屏蔽网箱,网箱施工完成,经检查确认,才能与接地线连接。

(二十一)接闪器安装

接地装置和引下线施工完成,才能安装接闪器,且与引下线连接。

这是一个重要工序的排列,不准逆反,否则要酿大祸。若先装接闪器,而接地装置尚未施工,引下线也没有连接,会使建筑物遭受雷击的概率大增。

(二十二)防雷接地系统测试

接地装置施工完成测试应合格;避雷接闪器安装完成,整个防雷接地系统连成回路,才能进行防雷接地系统测试。

第二节　线路敷设

一、架空线路及杆上电气设备安装

(一)主控项目

(1)电杆、电杆坑、拉线坑的深度允许偏差,应不大于设计坑深100 mm、不小于设计坑深 50 mm。

（2）架空导线的弧垂值，允许偏差为设计弧垂值的 ±5%，水平排列的同档导线间弧垂值偏差为 ±50 mm。

（3）变压器中性点应与接地装置引出干线直接连接，接地装置的接地电阻值必须符合设计要求。

（4）杆上变压器和高压绝缘子、高压隔离开关、跌落式熔断器、避雷器等必须按第一节的规定交接试验合格。

（5）杆上低压配电箱的电气装置和馈电线路交接试验应符合下列规定：

①每路配电开关及保护装置的规格、型号，应符合设计要求。

②相间和相对地绝缘电阻值应大于 0.5 MΩ。

③电气装置的交流工频耐压试验电压为 1 kV，当绝缘电阻值大于 10 MΩ 时，可采用 2 500 V兆欧表摇测替代，试验持续时间 1 min，无击穿闪络现象。

（二）一般项目

（1）拉线的绝缘子及金具应齐全，位置正确，承力拉线应与线路中心线方向一致，转角拉线应与线路分角线方向一致。拉线应收紧，收紧程度与杆上导线数量规格及弧垂值相适配。

（2）电杆组立应正直，直线杆横向位移不应大于 50 mm。杆梢偏移不应大于梢径的 1/2，转角杆紧线后不向内角倾斜，向外角倾斜不应大于 1 个梢径。

电杆组立的形位要求，目的是在线路架设后，使电杆和线路的受力状态处于合理和允许的情况下，即线路受力正常，电杆受力也是最小。

（3）直线杆单横担应装于受电侧，终端杆、转角杆的单横担应装于拉线侧。横担的上下歪斜和左右扭斜，从横担端部测量不应大于 20 mm。横担等镀锌制品应热浸镀锌。

（4）导线无断股、扭绞和死弯，与绝缘子固定可靠，金具规格应与导线规格适配。

（5）线路的跳线、过引线、接户线的线间和线对地间的安全距离，电压等级为 6～10 kV 的，应大于 300 mm；电压等级为 1 kV 及以下的，应大于 150 mm。用绝缘导线架设的线路，绝缘破口处应修补完整。

本条是线路架设中或连接时必须注意的安全规定，有两层含义，即确保绝缘可靠和便于带电维修。

（6）杆上电气设备安装应符合下列规定：

①固定电气设备的支架、紧固件为热浸镀锌制品，紧固件及防松零件齐全。

②变压器油位正常，附件齐全，无渗油现象，外壳涂层完整。

③跌落式熔断器安装的相间距离不小于 500 mm，熔管试操动能自然打开旋下。

④杆上隔离开关分、合操动灵活，操动机构机械锁定可靠，分、合时三相同期性好，分闸后，刀片与静触头间空气间隙距离不小于 200 mm；地面操作杆的接地（PE）可靠，且有标识。

⑤杆上避雷器排列整齐，相间距离不小于 350 mm，电源侧引线铜线截面面积不小于 16 mm²、铝线截面面积不小于 25 mm²，接地侧引线铜线截面面积不小于 25 mm²，铝线截面面积不小于 35 mm²，与接地装置引出线连接可靠。

【小贴士】

因考虑到打开跌落熔断器时有电弧产生,防止在有风天气打开发生飞弧现象而导致相间短路,所以必须大于规定的最小距离。

二、电线导管、电缆导管和线槽敷设

(一)主控项目

(1)金属的导管和线槽必须接地(PE)或接零(PEN)可靠,并符合下列规定。

①镀锌的钢导管、可挠性导管和金属线槽不得熔焊接接地线,以专用接地卡跨接的两卡间连线为铜芯软导线,截面积不小于 4 mm²。

②当非镀锌钢导管采用螺纹连接时,连接处的两端焊跨接接地线;当镀锌钢导管采用螺纹连接时,连接处的两端用专用接地卡固定跨接接地线。

③金属线槽不作设备的接地导体,当设计无要求时,金属线槽全长不少于 2 处与接地(PE)或接零(PEN)干线连接。

④非镀锌金属线槽间连接板的两端跨接铜芯接地线,镀锌线槽间连接的两端不跨接接地线,但连接板两端不少于 2 个有防松螺帽或防松垫圈的连接固定螺栓。

(2)金属导管严禁对口熔焊连接,镀锌和壁厚小于 2 mm 的钢导管不得套管熔焊连接。

(3)防爆导管不应采用倒扣连接;当连接有困难时,应采用防爆活接头,其接合面应严密。

(4)当绝缘导管在砌体上剔槽埋设时,应采用强度等级不小于 M10 的水泥砂浆抹面保护,保护层厚度大于 15 mm。

(二)一般项目

(1)室外埋地敷设的电缆导管,埋深不应小于 0.7 m。壁厚小于等于 2 mm 的钢电线导管不应埋设于室外土壤内。

(2)室外导管的管口应设置在盒、箱内。在落地式配电箱内的管口,箱底无封板的,管口应高出基础面 50 ~ 80 mm。所有管口在穿入电线、电缆后应作密封处理。由箱式变电所或落地式配电箱引向建筑物的导管,建筑物一侧的导管管口应设在建筑物内。

管口设在盒、箱和建筑内,是为了防止雨水侵入。管口密封一是防止异物进入,二是最大限度地减少管内凝露,以减缓内壁腐蚀。

(3)电缆导管的弯曲半径不应小于电缆最小允许弯曲半径,应符合表 7-2 的规定。

表 7-2　电缆最小允许弯曲半径

序号	电缆种类	最小允许弯曲半径
1	无铅包钢铠护套的橡皮绝缘电力电缆	10D
2	有钢铠护套的橡皮绝缘电力电缆	20D
3	聚氯乙烯绝缘电力电缆	10D
4	交联聚氯乙烯绝缘电力电缆	15D
5	多芯控制电缆	10D

注:D 为电缆外径。

（4）金属导管内外壁应作防腐处理；埋设于混凝土内的导管内壁应作防腐处理，外壁可不作防腐处理。

（5）室内进入落地式柜、台、箱、盘内的导管管口，应高出柜、台、箱、盘的基础面 50～80 mm。

（6）暗配的导管，埋设深度与建筑物、构筑物表面的距离不应小于 15 mm；明配的导管应排列整齐，固定点间距均匀，安装牢固；在终端、弯头中点或柜、台、箱、盘等边缘的距离 150～500 mm 范围内设有管卡，中间直线段管卡间的最大距离应符合表 7-3 的规定。

表 7-3　管卡间的最大距离

敷设方式	导管种类	导管直径（mm）				
		15～20	25～32	32～40	50～65	65 以上
支架或沿墙明敷	壁厚 >2 mm 刚性钢导管	1.5	2.0	2.5	2.5	3.5
	壁厚 ≤2 mm 刚性钢导管	1.0	1.5	2.0	—	—
	刚性绝缘导管	1.0	1.5	1.5	2.0	2.0

（7）线槽应安装牢固，无扭曲变形，紧固件的螺母应在线槽外侧。

线槽内的各种连接螺栓，均要由内向外穿，应尽量使螺栓的头部与线槽内壁平齐，以利敷设，不致敷设线时损坏导线的绝缘护层。

（8）防爆导管敷设应符合下列规定：

①导管间及与灯具、开关、线盒等的螺纹连接处紧固，除设计有特殊要求外，连接处不跨接接地线，在螺纹上涂以电力复合脂或导电性防锈脂。

②安装牢固顺直，镀锌层锈蚀或剥落处作防腐处理。

（9）绝缘导管敷设应符合下列规定：

①管口平整光滑；当管与盒（箱）等器件采用插入法连接时，连接处结合面涂专用胶合剂，接口牢固密封。

②直埋于地下或楼板内的刚性绝缘导管，在穿出地面或楼板易受机械损伤的一段，采取保护措施。

③当设计无要求时，埋设在墙内或混凝土内的绝缘导管，采用中型以上的导管。

④沿建筑物、构筑物表面和在支架上敷设的刚性绝缘导管，按设计要求装设温度补偿装置。

刚性绝缘导管可以螺纹连接，更适宜用胶合剂胶接，胶接可方便与设备器具的连接，效率高、质量好、便于施工。

（10）金属、非金属柔性导管敷设应符合下列规定：

①刚性导管经柔性导管与电气设备、器具连接，柔性导管的长度在动力工程中不大于 0.8 m，在照明工程中不大于 1.2 m。

②可挠性金属导管或其他柔性导管与刚性导管或电气设置、器具间的连接采用专用接头；复合型可挠金属管或其他柔性导管的连接处密封良好，防液覆盖层完整无损。

③可挠性金属导管和金属柔性导管不能做接地（PE）或接零（PEN）的连续导体。

（11）对于导管和线槽，在建筑物变形缝处，应设补偿装置。

三、电线导管、电缆导管和线槽敷线

（一）主控项目

（1）三相或单相的交流单芯电缆，不得单独穿于钢导管内。

（2）不同回路、不同电压和交流与直流的电线，不应穿于同一导管内；同一交流回路的电线应穿于同一金属导管内，且管内电线不得有接头。

（3）爆炸危险环境照明线路的电线和电缆额定电压不得低于 750 V，且电线必须穿于钢导管内。

（二）一般项目

（1）电线、电缆穿管前，应清除管内杂物和积水。管口应有保护措施，进入接线盒（箱）的垂直管口穿入电线、电缆后，管口应密封。

（2）当采用多相供电时，同一建筑物、构筑物的电线绝缘层颜色选择应一致，即保护地线（PE 线）应是黄绿相间色，零线用淡蓝色；相线：A 相为黄色，B 相为绿色，C 相为红色。

（3）线槽敷线应符合下列规定。

①电线在线槽内有一定余量，不得有接头。电线按回路编号分段绑扎，绑扎点间距应不大于 2 m。

②同一回路的相线和零线，敷设于同一金属线槽内。

③同一电源的不同回路无抗干扰要求的线路可敷设于同一线槽内，敷设于同一线槽内有抗干扰要求的线路用隔板隔离，或采用屏蔽电线且屏蔽护套一端接地。

四、槽板配线

（一）主控项目

（1）当槽板内电线无接头时，电线连接设在器具处；当槽板与各种器具连接时，电线应留有余量，器具底座应压住槽板端部。

（2）槽板敷设应紧贴建筑物表面，且横平竖直、固定可靠，严禁用木楔固定；木槽板应经阻燃处理，塑料槽板应有阻燃标识。

（二）一般项目

（1）木槽板无劈裂，塑料槽板无扭曲变形。槽板底板固定点间距应小于 500 mm；槽板盖板固定点间距小于 300 mm；底板距终端 50 mm 和盖板距终端 30 mm 处应固定。

（2）槽板的底板接口与盖板接口应错开 20 mm，盖板在直线段和 90°转角处应成 45°斜口对接，T 形分支处应成三角叉接，盖板应无翘边，接口应严密整齐。

（3）槽板穿过梁、墙和楼板处应有保护套管，跨越建筑物变形缝处槽板应设补偿装置，且与槽板结合严密。

五、钢索配线

（一）主控项目

（1）应采用镀锌钢索，不应采用含油芯的钢索。钢索的钢丝直径应小于 0.5 mm，钢索

不应有扭曲和断股等缺陷。

（2）钢索的终端拉环埋件应牢固可靠,钢索与终端拉环套接处应采用心形环,固定钢索的线卡不应少于 2 个,钢索端头应用镀锌线绑扎紧密,且应接地（PE）或接零（PEN）可靠。

【小贴士】

固定电气线路的钢索,其端部固定是否可靠是影响安全的关键,所以必须注意。钢索是电气装置的可接近的裸露导体,为防触电危险,故必须接地或接零。

（3）当钢索长度在 50 m 及以下时,应在钢索一端装设花篮螺栓紧固;当钢索长度大于 50 m 时,应在钢索两端装设花篮螺栓紧固。

（二）一般项目

（1）钢索中间吊架间距不应大于 12 m,吊架与钢索连接处的吊钩深度不应小于 20 mm,并应用防止钢索跳出的锁定零件。

（2）电线和灯具在钢索上安装后,钢索应承受全部负载,且钢索表面应整洁、无锈蚀。

（3）钢索配线的零件间和线间距离见表 7-4。

表 7-4　钢索配线的零件间和线间距离　　　　　　　　　（单位:mm）

配线类别	支持件之间最大距离	支持件与灯头盒之间最大距离
钢管	1 500	200
刚性绝缘导管	1 000	150
塑料护套线	200	100

为了确保钢索上线路可靠固定制定本规定。其数据与原《电气装置安装 1 kV 及以下配线工程施工及验收规范》（GB 50258—1996）的规定一致。

第三节　电缆线路

一、电缆桥架安装和桥架内电缆敷设

（一）主控项目

（1）金属电缆桥架及其支架和引入或引出的金属电缆导管必须接地（PE）或接零（PEN）可靠,且必须符合下列规定:

①金属电缆桥架及其支架全长应不少于 2 处与接地（PE）或接零（PEN）干线相连接。

②非镀锌电缆桥架间连接板的两端跨接铜芯接地线,接地线最小允许截面面积不小于 4 mm^2。

③镀锌电缆桥架间连接板的两端不跨接接地线,但连接板两端不少于 2 个有防松螺帽或防松垫圈的连接固定螺栓。

（2）电缆敷设严禁有绞拧、铠装压扁、护层断裂和表面严重划伤等缺陷。

（二）一般项目

（1）电缆桥架安装应符合下列规定:

①直线段钢制电缆桥架长度超过 30 m、铝合金或玻璃钢制电缆桥架长度超过 15 m 设有伸缩节;电缆桥架跨越建筑物变形缝处设置补偿装置。

②电缆桥架转弯处的弯曲半径,不小于桥架内电缆最小允许弯曲半径,电缆最小允许弯曲半径见表7-2。

③当设计无要求时,电缆桥架水平安装的支架间距为 1.5 ~ 3.0 m,垂直安装的支架间距不大于 2 m。

④桥架与支架间螺栓、桥架连接板螺栓固定紧固无遗漏,螺母位于桥架外侧;当铝合金桥架与钢支架固定时,有相互间绝缘的防电化腐蚀措施。

⑤电缆桥架敷设在易燃易爆气体管道和热力管道的下方,当设计无要求时,与管道的最小净距,应符合表7-5 的规定。

表 7-5　电缆桥架与管道的最小净距　　　　　　（单位:m）

管道类别		平行净距	交叉净距
一般工艺管道		0.4	0.3
易燃易爆气体管道		0.5	0.5
热力管道	有保温层	0.5	0.3
	无保温层	1.0	0.5

⑥敷设在竖井内和穿越不同防火区的桥架,按设计要求位置,有防火隔堵措施。

⑦当支架与预埋件焊接固定时,焊缝饱满;当膨胀螺栓固定时,选用螺栓适配,连接紧固,防松零件齐全。

(2)桥架内电缆敷设应符合下列规定:

①大于 45°倾斜敷设的电缆每隔 2 m 设固定点。

②电缆出入电缆沟、竖井、建筑物、柜(盘)台处以及管子管口处等作密封处理。

③电缆敷设排列整齐,水平敷设的电缆,首尾两端、转弯两侧及每隔 5 ~ 10 m 处设固定点;敷设于垂直桥架内的电缆固定点间距,不大于表7-6 的规定。

表 7-6　电缆固定点的间距　　　　　　（单位:mm）

电缆种类		固定点的间距
电力电缆	全塑型	1 000
	除全塑型外的电缆	1 500
控制电缆		1 000

(3)电缆的首端、末端和分支处应设标志牌。

二、电缆沟内和电缆竖井内电缆敷设

(一)主控项目

(1)金属电缆支架、电缆导管必须接地(PE)或接零(PEN)可靠。

（2）电缆敷设严禁有绞拧、铠装压扁、护层断裂和表面严重划伤等缺陷。

（二）一般项目

（1）电缆支架安装应符合下列规定：

①当设计无要求时，电缆支架最上层至竖井顶部或楼板的距离不小于150～200 mm，电缆支架最下层至沟底或地面的距离不小于50～100 mm。

②当设计无要求时，电缆支架层间最小允许距离符合表7-7的规定。

表7-7　电缆支架层间最小允许距离　　　　　　　　　　（单位：mm）

电缆种类	支架层间最小距离
控制电缆	120
10 kV 及以下电力电缆	150～200

③支架与预埋件焊接固定时，焊缝饱满；当用膨胀螺栓固定时，选用螺栓适配，连接紧固，防松零件齐全。

（2）电缆在支架上敷设，转弯处的最小允许弯曲半径应符合相关的规定。

（3）电缆敷设固定应符合下列规定：

①垂直敷设或大于45°倾斜敷设的电缆在每个支架上固定。

②交流单芯电缆或分相后的每相电缆固定用的夹具和支架，不形成闭合铁磁回路。

③电缆排列整齐，少交叉；当设计无要求时，电缆支持点间距，不大于表7-8的规定。

表7-8　电缆支持点间距　　　　　　　　　　（单位：mm）

电缆种类		敷设方式	
		水平	垂直
电力电缆	全塑型	400	1 000
	除全塑型外的电缆	800	1 500

④当设计无要求时，电缆与管道的最小净距，符合本章的相关规定，且敷设在易燃易爆气体管道和热力管道的下方。

⑤敷设电缆的电缆沟和竖井，按设计要求位置，有防火隔堵措施。

（4）电缆的首端、末端和分支处应设标志牌。

三、电缆头制作、接线和线路绝缘测试

（一）主控项目

（1）高压电力电缆直流耐压试验必须按本章相关规定交接试验合格。

（2）低压电线和电缆，线间和线对地间的绝缘电阻值必须大于0.5 MΩ。

（3）铠装电力电缆头的接地线应采用铜绞线或镀锡铜编织线，截面面积不应小于表7-9的规定。

表 7-9　电缆芯线和接地线截面面积 （单位：mm²）

电缆芯线截面面积	接地线截面面积
120 及以下	16
150 及以下	25

注：电缆芯线截面面积在 16 mm² 及以下，接地线截面面积与电缆芯线截面面积相等。

（4）电线、电缆接线必须准确，并联运行电线或电缆的型号、规格、长度、相位应一致。

【小贴士】

接线准确，是指定位准确，不要错接开关的位号或编号，也不要把相位接错，以避免送电时造成失误而引发重大安全事故。并联运行的线路设计通常采用同规格、型号，使之处于最经济合理状态，而施工同样要使负荷电流平衡达到设计要求，所以要十分注意长度和连接方法。相位一致是并联运行的基本条件，也是必检项目，否则不可能并联运行。

（二）一般项目

（1）芯线与电器设备的连接应符合下列规定：

①截面面积在 10 mm² 及以下的单股铜芯线和单股铝芯线直接与设备、器具的端子连接。

②截面面积在 2.5 mm² 及以下的多股铜芯线拧紧搪锡或接续端子后与设备、器具的端子连接。

③截面面积大于 2.5 mm² 的多股铜芯线，除设备自带插接式端子外，接续端子后与设备或器具的端子连接；多股铜芯线与插接式端子连接前，端部拧紧搪锡。

④多股铝芯线接续端子后与设备、器具的端子连接。

⑤每个设备和器具的端子接线不多于 2 根电线。

（2）电线、电缆的芯线连接金具（连接管和端子），规格应与芯线的规格适配，且不得采用开口端子。

（3）电线、电缆的回路标记应清晰，编号准确。

第四节　母线装置

一、裸母线、封闭母线、插接式母线安装

（一）主控项目

（1）绝缘子的底座、套管的法兰、保护网（罩）及母线支架等可接近裸露导体应接地（PE）或接零（PEN）可靠。不应作为接地（PE）或接零（PEN）的接续导体。

（2）母线与母线或母线与电器接线端子，采用螺栓搭接连接时，应符合下列规定：

①母线的各类搭接连接的钻孔直径和搭接长度符合相关规定，用力矩扳手拧紧钢制连接螺栓的力矩值符合相关规定。

②母线接触面保持清洁，涂电力复合脂，螺栓孔周边无毛刺。

③连接螺栓两侧有平垫圈，相邻垫圈间有大于 3 mm 的间隙，螺母侧装有弹簧垫圈或锁

紧螺母。

④螺栓受力均匀,不使电器的接线端子受额外应力。

(3)封闭、插接式母线安装应符合下列规定:

①母线与外壳同心,允许偏差为±5 mm。

②当段与段连接时,两相邻段母线及外壳对准,连接后不使母线及外壳受额外应力。

③母线的连接方法符合产品技术文件要求。

(4)室内裸母线的最小安全净距应符合相关规定。

(5)高压母线交流工频耐压试验必须按本章相关的规定交接试验合格。

【小贴士】

母线和其他供电线路一样,安装完毕后,要做电气交接试验。必须注意,6 kV以上(含6 kV)的母线试验时与穿墙套管要断开,因为有时两者的试验电压是不同的。

(6)低压母线交接试验应符合相关规定。

(二)一般项目

(1)母线的支架与预埋铁件采用焊接固定时,焊缝应饱满;采用膨胀螺栓固定时,选用的螺栓应适配,连接应牢固。

(2)母线与母线、母线与电器接线端子搭接,搭接面的处理应符合下列规定:

①铜与铜:室外、高温且潮湿的室内,搭接面搪锡;干燥的室内,不搪锡。

②铝与铝:搭接面不作涂层处理。

③钢与钢:搭接面搪锡或镀锌。

④铜与铝:在干燥的室内,铜导体搭接面搪锡;在潮湿场所,铜导体搭接面搪锡,且采用铜铝过渡板与铝导体连接。

⑤钢与铜或铝:钢搭接面搪锡。

(3)母线的相序排列及涂色,当设计无要求时应符合下列规定:

①上、下布置的交流母线,由上至下排列为A、B、C相;直流母线正极在上,负极在下。

②水平布置的交流母线,由盘后向盘前排列为A、B、C相;直流母线正极在后,负极在前。

③面对引下线的交流母线,由左至右排列为A、B、C相;直流母线正极在左,负极在右。

④母线的涂色:交流,A相为黄色、B相为绿色、C相为红色;直流,正极为赭色、负极为蓝色;在连接处或支持件边缘两侧10 mm以内不涂色。

(4)母线在绝缘子上安装应符合下列规定:

①金具与绝缘子间的固定平整牢固,不使母线受额外应力。

②交流母线的固定金具或其他支持金具不形成闭合铁磁回路。

③除固定点外,当母线平置时,母线支持夹板的上部压板与母线间有1～1.5 mm的间隙;当母线立置时,上部压板与母线间有1.5～2 mm的间隙。

④母线的固定点,每段设置1个,设置于全长或两母线伸缩节的中点。

⑤当母线采用螺栓搭接时,连接处距绝缘子的支持夹板边缘不小于50 mm。

(5)封闭、插座式母线组装和固定位置应正确,外壳与底座间、外壳各连接部位和母线的连接螺栓应按产品技术文件要求选择正确,连接紧固。

第五节　电气设备

一、变压器、箱式变电所安装

(一)主控项目

(1)变电所安装应位置正确,附件齐全,油浸变压器油位正常,无渗油现象。

(2)接地装置引出的接地干线与变压器的低压侧中性点直接连接;接地干线与箱式变电所的 N 母线和 PE 母线直接连接;变压器箱体、干式变压器的支架或外壳应接地(PE)。所有连接应可靠,紧固件及防松零件齐全。

(3)变压器必须按国家标准《电气装置安装工程电气设备交接试验标准》(GB 50150—2006)的规定交接试验合格。

(4)箱式变电所及落地式配电箱的基础应高于室外地坪,周围排水通畅。用地脚螺栓固定的螺帽齐全,拧紧牢固;自由安放的应垫平放正。金属箱式变电所及落地式配电箱,箱体应接地(PE)或接零(PEN)可靠,且有标识。

(5)箱式变电所的交接试验,必须符合下列规定:

①由高压成套开关柜、低压成套开关柜和变压器三个独立单元组合成的箱式变电所高压电气设备部分,按本章相关的规定交接试验合格。

②高压开关、熔断器等与变压器组合在同一个密闭油箱内的箱式变电所,交接试验按产品提供的技术文件要求执行。

③低压成套配电柜交接试验符合本章相关的规定。

(二)一般项目

(1)有载调压开关的传动部分润滑应良好,动作灵活,点动给定位置与开关实际位置一致,自动调节符合产品的技术文件要求。

(2)绝缘件应无裂纹、缺损和瓷件瓷釉损坏等缺陷,外表清洁,测温仪表表示准确。

(3)装有滚轮的变压器就位后,应将滚轮用可以拆卸的制动部件固定。

(4)变压器应按产品技术文件要求进行检查器身,当满足下列条件之一时,可不检查器身:

①制造厂规定不检查器身者。

②就地生产仅做短途运输的变压器,且在运输过程中有效监督,无紧急制动、剧烈振动、冲撞或严重颠簸等异常情况者。

(5)箱式变电所内外涂层完整、无损伤,有通风口的风口防护网完好。

(6)箱式变电所的高低压柜内部接线完整,低压每个输出回路标记清晰,回路名称准确。

(7)装有气体继电器的变压器顶盖,沿气体继电器的气流方向有 1.0% ~1.5% 的升高坡度。

二、柴油发电机组安装

(一)主控项目

(1)发电机的试验必须符合相关规定。

在建筑电气工程中,自备电源的柴油发电机,均选用 380 V/220 V 的低压发电机,发电机在制造厂均做出厂试验,合格后柴油发动机组成套供货。安装后应按规定做交接试验。

(2)发电机组至低压配电柜馈电线路的相间、相对地间的绝缘电阻值应大于 0.5 MΩ;塑料绝缘电缆馈电线路直流耐压试验为 2.4 kV,时间 15 min,泄露电流稳定,无击穿现象。

(3)柴油发电机馈电线路连接后,两端的相序必须与原供电系统的相序一致。

(4)发电机中性线(工作零线)应与接地干线直接连接,螺栓防松零件齐全,且有标识。

(二)一般项目

(1)发电机组随带的控制柜接线应正确,紧固件紧固状态良好,无遗漏脱落。开关、保护装置的型号、规格正确,验证出厂试验的锁定标记应无位移,有位移应重新按制造厂试验标定。

(2)发电机本体和机械部分的可接近裸露导体应接地(PE)或接零(PEN)可靠,且有标识。

(3)受电侧低压配电柜的开关设备、自动或手动切换装置和保护装置等试验合格,应按设计的自备电源使用分配预案进行负荷试验,机组连续运行 12 h 无故障。

三、不间断电源安装

(一)主控项目

(1)不间断电源的整流装置、逆变装置和静态开关装置的规格、型号符合设计要求。内部接线连接正确,紧固件齐全,可靠不松动,焊接连接无脱落现象。

(2)不间断电源的输入、输出各级保护系统和输出的电压稳定性、波形畸变系数、频率、相位、静态开关的动作等各项技术性能指标试验调整必须符合产品技术文件要求,且符合设计文件要求。

(3)不间断电源装置间连线的线间、线对地间绝缘电阻值应大于 0.5 MΩ。

(4)不间断电源输出端的中性线(N 极),必须与由接地装置直接引来的接地干线相连接,做重复接地。

(二)一般项目

(1)安放不间断电源的机架组装应横平竖直,水平度、垂直度允许偏差不应大于 1.5‰,紧固件齐全。

(2)引入或引出不间断电源装置的主回路电线、电缆和控制电线、电缆应分别穿保护管敷设,在电缆支架上平行敷设应保持 150 mm 的距离;电线、电缆的屏蔽护套接地可靠,与接地干线就近连接,紧固件齐全。

(3)不间断电源装置的可接近裸露导体应接地(PE)或接零(PEN)可靠,且有标识。

(4)不间断电源正常运行时产生的 A 声级噪声,不应大于 45 dB;输出额定电流为 5 A 及以下的小型不间断电源噪声,不应大于 30 dB。

四、低压电气动力设备试验和试运行

(一)主控项目

(1)试运行前,相关电气设备和线路应按本章的规定试验合格。

建筑电气工程和其他电气工程一样,反映其施工质量有两个方面,一方面是静态的检查符合本章的有关规定;另一方面是动态的空载试运行及与其他建筑设备一起的负荷试运行符合要求,才能最终判定施工质量为合格。鉴于在整个施工过程中,大量的时间为安装阶段,即静态的验收阶段,而施工的最终阶段为试运行阶段,两个阶段相隔时间很长,用在同一个分项工程中来填表检验很不方便,故而单列这个分项,把动态检查验收分离出来,更具有可操作性。

电气动力设备试运行前,各项电气交接试验均应合格,而安装试验的核心是承受电压冲击的能力,也就是确保电气装置的绝缘状态良好,各类开关和控制保护动作正确,使在试运行中检验电流承受能力和冲击有可靠的安全保护。

(2)现场单独安装的低压电器交接试验项目应符合本章的相关规定。

在试运行前,要对相关的现场单独安装的各类低压电器进行单体的试验和检测,符合本章规定,才具有试运行的必备条件。与试运行有关的成套柜、屏、台、箱、盘已在试运行前试验合格。

(二)一般项目

(1)成套配电(控制)柜、台、箱、盘的运行电压、电流应正常,各种仪表指示正常。

(2)电动机应试通电,检查转向和机械转动有无异常情况;可空载试运行的电动机,时间一般为 2 h 记录空载电流,且检查机身和轴承的温升。

(3)交流电动机在空载状态下(不投料)可启动次数及间隔时间应符合产品技术条件的要求;无要求时,连续启动 2 次的时间间隔不应小于 5 min,再次启动应在电动机冷却至常温下进行。空载状态(不投料)运行,应记录电流、电压、温度、运行时间等有关数据,且应符合建筑设备或工艺装置的空载状态运行(不投料)要求。

(4)大容量(630 A 及以上)导线或母线连接处,在设计计算机负荷运行情况下应做温度抽测记录,温升值稳定且不大于设计值。

(5)电动执行机构的动作方向及指示,应与工艺装置的设计要求保持一致。

五、成套配电柜、控制柜(屏、台)和动力、照明配电箱(盘)安装

(一)主控项目

(1)柜、屏、台、箱、盘的金属框架及基础型钢必须接地(PE)或接零(PEN)可靠;装有电器的可开门,门和框架的接地端子间应用裸编织铜线连接,且有标识。

(2)低压成套配电柜,控制柜(屏、台)和动力、照明配电箱(盘)应有可靠的电击保护。柜(屏、台、箱、盘)内保护导体应有裸露的连接外部保护导体的端子,当设计无要求时,柜(屏、台、箱、盘)内保护导体的最小截面面积 S_p 不应小于表 7-10 的规定。

(3)手车、抽出式成套配电柜推拉应灵活,无卡阻碰撞现象。动触头与静触头的中心线应一致,且触头接触紧密。投入时,接地触头先于主触头接触;退出时,接地触头后于主触头

脱开。

表 7-10　保护导体的截面面积　　　　　　　（单位:mm²）

相线的截面面积 S	相应保护导体的最小截面面积 S_p
$S \leqslant 16$	S
$16 < S \leqslant 35$	16
$35 < S \leqslant 400$	$S/2$
$400 < S \leqslant 800$	200
$S > 800$	$S/4$

注:S 指柜(屏、台、箱、盘)电源进线相线截面面积,且两者(S、S_p)材质相同。

(4)高压成套配电柜必须按本章相关的规定交接试验合格,且应符合下列规定:

①继电保护元器件、逻辑元件、变送器和控制用计算机等单体校验合格,整组试验动作正确,整定参数符合设计要求。

②凡经法定程序批准,进入市场投入使用的新高压电气设备和继电护装置,按产品技术文件要求交接试验。

(5)低压成套配电柜交接试验,必须符合本章相关的规定。

(6)柜、屏、台、箱、盘间线路的线间和线对地间绝缘电阻值,馈电线路必须大于 0.5 MΩ;二次回路必须大于 1.0 MΩ。

(7)柜、屏、台、箱、盘间二次回路交流工频耐压试验,当绝缘电阻值大于 10 MΩ 时,用 2 500 V 兆欧表摇测 1 min,应无闪络击穿现象;当绝缘电阻值在 1~10 MΩ 时,做 1 000 V 交流工频耐压试验,时间 1 min,应无闪络击穿现象。

(8)直流屏试验,应将屏内电子器件从线路上退出,检测主回路线间和线对地间绝缘电阻值应大于 0.5 MΩ,直流屏所附蓄电池组的充、放电应符合产品技术文件要求;整流器的控制调整和输出特性试验应符合产品技术文件要求。

(9)照明配电箱(盘)安装应符合下列规定:

①箱(盘)内配线整齐,无绞接现象。导线连接紧密,不伤芯线,不断股。垫圈下螺丝两侧压的导线截面面积相同,同一端子上导线连接不多于 2 根,防松垫圈等零件齐全。

②箱(盘)内开关动作灵活可靠,带有漏电保护的回路,漏电保护装置动作电流不大于 30 mA,动作时间不大于 0.1 s。

③照明箱(盘)内,分别设置零线(N)和保护地线(PE 线)汇流排,零线和保护地线经汇流排配出。

(二)一般项目

(1)基础型钢安装应符合表 7-11 的规定。

(2)柜、屏、台、箱、盘相互间或与基础型钢应用镀锌螺栓连接,且防松零件齐全。

(3)柜、屏、台、箱、盘安装垂直度允许偏差为 1.5‰,相互间接缝不应大于 2 mm,成列盘面偏差不应大于 5 mm。

(4)柜、屏、台、箱、盘内检查试验应符合下列规定:

①控制开关及保护装置的规格、型号符合设计要求。

表 7-11　基础型钢安装允许偏差

项目	允许偏差	
	（mm/m）	（mm/全长）
不直度	1	5
水平度	1	5
不平行度	—	5

②闭锁装置动作准确、可靠。

③主开关的辅助开关切换动作与主开关动作一致。

④柜、屏、台、箱、盘上的标识器件标明被控设备编号及名称，或操作位置，接线端子有编号，且清晰、工整、不易脱色。

⑤回路中的电子元件不应参加交流工频耐压试验；48 V 及以下回路可不做交流工频耐压试验。

（5）低压电器组合应符合下列规定：

①发热元件安装在散热良好的位置。

②熔断器的熔体规格、自动开关的整定值符合设计要求。

③切换压板接触良好，相邻压板间有安全距离，切换时，不触及相邻的压板。

④信号回路的信号灯、按钮、光字牌、电铃、电笛、事故电钟等动作和信号显示准确。

⑤外壳需接地（PE）或接零（PEN）的，连接可靠。

⑥端子排安装牢固，端子有序号，强电、弱电端子隔离布置，端子规格与芯线截面面积大小适配。

（6）柜、屏、台、箱、盘间配线。电流回路应采用额定电压不低于 750 V、芯线截面面积不小于 2.5 mm² 的铜芯绝缘电线或电缆；除电子元件回路或类似回路外，其他回路的电线应采用额定电压不低于 750 V，芯线截面面积不小于 1.5 mm² 的铜芯绝缘电线或电缆。

（7）连接柜、屏、台、箱、盘面板上的电器及控制台、板等可动部位的电线应符合下列规定：

①采用多股铜芯软电线，敷设长度留有适当余量。

②线束有外套塑料管等加强绝缘保护层。

③与电器连接时端部绞紧，且有不开口的终端端子或搪锡，不松散、断股。

④可转动部位的两端用卡子固定。

（8）照明配电箱（盘）安装应符合下列规定：

①位置正确，部件齐全，箱体开孔与导管管径适配，暗装配电箱箱盖紧贴墙面，箱（盘）涂层完整。

②箱（盘）内接线整齐，回路编号齐全，标识正确。

③箱（盘）不采用可燃材料制作。

④箱（盘）安装牢固，垂直度允许偏差为 1.5‰；底边距地面为 1.5 m，照明配电板底边距地面不小于 1.8 m。

六、低压电动机、电加热器及电动执行机构检查接线

（一）主控项目

（1）电动机、电加热器及电动执行机构的可接近裸露导体必须接地（PE）或接零（PEN）。

（2）电动机、电加热器及电动执行机构绝缘电阻值应大于 0.5 MΩ。

（3）100 kW 以上的电动机，应测量各相直流电阻值，相互差不应大于最小值的 2%；无中性点引出的电动机，测量线间直流电阻值，相互差不应大于最小值的 1%。

（二）一般项目

（1）电气设备安装应牢固，螺栓及防松零件齐全，不松动。防水防潮电气设备的接线入口及接线盒盖等应做密封处理。

（2）除电动机随带技术文件说明不允许在施工现场抽芯检查外，有下列情况之一的电动机，应抽芯检查。

①出厂时间已超过制造厂保证期限，无保证期限的已超过出厂时间一年以上。

②外观检查、电气试验、手动盘转和试运转，有异常情况。

（3）电动机抽芯检查应符合下列规定：

①线圈绝缘层完好、无伤痕，端部绑线不松动，槽固定、无断裂，引线焊接饱满，内部清洁，通风孔道无堵塞。

②轴承无锈斑，注油（脂）的型号、规格和数量正确，转子平衡块紧固，平衡螺丝锁紧，风扇叶片无裂纹。

③连接用紧固件的防松零件齐全完整。

④其他指标符合产品技术文件的特有要求。

（4）在设备接线盒内裸露的不同相导线间和导线对地间最小距离应大于 8 mm，否则应采取绝缘防护措施。

第六节 灯具安装

一、普通灯具安装

（一）主控项目

（1）灯具的固定应符合下列规定：

①当灯具质量大于 3 kg 时，固定在螺栓或预埋吊钩上。

②软线吊灯，当灯具质量在 0.5 kg 及以下时，采用软电线自身吊装；大于 0.5 kg 的灯具采用吊链，且软电线编叉在吊链内，使电线不受力。

③灯具固定牢固可靠，不使用木楔。每个灯具固定用螺钉或螺栓不少于 2 个；当绝缘台直径在 75 mm 及以下时，采用 1 个螺钉或螺栓固定。

（2）花灯吊钩圆钢直径不应小于灯具挂销直径，且不应小于 6 mm。大型花灯的固定及悬吊装置，应按灯具质量的 2 倍做过载试验。

（3）当钢管做灯杆时，钢管内径不应小于 10 mm，钢管厚度不应小于 1.5 mm。

（4）固定灯具带电部件的绝缘材料以及提供防触电保护的绝缘材料,应耐燃烧和防明火。

（5）当设计无要求时,灯具的安装高度和使用电压等级应符合下列规定:

①一般敞开式灯具,灯头对地面距离不小于下列数值(采用安全电压时除外):室外 2.5 m(室外墙上安装),厂房 2.5 m,室内 2 m;软吊线带升降器的灯具在吊线展开后为 0.8 m。

②对于危险性较大及特殊危险场所,当灯具距地面高度小于 2.4 m 时,使用额定电压为 36 V 及以下的照明灯具,或采用专用保护措施。

（6）当灯具距地面高度小于 2.4 m 时,灯具的可靠性裸露导体必须接地(PE)或接零(PEN)可靠,并应有专用接地螺栓,且有标识。

（二）一般项目

（1）引向每个灯具的导线线芯最小截面面积应符合表 7-12 的规定。

表 7-12　导线线芯最小截面面积　　　　　　　　　　　（单位:mm²）

灯具安装的场所及用途		线芯最小截面面积		
		铜芯软线	铜线	铝线
灯头线	民用建筑室内	0.5	0.5	2.5
	工业建筑室内	0.5	1.0	2.5
	室外	1.0	1.0	2.5

（2）灯具的外形、灯头及其接线应符合下列规定:

①灯具及配件齐全,无机械损伤、变形、涂层剥落和灯罩破裂等缺陷。

②软线吊灯的软线两端做保护扣,两端芯线搪锡;当装升降器时,套塑料软管,采用安全灯头。

③除敞开式灯具外,其他各类灯具灯泡容量在 100 W 及以上者采用瓷质灯头。

④连接灯具的软线盘扣、搪锡压线,当采用螺口灯头时,相线接于螺口灯头中间的端子上。

⑤灯头的绝缘外壳不破损和漏电;带有开关的灯头,开关手柄无裸露的金属部分。

（3）变电所内,高低压配电设备及裸母线的正上方不应安装灯具。

（4）装有白炽灯泡的吸顶灯具,灯泡不应紧贴灯罩;当灯泡与绝缘台间距离小于 5 mm 时,灯泡与绝缘台间应采取隔热措施。

（5）安装在重要场所的大型灯具的玻璃罩,应采取防止玻璃罩碎裂后向下溅落的措施。

（6）投光灯的底座及支架应固定牢固,枢轴应沿需要的光轴方向拧紧固定。

（7）安装在室外的壁灯应有泄水孔,绝缘台与墙面之间应有防水措施。

二、专用灯具安装

（一）主控项目

（1）36 V 及以下行灯变压器和行灯安装必须符合下列规定:

①行灯电压不大于 36 V,在特殊潮湿场所或导电良好地面上以及工作地点狭窄、行动

不便的场所,行灯电压不大于 12 V。

②变压器外壳、铁芯和低压侧的任意一端或中性点,接地(PE)或接零(PEN)可靠。

③行灯变压器为双圈变压器,其电源侧和负荷侧有熔断器保护,熔丝额定电流分别不应大于变压器一次、二次的额定电流。

④行灯灯体及手柄绝缘良好,坚固耐热防潮湿;灯头与灯体结合紧固,灯头无开关,灯泡外部有金属保护网、反光罩及悬吊挂钩,挂钩固定在灯具的绝缘手柄上。

(2)游泳池和类似场所灯具(水下灯及防水灯具)的等电位联结应可靠,且有明确标识,其电源的专用漏电保护装置应全部检测合格。自电源引入灯具的导管必须采用绝缘导管,严禁采用金属或有金属护层的导管。

(3)手术台无影灯安装应符合下列规定:

①固定灯座的螺栓数量不少于灯具法兰底座上的固定孔数,且螺栓直径与底座孔径相适配;螺栓采用双螺母锁固。

②在混凝土结构上螺栓与主筋相焊接或将螺栓末端弯曲与主筋绑扎锚固。

③配电箱内装有专用的总开关及分路开关,电源分别接在两条专用的回路上,开关至灯具的电线采用额定电压不低于 750 V 的铜芯多股绝缘电线。

(4)应急照明灯具安装应符合下列规定:

①应急照明灯的电源除正常电源外,另有一路电源供电;或者是独立于正常电源的柴油发电机组供电;或由蓄电池柜供电或选用自带电源型应急灯具。

②应急照明在正常电源断电后,电源转换时间为:疏散照明≤15 s(金融商店交易所≤1.5 s),安全照明≤0.5 s。

③疏散照明由安全出口标志灯和疏散标志灯组成。安全出口标志灯距地高度不低于 2 m,且安装在疏散出口和楼梯口里侧的上方。

④疏散标志灯安装在安全出口的顶部,楼梯间、疏散走道及其转角处应安装在 1 m 以下的墙面上。不易安装的部位可安装在上部。疏散通道上的标志灯间距不大于 20 m(人防工程不大于 10 m)。

⑤疏散标志灯的设置,不影响正常通行,且不在其周围设置容易混同疏散标志灯的其他标志牌等。

⑥应急照明灯具、运行中温度大于 60 ℃的灯具,当靠近可燃物时,采取隔热、散热等防火措施。当采用白炽灯、卤钨灯等光源时,不直接安装在可燃装修材料或可燃物件上。

⑦应急照明线路在每个防火分区有独立的应急照明回路,穿越不同防火分区的线路有防火隔堵措施。

⑧疏散照明线路采用耐火电线、电缆,穿管明敷或在非燃烧体内穿刚性导管暗敷,暗敷保护层厚度不小于 30 mm。电线采用额定电压不低于 750 V 的铜芯绝缘电线。

(5)防爆灯具安装应符合下列规定:

①灯具的防爆标志、外壳防护等级和温度组别与爆炸危险环境相适配。当设计无要求时,灯具种类和防爆结构的选型应符合表 7-13 的规定。

②灯具配套齐全,不用非防爆零件替代灯具配件(金属护网、灯罩、接线盒等)。

③灯具的安装位置离开释放源,且不在各种管道的泄压口及排放口上下方安装灯具。

表 7-13　灯具种类和防爆结构的选型

照明设备种类	爆炸危险区域防爆结构			
	I 区		II 区	
	隔爆型 d	增安型 e	隔爆型 d	增安型 e
固定式灯	○	×	○	○
移动式灯	△	—	○	—
携带式电池灯	○	—	○	—
镇流器	○	△	○	○

注:○为适用;△为慎用;×为不适用。

④灯具及开关安装牢固可靠,灯具吊管及开关与线盒螺纹啮合扣数不少于 5 扣,螺纹加工光滑、完整、无锈蚀,并在螺纹上涂以电力复合脂或导电性防锈脂。

⑤开关安装位置便于操作,安装高度 1.3 m。

(二)一般项目

(1)36 V 及以下行灯变压器和行灯安装应符合下列规定:

①行灯变压器的固定支架牢固,油漆完整。

②携带式局部照明灯电线采用橡套软线。

(2)手术台无影灯安装应符合下列规定:

①底座紧贴顶板,四周无缝隙。

②表面保持整洁、无污染,灯具镀、涂层完整无划伤。

(3)应急照明灯具安装应符合下列规定:

①疏散照明采用荧光灯或白炽灯;安全照明采用卤钨灯,或采用瞬时可靠点燃的荧光灯。

②安全出口标志灯和疏散标志灯装有玻璃或非燃材料的保护罩,面板亮度均匀度为 1:10(最低:最高),保护罩应完整、无裂纹。

(4)防爆灯具安装应符合下列规定:

①灯具及开关的外壳完整,无损伤、无凹陷或沟槽,灯罩无裂纹,金属护网无扭曲变形,防爆标志清晰。

②灯具及开关的紧固螺栓无松动、锈蚀,密封垫圈完好。

三、建筑物景观照明灯、航空障碍标志灯和庭院灯安装

(一)主控项目

(1)建筑物彩灯安装应符合下列规定:

①建筑物顶部彩灯采用有防雨性能的专用灯具,灯罩要拧紧。

②彩灯配线管路按明配管敷设,且有防雨功能。管路间、管路与灯头盒间螺纹连接,金属导管及彩灯的构架、钢索等可接近裸露导体接地(PE)或接零(PEN)可靠。

③垂直彩灯悬挂挑臂采用不小于 10#的槽钢。端部吊挂钢索用的吊钩螺栓直径不小于 10 mm,螺栓在槽钢上固定,两侧有螺帽,且加平垫及弹簧垫圈紧固。

④悬挂钢丝绳直径不小于 4.5 mm,底部圆钢直径不小于 16 mm,地锚采用架空外线用

拉线盘,埋设深度大于 1.5 m。

⑤垂直彩灯采用防水吊线灯头,下端灯头距离地面高于 3 m。

(2)霓虹灯安装应符合下列规定:

①霓虹灯管完好,无破裂。

②灯管采用专用的绝缘支架固定,且牢固可靠。灯管固定后,与建筑物、构筑物表面的距离不小于 20 mm。

③霓虹灯专用变压用双圈式,所供灯管长度不大于允许负载长度,露天安装的应有防雨措施。

④霓虹灯专用变压器的二次电线和灯管间的连接线采用额定电压大于 15 kV 的高压绝缘电线。二次电线与建筑物、构筑物表面的距离不小于 20 mm。

(3)建筑物景观照明灯具安装应符合下列规定:

①每套灯具的导电部分对地绝缘电阻值大于 2 MΩ。

②在人行道等人员来往密集场所安装的落地式灯具,无围栏防护,安装高度距地面 2.5 m 以上。

③金属构架和灯具的可接近裸露导体及金属软管的接地(PE)或接零(PEN)可靠,且有标识。

(4)航空障碍标志灯安装应符合下列规定:

①灯具装设在建筑物或构物的最高部位。当最高部位平面面积较大或为建筑群时,除在最高端装设外,还在其外侧转角的顶端分别装设灯具。

②当灯具在烟囱顶上装设时,安装在低于烟囱口 1.5~3 m 的部位且呈正三角形水平排列。

③灯具的选型根据安装高度决定;低光强的(距地面 60 m 以下装设时采用)为红色光,其有效光强大于 1 600 cd;高光强的(距地面 150 m 以上装设时采用)为白色光,有效光强随背景亮度而定。

④灯具的电源按主体建筑中最高负荷等级要求供电。

⑤灯具安装牢固可靠,且设置维修和更换光源的措施。

(5)庭院灯安装应符合下列规定:

①每套灯具的导电部分对地绝缘电阻值大于 2 MΩ。

②立柱式路灯、落地式路灯、特种园艺灯等灯具与基础固定可靠,地脚螺栓备帽齐全。灯具的接线盒或熔断器盒,盒盖的防水密封垫完整。

③金属立柱及灯具可接近裸露导体接地(PE)或接零(PEN)可靠。接地线单设干线,干线沿庭院灯布置位置形成环网状,且不少于 2 处与接地装置引出线连接。由干线引出支线与金属灯柱及灯具的接地端子连接,且有标识。

(二)一般项目

(1)建筑物彩灯安装应符合下列规定:

①建筑物顶部彩灯灯罩完整,无碎裂。

②彩灯电线导管防腐完好,敷设平整、顺直。

(2)霓虹灯安装应符合下列规定:

①当霓虹灯变压器明装时,高度不低于 3 m;低于 3 m 的,应采取防护措施。

②霓虹灯变压器的安装位置方便检修,且隐蔽在不易被非检修人员触及的场所,不装在吊顶内。

③当橱窗内装有霓虹灯时,橱窗门与霓虹灯变压器一次侧开关有联锁装置,确保开门不接通霓虹灯变压器的电源。

④霓虹灯变压器二次侧的电线采用玻璃制品绝缘支持物固定,支持点距离不大于下列数值:水平线段为0.5 m,垂直线段为0.75 m。

(3)建筑物景观照明灯具构架应固定可靠,地脚螺栓拧紧,备帽齐全;灯具的螺栓紧固、无遗漏。灯具外露的电线或电缆应有柔性金属导管保护。

(4)航空障碍标志灯安装应符合下列规定:

①同一建筑物或建筑群灯具间的水平、垂直距离不大于45 m。

②灯具的自动通、断电源控制装置动作准确。

(5)庭院灯安装应符合下列规定:

①灯具的自动通、断电源控制装置动作准确,每套灯具熔断器盒内熔丝齐全,规格与灯具适配。

②架空线路电杆上的路灯,固定可靠,紧固件齐全、拧紧,灯位正确;每套灯具配用熔断器保护。

【案例7-1】

某小区建筑面积35 000 m²,属于高层商住型建筑,建设周期两年。竣工验收时,发现一客厅开关关闭后,吊灯上带电,进一步检查发现吊灯螺丝扣灯头上的螺丝口内螺纹上带电。

问题:

(1)开关关闭后,为什么还有电?

(2)采用螺丝扣灯头时,相线如何接线?

【案例评析】

(1)按规范要求,开关一定要控制相线。该房子由于施工人员疏忽,开关控制的是零线,相线不受开关控制,所以开关关闭后吊灯上有电,给维修带来了隐患。

(2)按规范要求,当采用螺口灯头时,相线应接在螺口灯头中间的端子上,这样可以避免触电事故。

第七节 开关、插座、风扇安装

一、主控项目

(1)当交流、直流或不同电压等级的插座安装在同一场所时,应有明显的区别,且必须选择不同结构、不同规格和不能互换的插座;配套的插头应按交流、直流或不同电压等级区别使用。

(2)插座接线应符合下列规定:

①单相两孔插座,面对插座的右孔或上孔与相线连接,左孔或下孔与零线连接;单相三孔插座,面对插座的右孔与相线接连,左孔与零线连接。

②单相三孔、三相四孔及三相五孔插座接地(PE)或接零(PEN)线接在上孔。插座的接

地端子不与零线端子连接。同一场所的三相插座,接线的相序一致。

③接地(PE)或接零(PEN)线在插座间不串联连接。

(3)特殊情况下插座安装应符合下列规定:

①当接插有触电危险家用电器的电源时,采用能断开电源的带开关插座,开关断开相线。

②潮湿场所采用密封型并带保护地线触头的保护型插座,安装高度不低于1.5 m。

(4)照明开关安装应符合下列规定:

①同一建筑、构筑物的开关采用同一系列的产品,开关的通断位置一致,操作灵活、接触可靠。

②相线经开关控制,民用住宅用软线引至床边的床头开关。

(5)吊扇安装应符合下列规定:

①吊扇挂钩安装牢固,吊扇挂钩的直径不小于吊扇挂销直径,且不小于8 mm;有防振橡胶垫;挂销的防松零件齐全、可靠。

②吊扇扇叶距地高度不小于2.5 m。

③吊扇组装不改变扇叶角度,扇叶固定螺栓防松等零件齐全。

④吊杆间、吊杆与电机间采用螺纹连接,啮合长度不小于20 mm,且防松零件齐全紧固。

⑤吊扇接线正确,当运转时扇叶无明显颤动和异常声响。

(6)壁扇安装应符合下列规定:

①壁扇底座采用尼龙塞或膨胀螺栓固定;尼龙塞或膨胀螺栓的数量不少于2个,且直径不小于8 mm。固定牢固可靠。

②壁扇防护罩扣紧,固定可靠,当运转时扇叶和防护罩无明显颤动和异常声响。

二、一般项目

(一)插座安装

插座安装应符合下列规定:

(1)当不采用安全型插座时,托儿所、幼儿园及小学等儿童活动场所安装高度不小于1.8 m。

(2)暗装的插座紧贴墙面,四周无缝隙,安装牢固,表面光滑整洁,无碎裂、划伤,装饰帽齐全。

(3)车间及实验室的插座安装高度距地面不小于0.3 m,特殊场所暗装的插座不小于0.15 m,同一室内插座安装高度一致。

(4)地插座面板与地面齐平或紧贴地面,盖板固定牢固,密封良好。

(二)照明开关安装

照明开关安装应符合下列规定:

(1)开关安装位置便于操作,开关边缘距门框边缘的距离0.15~0.2 m,开关距地面高度1.3 m;拉线开关距地面高度2~3 m,当层高小于3 m时,拉线开关距顶板不小于100 mm,拉线出口垂直向下。

(2)相同型号并列安装及同一室内开关安装高度一致,且控制有序不错位。并列安装的拉线开关的相邻间距不小于20 mm。

（3）暗装的开关面板应紧贴墙面，四周无缝隙，安装牢固，表面光滑整洁，无碎裂、划伤，装饰帽齐全。

（三）吊扇安装

吊扇安装应符合下列规定：

（1）涂层完整，表面无划痕、无污染，吊杆上下扣碗安装牢固到位。

（2）同一室内并列安装的吊扇开关高度一致，且控制有序不错位。

（四）壁扇安装

壁扇安装应符合下列规定：

（1）壁扇下侧边缘距地面高度不小于1.8 m。

（2）涂层完整，表面无划痕、无污染，防护罩无变形。

【案例7-2】

某学院利用假期对实验室进行综合改造，经过20多d的紧张施工，工程如期完工。工程验收时，验收人员发现工作台上的36 V低压行灯可以直接插入220 V电源插座内。

问题：

（1）为什么36 V低压行灯能直接插入220 V电源插座？

（2）如何进行整改处理？

【案例评析】

（1）按照规范要求，当交流、直流或不同电压等级的插座安装在同一场所时，应有明显的区别，且必须选择不同结构、不同规格和不能互换的插座；配套的插头应按交流、直流或不同电压等级区别使用。

现场低压36 V行灯插头未按规范要求配置与220 V电源插座彼此不能互插的插头，反而能直接插入220 V电源插座内，容易发生事故。

（2）为了避免此类问题的出现，除按以上规范要求外，还要求在现场不同电压插座应该有文字和标识说明，给使用者以明确提醒，防止发生意外。

使用低压36 V及36 V以下设备时，一定要核实接入电源的电压是否与之相匹配。

第八节 防雷接地装置安装

一、防雷接地装置安装

（一）主控项目

（1）人工接地装置或利用建筑物基础钢筋的接地装置必须在地面以上按设计要求位置设测试点。

（2）测试接地装置的接地电阻值必须符合设计要求。

（3）防雷接地的人工接地装置的接地干线埋设，经人行通道处埋的深度不应小于1 m，且应采取均压措施或在其上方铺设卵石或沥青地面。

（4）接地模块顶面埋深不应小于0.6 m，接地模块间距不应小于模块长度的3～5倍。接地模块埋设基坑，一般为模块外形尺寸的1.2～1.4倍，且在开挖深度内详细记录地层情况。

(5)接地模块应垂直或水平就位,不应倾斜设置,保持与原土层接触良好。

（二）一般项目

(1)当设计无要求时,接地装置顶面埋设深度不应小于0.6 m。圆钢、角钢及钢管接地极应垂直埋入地下,间距不应小于5 m。接地装置的焊接应采用搭接焊,搭接长度应符合下列规定:

①扁钢与扁钢搭接为扁钢宽度的2倍,不少于三面施焊。

②圆钢与圆钢搭接为圆钢直径的6倍,双面施焊。

③圆钢与扁钢搭接为圆钢直径的6倍,双面施焊。

④扁钢与钢管、扁钢与角钢焊接,紧贴角钢外侧两面,或紧贴3/4钢管表面,上下两侧施焊。

⑤除埋设在混凝土中焊接接头外,有防腐措施。

(2)当设计无要求时,接地装置采用的材料为钢材,热浸镀锌处理,其最小允许规格、尺寸应符合表7-14的规定。

表7-14 接地装置的材料及其最小允许规格、尺寸

种类、规格及单位		敷设位置及使用类别			
		地上		地下	
		室内	室外	交流电流回路	直流电流回路
圆钢直径(mm)		6	8	10	12
扁钢	截面面积(mm²)	60	100	100	100
	厚度(mm)	3	4	4	6
角钢厚度(mm)		2	2.5	4	6
钢管管壁厚度(mm)		2.5	2.5	3.5	4.5

(3)接地模块应集中引线,用干线把接地模块并联焊接成一个环路,干线的材质与接地模块焊接点的材质应相同,钢制的采用热浸镀锌扁钢,引出线不少于2处。

二、避雷引下线与变配电室接地干线敷设

（一）主控项目

(1)暗敷在建筑物抹灰层内的引下线应有卡钉分段固定;明敷的引下线应平直、无急弯,与支架焊接处,油漆防腐,且无遗漏。

(2)变压器室、高低开关室内的接地干线应有不少于2处与接地装置引出干线连接。

为保证供电系统接地可靠和故障电流的流散畅通,故作此规定。

(3)当利用金属构件、金属管道做接地线时,应在构件或管道与接地干线间焊接金属跨接线。

（二）一般项目

(1)钢制接地线的焊接连接应符合本章相关的规定,材料采用及最小允许规格、尺寸也应符合相关的规定。

（2）明敷接地引下线及室内接地干线的支持件间距应均匀，水平直线部分0.5～1.5 m，垂直直线部分1.5～3 m，弯曲部分0.3～0.5 m。

（3）接地线在穿越墙壁、楼板和地坪处应加套钢管或其他坚固的保护套管，钢套管应与接地线做电气连通。

（4）变配电室内明敷接地干线安装应符合下列规定：

①便于检查，敷设位置不妨碍设备的拆卸与检修。

②当沿建筑物墙壁水平敷设时，距地面高度250～300 mm；与建筑物墙壁间的间隙10～15 mm。

③当接地线跨越建筑物变形缝时，设补偿装置。

④接地线表面沿长度方向，每段为15～100 mm，分别涂以黄色和绿色相间的条纹。

⑤变压器室、高压配电室的接地干线上应设置不少于2个供临时接地用的接线柱或接地螺栓。

（5）当电缆穿过零序电流互感器时，电缆头的接地线应通过零序电流互感器后接地；由电缆头至穿过零序电流互感器的一段电缆金属护层和接地线应对地绝缘。

以上规定是为使零序电流互感器正确反映电缆运行情况，并防止离散电流的影响而使零序保护错误发出信号或动作而作出的规定。

（6）配电间和静止补偿装置的栅栏门及变配电室金属门铰链处的接地连接，应采用编织铜线。变配电室的避雷应用最短的接地线与接地干线连接。

（7）设计要求接地的幕墙金属框架和建筑物的金属门窗，应就近与接地干线连接可靠，连接处不同金属间应有防电化腐蚀措施。

三、接闪器安装

（一）主控项目

建筑物顶部的避雷针、避雷带等必须与顶部外露的其他金属物体连成一个整体的电气通路，且与避雷引下线连接可靠。

（二）一般项目

（1）避雷针、避雷带应位置正确，焊接固定的焊缝饱满无遗漏，螺栓固定的备帽等防松零件齐全，焊接部分补刷的防腐油漆完整。

（2）避雷带应平正顺直，固定点支持件间距均匀、固定可靠，每个支持件应能承受大于49 N（5 kg）的垂直拉力。当设计无要求时，支持件间距符合本章相关规定。

四、建筑物等电位联结

（一）主控项目

（1）建筑物等电位联结干线应从与接地装置由不少于2处直接连接的接地干线或总等电位箱引出，等电位联结干线或局部等电位箱间的连接线形成环形网络，环形网络应就近与等电位联结干线或局部等电位箱连接。支线间不应串联连接。

（2）等电位联结的线路最小允许截面面积应符合表7-15的规定。

表 7-15　等电位联结线路的最小允许截面面积　　　　　　　（单位:mm²）

材料	截面面积	
	干线	支线
铜	16	6
钢	50	16

（二）一般项目

（1）等电位联结的可接近裸露导体或其他金属部件、构件与支线连接应可靠。熔焊、锡焊或机械紧固应导通正常。

（2）需等电位联结的高级装修金属部件或零件,应有专用接线螺栓与等电位联结支线连接,且有标识;连接处螺帽紧固、防松零件齐全。

【案例 7-3】

某居民室内卫生间进行装修改造,电热水器、浴霸、换气扇等用电器具金属外壳全部采取接地保护。现场施工人员认为该卫生间内的浴缸金属部分、洗手池金属水龙头等不必再采取等电位联结了,否则是一种浪费行为。

问题:

（1）接地保护能替代等电位联结吗?

（2）这种做法正确吗? 若不正确如何改进?

【案例评析】

（1）接地保护与等电位联结是不同的电气保护形式,二者不能互相替代。

（2）卫生间内的非用电设施采取等电位联结,是为了使卫生间整个区域形成一个等电位,即使用电器具有漏电现象,也可以避免因漏电而引起的伤害。

卫生间内的等电位联结干线应与接地干线不少于 2 处的可靠联结,确保用电设备一旦有漏电现象,可以通过大地进行释放,使漏电保护器及时保护动作切断电源。同时即时漏电保护器未能及时切断电源,因卫生间整个区域处于等电位,可以避免因漏电而引起的伤害。

因此,该卫生间内的浴缸金属部分、洗手池金属水龙头等应该做等电位联结。

本章小结

本章主要阐述了建筑电气工程中线路敷设、电缆线路、母线装置、电气设备、灯具安装、开关、插座、风扇、防雷接地装置等的设备、产品、材料质量检查,工程实施及质量控制,对系统检测、竣工验收等做了详细论述。

【推荐阅读资料】

（1）《建筑电气工程施工质量验收规范》(GB 50303—2011)。

（2）王彬.质量员(安装)[M].北京:化学工业出版社,2007。

（3）邱东.质量员[M].北京:机械工业出版社,2007。

（4）牛云陞.楼宇智能化技术[M].天津:天津出版社,2008。

（5）魏立明.智能建筑电气技术与设计[M].北京:化学工业出版社,2010。

(6)《建筑设计防火规范》(GBJ 16—1987)(2001 年版)。

思考练习题

1. 绝缘导管敷设应符合哪些规定?
2. 杆上低压配电箱的电气装置和馈电线路交接试验主要有哪些要求?
3. 电缆桥架敷设在易燃易爆气体管道和热力管道的下方,与管道的最小净距有何要求?
4. 封闭、插接式母线安装应符合哪些规定?
5. 柜、屏、台、箱、盘内检查试验应符合哪些规定?
6. 应急照明灯具安装应符合哪些规定?
7. 吊扇安装应符合哪些规定?
8. 变配电室内明敷接地干线安装应符合哪些规定?

第八章　智能建筑质量验收

【学习目标】
- 熟悉智能建筑材料及设备的质量要求。
- 掌握信息网络系统质量验收标准。
- 掌握通信网络系统质量验收标准。
- 掌握安全防范系统质量验收标准。
- 掌握建筑设备监控系统质量验收标准。
- 掌握火灾自动报警及消防联动系统质量验收标准。
- 掌握综合布线系统质量验收标准。
- 掌握智能化系统集成质量验收标准。

第一节　基本规定

一、一般规定

(1)智能建筑工程质量验收应包括工程实施质量控制、系统检测和竣工验收。

为贯彻"验评分离,强化验收、完善手段、工程控制"的十六字方针,根据智能建筑的特点,将智能建筑工程质量检测和验收过程划分为工程实施及质量控制、系统检测和竣工验收三个阶段。

(2)智能建筑分部工程应包括通信网络系统、信息网络系统、建筑设备监控系统、火灾自动报警及消防联动系统、安全防范系统、综合布线系统。智能化系统集成、电源与接地、环境和住宅(小区)智能化等子分部工程;子分部工程又分为若干个分项工程(子系统)。

(3)智能建筑工程质量验收应按"先产品,后系统;先各系统,后系统集成"的顺序进行。

(4)智能建筑工程的现场质量管理应符合相关要求。工程实施的质量管理应包括以下几个方面:

①严格按照已审批的设计文件和施工图施工,遵守设计变更和质量控制的有关规定。

②严格遵守施工进度计划、现场管理制度、施工工艺和操作规程,注意协调各工种、工序的关系,确保安全、文明生产。

③各分项工程中与土建、设备安装施工方式相对应的工程,以便于质量控制的分析,按工作班、楼层或施工段划分为若干检验批。各检验批由施工单位独立编制施工过程及质量控制资料。

④根据施工段或分项工程划分,按照检验批,组织对涉及质量和施工安全的设备、材料、施工工艺和结构的重要部位的鉴证检测或感官质量验收,并检查质量控制资料。

(5)火灾自动报警及消防联动系统、安全防范系统、通信网络系统的检测验收应按相关国家标准和国家及地方的相关法律法规执行;其他系统的检测应由省、市级以上的建设行政主管部门或质量技术监督部门认可的专业检测机构组织实施。

火灾自动报警系统及消防联动系统、安全防范系统和通信网络系统,因行业主管有相关的强制性标准,故列出此款。系统检测委托专业检测机构实施,以保证工程质量;暂时无专业检测机构时,系统检测可按《建筑工程施工质量验收统一标准》(GB 50300—2001)第6章的规定执行。

二、产品质量检查

(1)所涉及的产品应包括智能建筑工程各智能化系统中使用的材料、硬件设备、软件产品和工程中应用的各种系统接口。

(2)产品质量检查应包括列入《中华人民共和国实施强制性产品认证的产品目录》或实施生产许可证和上网许可证管理的产品,未列入强制性认证产品目录或未实施生产许可证和上网许可证管理的产品应按规定程序通过产品检测后方可使用。

按国家质量技术监督部门的有关规定,严格执行国家质量监督检验检疫总局《强制性产品认证管理规定》。

(3)产品功能、性能等项目的检测应按相应的国家产品标准进行;供需双方有特殊要求的产品,可按合同规定或设计要求进行。

产品的检测涉及各种国家产品标准;当供需双方有特殊要求时,也可按合同规定或设计要求对产品进行质量检查。

(4)对不具备现场检测条件的产品,可要求进行工厂检测并出具检测报告。

(5)硬件设备及材料的质量检查重点应包括安全性、可靠性及电磁兼容性等项目,可靠性检测可参考生产厂家出具的可靠性检测报告。

(6)软件产品质量应按下列内容检查:

①商业化的软件,例如操作系统、数据库管理系统、应用系统软件、信息安全软件和网管软件等应做好使用许可证及使用范围的检查。

②由系统承包商编制的用户应用软件、用户组态软件及接口软件等应用软件,除进行功能测试和系统测试外,还应根据需要进行容量、可靠性、安全性、可恢复性、兼容性、自诊断等多项功能测试,并保证软件的可维护性。

③所有自编软件均应提供完整的文档(包括软件资料、程序结构说明、安装调试说明、使用和维护说明书等)。

(7)系统接口的质量应按下列要求检查:

①系统承包商应提交接口规范,接口规范应在合同签订时由合同签定机构负责审定。

②系统承包商应根据接口规范制定接口测试方案,接口测试方案经检测机构批准后实施,系统接口测试应保证接口性能符合设计要求,实现接口规范中规定的各项功能,不发生兼容性及通信瓶颈问题,并保证系统接口的制造和安装质量。

三、工程实施及质量控制

(1)工程实施及质量控制应包括与前期工程的交接和工程实施条件准备,进场设备和材料的验收,隐蔽工程检查验收和过程检查、工程安装质量检查、系统自检和试运行等。

（2）工程实施前应进行工序交接，做好与建筑结构、建筑装饰装修、建筑给水排水及采暖、建筑电气、通风与空调和电梯等分部工程的接口确认。

应做好与智能建筑相关联的其他工程的交接确认，说明工程实施及质量控制阶段所包括的工作内容。

（3）工程实施前应做好如下准备工作：

①检查工程设计文件及施工图的完备性，智能建筑工程必须按已审批的施工图设计文件实施；工程中出现的设计变更，应按规范要求填写设计变更审核表。

②完善施工现场质量管理检查制度和施工技术措施。

（4）必须按照合同技术文件和工程设计文件的要求，对设备、材料和软件进行进场验收。进场验收应有书面记录和参加人签字，并经监理工程师或建设单位验收人员签字。未经进场验收合格的设备、材料和软件不得在工程上使用和安装。经进场验收的设备和材料应按产品的技术要求妥善保管。

（5）设备及材料的进场验收应填写设备材料进场验收表，具体要求如下：

①保证外观完好，产品无损伤、无瑕疵，品种、数量、产地符合要求。

②设备和软件产品的质量检查应执行本章相关的规定。

③依规定程序获得批准使用的新材料和新产品除符合本条规定外，尚应提供主管部门规定的相关证明文件。

④进口产品除应符合本章规定外，还应提供原产地证明和商检证明，配套提供的质量合格证明、检测报告及安装、使用、维护说明书等文件资料应为中文文本（或附中文译文）。

（6）应做好隐蔽工程检查验收和过程检查记录，并经监理工程师签字确认；未经监理工程师签字，不得实施隐蔽作业。

应填写隐蔽工程（过程检查）验收表。

（7）采用现场观察、核对施工图、抽查测试等方法，对工程设备安装质量进行检查和观感质量验收。根据《建筑工程质量验收统一标准》（GB 50300—2001）第4.0.5条和第5.0.5条的规定按检验批要求进行。

应填写质量验收记录表。

（8）系统承包商在安装调试完成后，应对系统进行自检，自检时要求对检测项目逐项检测。

（9）根据各系统的不同要求，应按本章规定的合理周期对系统进行连续不中断试运行。

除综合布线、电源与接地和环境三个系统外，其余各系统应在调试投运完成后规定一个适当的试运行周期，具体因各系统的特点不同而有所不同，在此不作统一规定。

四、系统检测

（1）系统检测时应具备的条件：

①系统安装调试完成后，已进行了规定时间的试运行。

②已提供了相应的技术文件和工程实施及质量控制记录。

系统检测是在工程实施及质量控制阶段完成后开始的，前期工作是后期工作的必要准备。

（2）建设单位应组织有关人员依据合同技术文件和设计文件，以及本章规定的检测项目、检测数量和检测方法,制订系统检测方案并经检测机构批准实施。

(3)检测机构应按系统检测方案所列检测项目进行检测。

(4)检测结论与处理。

①检测结论分为合格和不合格。

②若主控项目有一项不合格,则系统检测不合格;若一般项目有两项或两项以上不合格,则系统检测不合格。

③系统检测不合格应限期整改,然后重新检测,直至检测合格,重新检测时抽检数量应加倍;系统检测合格,但存在不合格项,应对不合格项进行整改,直到整改合格,并应在竣工验收时提交整改结果报告。

(5)检测机构应按规定填写系统检测记录和汇总表。

五、分部(子分部)工程竣工验收

(1)各系统竣工验收应包括以下内容:

①工程实施及质量控制检查。

②系统检测合格。

③运行管理队伍组建完成,管理制度健全。

④运行管理人员已完成培训,并具备独立上岗能力。

⑤竣工验收文件资料完整。

⑥系统检测项目的抽检和复核应符合设计要求。

⑦观感质量验收应符合要求。

⑧根据《智能建筑设计标准》(GB/T 50314—2006)的规定,智能建筑的等级符合设计的等级要求。

(2)竣工验收结论与处理。

①竣工验收结论分合格和不合格。

②规定的各项全部符合要求,为各系统竣工验收合格,否则为不合格。

③各系统竣工验收合格,为智能建筑工程竣工验收合格。

④当竣工验收发现不合格的系统或子系统时,建设单位应责成责任单位限期整改,直到重新验收合格;整改后仍无法满足安全使用要求的系统不得通过竣工验收。

(3)竣工验收时应填写资料审查结果和验收结论。

第二节　信息网络系统

一、一般规定

(1)本节适用于智能建筑工程中信息网络系统的工程实施及质量控制、系统检测和竣工验收。

(2)信息网络系统应包括计算机网络、应用软件及网络安全等。

二、工程实施及质量控制

(1)信息网络系统工程实施前应具备下列条件。

①综合布线系统施工完毕,已通过系统检测并具备竣工验收的条件。

②设备机房施工完毕,机房环境、电源及接地安装已完成,具备安装条件。

(2)信息网络系统的设备、材料进场验收除遵照相关规定执行外,还应进行以下工作:

①有序列号的设备必须登记设备的序列号。

②网络设备开箱后通电自检,查看设备状态指示灯的显示是否正常,检查设备启动是否正常。

③计算机系统、网管工作站、UPS电源、服务器、数据存储设备、路由器、防火墙、交换机等产品按本章相关的规定执行。

(3)网络设备应安装整齐、固定牢靠,便于维护和管理;高端设备的信息模块和相关部件应正确安装,空余槽位应安装空板;设备上的标签应标明设备的名称和网络地址;跳线连接应稳固,走向清楚明确,线缆上应正确标签。

(4)信息网络系统的随工检查应包括以下内容:

①安装质量检查。机房环境检查;设备器材清点检查;设备机柜加固检查;设备模块配置检查;设备间及机架内缆线布放;电源检查;设备至各类配线设备间缆线布放;缆线导通检查;各种标签检查;接地电阻值检查;接地引入线及接地装置检查;机房内防火措施;机房内安全措施等。

②设备通电测试。设备供电正常;报警指示工作正常;设备通电后工作正常及故障检查。

(5)信息网络系统在安装、调试完成后,应进行不少于1个月的试运行,有关系统自检和试运行应符合本章相关的要求。

三、计算机网络系统检测

(一)计算机网络系统的检测
计算机网络系统的检测应包括连通性检测、路由检测、容错功能检测、网络管理功能检测。

(二)连通性检测
连通性检测方法可采用相关测试命令进行测试,或根据设计要求使用网络测试仪测试网络的连通性。

(三)主控项目
(1)连通性检测应符合以下要求:

①根据网络设备的连通图,网管工作站应能够和任何一台网络设备通信。

②各子网(虚拟专网)内用户之间的通信功能检测:根据网络配置方案要求,允许通信的计算机之间可以进行资源共享和信息交换,不允许通信的计算机之间无法通信;并保证网络节点符合设计规定的通信协议和适用标准。

③根据配置方案的要求,检测局域网内的用户与公用网之间的通信能力。

(2)对计算机网络进行路由检测,路由检测方法可采用相关测试命令进行测试,或根据设计要求使用网络测试仪测试网络路由设置的正确性。

（3）使用 TCP/IP 协议网络的路由检测方法是使用 traceroute 命令进行测试。具体测试方法为在 dos 命令窗口中输入"tracert x. x. x. x"，输出为到达"x. x. x. x"节点所经过的路由，若返回信息与定义的路由表相符，则路由设置正确。

（四）一般项目

（1）容错功能的检测方法应采用人为设置网络故障，检测系统正确判断故障及故障排除后系统自动恢复的功能；切换时间应符合设计要求。检测内容应包括以下两个方面：

①对具备容错能力的网络系统，应具有错误恢复和故障隔离功能，主要部件应冗余设置，并在出现故障时可自动切换。

②对有链路冗余配置的网络系统，当其中的某条链路断开或有故障发生时，整个系统仍应保持正常工作，并在故障恢复后应能自动切换回主系统运行。

（2）网络管理功能检测应符合下列要求：

①网管系统应能够搜索到整个网络系统的拓扑结构图和网络设备连接图。

②网络系统应具备诊断功能，当某台网络设备或线路发生故障时，网管系统应能够及时报警和定位故障点。

③应能够对网络设备进行远程配置和网络性能检测，提供网络节点的流量、广播率和错误率等参数。

四、应用软件检测

智能建筑的应用软件应包括智能建筑办公自动化软件、物业管理软件和智能化系统集成等。应用软件的检测应从其涵盖的基本功能、界面操作的标准性、系统可扩展性和管理功能等方面进行检测，并根据设计要求检测其行业应用功能。当满足设计要求时为合格，否则为不合格。不合格的应用软件修改后必须通过回归测试。

应先对软硬件配置进行核对，确认无误后方可进行系统检测。

（一）主控项目

（1）软件产品质量检查应按照本章相关的规定执行。应采用系统的实际数据和实际应用案例进行测试。

（2）应用软件检测时，被测软件的功能、性能确认宜采用黑盒法进行，主要测试内容如下：

①功能测试。在规定的时间内运行软件系统的所有功能，以验证系统是否符合功能需求。

②性能测试。检查软件是否满足设计文件中规定的性能，应对软件的响应时间、吞吐量、辅助存储区、处理精度进行检测。

③文档测试。检测用户文档的清晰性和准确性，用户文档中所列应用案例必须全部测试。

④可靠性测试。对比软件测试报告中可靠性的评价与实际试运行中出现的问题，进行可靠性验证。

⑤互连测试。应验证两个或多个不同系统之间的互连性。

⑥回归测试。软件修改后，应经回归测试验证是否因修改引出新的错误，即验证修改后

的软件是否仍能满足系统的设计要求。

（3）墨黑法。测试不涉及软件的结构及编码等，只要求规定的输入能够获得预定的输出。如果系统说明书中有对可靠性的要求，则需要进行可靠性测试；支持标准规格说明或承诺支持与其他系统互连的软件系统需进行互连测试。

（二）一般项目

（1）应用软件的操作命令界面应为标准图形交互界面，要求风格统一，层次简洁，操作命令的命名不得具有二义性。

（2）应用软件应具有可扩展性，系统应预留可升级空间以供纳入新功能，宜采用能适应最新版本的信息平台，并能适应信息系统管理功能的变动。

五、网络安全系统检测

网络安全系统宜从物理层安全、网络层安全、系统层安全、应用层安全四个方面进行检测，以保证信息的保密性、真实性、完整性、可控性和可用性等信息安全性能符合设计要求。

（一）主控项目

（1）计算机信息系统安全专用产品必须具有公安部计算机管理监察部门审批颁发的"计算机信息系统安全专用产品销售许可证"；特殊行业有其他规定时，还应遵守行业的相关规定。

（2）如果与因特网连接，智能建筑网络安全系统必须安装防火墙和防病毒系统。

（3）网络层安全的安全性检测应符合以下要求：

①防攻击。信息网络应能抵御来自防火墙以外的网络攻击，使用流行的攻击手段进行模拟攻击，不能攻破判为合格。

②因特网访问控制。信息网络应根据需求控制内部终端机的因特网连接请求和内容，使用终端机用不同身份访问因特网的不同资源，符合设计要求判为合格。

③信息网络与控制网络的安全隔离。测试方法应按本章相关的要求，保证做到未经授权，从信息网络不能进入控制网络，符合此要求者判为合格。

④防病毒系统的有效性。将含有当前已知流行病毒的文件（病毒样本）通过文件传输、邮件附件、网上邻居等方式向各点传播，各点的防病毒软件应能正确地检测到该含病毒文件，并执行杀毒操作；符合本要求者判为合格。

⑤入侵检测系统的有效性。如果安装了入侵检测系统，使用流行的攻击手段进行模拟攻击（如 DOS 拒绝服务攻击），这些攻击应被入侵检测系统发现和阻断；符合此要求者判为合格。

⑥内容过滤系统的有效性。如果安装了内容过滤系统，则尝试访问若干受限网址或者访问受限内容，这些尝试应该被阻断；然后，访问若干未受限的网址或者内容，应该可以正常访问；符合此要求者为合格。

（4）系统层安全应满足以下要求：

①操作系统应选用经过实践检验的具有一定安全强度的操作系统。

②使用安全性较高的文件系统。

③严格管理操作系统的用户账号，要求用户必须使用满足安全要求的口令。

④服务器应只提供必须的服务，其他无关的服务应关闭，对可能存在漏洞的服务或操作

系统,应更换或者升级相应的补丁程序;扫描服务器时,无漏洞者为合格。

⑤认真设置并正确利用审计系统,对一些非法的侵入尝试必须有记录;模拟非法尝试,审计日志中有正确记录者判为合格。

(5)应用层安全应符合下列要求:

①身份认证。用户口令应该加密传输,或者禁止在网络上传输;严格管理用户账号,要求用户必须使用满足安全要求的口令。

②访问控制。必须在身份认证的基础上根据用户及资源对象实施访问控制;用户能正确访问其获得授权的对象资源,同时不能访问未获得授权的资源,符合此要求者判为合格。

(二)一般项目

(1)物理层安全应符合下列要求:

①中心机房的电源与接地及环境要求应符合本章相关的规定。

②对于涉及国家秘密的党政机关、企事业单位的信息网络工程,应按《涉密信息设备使用现场的电磁泄漏发射保护要求》(BMB5)、《涉及国家秘密的计算机信息系统保密技术要求》(BMZ1)和《涉及国家秘密的计算机信息系统安全保密评测指南》(BMZ3)等国家标准的相关规定进行检测和验收。

(2)应用层安全应符合下列要求:

①完整性。数据在存储、使用和网络传输过程中,不得被篡改、破坏。

②保密性。数据在存储、使用和网络传输过程中,不应被非法用户获得。

③安全审计。对应用系统的访问应有必要的审计记录。

(3)应用层的安全检测有以下三种方法:

①使用应用开发平台,如数据库服务器、Web 服务器、操作系统等提供的各种安全服务。

②使用开发商在开发应用系统时提供的各种安全服务。

③使用第三方应用安全平台提供的各种安全服务。应用安全平台是由第三方信息安全厂商提供的软件产品,它可以和应用系统无缝集成,为各种应用系统提供可靠而且强度一致的安全服务(包括身份认证、授权管理、传输加密、安全审计等),并提供集中统一的安全管理。

(三)实时入侵检测设备特性

(1)必须具备丰富的攻击方法库,能够检测到当前主要的黑客攻击。

(2)软件厂商必须定期提供更新的攻击方法库,以检测最新出现的黑客攻击方法。

(3)必须能够在入侵行为发生之后,及时检测出黑客攻击并进行处理。

(4)必须提供包括弹出对话窗口、发送电子邮件、寻呼等在内的多种报警手段。

(5)发现入侵行为之后,必须能够及时阻断这种入侵行为,并进行记录。

(6)不允许占用过多的网络资源,系统启动后,网络速度与不启动时不应有明显区别。

(7)应尽可能与防火墙设备统一管理、统一配置。

(四)网络安全性

(1)检查网络拓扑图,应该确保所有服务器和办公终端都在相应的防火墙保护之下。

(2)扫描防火墙,应保证防火墙本身没有任何对外服务的端口(代理内网或 DMZ 网的服务除外);内网宜使用私有 IP;扫描 DMZ 网的服务器,只能扫描到应该提供服务的端口。

（3）检测防病毒系统的有效性，将一个含有当前已知流行病毒的文件通过文件传输、邮件附件、网上邻居等方式传播，各个位置的防病毒软件应能正确地检测到该含病毒文件，并执行杀毒操作。

（4）使用一些流行的攻击手段进行模拟攻击，应被入侵检测软件发现和阻断。

（五）竣工验收

（1）竣工验收除应符合本章的相关规定外，还应对信息安全管理制度进行检查，并作为竣工验收的必要条件。

应加强信息网络系统的安全管理，建立健全安全管理制度，保障信息安全。

①中心机房仅允许授权的系统管理人员进入。

②信息网络系统的安全管理包括对人员的安全意识教育、安全技术培训，对各种网络设备、硬件设备、应用软件、存储介质等的安全管理，对各项安全管理制度贯彻执行的保障和监督措施等。特殊行业或者对于安全管理人员培训上岗等有特殊规定的，应遵守相关规定。

（2）竣工验收的文件资料包括设备的进场验收报告、产品检测报告、设备的配置方案和配置文档、计算机网络系统的检测记录和检测报告、应用软件的检测记录和用户使用报告、安全系统的检测记录和检测报告以及系统试运行记录。

第三节　通信网络系统

一、一般规定

（1）本章适用于智能建筑工程中安装的通信网络系统及其与公用通信网之间的接口的系统检测和竣工验收。

通信网络系统仅限于在智能建筑内安装的由用户自主管理的通信网络设备及其与公用通信网络之间的接口，不包括由公共电信部门及广播电视部门管理的通信网络设备。通信网络系统所能提供的各类业务及其业务接口都应能到达每层各个用户终端，是对建筑物内的通信设施的要求。公用通信网上与建筑物内使用者密切相关的业务设备均应与建筑物同时建成，并通过建筑物内的布线系统至业务需求的用户终端上。

（2）本系统应包括通信系统、卫星数字电视及有线电视系统、公共广播及紧急广播系统等各子系统及相关设施。其中，通信系统包括电话交换系统、会议电视系统及接入网设备。

通信网络系统包括程控电话交换机、ATM交换设备、接入网、VSAT卫星通信系统、微蜂窝数字无绳电话系统、无线信号覆盖系统、光纤传输系统、有线电视系统等专用网络系统及会议电视系统等。本节只对通信及会议电视、卫星数字电视及有线电视、公共广播及紧急广播等子系统的检测和验收做出规定，其余子系统的检测和验收应根据国家规范、设计要求及本节的有关规定执行。

（3）通信网络系统的机房环境应符合本章相关的规定，机房安全、电源与接地应符合《通信电源设备安装工程验收规范》（YD 5079—2005）和本章的有关规定。

电信供电系统要求为1级供电，必须实现双路市电引入，并装备UPS电源或备用柴油发电机组，并具备自动投入和市电与紧急备用电源之间的自动切换功能，供电质量符合设计要求。通信机房应采用专门的空调系统，保证机房设计要求，实现恒温恒湿控制，机房必须采用气体灭火系统,并设置门禁等安防系统。根据通信设计要求,做好通信网络系统的防雷与接地系统,通信设备通常对接地有特殊要求,应严格按设备安装说明书提出的要求做好系统接地。当由建筑物外引入的不同设备对接地电阻要求不一致时,系统接地电阻必须满足最低接地电阻值的要求。外部引入线应有防雷措施。由于电源供电电池组及气体灭火系统是重量较大的设备,在安装时应考虑楼板的荷重能力。

(4)通信网络系统缆线的敷设应按以下规定进行:

①光缆及对绞电缆应符合本章相关的规定。

②电话线缆应符合《城市住宅区和办公楼电话通信设施验收规范》(YD 5048—1997)的有关规定。

③同轴电缆应符合《有线电视系统技术规范》(GY/T 106—1999)的有关规定。

二、材料(设备)质量控制

(一)设备(器材)质量要求

(1)施工前对运到施工现场的器材,应进行清点及外观检查,检查各种器材的规格、型号及质量是否符合设计要求。

(2)在存储运输过程中,有无损坏变质等情况,若发现包装有损坏或外观有问题,应做详细检验。

(3)凡具有出厂证明的设计器材,应核对证明书上所列内容是否符合质量标准及设计文件的要求。凡质量不合格的各种设备和器材,一律不得在工程中使用。

(4)主要设备、数字传输设备、电源设备等必须全部到齐,其他设备和材料数量应满足连续施工的要求,工程施工中严禁使用未经鉴定合格的器材,关键设备应有强制性产品认证书和标志或入网许可证等文件资料。

(5)施工前,施工单位应对工程所有的器材设备的规格、程式、数量、质量进行检查,无出厂检验证明材料或与设计不符的器材不得在工程中使用。

(6)保安接线排的保安单元过压、过流保护各项指标应符合《电信交换设备耐过电压和过电流能力》(ITU.TS.K 20—1990)的规定。

(7)光纤插座的连接器使用型号、数量和位置应与设计相符。

(8)光纤插座面板应有发射(TX)和接收(RX)的明显标志。

(9)对绞电缆(UTP 和 STP)的电气性能、机械特性、传输性能及插接件的具体技术指标和要求应符合相关标准要求。

(10)通信电缆设备验收检查应符合有关标准及厂商质保资料的要求。

(二)缆线的检验要求

(1)工程中使用的对绞电缆和光缆规格、程式、形式应符合设计的规定和合同要求。

(2)电缆所附的标志、标签内容应齐全(电缆型号、生产厂名、制造日期和电缆盘长)且应附有出厂检验合格证。若用户在合同中有要求,应附有本批量电缆的电气性能检验报告。

(3)电缆的电气性能应从本批量电缆的任意盘中抽样测试。

(4)线料和电缆的塑料外皮应无老化变质现象,并应进行通电、断电和绝缘检查。

(5)局内电缆、接线端子板等主要器材的电气应抽样测试。当相对湿度在 75% 以下,用 250 V 兆欧表测试时,电缆芯线绝缘电阻应不小于 200 MΩ,接线端子板相邻端子的绝缘电阻应不低于 500 MΩ。

（6）剥开电缆头，有 A、B 端要求的要识别端别，在缆线外端应标出类别和序号。

（7）光缆开盘后应先检查光缆外表面有无损伤，光缆端封装是否良好。根据光缆出厂产品质量检验合格证和测试记录，审核光纤的几何、光学和传输特性及机械物理性能是否符合设计要求。

（8）综合布线系统工程在使用 62.5 μm/125 μm 或 50 μm/125 μm 多模渐变折射率光纤光缆和单模光纤光缆时，应现场检验测试光纤衰减常数和光纤长度。

（9）衰减测试，宜用光时域反射仪（OTDR）进行测试，测试结果若超出标准或与出厂测试数值相差太大，应用光功率计测试，并加以比较，断定是测试误差还是光纤本身衰减过大。

（10）长度测试，要求对每根光纤进行测试，测试结果应与实际长度一致，若在同一盘光缆中光纤长度差异较大，则应从另一端进行测试，或做通光检查以判定是否有断纤存在。

（三）型材、管材和铁件的检验

（1）各种型材的材质、规格均应符合设计文件的规定，表面应光滑、平整，不得变形、断裂。

（2）管材采用钢管、硬聚氯乙烯管、玻璃钢管时，其管身应光滑无伤痕，管孔无变形，孔径、壁厚应符合设计要求。

（3）管道采用水泥管时，应符合《通信管道工程施工及验收规范》（YDJ 39—1990）中的相关规定。

（4）各种铁件的材质、规格均应符合质量标准，不得有歪斜、扭曲、飞刺、断裂或破损。

（5）铁件的表面处理和镀层应均匀完整，表面光洁，无脱落、气泡等缺陷。

三、系统检测

（一）一般规定

（1）通信系统工程实施按规定的安装、移交和验收工作流程进行。

（2）通信系统检测由系统检查测试、初验测试和试运行验收测试三个阶段组成。

（3）通信系统的测试可包括以下内容：

①系统检查测试。硬件通电测试，系统功能测试。

②初验测试。可靠性，接通率，基本功能（例如通信系统的业务呼叫与接续、计费、信令、系统负荷能力、传输指标、维护管理、故障诊断、环境条件适应能力等）。

③试运行验收测试。联网运行（接入用户和电路）故障率。

（4）通信系统试运行验收测试应从初验测试合格后开始，试运行周期可按合同规定执行，但不应少于 3 个月。

（5）通信系统检测应按国家标准和规范、工程设计文件和产品技术要求进行，其测试方法，操作程序及步骤应根据国家标准的有关规定，经建设单位与生产厂商共同协商确定。

（二）检测要求

（1）智能建筑通信系统安装工程的检测阶段、检测内容、检测方法及性能指标要求应符合《程控电话交换设备安装工程验收规范》（YD 5077—1998）等有关国家标准的要求。

（2）通信系统接入公用通信网信道的传输速率、信号方式、物理接口和接口协议应符合设计要求。

（3）通信系统的接入方式包括铜缆接入、窄带综合业务数字网、宽带综合业务数字网、以太网、混合光纤同轴网、光纤接入及无线接入系统等。

（4）通信系统的工程实施及质量控制、系统检测的内容应符合表8-1的要求。

表 8-1 通信系统工程检测项目

项目	序号	检测内容
Ⅰ 程控电话交换设备安装工程	1	安装验收检查
	(1)	机房环境要求
	(2)	设备器材进行检验
	(3)	设备机柜加固安装检查
	(4)	设备模块配置检查
	(5)	设备间及机架内缆线布放
	(6)	电源及电力线布放检查
	(7)	设备至各类配线设备间缆线布放
	(8)	缆线导通检查
	(9)	各种标签检查
	(10)	接地电阻值检查
	(11)	接地引入线及接地装置检查
	(12)	机房内防火措施
	(13)	机房内安全措施
	2	通电测试前硬件检查
	(1)	按施工图设计要求检查设备安装情况
	(2)	设备接地是否良好,检测接地电阻值
	(3)	供电电源电压及极性
	3	硬件测试
	(1)	设备供电是否正常
	(2)	告警指示工作是否正常
	(3)	硬件通电无故障
	4	系统测试
	(1)	系统功能
	(2)	中继电路测试
	(3)	用户连通性能测试
	(4)	基本业务与可选业务
	(5)	冗余设备切换
	(6)	路由选择
	(7)	信号与接口
	(8)	过负荷测试
	(9)	计费功能

项目	序号	检测内容
I 程控电话交换设备安装工程	5	系统维护管理
	(1)	软件版本符合合同规定
	(2)	人机命令核实
	(3)	告警系统
	(4)	故障诊断
	(5)	数据生成
	6	网络支撑
	(1)	网管功能
	(2)	同步功能
	7	模拟测试
	(1)	呼叫接通率
	(2)	计费准确率
II 会议电视系统安装工程	1	安装环境检查
	(1)	机房环境
	(2)	会议室照明、音响及色调
	(3)	电源供给
	(4)	接地电阻值
	2	设备安装
	(1)	管线敷设
	(2)	话筒、扬声器布置
	(3)	摄像机布置
	(4)	监视器及大屏幕布置
	3	系统测试
	(1)	单机测试
	(2)	信道测试
	(3)	传输性能指标测试
	(4)	画面显示效果与切换
	(5)	系统控制方式检查
	(6)	时钟与同步
	4	监测管理系统检测
	(1)	系统故障检测与诊断
	(2)	系统实时显示功能
	5	计费功能

项目	序号	检测内容
	1	安装环境检查
	(1)	机房环境
	(2)	电源供给
	(3)	接地电阻值
	2	设备安装验收检查
	(1)	管线敷设
	(2)	设备机柜及模块安装检查
	3	系统检测
	(1)	收发器线路接口测试(功率谱密度,纵向平衡损耗、过电压保护)
	(2)	用户网络接口(UNI)测试
	①	25.6 Mbit/s 电接口
	②	10BASE - T 接口
	③	通用串行总线(USB)接口
	④	PCI 总线接口
Ⅲ 接入网设备	(3)	业务节点接口(SNI)测试
(非对称数字用户	①	STM - 1(155 Mbit/s)光接口
环路 ADSL)	②	电信接口(34 Mbit/s、155 Mbit/s)
安装工程	(4)	分离器测试(包括局端和远端)
	①	直流电阻
	②	交流阻抗特性
	③	纵向转换损耗
	④	损耗/频率失真
	⑤	时延失真
	⑥	脉冲噪声
	⑦	话音频带插入损耗
	⑧	频带信号衰减
	(5)	传输性能测试
	①	传递功能(具备同时传送 IP、POTS 或 ISDN 业务能力)
	②	管理功能(包括配置管理、性能管理和故障管理)

(5)卫星数字电视、有线电视系统的系统监测应符合下列要求:

①卫星数字电视及有线电视系统的安装质量检查应符合国家标准的有关规定。

②在工程实施及质量控制阶段,应检查卫星天线的安装质量、高频头至室内单元的线距、功放器及接收站位置、缆线连接的可靠性。符合设计要求为合格。

③卫星数字电视的输出电平应符合国家标准的有关规定。

④采用主观评测检查有线电视系统的性能，主要技术指标应符合表8-2的规定。

表8-2　有线电视主要技术指标

序号	项目名称	测试频道	主管评测标准
1	系统输出电平（dBμV）	系统内的所有频道	60~80
2	系统载噪比	系统总频道的10%且不少于5个，不足5个全检，且分布于整个工作频段的高、中、低段	无噪波，即无"雪花"干扰
3	载波互调比	系统总频道的10%且不少于5个，不足5个全检，且分布于整个工作频段的高、中、低段	图像中无垂直、倾斜或水平条纹
4	交扰调制比	系统总频道的10%且不少于5个，不足5个全检，且分布于整个工作频段的高、中、低段	图像中移动、垂直或斜图案，即无"窜台"
5	回波值	系统总频道的10%且不少于5个，不足5个全检，且分布于整个工作频段的高、中、低段	图像中无沿水平方向分布在右边一条或多条轮廓线，即无"重影"
6	色/亮度时延差	系统总频道的10%且不少于5个，不足5个的全检，且分布于整个工作频段的高、中、低段	图像中色、亮信息对齐，即无"彩色鬼影"
7	载波交流声	系统总频道的10%且不少于5个，不足5个的全检，且分布于整个工作频段的高、中、低段	图像中无上下移动的水平条纹，即无"滚道"现象
8	伴音和调频广播的声音	系统总频道的10%且不少于5个，不足5个的全检，且分布于整个工作频段的高、中、低段	无背景噪声，如丝丝声、哼声、蜂鸣声和串音等

⑤电视图像质量的主观评价应不低于4分，具体标准见表8-3。

表8-3　图像的主观评价标准

等级	图像质量损伤程度
5分	图像上不觉察有损伤或干扰存在
4分	图像上有稍可觉察的损伤或干扰，但不令人讨厌
3分	图像上有明显察觉的损伤或干扰，令人讨厌
2分	图像上损伤或干扰较严重，令人相当讨厌
1分	图像上损伤或干扰极严重，不能观看

⑥HFC网络和双向数字电视系统正向测试的调制误差率和相位抖动，反向测试的侵入噪声、脉冲噪声和反向隔离度的参数指标应满足设计要求；并检测其数据通信、VOD、图文播放等功能；HFC用户分配网应采用中心分配结构，具有可寻址路权控制及上行信号汇集均衡等功能；应检测系统的频率配置、抗干扰性能，其用户输出电平应取62~68 dBμV。

（6）公共广播与紧急广播系统检测应符合下列要求：

①系统的输入输出不平衡度、音频线的敷设、接地形式及安装质量应符合设计要求，设

备之间阻抗匹配合理。

②放声系统应分布合理,符合设计要求。

③最高输出电平、输出信噪比、声压级和频宽的技术指标应符合设计要求。

④通过对响度、音色和音质的主观评价,评定系统的音响效果。

⑤功能检测应包括以下内容:

(a)业务宣传、背景音乐和公共寻呼插播。

(b)紧急广播与公共广播共用设备时,其紧急广播由消防分机控制,具有最高优先权,在火灾和突发事故发生时,应能强制切换为紧急广播并以最大音量播出;紧急广播功能检测按本章的有关规定执行。

(c)功率放大器应有冗余配置,并在主机故障时,按设计要求使备用机自动投入运行。

(d)公共广播系统应分区控制,分区的划分不得与消防分区的划分产生矛盾。

四、竣工验收

(1)竣工验收文件和记录应包括以下内容:

①过程质量记录。

②设备检测记录及系统测试记录。

③竣工图纸及文件。

④安装设备明细表。

(2)系统的工程施工质量应按施工要求进行验收,检查的主要项目和要求应符合相关规定。

第四节　安全防范系统

一、一般规定

(1)本章适用于智能建筑工程中的安全防范系统的工程实施及质量控制、系统检测和竣工验收,在执行本节各项规定的同时,还须遵守国家公共安全行业的有关法规。

(2)对银行、金融、证券、文博等高风险建筑除执行本章的规定外,还必须执行公共安全行业对特殊行业的相关规定和标准。

(3)安全防范系统的范围应包括视频安防监控系统、入侵报警系统、出入口控制(门禁)系统、巡更管理系统、停车场(库)管理系统等各子系统。

二、工程实施及质量控制

(1)设备及器材的进场验收除按本章的相关规定执行外,还应符合下列要求:

①安全防范产品必须经过国家或行业授权的认证机构(或检测机构)认证(检测)合格,并取得相应的认证证书(或检测报告)。

②产品质量检查应按本章相关的规定执行。

(2)安全防范系统线缆敷设、设备安装前,建筑工程应具备下列条件:

①预埋管、预留件、桥架等的安装符合设计要求。

②机房、弱电竖井的施工已结束。

(3)安全防范系统的电缆桥架、电缆沟、电缆竖井、电线导管的施工及线缆敷设,应遵照《建筑电气安装工程施工质量验收规范》(GB 50303—2002)的相关内容执行。如有特殊要求应以设计施工图的要求为准。

(4)安全防范系统施工质量检查和观感质量验收,应根据合同技术文件、设计施工图进行。

①对电(光)缆敷设与布线应检验管线的防水、防潮,电缆排列位置,布放、绑扎质量,桥架的架设质量,缆线在桥架内的安装质量,焊接及插接头安装质量和接线盒接线质量等。

②对接地线应检验接地材料,接地线焊接质量、接地电阻等。

③对系统的各类探测器、摄像机、云台、防护罩、控制器、辅助电源、电锁、对讲设备等的安装部位、安装质量和观感质量等进行检验。

④同轴电缆的敷设、摄像机、机架、监视器等的安装质量检验应符合《民用闭路监视电视系统工程技术规范》(GB 50198—2011)的有关规定。

⑤控制柜、箱与控制台等的安装质量检验应遵照《建筑电气工程施工质量验收规范》(GB 50303—2002)中的有关规定执行。

(5)系统承包商应对各类探测器、控制器、执行器等部件的电气性能和功能进行自检,自检采用逐点测试的形式进行。

(6)在安全防范系统设备安装、施工测试完成后,经建设方同意可进入系统试运行,试运行周期应不少于1个月;系统试运行时应做好试运行记录。

三、系统检测

(一)安全防范系统

(1)安全防范系统的检测应由国家或行业授权的检测机构进行检测,并出具检测报告,检测内容、合格判据应执行国家公共安全行业的相关标准。

(2)安全防范系统的检测应依据工程合同技术文件、施工图设计文件、工程设计变更说明和洽商记录、产品的技术文件进行。

(3)安全防范系统进行系统检测时应提供以下材料:

①设备材料进场检验记录。

②隐蔽工程和过程检查验收记录。

③工程安装质量和观感质量验收记录。

④设备及系统自检测记录。

⑤系统试运行记录。

(4)安全防范系统综合防范功能检测应包括以下内容:

①防范范围、重点防范部位和要害部门的设防情况、防范功能,以及安防设备的运行是否达到设计要求,有无防范盲区。

②各种防范子系统之间的联动是否达到设计要求。

③监控中心系统记录(包括监控的图像记录和报警记录)的质量和保存时间是否达到设计要求。

④当安全防范系统与其他系统进行系统集成时,应按规定检查系统的接口、通信功能和

传输的信息等是否达到设计要求。

（二）视频安防监控系统

1.检测内容

（1）系统功能检测。云台转动，镜头、光圈的调节，调焦、变倍，图像切换，防护罩功能的检测。

（2）图像质量检测。在摄像机的标准照度下进行图像的清晰度及抗干扰能力的检测。检测方法：按本章相关的规定对图像质量进行主观评价，主观评价应不低于4分；抗干扰能力按《安防视频监控系统技术要求》（GA/T 367—2001）进行检测。

（3）系统整体功能检测。功能检测应包括视频安防监控系统的监控范围、现场设备的接入率及完好率；矩阵监控主机的切换、控制、编程、巡检、记录等功能。

对数字视频录像式监控系统还应检测主机死机记录、图像显示和记录速度、图像质量、对前端设备的控制功能以及通信接口功能、远端联网功能等。

对数字硬盘录像监控系统除检测其记录速度外，还应检测记录的检索、回放等功能。

（4）系统联动功能检测。联动功能检测应包括与出入口管理系统、入侵报警系统、巡更管理系统、停车场（库）管理系统等的联动控制功能。

（5）视频安防监控系统的图像记录保存时间应满足管理要求。

2.检测标准

摄像机抽检的数量应不低于20%且不少于3台，当摄像机数量少于3台时应全部检测；被抽检设备的合格率100%时为合格；系统功能和联动功能全部检测，功能符合设计要求时为合格，合格率100%时为系统功能检测合格。

（三）入侵报警系统（包括周界入侵报警系统）的检测

1.检测内容

（1）探测器的盲区检测，防动物功能检测。

（2）探测器的防破坏功能检测应包括报警器的防拆报警功能，信号线开路、短路报警功能，电源线被剪的报警功能。

（3）探测器灵敏度检测。

（4）系统控制功能检测应包括系统的撤防、布防功能，关机报警功能，系统后备电源自动切换功能等。

（5）系统通信功能检测应包括报警信息传输、报警响应功能。

（6）现场设备的接入率及完好率测试。

（7）系统的联动功能检测应包括报警信号对相关报警现场照明系统的自动触发、对监控摄像机的自动启动、视频安防监视画面的自动调入，相关出入口的自动启闭，录像设备的自动启动等。

（8）报警系统管理软件（含电子地图）功能检测。

（9）报警信号联网上传功能的检测。

（10）报警系统报警事件存储记录的保存时间应满足管理要求。

2.检测标准

探测器抽检的数量应不低于20%且不少于3台，当探测器数量少于3台时应全部检测；被抽检设备的合格率100%时为合格；系统功能和联动功能全部检测，功能符合设计要求时为合格,合格率100%时为系统功能检测合格。

(四)出入口控制(门禁)系统的检测

1. 检测内容

1)出入口控制(门禁)系统的功能检测

(1)系统主机在离线的情况下,出入口(门禁)控制器独立工作的准确性、实时性和储存信息的功能。

(2)系统主机对出入口(门禁)控制器在线控制时,出入口(门禁)控制器工作的准确性、实时性和储存信息的功能,以及出入口(门禁)控制器和系统主机之间的信息传输功能。

(3)检测掉电后,系统启用备用电源应急工作的准确性、实时性和信息的存储和恢复能力。

(4)通过系统主机、出入口(门禁)控制器及其他控制终端,实时监控出入控制点的人员状况。

(5)系统对非法强行入侵及时报警的能力。

(6)检测本系统与消防系统报警时的联动功能。

(7)现场设备的接入率及完好率测试。

(8)出入口管理系统的数据存储记录保存时间应满足管理要求。

2)系统的软件检测

(1)演示软件的所有功能,以证明软件功能与任务书或合同书要求一致。

(2)根据需求说明书中规定的性能要求,包括时间、适应性、稳定性等以及图形化界面友好程度,对软件逐项进行测试;对软件的检测按本章相关的要求执行。

(3)对软件系统操作的安全性进行测试,例如系统操作人员的分级授权、系统操作人员操作信息的存储记录等。

(4)在软件测试的基础上,对被验收的软件进行综合评审,给出综合评审结论,包括软件设计与需求的一致性、程序与软件设计的一致性、文档(含软件培训、教材和说明书)描述与程序的一致性、完整性、准确性和标准化程度等。

2. 检测标准

出入口控制器抽检的数量应不低于20%且不少于3台,当数量少于3台时应全部检测;被抽检设备的合格率100%时为合格;系统功能和软件全部检测,功能符合设计要求为合格,合格率为100%时为系统功能检测合格。

(五)巡更管理系统的检测

1. 检测内容

(1)按照巡更路线图检查系统的巡更终端、读卡机的响应功能。

(2)现场设备的接入率及完好率测试。

(3)检查巡更管理系统编程、修改功能以及撤防、布防功能。

(4)检查系统的运行状态、信息传输、故障报警和指示故障位置的功能。

(5)检查巡更管理系统对巡更人员的监督和记录情况、安全保障措施和对意外情况及时报警的处理手段。

(6)对在线联网式巡更管理系统还需要检查电子地图上的显示信息,遇有故障时的报警信号以及和视频安防监控系统等的联动功能。

(7)巡更系统的数据存储记录保存时间应满足管理要求。

2.检测标准

巡更终端抽检的数量应不低于20%且不少于3台,当探测器数量少于3台时应全部检测,被抽检设备的合格率为100%时为合格;系统功能全部检测,功能符合设计要求为合格,合格率100%时为系统功能检测合格。

(六)停车场(库)管理系统的检测

1.检测内容

停车场(库)管理系统功能检测应分别对入口管理系统、出口管理系统和管理中心的功能进行检测。

(1)车辆探测器对出入车辆的探测灵敏度检测,抗干扰性能检测。

(2)自动栅栏升降功能检测,防砸车功能检测。

(3)读卡器功能检测,对无效卡的识别功能;对非接触IC卡读卡器还应检测读卡距离和灵敏度。

(4)发卡(票)器功能检测,吐卡功能是否正常,入场日期、时间等记录是否正确。

(5)满位显示器功能是否正常。

(6)管理中心的计费、显示、收费、统计、信息储存等功能的检测。

(7)出/入口管理监控站及与管理中心站的通信是否正常。

(8)管理系统的其他功能,例如"防折返"功能检测。

(9)对具有图像对比功能的停车场(库)管理系统应分别检测出/入口车牌和车辆图像记录的清晰度、调用图像信息的符合情况。

(10)检测停车场(库)管理系统与消防系统报警时的联动功能,电视监控系统摄像机对进出车库车辆的监视等。

(11)空车位及收费显示。

(12)管理中心监控站的车辆出入数据记录保存时间应满足管理要求。

2.检测标准

停车场(库)管理系统功能应全部检测,功能符合设计要求为合格,合格率100%时为系统功能检测合格。其中,车牌识别系统对车牌的识别率达98%时为合格。

(七)安全防范综合管理系统的检测

综合管理系统完成安全防范系统中央监控室对各子系统的监控功能,具体内容按工程设计文件要求确定。

1.检测内容

(1)各子系统的数据通信接口。各子系统与综合管理系统以数据通信方式连接时,应能在综合管理监控站上观测到子系统的工作状态和报警信息,并和实际状态核实,确保准确性和实时性,对具有控制功能的子系统,应检测从综合管理监控站发送命令时,子系统响应的情况。

(2)综合管理系统监控站。对综合管理系统监控站的软、硬件功能的检测。

①检测子系统监控站与综合管理系统监控站对系统状态和报警信息记录的一致性。

②综合管理系统监控站对各类报警信息的显示、记录、统计等功能。

③综合管理系统监控站的数据报表打印、报警打印功能。

④综合管理系统监控站操作的方便性,人机界面应友好、汉化、图形化。

2. 检测标准

综合管理系统功能应全部检测,功能符合设计要求为合格,合格率为100%时为系统功能检测合格。

四、竣工验收

(1)智能建筑工程中的安全防范系统工程的验收应按照《安全防范系统验收规则》(GA 308—2001)的规定执行。

(2)以管理为主的电视监控系统、出/入口控制(门禁)系统、停车场(库)管理系统等系统的竣工验收按本章相关的规定执行。

(3)竣工验收应在系统正常连续投运时间1个月后进行。

(4)系统验收的文件及记录应包括以下内容:

①工程设计说明,包括系统选型论证,系统监控方案和规模容量说明,系统功能说明和性能指标等。

②工程竣工图纸,包括系统结构图、各子系统原理图、施工平面图、设备电气端子接线图、中央控制室设备布置图、接线图、设备清单等。

③系统的产品说明书、操作手册和维护手册。

④工程实施及质量控制记录。

⑤设备及系统测试记录。

⑥相关工程质量事故报告、工程设计变更单等。

(5)必要时各子系统可分别进行验收,验收时应做好验收记录,签署验收意见。

第五节　建筑设备监控系统

一、一般规定

(1)本节适用于智能建筑工程中建筑设备监控系统的工程实施及质量控制、系统检测和竣工验收。

(2)建筑设备监控系统用于对智能建筑内各类机电设备进行监测、控制及自动化管理,达到安全、可靠、节能和集中管理的目的。

建筑设备监控系统也称建筑设备自动化系统,或楼宇自控系统,是对建筑物中大量的机电设备进行检测、控制和管理的自动化控制系统。

(3)建筑设备监控系统的监控范围为空调与通风系统、变配电系统、公共照明系统、给水排水系统、热源和热交换系统、冷冻和冷却水系统、电梯和自动扶梯系统等各子系统。

各子系统是指包含在建筑设备监控系统中可独立运行的各系统。

二、工程实施及质量控制

(1)设备及材料的进场验收除按本章相关的规定执行外,还应符合下列要求:

①电气设备、材料、成品和半成品的进场验收应按《建筑电气安装工程施工质量验收规

范》(GB 50303—2002)中的有关规定执行。

②各类传感器、变送器、电动阀门及执行器、现场控制器等的进场验收要求：

（a）查验合格证和随带技术文件，实行产品许可证和强制性产品认证标志的产品应有产品许可证和强制性产品认证标志。

（b）铭牌、附件齐全，电气接线端子完好，设备表面无缺损，涂层完整。

③网络设备的进场验收按本章的有关规定执行。

④软件产品的进场验收按本章的有关规定执行。

（2）建筑设备监控系统安装前，建筑工程应具备下列条件：

①已完成机房、弱电竖井的建筑施工。

②预埋管及预留孔符合设计要求。

③空调与通风设备、给水排水设备、动力设备、照明控制箱、电梯等设备安装就位，并应预留好设计文件中要求的控制信号接入点。

（3）施工中的安全技术管理，应符合《建设工程施工现场供用电安全规范》（GB 50194—2002）和《施工现场临时用电安全技术规范》（JGJ 46—2005）中的有关规定。

（4）施工及施工质量检查除按本章相关的规定执行外，还应符合下列要求：

①电缆桥架安装和桥架内电缆敷设，电缆沟内和电缆竖井内电缆敷设，电线、电缆导管和线路敷设，电线、电缆穿管和线槽敷线的施工应按《建筑电气工程施工质量验收规范》（GB 50303—2002）中的有关规定执行，在工程实施中有特殊要求时应按设计文件的要求执行。

②传感器、电动阀门及执行器、控制柜和其他设备安装时应符合《建筑电气工程施工质量验收规范》（GB 50303—2002）中的相关设计文件和产品技术文件的要求。

（5）工程调试完成后，系统承包商要对传感器、执行器、控制器及系统功能（含系统联动功能）进行现场测试，传感器可用高精度仪表现场校验，使用现场控制器改变给定值或用信号发生器对执行器进行检测，传感器和执行器要逐点测试；系统功能、通信接口功能要逐项测试，并填写系统自检表。

（6）工程调试完成经与工程建设单位协商后可投入系统试运行，应由建设单位或物业管理单位派出的管理人员和操作人员进行试运行，认真做好值班运行记录，并应保存系统试运行的原始记录和全部历史数据。

三、系统检测

（一）建筑设备监控系统

（1）建筑设备监控系统的检测应以系统功能和性能检测为主，同时对现场安装质量、设备性能及工程实施过程中的质量记录进行抽查或复核。

系统检测应以系统功能检测为主，根据目前建筑设备监控系统的工程实际情况，分为以下9个子系统：空调与通风系统、变配电系统、公共照明系统、给水排水系统、热源系统、冷冻和冷却水系统、电梯和自动扶梯系统、建筑设备监控系统与子系统间的数据通信接口以及中央管理工作站和操作分站。在具体工程检测时，应根据建筑物的要求和建设方的需求，按检测方案进行。

（2）建筑设备监控系统的检测应在系统试运行连续投运时间不少于1个月后进行。

（3）建筑设备监控系统的检测应依据工程合同技术文件、施工图设计文件、设计变更审核文件、设备及产品的技术文件进行。

（4）建筑设备监控系统检测时应提供以下工程实施及质量控制记录：

①设备材料进场检验记录。

②隐蔽工程和过程检查验收记录。

③工程安装质量检查及观感质量验收记录。

④设备及系统自检测记录。

⑤系统试运行记录。

（二）主控项目

（1）空调与通风系统功能检测。建筑设备监控系统应对空调系统进行温、湿度及新风量自动控制、预定时间表自动启停、节能优化控制等控制功能进行检测。应着重检测系统测控点（温度、相对湿度、压差和压力等）与被控设备（风机、风阀、加湿器及电动阀门等）的控制稳定性、响应时间和控制效果，并检测设备连锁控制和故障报答的正确性。

检测数量为每类机组按总数的20%抽检，且不得少于5台，当每类机组不足5台时全部检测。被检测机组全部符合设计要求为检测合格。

（2）变配电系统功能检测。建筑设备监控系统应对变配电系统的电气参数和电气设备工作状态进行监测，检测时应利用工作站数据读取和现场测量的方法对电压、电流、有功（无功）功率、功率因数、用电量等各项参数的测量和记录进行准确性和真实性检查，显示的电力负荷及上述各参数的动态图形能比较准确地反映参数变化情况，并对报警信号进行验证。

检测方法为抽检，抽检数量按每类参数抽20%，且数量不得少于20点，当数量少于20点时全部检测。被检参数合格率100%时为检测合格。

（3）公共照明系统功能检测。建筑设备监控系统应对公共照明设备（公共区域、过道、园区和景观）进行监控，应以光照度、时间表等为控制依据，设置程序控制灯组的开关，检测时应检查控制动作的正确性；并检查其手动开关功能。

检测方式为抽检，按照明回路总数的20%抽检，数量不得少于10路，当总数少于10路时应全部检测。抽检数量合格率100%时为检测合格。

（4）给水排水系统功能检测。建筑设备监控系统应对给水系统、排水系统和中水系统进行液位、压力等参数检测及水泵运行状态的监控和报警进行验证。检测时应通过工作站参数设置或人为改变现场测控点状态，监视设备的运行状态，包括自动调节水泵转速、投运水泵切换及故障状态报警和保护等项是否满足设计要求。

检测方式为抽检，抽检数量按每类系统的50%，且不得少于5套，当总数少于5套时全部检测。被检系统合格率100%时为检测合格。

（5）热源和热交换系统功能检测。建筑设备监控系统应对热源和热交换系统进行系统负荷调节、预定时间表自动启停和节能优化控制。检测时应通过工作站或现场控制器对热源和热交换系统的设备运行状态、故障等的监视、记录与报警进行检测，并检测对设备的控制功能。

核实热源和热交换系统能耗计量与统计资料。

检测方式为全部检测，被检系统合格率100%时为检测合格。

(6)冷冻和冷却水系统功能检测。建筑设备监控系统应对冷水机组、冷冻水系统、冷却水系统进行系统负荷调节、预定时间表自动启停和节能优化控制。检测时应通过工作站对冷水机组、冷冻冷却水系统设备控制和运行参数、状态、故障等的监视、记录与报警情况进行检查,并检查设备运行的联动情况。

核实冷冻水系统能耗计量与统计资料。

检测方式为全部检测,满足设计要求时为检测合格。

(7)电梯和自动扶梯系统功能检测。建筑设备监控系统应对建筑物内电梯和自动扶梯系统进行监测。检测时应通过工作站对系统的运行状态与故障进行监视,并与电梯和自动扶梯系统的实际工作情况进行核实。

检测方式为全部检测,合格率100%时为检测合格。

(8)建筑设备监控系统与子系统(设备)间的数据通信接口功能检测。当建筑设备监控系统与带有通信接口的各子系统以数据通信的方式相联时,应在工作站监测子系统的运行参数(含工作状态参数和报警信息),并与实际状态核实,确保准确性和响应时间符合设计要求;对可控的子系统,应检测系统对控制命令的响应情况。

数据通信接口应按本章相关的规定对接口进行全部检测,检测合格率100%时为检测合格。

(9)中央管理工作站与操作分站功能检测。对建筑设备监控系统中央管理工作站与操作分站功能进行检测时,应主要检测其监控和管理功能,检测时应以中央管理工作站为主,对操作分站主要检测其监控和管理权限以及数据与中央管理工作站的一致性。

(10)系统实时性检测。采样速度、系统响应时间应满足合同技术文件与设备工艺性能指标的要求;抽检10%且不少于10台,当少于10台时全部检测,合格率90%及以上时为检测合格。

(11)系统可维护功能检测。应检测应用软件的在线编程(组态)和修改功能,在中央站或现场进行控制器或控制模块应用软件的在线编程(组态)、参数修改及下载,全部功能得到验证为合格,否则为不合格。

(12)系统可靠性检测。系统运行时,启动或停止现场设备,不应出现数据错误或产生干扰,影响系统正常工作。检测时采用远动或现场手动启/停现场设备,观察中央站数据显示和系统工作情况,工作正常的为合格,否则为不合格。

(三)一般项目

(1)现场设备安装质量检查。现场设备安装质量应符合《建筑电气工程施工质量验收规范》(GB 50303—2002)相关的设计文件和产品技术文件的要求,检查合格率达到100%时为合格。

①传感器。每种类型传感器抽检10%且不少于10台,传感器少于10台时全部检查。

②执行器。每种类型执行器抽检10%且不少于10台,执行器少于10台时全部检查。

③控制箱(柜)。各类控制箱(柜)抽检20%且不少于10台,少于10台时全部检查。

(2)现场设备性能检测

①传感器精度测试,检测传感器采样显示值与现场实际值的一致性;依据设计要求及产品技术条件,按照设计总数的10%进行抽测,且不得少于10个,当总数少于10个时全部检测,合格率达到100%时为检测合格。

②控制设备及执行器性能测试,包括控制器、电动风阀、电动水阀和变频器等,主要测定控制设备的有效性、正确性和稳定性;测试核对电动调节阀在零开度、50%和80%的行程处与控制指令的一致性及响应速度;测试结果应满足合同技术文件及控制工艺对设备性能的要求。

检测为20%抽测,但不得少于5个,设备数量少于5个时全部测试,检测合格率达到100%时为检测合格。

(3)根据现场配置和运行情况对以下项目做出评测:

①控制网络和数据库的标准化、开放性。

②系统的冗余配置,主要指控制网络、工作站、服务器、数据库和电源等。

③系统可扩展性,控制器I/O口的备用量应符合合同技术文件要求,但不应低于I/O口实际使用数的10%;机柜至少应留有10%的卡件安装空间和10%的备用接线端子。

④节能措施评测,包括空调设备的优化控制、冷热源自动调节、照明设备自动控制、风机变频调速、变风量控制等。根据合同技术文件的要求,通过对系统数据库记录分析、现场控制效果测试和数据计算后作出是否满足设计要求的评测。

结论为符合设计要求或不符合设计要求。

四、竣工验收

(1)竣工验收应在系统正常连续投运时间超过3个月后进行。

(2)竣工验收文件资料应包括以下内容:

①工程合同技术文件。

②竣工图纸、设计说明、系统结构图、各子系统控制原理图、设备布置及管线平面图、控制系统配电箱电气原理图、相关监控设备电气接线图、中央控制室设备布置图、设备清单、监控点(I/O)表等。

③系统设备产品说明书。

④系统技术、操作和维护手册。

⑤设备及系统测试记录、设备测试记录、系统功能检查及测试记录、系统联动功能测试记录。

⑥其他文件:工程实施及质量控制记录、相关工程质量事故报告表。

(3)必要时各子系统可分别进行验收,验收时应做好验收记录,签署验收意见。

第六节　火灾自动报警及消防联动系统

一、一般规定

(1)本节适用于智能建筑工程中的火灾自动报警及消防联动系统的系统检测和竣工验收。

(2)火灾自动报警及消防联动系统必须执行《工程建设标准强制性条文》的有关规定。

(3)火灾自动报警及消防联动系统的监测内容应逐项实施,检测结果符合设计要求为合格,否则为不合格。

二、系统检测

（1）在智能建筑工程中，火灾自动报警及消防联动系统的检测应按《火灾自动报警系统施工及验收规范》（GB 50166—2007）的规定执行。

（2）火灾自动报警及消防联动系统应是独立的系统。

（3）除《火灾自动报警系统施工及验收规范》（GB 50166—2007）中规定的各种联动外，当火灾自动报警及消防联动系统还与其他系统具备联动关系时，其检测按本章相关的规定拟订检测方案，并按检测方案进行，但检测程序不得与《火灾自动报警系统施工及验收规范》（GB 50166—2007）的规定相抵触。

（4）火灾自动报警系统的电磁兼容性防护功能，应符合《消防电子产品环境试验方法和严酷等级》（GB 16838—2005）的有关规定。

（5）检测火灾报警控制器的汉化图形显示界面及中文屏幕菜单等功能，并进行操作试验。

（6）检测消防控制室向建筑设备监控系统传输、显示火灾报警信息的一致性和可靠性，检测与建筑设备监控系统的接口、建筑设备监控系统对火灾报警的响应及其火灾运行模式，应采用在现场模拟发出火灾报警信号的方式进行。

（7）检测消防控制室与安全防范系统等其他子系统的接口和通信功能。

（8）检测智能型火灾探测器的数量、性能及安装位置，普通型火灾探测器的数量及安装位置。

（9）新型消防设施的设置情况及动能检测：

①早期用烟雾探测火灾报警系统。

②大空间早期火灾智能检测系统、大空间红外图像矩阵火灾报警及灭火系统。

③可燃气体泄漏报警及联动控制系统。

（10）公共广播与紧急广播系统共用时，应按《火灾自动报警系统设计规范》（GB 50116—2008）的要求执行。

火灾时，将公共广播系统扩音机强制转入火灾事故广播状态的切换方式一般有两种：

①火灾应急广播系统仅利用公共广播系统的扬声器和馈电线路，而火灾应急广播系统的扩音机等装置是专用的。当火灾发生时，由消防控制室切换输出线路，使公共广播系统按照规定的疏散广播顺序的相应层次播送火灾应急广播。

②火灾应急广播系统全部利用公共广播系统的扩音机、配电线路和扬声器等装置，在消防控制室只设紧急播送装置，当发生火灾时可遥控公共广播系统紧急开启强制投入火灾应急广播。

（11）安全防范系统中相应的视频安防监控（录像、录音）系统、门禁系统、停车场（库）管理系统应对火灾报警的响应及火灾模式操作等功能的检测，应采用在现场模拟发出火灾报警信号的方式进行。

（12）当火灾自动报警及消防联动系统与其他系统合用控制室时，应满足《火灾自动报警系统设计规范》（GB 50116—2008）和《智能建筑设计标准》（GB/T 50314—2000）的相应规定，但消防控制系统应单独设置，其他系统也应合理布置。

三、竣工验收

(1)火灾自动报警及消防联动系统的竣工验收应按《火灾自动报警系统施工及验收规范》(GB 50166—2007)关于竣工验收的规定及各地方的配套法规执行。

(2)当火灾自动报警及消防联动系统与其他智能建筑子系统具备联动关系时,其验收按本章的有关规定执行,但验收程序不得与国家规范、法规相抵触。

【案例8-1】

某高层商业大厦消防工程验收,验收人员对消防联动进行模拟测试,在十层按下本层消防手动报警器,声光报警器没有动作。排烟风机及时启动,现场模拟关闭排烟风机处的防火阀时,排烟风机没有停止运行。

问题:

(1)十层声光报警器没有动作,是否属于正常现象?

(2)防火阀关闭时,排烟风机是否停止?

【案例评析】

(1)当消防手动报警器按下时,按照消防联动要求本层声光报警器及相邻上下层声光报警器自动报警。

(2)当消防手动报警器按下时,排烟风机自动启动是正确的,但当排烟风机处的防火阀关闭时,排烟风机应该立即停止运行。因为当排烟温度达到280 ℃时,排烟阀自动关闭,排烟风机停止运行,防止继续排烟,产生烟囱效应,将助燃火情。

第七节　综合布线系统

一、一般规定

(1)本节适用于智能建筑工程中的综合布线系统的工程实施及质量控制、系统检测和竣工验收。综合布线系统的检测和验收,除执行本章外,还应符合《综合布线系统工程验收规范》(GB/T 50312—2007)中的相关规定。

(2)系统集成商在施工完成后,应对系统进行自检,自检时要求对工程安装质量、观感质量和系统性能检测项目全部进行检查,并填写系统自检表。

二、系统安装质量检测

(1)缆线敷设和终接的检测应符合《综合布线系统工程验收规范》(GB/T 50312—2007)中相关的规定,应对以下项目进行检测:

①缆线的弯曲半径。

②预埋线槽和暗管的敷设。

③电源线与综合布线系统缆线应分隔布放,缆线间的最小净距应符合设计要求。

④建筑物内电、光缆暗管敷设及与其他管线之间的最小净距。

⑤对绞电缆芯线终接。

⑥光纤连接损耗值。

（2）建筑群子系统采用架空、管道、直埋敷设电、光缆的检测要求应按照本地网通信线路工程验收的相关规定执行。

（3）机柜、机架、配线架安装的检测，除应符合《综合布线系统工程验收规范》（GB/T 50312—2007）中的相关规定外，还应符合以下要求：

①卡入配线架连接模块内的单根线缆色标应和线缆的色标相一致，大对数电缆按标准色谱的组合规定进行排序。

②端接于 RJ45 口的配线架的线序及排列方式按有关国际标准规定的两种端接标准（T568A 或 T568B）之一进行端接，但必须与信息插座模块的线序排列使用同一种标准。

（4）信息插座安装在活动地板或地面上时，接线盒应严密防水、防尘。

（5）缆线终接应符合《综合布线系统工程验收规范》（GB/T 50312—2007）中第 6.0.1 条的规定。

（6）各类跳线的终接应符合《综合布线系统工程验收规范》（GB/T 50312—2007）中第 6.0.4 条的规定。

（7）机柜、机架、配线架安装，除应符合《综合布线系统工程验收规范》（GB/T 50312—2007）第 4.0.1 条的规定外，还应符合以下要求：

①机柜不应直接安装在活动地板上，应按设备的底平面尺寸制作底座，底座直接与地面固定，机柜固定在底座上，底座高度应与活动地板高度相同，然后铺设活动地板，底座水平误差每平方米不应大于 2 mm。

②安装机架面板，架前应预留有 800 mm 空间，机架背面离墙距离应大于 600 mm。

③背板式跳线架应经配套的金属背板及接线管架安装在墙壁上，金属背板与墙壁应紧固。

④壁挂式机柜底面距地面不宜小于 300 mm。

⑤桥架或线槽应直接进入机架或机柜内。

⑥接线端各种标志应齐全。

（8）信息插座的安装要求应执行《综合布线系统工程验收规范》（GB/T 50312—2007）第 4.0.3 条的规定。

（9）光缆芯线终端的连接盒面板应有标志。

三、系统性能检测

（1）综合布线系统性能检测应采用专用测试仪器对系统的各条链路进行检测，并对系统的信号传输技术指标及工程质量进行评定。

目前，我国智能建筑工程管理已逐步走上规范化轨道，验证测试一般由施工方（乙方）实施（但并未规定强制实施），可以将验证测试结果向工程监理人员提供，监理人员可以旁站验证测试。认证测试由于是工程验收的重要内容，所以必须按《建设工程监理规范》（GB 50319—2000）执行，认证测试必须由具有国家认可的测试资质单位进行，并提供有效的测试报告。验证测试和认证测试都必须按《综合布线系统工程验收规范》（GB/T 50312—2007）执行。

（2）综合布线系统性能检测时，光纤布线应全部检测，检测对绞电缆布线链路时，以不低于 10% 的比例进行随机抽样检测，抽样点必须包括最远布线点。

(3)系统性能检测合格判定应包括单项合格判定和综合合格判定。

①单项合格判定如下：

(a)对绞电缆布线某一个信息端口及其水平布线电缆(信息点)按《综合布线系统工程验收规范》(GB/T 50312—2007)中的相关要求执行,有一个项目不合格,则该信息点判为不合格;垂直布线电缆某线对按连通性、长度要求、衰减和串扰等进行检测,有一个项目不合格,则判该线对不合格。

(b)光缆布线测试结果不满足《综合布线系统工程验收规范》(GB/T 50312—2007)中的指标要求,则该光纤链路判为不合格。

(c)允许未通过检测的信息点、线对、光纤链路经修复后复检。

②综合合格判定如下：

(a)光缆布线检测时,如果系统中有一条光纤链路无法修复,则判为不合格。

(b)对绞电缆布线抽样检测时,被抽样检测点(线对)不合格比例不大于1%,则视为抽样检测通过;不合格点(线对)必须予以修复并复验。被抽样检测点(线对)不合格比例大于1%,则视为一次抽样检测不通过,应进行加倍抽样;加倍抽样不合格比例不大于1%,则视为抽样检测通过。如果不合格比例仍大于1%,则视为抽样检测不通过,应进行全部检测,并按全部检测的要求进行判定。

(c)对绞电缆布线全部检测时,如果有下面两种情况之一时则判为不合格:无法修复的信息点数目超过信息点总数的1%;不合格线对数目超过线对总数的1%。

(d)全部检测或抽样检测的结论为合格,则系统检测合格;否则为不合格。

(4)系统监测包括工程电气性能、光纤特性的检测,按《综合布线系统工程验收规范》(GB/T 50312—2007)中的相关规定执行。

(5)采用计算机进行综合布线系统管理和维护时,应按下列内容进行检测：

①中文平台、系统管理软件。

②显示所有硬件设备及其楼层平面图。

③显示干线子系统和配线子系统的元件位置。

④实时显示和登录各种硬件设施的工作状态。

四、竣工验收

(1)综合布线系统竣工验收应按本章和《综合布线系统工程验收规范》(GB/T 50312—2007)中的有关规定进行。

(2)竣工验收文件除《综合布线系统工程验收规范》(GB/T 50312—2007)要求的文件外,还应包括如下内容：

①综合布线系统图。

②综合布线系统信息端口分布图。

③综合布线系统各配线区布局图。

④信息端口与配线架端口位置的对应关系表。

⑤综合布线系统平面布置图。

⑥综合布线系统性能自检报告。

第八节　智能化系统集成

一、一般规定

（1）本节适用于智能建筑工程中的智能化系统集成的工程实施及质量控制、系统检测和竣工验收。

（2）根据《智能建筑设计标准》（GB/T 50314—2006）的智能化系统集成的设计思想，结合我国目前智能化系统集成的实际发展情况，本章规定了以建筑设备管理系统为基础的智能化系统集成检测办法，并对智能化系统集成所实现的功能和目标在总体上做了说明。

（3）系统集成检测验收的重点应为系统的集成功能、各子系统之间的协调控制能力、信息共享和综合管理能力、运行管理与系统维护的可实施性、使用的安全性和方便性等要素。

二、工程实施及质量控制

（1）系统集成工程的实施必须按已批准的设计文件和施工图进行。

系统集成工程的实施按满足用户需求的设计文件进行，体现智能化系统集成"按需集成"的思想，智能化系统集成的实施和验收应依据建筑物的功能需求、用户的使用需求和投资规模的实际情况进行。

（2）系统集成中使用的设备进场验收应参照本章相关的规定执行。产品的质量检查按本章的有关规定执行。

系统集成中使用的系统软件、中间件和应用软件应是满足功能需求、性能良好、具有安全性并经过实践检验的商业化软件。未形成商业化的软件和自编软件还应提供软件自测试报告，测试报告中应包括模块测试、组装测试和总体测试的内容，软件应通过功能测试、性能测试和安全测试的检验，软件测试的时间应为持续运行不低于1个月。

（3）系统集成调试完成后，应进行系统自检，并填写系统自检报告。

（4）系统集成调试完成，经与工程建设方协商后可投入系统试运行，投入试运行后应由建设单位或物业管理单位派出的管理人员和操作人员认真做好值班运行记录，并保存试运行的全部历史数据。

三、系统检测

（1）系统集成的检测应在建筑设备监控系统、安全防范系统、火灾自动报警及消防联动系统、通信网络系统、信息网络系统和综合布线系统检测完成，系统集成完成调试并经过1个月试运行后进行。

（2）检测前应按本章相关的规定编写系统集成检测方案，检测方案应包括检测内容、检测方法、检测数量等。

（3）系统集成检测的技术条件应依据合同技术文件、设计文件及相关产品技术文件。

（4）系统集成检测时应提供以下过程质量记录：硬件和软件进场检验记录，系统测试记录，系统试运行记录。

（5）系统集成的检测应包括接口检测、软件检测、系统功能及性能检测、安全检测等内容。

（6）主控项目。

①子系统之间的硬线连接、串行通信连接、专用网关（路由器）接口连接等应符合设计文件、产品标准和产品技术文件或接口规范的要求，检测时应全部检测，100%合格为检测合格。

计算机网卡、通用路由器和交换机的连接测试可按照本章的有关内容进行。

②检查系统数据集成功能时，应在服务器和客户端分别进行检查，各系统的数据应在服务器统一界面下显示，界面应汉化和图形化，数据显示应准确，响应时间等性能指标应符合设计要求。对各子系统应全部检测，100%合格为检测合格。

③系统集成的整体指挥协调能力。系统的报警信息及处理、设备连锁控制功能应在服务器和有操作权限的客户端检测。对各子系统应全部检测，每个子系统检测数量为子系统所含设备数量的20%，抽检项目100%合格为检测合格。

应急状态的联动逻辑的检测方法如下：

（a）在现场模拟火灾信号，在操作员站观察报警和做出判断情况，记录视频安防监控系统、门禁系统、紧急广播系统、空调系统、通风系统和电梯及自动扶梯系统的联动逻辑是否符合设计文件要求。

（b）在现场模拟非法侵入（越界或入户），在操作员站观察报警和做出判断情况，记录视频安防监控系统、门禁系统、紧急广播系统和照明系统的联动逻辑是否符合设计文件要求。

（c）系统集成商与用户商定的其他方法。

以上联动情况应做到安全、正确、及时和无冲突。符合设计要求的为检测合格，否则为检测不合格。

④系统集成的综合管理功能、信息管理和服务功能的检测应符合本章的相关规定，并根据合同技术文件的有关要求进行。检测的方法，应通过现场实际操作使用，运用案例验证满足功能需求的方法来进行。

⑤视频图像接入时，显示应清晰，图像切换应正常，网络系统的视频传输应稳定、无壅塞。

⑥系统集成的冗余和容错功能（包括双机备份及切换、数据库备份、备用电源及切换和通信链路冗余切换）、故障自诊断，事故情况下的安全保障措施的检测应符合设计文件要求。

⑦系统集成不得影响火灾自动报警及消防联动系统的独立运行，应对其系统相关性进行连带测试。

（7）一般项目。

①系统集成商应提供系统可靠性维护说明书，包括可靠性维护重点和预防性维护计划、故障查找及迅速排除故障的措施等内容。可靠性维护检测，应通过设定系统故障，检查系统的故障处理能力和可靠性维护性能。

②系统集成安全性，包括安全隔离身份认证、访问控制、信息加密和解密、抗病毒攻击能力等内容的检测。

③对工程实施及质量控制记录进行审查,要求真实、准确、完整。

四、竣工验收

(1)竣工验收应在系统集成正常连续投运时间1个月后进行。

(2)竣工验收文件资料应包括以下内容:设计说明文件及图纸;设备及软件清单;软件及设备使用手册和维护手册,可靠性维护说明书;过程质量记录;系统集成检测记录;系统集成试运行记录。

【案例8-2】

某国企老商场地处繁华闹市,为了全面提升消防设施的可靠性及自动化程度,投入专款对消防工程进行改造。工程完工后进行专项验收,验收人员在楼层模拟报火警,消防联动动作,本层非消防电源强切,监控系统画面出现黑屏,人工接通消防应急备用电源后,监控系统恢复到强切前画面。

问题:

(1)楼层出现火情,消防联动状况下,监控系统画面出现黑屏,这种现象是否正常?

(2)消防应急备用电源接通,监控系统恢复到强切前画面,是否符合规范要求?

【案例评析】

(1)楼层出现火情,按消防联动要求,本层非消防电源强切、应急消防电源自动投入,监控系统不应出现黑屏现象。

(2)楼层出现火情,按消防联动要求,监控画面自动切换到火情现场画面,并且跟踪定格录像。

本章小结

本章主要阐述了智能建筑中的通信系统、信息网络系统、建筑设备监控系统、安全防范系统、火灾自动报警及消防联动系统等工程中的设备、产品、材料质量检查,工程实施及质量控制,系统检测、竣工验收等内容。同时,结合相关标准、规范及工程案例进行了进一步解释和分析。

【推荐阅读资料】

(1)《智能建筑工程质量验收规范》(GB 50339—2003)。

(2)《建筑与市政工程施工现场专业人员职业标准》(JGJ/T 250—2011)。

(3)中华人民共和国住房和城乡建设部网 www. mohurd. gov. cn。

(4)王彬. 质量员(安装)[M]. 北京:化学工业出版社,2007。

(5)邱东. 质量员[M]. 北京:机械工业出版社,2007。

(6)牛云陞. 楼宇智能化技术[M]. 天津:天津大学出版社,2008。

(7)魏立明. 智能建筑电气技术与设计[M]. 北京:化学工业出版社,2009。

思考练习题

1. 信息网络系统安装质量检查的主要内容有哪些?

2. 通信网络设备质量要求的主要内容有哪些?

3. 安全防范系统综合防范功能检测应包括哪些内容?

4. 建筑设备监控系统安装前,建筑工程应具备哪些条件?

5. 火灾自动报警及消防联动系统检测的主要项目有哪些?

6. 智能化系统集成应急状态的联动逻辑的检测方法有哪些?

7. 综合布线系统缆线敷设和终接应对哪些项目进行检测?

第九章 施工项目质量问题分析及处理

【学习目标】

- 熟悉质量缺陷、质量通病、质量事故的含义。
- 熟悉工程质量问题的成因。
- 掌握工程质量问题的处理方案。
- 熟悉常见质量通病的表现形式。
- 掌握常见质量通病的防治措施。
- 熟悉工程质量事故的成因。
- 熟悉施工质量事故等级划分。
- 熟悉工程质量事故报告的内容。
- 掌握工程质量事故的处理程序。

第一节 施工质量问题概述

一、工程质量问题概念与分类

根据国际标准化组织(ISO)和我国有关质量、质量管理和质量保证标准的定义,凡工程产品质量没有满足某个规定的要求,就称为质量不合格,即存在质量问题。

《建筑与市政工程施工现场专业人员职业标准》(JGJ/T 250—2011)规定:质量缺陷、质量通病和质量事故统称为质量问题。其中,质量缺陷是指施工过程中出现的较轻微的、可以修复的质量问题。质量通病是指工程中经常发生的、普遍存在的一些工程质量问题。质量事故则是造成较大经济损失甚至造成一定人员伤亡的质量问题。

二、工程质量问题的原因分析

(一)影响工程质量的因素

影响工程质量的因素很多,但归纳起来主要有以下5个方面。

1.人员素质

人是生产经营活动的主体,也是工程项目建设的决策者、管理者、操作者。人员的素质,将直接和间接地对规划、决策、勘察、设计和施工的质量产生影响。因此,建筑行业实行经营资质管理和各类专业从业人员持证上岗制度是保证人员素质的重要管理措施。

2.工程材料

工程材料选用是否合理、产品是否合格、材质是否经过检验、保管使用是否得当等,都将直接影响建设工程的结构刚度和强度,影响工程外表及观感,影响工程的使用功能、使用安全。

3.机械设备

机械设备可分为两类:一是指组成工程实体及配套的工艺设备和各类机具,它们构成了建筑设备安装工程或工业设备安装工程,形成完整的使用功能;二是指施工过程中使用的各类机具设备,简称施工机具设备,它们是施工生产的手段。机具设备对工程质量也有重要的影响。工程用机具设备产品质量的优劣,直接影响工程使用功能质量。施工机具设备的类型是否符合工程施工特点,性能是否先进稳定,操作是否方便安全等,都将会影响工程项目的质量。

4.方法

在工程施工中,施工方案是否合理,施工工艺是否先进,施工操作是否正确,都将对工程质量产生重大的影响。大力推进采用新技术、新工艺、新方法,不断提高工艺技术水平,是保证工程质量稳步提高的重要因素。

5.环境条件

环境条件是指对工程质量特性起重要作用的环境因素,包括工程技术环境、工程作业环境、工程管理环境、周边环境等。环境条件往往对工程质量产生特定的影响。加强环境管理,改进作业条件,把握好技术环境,辅以必要的措施,是控制环境对质量影响的重要保证。

(二)形成施工质量问题的原因

由于工程建设周期较长,所用材料品种复杂,在施工过程中,受社会环境和自然条件方面异常因素的影响,使生产的工程质量问题表现形式千差万别,类型多种多样。这使得引起工程质量问题的原因也错综复杂,往往一项质量问题由多种原因引起。虽然每次发生质量问题的类型各不相同,但是通过对大量质量问题调查与分析发现,其发生的原因有不少相同之处,归纳其最基本的因素主要有以下几个方面:

(1)违背建设程序。建设程序是工程项目建设过程及其客观规律的反映,但有些工程不按建设程序办事,例如不经可行性论证,未做调查分析就拍板定案;没有搞清工程地质情况就仓促开工;无图施工;不经竣工验收就交付使用等。

(2)违反法规行为。例如无证设计、无证施工、越级设计、越级施工;工程招标、投标中的不公平竞争;超常的低价中标;擅自转包或分包;多次转包;擅自修改设计等。

(3)地质勘察失误。对软弱土、杂填土、冲填土、大孔性土或湿陷性黄土、膨胀土、红黏土、熔岩、土洞、岩层出露等不均匀地基未进行处理或处理不当也是导致重大事故发生的原因。必须根据不同地基的特点,从地基处理、结构措施、防水措施、施工措施等方面综合考虑,加以治理。

(4)设计差错。诸如盲目套用图纸,采用不正确的结构方案,计算简图与实际受力情况不符,荷载取值过小,内力分析有误,沉降缝或变形缝设置不当,悬挑结构未进行抗倾覆验算,以及计算错误等,都是引发质量事故的隐患。

(5)施工与管理不到位。施工与管理失控是造成大量质量问题的常见原因,其主要表现为:

①图纸未经会审即仓促施工;或不熟悉图纸,盲目施工。

②未经设计部门同意,擅自修改设计;或不按图施工。

③不按有关的施工质量验收规范和操作规程施工。

④缺乏基本结构知识,蛮干施工。

⑤施工管理紊乱,施工方案考虑不周,施工顺序错误,技术交底不清,违章作业,疏于检查、验收等,均可能导致质量问题。

（6）不合格的原材料、制品及设备。

（7）自然环境因素。施工项目周期长,露天作业,受自然条件影响大,空气温度、湿度、暴雨、风、浪、洪水、雷电、日晒等均可能成为质量事故的诱因,施工中应特别注意并采取有效的措施预防。

（8）建筑结构或设施使用不当。

三、工程质量问题处理程序

（1）发现工程出现质量问题后,应停止有质量问题部位和其有关部位及下道工序施工,需要时,还应采取适当的防护措施。同时,根据有关规定要及时上报主管部门。

（2）进行质量问题调研。主要目的是要明确问题的范围、程度、性质、影响和原因,为问题的分析处理提供依据。调查力求全面、准确、客观。

（3）在质量问题调查的基础上进行问题原因分析,正确判断质量问题产生原因。

（4）研究制订处理方案。处理方案的制订以质量问题原因分析为基础。制订的质量问题处理方案,应体现安全可靠,不留隐患,满足建筑物的功能和使用要求,技术可行,经济合理等原则。如果一致认为质量问题不需专门的处理,那么必须经过充分的分析、论证。

（5）按确定的处理方案对质量问题进行处理。

（6）在质量问题处理完毕后,应组织有关人员对处理结果进行严格的检查、鉴定和验收。

四、工程质量问题处理方案

根据工程质量问题的性质,常见的处理方案有以下几种。

（一）修补处理

修补处理是最常用的一类处理方案。通常当工程的某个检验批、分项或分部的质量虽未达到规定的规范、标准或设计要求,存在一定缺陷,但通过修补或更换器具、设备后还可达到要求的标准,又不影响使用功能和外观要求时,可以进行修补处理。

（二）返工处理

在工程质量未达到规定的标准和要求,存在着严重质量问题,对结构的使用和安全构成重大影响,且又无法通过修补处理的情况下,可对检验批、分项、分部甚至整个工程返工处理。

（三）不作处理

某些工程质量问题虽然不符合规定的要求和标准构成质量事故,但视其严重情况,经过分析、论证、法定检测单位鉴定和设计等有关单位认可,对工程或结构使用及安全影响不大,也可不作专门处理。

通常可不作专门处理的几种情况：

（1）不影响结构安全和正常使用。

（2）有些质量问题,经过后续工序可以弥补。

（3）经法定检测单位鉴定合格。

（4）出现的质量问题，经检测鉴定达不到设计要求，但经原设计单位核算，仍能满足结构安全和使用功能。

【案例9-1】

某住宅小区建设10幢6层住宅楼、1幢2层的会所、2幢1层的水泵房和1幢2层的变电所，住宅小区的机电安装工程由甲安装公司施工总承包。为确保工程质量，甲安装公司将水泵房的两台不锈钢膨胀水箱的制作安装分包给乙公司。

水泵房安装完成后，甲公司检查验收，发现水箱的个别部位焊缝有裂纹。经检验论证，裂纹是由焊接应力引起的表面裂纹，检查焊接记录，不锈钢膨胀水箱的焊缝都为同一个焊工所焊接。乙公司对裂纹部位进行了重新焊接处理。

问题：

（1）建筑安装工程质量验收不符合要求时的处理类型有哪几种？

（2）不锈钢膨胀水箱的重新焊接属于哪一种处理方式？

【案例评析】

（1）建筑安装工程质量验收不符合要求时的处理类型有修补处理、返工处理和不作处理三种类型。

（2）不锈钢膨胀水箱的个别部位焊缝有裂纹，说明焊接质量存在缺陷，但通过对裂纹部位进行重新焊接后，可以达到质量验收标准，不影响使用功能和外观要求。因此，不锈钢膨胀水箱的重新焊接属于修补处理。

第二节　设备安装工程中常见的质量问题识别及分析处理

一、给水排水及采暖工程

（一）共性部分

（1）管材存在砂眼、裂缝、管壁厚薄不均匀等缺陷，容易破碎，且管材、管件规格尺寸不标准，在安装后就出现渗漏现象，许多塑料管材表面上看质量一样，实际上质量差异很大。

防治措施：

①工程所需要的主要原材料、成品半成品、构配件、器具和设备，必须有符合国家颁发现行标准的技术质量鉴定文件或产品合格证，应标明其产品名称、型号、规格、国家质量标准代号、出厂日期、生产厂家名称及地点、出厂产品检验证明或代号。

②材料、设备进场应进行检验，对其品种、规格、外观等进行验收，确保包装完好、配件齐全、产品表面无划痕及外力冲击破损，经专业监理工程师认定后才能用于工程，严把材料和设备的进货质量关。

③对进场的设备材料要做好防雨、防锈及防碎等防护工作。

（2）阀门安装后，经强度试验或使用后，关闭不严，有泄漏。

原因分析：有杂物进入阀腔、阀座，堵塞阀芯；阀瓣与阀杆连接不牢，密封圈与阀座、阀瓣配合不严密；利用阀杆吊装或操作用力过猛，阀杆弯曲变形；密封面研磨不符合要求，或阀门关闭太快，密封面受损；用闸阀、截止阀作调节阀用，使关闭件、座圈磨损加快。

防治措施：

①阀门安装前要检查各部分是否完好,阀杆有弯曲或阀瓣与阀杆连接不严密不得安装,若发现密封面或密封圈根部泄漏,则修复后使用。

②阀门安装前,应做耐压强度和严密性试验。试验应以每批(同牌号、同规格、同型号)数量中抽查 10%,且不少于一个。对于安装在主干管上起切断作用的闭路阀门,应逐个做强度和严密性试验。阀门强度和严密性试验压力应符合规范规定。

③安装前应清除阀内杂物,安装后管网要冲洗,若输送介质中有可能将杂物带入阀门,阻塞阀芯,在阀前应装设 Y 形过滤器(阀);阀门关不严,应缓慢用力启闭阀门数次止漏,或拆下泄漏阀解体检查,清除阀芯杂物后安装。

④选用的阀门材质和结构必须与输送介质相适应,不得用截止阀、闸阀代替节流阀。

⑤当阀座、阀瓣与密封圈采用螺纹连接时,可用聚四氟乙烯生料带作填料。

⑥吊装阀门时,绳扣应系在阀体上,严禁系在阀杆上。

(3)阀门安装位置和标高不便操作和维修,影响使用;阀门方向装反、倒装、手轮朝下。

原因分析:缺少阀门安装知识,对施工规范掌握不严;安装阀门时,未考虑方便操作和维修。

防治措施:

①止回阀、减压阀等均有方向性,若装反,拆下后按阀体箭头所示方向与介质流向一致重新安装。

②在走道上和靠墙、靠设备安装的阀门,不得碰头、踢脚或妨碍搬运工作;阀门安装过高,需经常启闭时,应设操作平台(梯);安装时阀门手轮要朝上或侧向安装,手轮不得朝下。

③明杆阀门不得直接安装在地下;升降式止回阀应水平安装;旋启式止回阀要保证摇板的旋转枢轴呈水平;减压阀要直立地安装在水平管上,不得倾斜。

④立管上阀门安装高度,当设计未明确时,可安装成阀门中心与胸口齐平,距地面 1.2 m 为宜。

(4)预留孔洞位置不准确。

原因分析:

①图纸会审时,未能及时发现并解决土建专业与给水排水专业施工图之间的错、碰、漏等问题。

②土建施工时,没有结合给水排水图纸进行预留洞和预埋管施工,没有派专人现场监督。从而造成孔洞错位、漏埋或移动,不仅浪费时间和精力,严重的还会给工程留下质量缺陷和事故隐患,影响建筑物的使用安全。

防治措施:

①专业技术人员在接到施工图以后,应认真学习图纸,熟悉图纸的内容、要点和特点,弄清设计意图,掌握工程情况,以便采取有效的施工方法和可行的技术措施。在审核图纸时,尽量全面发现图纸中的问题,以便设计人员及时准确地作出修改和补充,使设计不合理之处尽量解决在施工之前。

②在混凝土楼板、梁、墙上预留孔、洞、槽和预埋件时,应有专业人员按设计图纸将管道及设备的位置、标高尺寸测定,标好孔洞的部位,将预制好的模盒、预埋铁件在绑扎钢筋前按标记固定牢,盒内塞入纸团等物,在浇筑混凝土过程中应有专人配合监督,看管模盒、埋件,以免移位。

③施工技术人员在混凝土浇筑之前,积极配合土建施工,特别要检查地下室外墙套管预埋件的标高、位置;检查水泵基础位置、高度与水池预埋套管是否对齐;检查厨房、卫生间、水池、屋面的留孔位置;检查空调水管留洞大小是否考虑了保温层的厚度;通风口是否遗漏等。

【小贴士】

《建筑给水排水及采暖工程施工质量验收规范》(GB 50242—2002)第3.3.3条:地下室或地下构筑物外墙有管道穿过的,应采取防水措施。对有严格防水要求的建筑物,必须采用柔性防水套管。

(5)冷弯管制作质量缺陷:弯管弯扁,有裂纹;弯管断面成椭圆形,管壁产生折皱;弯管角度偏大或偏小。

原因分析:用手工冷弯管子时,未用样板比量,未考虑弹回角度;用力过猛,弯管器移动过快;弯曲半径小,冷弯时未放置弯曲芯棒。

防治措施:

①弯管前要计算好管子弯曲长度,制作角度样板,弯管时用样板检查。

②为了保证弯管整洁、美观、适用,防止弯管背壁减薄率超过标准,冷弯弯曲半径最小应大于或等于4倍的管外径(4D)。

③弯管时要把管道纵焊缝摆在弯曲面的45°角上(详见图9-1)。用力均匀,逐步移动弯管器,弯管角度要考虑弹回3°~4°,并用样板检查;当弯管外径大于60 mm时,要在管内放置弯曲芯棒,避免形成椭圆或产生裂纹。

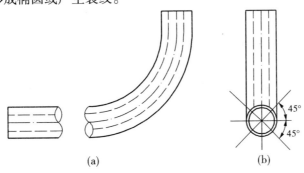

(a)　　　　　　　　　　(b)

图9-1　纵焊缝布置区域

(6)热弯管制作质量缺陷:热弯管折皱不平度过大;弯管外侧管壁减薄太多;热弯管椭圆率过大;弯管有裂纹和离层现象。

原因分析:管壁太薄,弯曲半径小,灌砂不实,加热不均或浇水不当,使管内侧或弯曲内侧温度高低不均;弯管时施力角度与钢管不垂直;钢管材质差,加热燃料中含硫过多或浇水冷却太快,气温过低,产生离层和裂纹。

防治措施:

①热弯前要选择材质好、表面无锈蚀、无弯曲和管壁稍厚于安装直管的加厚管加工;热弯管的弯曲半径应大于或等于3.5~4倍的管外径;防止热弯管背部管壁减薄率和椭圆率超标。

②管内应灌装洗净、无杂物、粒径合格的干燥河砂,边灌边震实,灌满后用木塞堵好管口,将加热段放到烘炉或焦炭火上加热,边加热边转动管子,当加热到950~1 000 ℃,管子

呈蛇皮状,并呈现红亮光时停止加热,放在弯管模具或平台上弯管,连续缓慢地进行弯管,当管子降温到 700 ℃,管壁呈樱红色时停止弯管。

③弯管时要比预定弯曲角度略大 2°～3°,并用样板放在弯管中心层处检查,合格后在受热表面上涂上一层废机油,防止氧化生锈。

④用气焊加热弯管时,要预热加热管段,再从起弯点开始加热,边加热、边弯曲、边用水冷却,弯曲半径一致,防止弯曲表面产生折皱。

⑤热弯中禁用含硫量大的烟煤加热管子,并不断地用样板检查,当发现椭圆度大、折皱较大时,应停止弯曲,趁热用锤子修整;当发现有气泡时立即浇水冷却;当管子一部分弯成所需曲线时,浇水将其冷却;当热管完成热弯时,让其自然冷却;当热弯后的弯管不符合标准时,应报废重做。

(7)各种管道套管制作、安装和设置不规范、漏设。

防治措施:

①套管制作、安装是一项较烦琐且质量不好保证的工程内容。出现问题整改和返工都比较困难。亦应事前编制使用计划,统一确定工程中各种管道套管的形式、规格、数量,统一加工制作。

②套管的设置部位、设置方式,使用材料种类,应在编制计划时由技术人员确定。

③安装前检验,土建安装配合,安装后复核和验收。

(8)各种管道支、吊架制作安装质量差,不规范。

防治措施:

①事前编制管道支架使用计划,统一确定工程中各种支架的形式、规格、数量。统一订货、统一加工。

②支架选型、规格应在编制计划时由技术人员确定。规格和形式应符合有关标准图和质量验收规范。

③室内给水管道末端配水点水嘴安装宜用龙头固定板安装。

(9)管道竖井内管道施工质量差、问题多;走廊吊顶内管道布局不合理,分支及交叉混乱。

防治措施:

①事前绘制管道竖井内、走廊吊顶内各种管道排列布置的详图,管道之间相互间距、位置应标注准确、详细,按详图的位置排列和布置管道。

②应事前向土建人员提交竖井和走廊内管道安装的配合计划,按规定进行工序交接检验,并履行签字认可手续,符合安装要求方可进行管道安装。

③管道穿越楼层、穿墙部位应在结构施工时预留套管或预留洞,并应验收复核套管和预留洞的位置、尺寸是否准确。

④安装管道应事先放线、定位,必要时应进行管道预组装。

⑤验收时对竖井内管道安装按检验批进行验收;对走廊吊顶内管道安装按检验批组织隐蔽验收。

(10)管道支架安装间距过大,管道局部"塌腰"。

原因分析:管道支架间距不符合规定,管道使用后,重量增加;弯曲的管道安装前未调直;支架安装前所定坡度、标高不准,安装时未纠正;支架埋设安装不平正、不牢固。

防治措施：

①支架安装前应根据管道设计坡度和起点标高，算出中间点、终点标高，弹好线，根据管径、管道保温情况，按"墙不作架、托稳转角、中间等分、不超最大"的原则，并参照规范，定出各支架安装点及标高。

②支架安装必须保证标高、坡度正确，平正牢固，与管道接触紧密，不得有扭斜、翘曲现象；弯曲的管道，安装前需调直。

③安装后管道产生"塌腰"，应拆除"塌腰"管道，增设支架，使其符合设计要求。

(11)管道投入使用后，支架松动或变形。

原因分析：支架固定方法不对，安装不符合要求；支架埋入深度不够，灌细石混凝土或砂浆时未捣实养护；使用后受外力作用而松动，造成支架不受力。

防治措施：

①固定支架必须按设计规定的位置安装，让管子平稳地敷设在支架横梁上，使每个支架都能受力；在有热位移的管道上，固定支架应在伸缩器预拉伸前固定。

②无热位移的吊架吊杆应垂直管道安装，并设置螺栓调节吊杆长度；有热位移的管道吊杆应倾斜安装，其倾斜方向与位移方向相反，倾斜距离按位移值的 $1/2$（$\Delta L/2$）安装，详见图9-2。

③滑动和导向支架不得妨碍管道热膨胀产生的移动，安装位置应从支承面中心向位移反向偏移，其偏移值为位移值的一半，保温层不得妨碍热位移。

④沿墙、沿柱或在钢筋混凝土构件上固定支架时，应参照相应的标准图集和规范要求施工。

⑤管道试用后，发现支架安装不符合规定或松动，应修整加固或重新安装。

(12)∩形或Ω形伸缩器在使用后，支架倾斜，管道变形，甚至接口漏气、漏水。

原因分析：伸缩器在安装前未作预拉伸，或预拉伸不符合要求；伸缩器制作不合格，或安装位置不当；固定支架安装不牢，间距过大。

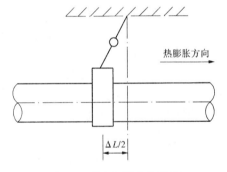

图9-2 吊架倾斜安装示意

防治措施：

①小型门型伸缩器用一根无缝钢管煨成，大型伸缩用2~3根管煨制，然后焊接成型，焊口放在两个垂直臂的中间点，水平臂上不得有焊口；四个90°弯角的弯曲半径 $R \geqslant 4D$（外径），且在平台上保持同一平面。

②制作伸缩器的尺寸要准确，平面弯扭偏差不得大于3 mm/m，且不得大于10 mm，垂直臂偏差不得超过±10 mm。

③门型伸缩器安装位置必须符合设计规定，并需在两个固定支架之间的管道安装完毕后进行；安装门型伸缩器时须进行预拉伸，输送热介质要冷拉，输送冷介质要冷压。拉伸前须将两端固定支架安牢，冷拉焊口设在距伸缩器弯头弯曲起点2~2.5 m直管处，两端的第一个活动支架设在距伸缩器弯头弯曲起点0.5~1.0 m处，两端直管与连接管之间留设计补偿值的 $\Delta L/4$，然后用拉管器或千斤顶拉伸，使管子与伸缩器接口对齐后焊接牢固。

④伸缩器安装坡度和坡向应与管道一致，输送液体时，要在伸缩器的最高点设排气阀，

最低点设排水阀,输送蒸汽时,应在伸缩器最低点设疏水器。

⑤伸缩器制作安装不符合设计要求时,须拆除后重新制作安装和预拉伸。

(13)管道位置偏移或积水。

原因分析:测量差错,施工走样和意外的避让原有构筑物,在平面上产生位置偏移,立面上产生积水甚至倒坡现象。

防治措施:

①防止测量和施工造成的病害措施主要有:施工前要认真按照施工测量规范和规程进行交接桩复测与保护;施工放样要结合水文地质条件,按照埋置深度和设计要求以及有关规定放样,且必须进行复测检验,其误差符合要求后才能交付施工;施工时要严格按照样桩进行,沟槽和平基要做好轴线和纵坡测量验收。

②施工过程中如意外遇到构筑物须避让时,应在适当的位置增设连接井,其间以直线连通,连接井转角应大于135°。

(14)管道渗漏水,闭水试验不合格。

原因分析:基础不均匀下沉,管材及其接口施工质量差、闭水段端头封堵不严密、井体施工质量差等原因均可产生漏水现象。

防治措施:

①管道基础条件不良将导致管道和基础出现不均匀沉陷,造成局部积水或出现管道断裂、接口开裂。

(a)认真按设计要求施工,确保管道基础的强度和稳定性。当地基地质水文条件不良时,应进行换土改良处治,以提高基槽底部的承载力。

(b)如果槽底土壤被扰动或受水浸泡,应先挖除松软土层后和超挖部分用杂砂石或碎石等稳定性好的材料回填密实。

(c)地下水位以下开挖土方时,应采取有效措施做好槽坑底部排水降水工作,确保干槽开挖,必要时可在槽坑底预留20 cm厚土层,待后续工序施工时随挖随清除。

②由于管材质量差,存在裂缝或局部混凝土松散,抗渗能力差,容量产生漏水:

(a)所用管材要有质量部门提供合格证和力学试验报告等资料。

(b)管材外观质量要求表面平整无松散露骨和蜂窝麻面现象。

(c)安装前再次逐节检查,对已发现或有质量疑问的应责令退场或经有效处理后方可使用。

③由于管接口填料及施工质量差,管道在外力作用下产生破损或接口开裂:

(a)选用质量良好的接口填料并按试验配合比和合理的施工工艺组织施工。

(b)抹带施工时,接口缝内要洁净,必要时应凿毛处理,再按照施工操作规程认真施工。

④由于检查井施工质量差,井壁和与其连接管的结合处渗漏:

(a)检查井砌筑砂浆要饱满,勾缝全面不遗漏;抹面前清洁和湿润表面,抹面时及时压光收浆并养护;遇有地下水时,抹面和勾缝应随砌筑及时完成,不可在回填以后再进行内抹面或内勾缝。

(b)与检查井连接的管外表面应先湿润且均匀刷一层水泥原浆,并坐浆就位后再做好内外抹面,以防渗漏。

⑤规划预留支管封口不密实,因其在井内而常被忽视,当采用砌砖墙封堵时,应注意做

好以下几点：

（a）砌堵前应把管口0.5 m左右范围内的管内壁清洗干净,涂刷水泥原浆,同时把所用的砖块润湿备用。

（b）砌堵砂浆标号应不低于M7.5,且具良好的稠度。

（c）勾缝和抹面用的水泥砂浆标号不低于M15。抹面应按防水的5层施工法施工。

（d）一般情况下,在检查井砌筑之前进行封砌,以保证质量。

⑥闭水试验是对管道施工和材料质量进行全面的检验,其间难免出现两三次不合格现象。这时应先在渗漏处一一作好记号,在排干管内水后进行认真处理。对细小的缝隙或麻面渗漏可采用水泥浆涂刷或防水涂料涂刷,较严重的应返工处理。严重的渗漏除了更换管材、重新填塞接口外,还可请专业技术人员处理。处理后再做试验,如此重复进行直至闭水合格。

（15）卫生间及易产生积水的房间,其地面积水从穿楼板的管（或套管）外壁及地漏处渗漏到下一层。

原因分析：

①未按设计、规范设置套管或管道与套管之间封堵不严密。

②堵洞时没按规范采用细石混凝土分两次封堵。

③卫生间防水不严密,未按要求在完成防水后做卫生间整体灌水试验。

防治措施：

①施工时应按设计、规范设置套管,并将管道与套管之间封堵严密。

②封堵孔洞时采用细石混凝土分两次进行,细心捣实,第一次浇筑2/3板厚,第二次浇筑1/3板厚。当管道（或套管）为塑料管时,与细石混凝土接触的管外壁应先刷胶粘剂再涂抹细砂（或安装止水环）,以提高防渗效果。

③管道安装完毕,各孔洞封堵后,土建专业应认真做好卫生间整体防水,并于完成防水后做卫生间整体灌水试验,要求不渗不漏。

（16）管道根部堵洞不密实,渗漏;表面不平整,涂料起皮。

防治措施：

①管根堵洞这一工作专业性强,应对质量要求、标准进行事前交底,并应由专业人员进行管根堵洞工作。

②制定专项技术措施。

③进行专项验收,检查堵洞混凝土的平整和密实情况;在施工过程中,施工单位应严格落实管道预留管口的封闭措施,监理单位应检查把关,并按一定的验收批对管道预留管口封闭的质量情况进行验收。

（二）室内给水部分

（1）生活给水管和生活、消防合用管道出水混浊,水色发黄,有异味,影响饮用。

原因分析：生活饮水管道、消防和生活合用的给水管未按规范规定采用镀锌管及其配件,而采用冷镀管或普通碳素钢管安装;给水管使用前未进行冲洗,或冲洗不净;水箱溢水管、排污管直接接入下水道,饮水水质受污染,无水箱蹲式大便器冲洗管上未设置防污器。

防治措施：

①生活饮用水管、消防和生活合用管道,必须使用镀锌钢管（热镀管）及其配件;管道系

统应进行试压和冲洗,凡安装管材、管件不符合要求的,必须拆除后按设计或施工规范要求重新安装和冲洗;给水管和饮水管应优先采用铝塑复合管、聚丁烯管、交联聚乙烯管及其配件。

②给水箱溢水管、排污管应通过排水漏斗接至下水道或污水池,严禁直接与下水道相连。

③无水箱大便器冲洗管不得直接与大便器相接,中间必须装设防污器。

④给水箱在使用前,必须经冲洗消毒后使用,并应定期冲洗和排污,并加盖防护。

(2)塑料给水管漏水。

原因分析:安装程序不对或安装方法不当,造成管道损坏,接头松动;试压不合格。

防治措施:

①塑料给水管多为暗装,安装时应预埋套管;或者预留墙槽、板槽时尽量减少因工种交叉而损坏管道的概率。

②做好成品保护,与土建工种搞好协调配合。

③对于铝制管件,应一次安装成功,切忌反复拆卸。

④对于暗埋管道应采取分段(户)试压方式,即对暗埋管道安装一段,试压一段,隐蔽一段。分段(户)试压必须达到规范验收要求,全部安装完毕再进行系统试压,同样必须满足验收规范,从而确保管道接口的严密性。

(3)给水管道流水不畅或堵塞。

原因分析:管道安装前未清除管内杂物和断口毛刺,螺纹接口填料聚四氟乙烯生料胶、麻丝、白漆等挤入管内;施工中甩口、管口未及时封堵或封堵不严;给水箱使用前未冲洗或冲洗不净,使用后未及时加盖,阀门阀板脱落;通水前管道系统未冲洗或冲洗不净。

防治措施:

①管道安装前,必须除尽管内杂物、勾钉和断口毛刺;对已使用过的管道,应绑扎钢丝刷或扎布反复拉拖,清除管内水垢和杂物。

②螺纹接口用的白漆、麻丝等缠绕要适当,不得堵塞管口或挤入管内;用割刀断管时,应用螺纹钢清除管口毛刺。

③管道在施工时须及时封堵管口;给水箱安装后,要清除箱内杂物,及时加盖。

④管道施工完毕后应按规范要求对系统进行水压试验和冲洗。

⑤管道堵塞后,用榔头敲打判断堵塞点,拆开疏通;若阀板脱落,拆开阀门修复或更换合格阀门装好。

(4)水龙头打开时产生颤动声。

原因分析:由给水管内残留气体排放引起。

防治措施:给水管应在系统管道最高处设排气阀,注水时应排干净管内空气。

(5)夏季管道结露,特别是安装在顶棚的给水管道会误认为管道漏水。

原因分析:管道没有防结露保温措施;保温不严密,保温厚度不够;保温材料不合格。

防治措施:

①按设计要求选择保温材料。

②认真检查保温质量,确保保温层厚度和严密性。

③当设计无要求时施工单位应及时向设计单位提出设计变更。

（6）水泵排水量过小。

原因分析：叶轮进水口被杂物堵塞；叶轮破损；单流阀堵塞；水温突然升高；吸水管接头不严密；盘根处漏气。

防治措施：清除水泵进出口杂物；修整或更换叶轮；疏通单流阀；降低水温；拧紧吸水管接头；修整或更换盘根。

（7）水泵运转时产生振动。

原因分析：水泵与电机的同轴度超差过大；未固定牢固；水泵轴出现弯曲；叶轮或平衡盘歪斜；地脚螺栓松动；基础不稳固。

防治措施：调整好水泵与电机的同轴度，使其达到规范要求；水管固定牢固，必要时，增加支撑；修理或更换水泵轴、叶轮及平衡盘；拧紧地脚螺栓；固定好泵基础。

（三）室内排水部分

（1）排污管预埋套管低于立管三通（见图9-3）。

生活污水管套管埋设过低

图9-3　排污管套管埋设过低

原因分析：结构施工预埋套管时与卫生间底板的关系控制不准确；三通安装时没有顾及套管高度之间的相互关系。

防治措施：

①套管预埋时考虑稍高一些。

②先安立管时尽可能将三通的高度降低。

（2）PVC排水管在温度变化大时，出现管道变形、接口脱漏等现象。

原因分析：PVC排水管无伸缩节或伸缩节间距偏大。

防治措施：

①根据管道伸缩量严格规范设置伸缩节。

②伸缩节设置位置应靠近水流汇合管件，并符合下列规定：

（a）当立管穿越楼层处为固定支承且排水支管在楼板之下接入时，伸缩节应设置于水流汇合管件之下。

（b）当立管穿越楼层处为固定支承且排水支管在楼板之上接入时，伸缩节应设置于水流汇合管件之上。

（c）当立管穿越楼层处为不固定支承时，伸缩节应设置于水流汇合管件之上或之下。

（d）当立管上无排水支管接入时，伸缩节设计间距置于楼层任何部位。

（e）横管上设置伸缩节应设于水流汇合管件上游端。

（f）当立管穿越楼层处为固定支承时，伸缩节不得固定；当伸缩节固定支承时，立管穿越楼层处不得固定。

（g）伸缩节插口应顺水流方向。

（h）埋地或埋设于墙体、混凝土柱体内的管道不应设置伸缩节。

（3）排水管排水不顺畅甚至堵塞。

原因分析：安装前未彻底清除排水管及零配件内部的杂物和砂粒；排水立管管径偏小，油脂悬浮物黏结管壁；排水横管坡度不均或倒坡；排水管甩口封堵不严或不及时，或冲洗地面时有泥沙等杂物流入地漏和排水管内；接口麻丝、水泥填料和工具落入管内未取出；管道预制时，管件选用不当，局部阻力大；未按规范做灌水、通水及通球试验，或试验不符合要求。

防治措施：

①用木槌敲打管道，使堵塞物松动，用压力水把堵塞物冲出，或打开检查口、清扫口、存水弯、丝堵或地漏，用竹片或钢丝疏通管道，也可用手电钻在堵塞处钻孔，用钢丝疏通后在该处攻丝，用螺钉堵住，必要时更换零件。

②安装前应清除管道、管件内泥沙、毛刺及其他杂物。

③施工中需及时封严甩口、管口，在立管检查口处设斜插簸箕。

④排水横管必须按设计坡度施工，严禁倒坡；当横管与横管、横管与立管、立管与横管连接时，必须采用"Y"形斜三通或斜四通，严禁使用正三（四）通；支、吊架间距要正确，安装要紧密牢固。

⑤立管检查口、横管清扫口和排水池地漏的位置、数量、标高设置要符合规范要求。施工中不得将麻丝、水泥填料、工具等丢入管内；生活污水、废水和雨水管优先采用硬聚氯乙烯塑料管。

⑥管道施工完毕，必须按规范要求及时做好灌水、通水和通球试验。

（4）铸铁排水管道承插接口环缝不均匀，灰口不饱满，不平整，不密实，接口不严，有渗漏。

原因分析：承插接口环缝控制差，不均匀，横管接口调节坡度时，偏口太大；接口填料未按规定填实，未打口，用水泥砂浆抹口，或因沉降变形使接口损坏渗水。

防治措施：

①承插接口环缝间隙应控制准确，应均匀一致，当需要接口调整横管坡度时，不能只在一个接口上调整，严禁出现偏口、折口现象。

②承接石棉水泥接口应先打防腐麻辫，掌握好石棉、水泥的配比和含水率，接口应捻打密实，灰口平整饱满，严禁用水泥砂浆抹口。

③石棉水泥接口施工后，要加强对接口的养护，避免出现干缩裂纹。

④当管道穿过承重墙壁时，应有防止因建筑物沉降而损坏管道或接口的措施。

⑤长管和短管要合理使用，减少接口。

⑥对于室外球墨给水承插铸铁管弯头处要采取捻口或很可靠的固定，打压时管路两侧应固定牢固，防止出现蹦管现象。

（5）排水管立管有噪声、抖动甚至损坏。

原因分析：当 UPVC 排水管道在地下室、半地下室或室外架空布置时，立管底部未采取加强和固定措施。这将导致污水从立管流入横管时,水流方向改变,立管底部会产生冲击和横向分力,使其造成噪声、抖动和损坏。

防治措施:

①UPVC 排水立管底部宜设支墩或采取固定措施。特别是在高层建筑中,在立管的底部应采取必要的加强处理。

②解决排水管噪声可以选用一种芯层发泡螺旋 PVC 管,内螺旋有导流管内流体的作用,使水尽量沿管内壁下落,芯层发泡也有利于降噪,是一种比较理想的管材。另外,球墨铸铁排水管降噪性能优于 PVC 管,但其造价较高。

(6)高层建筑发生火灾时,自身不能有效地阻止火焰和烟气蔓延,加大人身伤害和财产的损失。

原因分析:UPVC 管道安装没有采取防火灾贯穿的措施。

防治措施:

①高层建筑中,立管明设且其管径大于或等于 110 mm 时,在立管穿楼层处,以及管径大于或等于 110 mm 的明敷排水横支管接入管井、管窿内的立管时,在穿越管井、管窿壁处均应采取防止火灾贯穿的措施。

②当横干管不可避免确需穿越防火分区隔墙和防火墙时,应在管道穿越墙体处两侧采取防火灾贯穿措施。

③防火套管,阻火圈等的耐火极限不宜小于管道贯穿部位的建筑构件的耐火极限。防火套管宜采用无机耐火材料和化学阻燃剂制作,阻火圈宜采用阻燃膨胀剂制作,并应有消防主管部门签发的合格证明文件。

(7)排水管附近地面、地面缝隙反潮,墙角、地板渗漏,隔墙潮湿、积水。

原因分析:

①管道、管件壁薄、偏心,或有砂眼、裂缝,安装时未检查清理。

②管道预制后,搬动过早,或管道、管件不配套,接口间隙小,振动后,接口松动。

③管沟超挖、填土不实,支墩设在松土或冻土上,管道下沉,接口或管道断裂漏水;水泥标号不符合要求。

④管道穿基础或承重墙时,管顶紧贴墙体,墙体局部下沉导致断管漏水。

⑤埋地管安装后未做灌水试验。

⑥冬季施工接口未养护覆盖,冻裂漏水。

⑦支架间距过大,管子有"塌腰"现象,接口受力漏水。

防治措施:

①选用配套、合格的管材、管件。

②管道穿承重墙基础时,管顶留足 150 mm 沉陷量,管外壁空隙用黏土填实,并用 M5 水泥砂浆封口。

③管道用排水铸铁管时,接口须用 325 号以上水泥打紧打实,养护好;组对、预制后不得碰撞,或过早搬运。

④立管下部必须设置支墩,不得砌筑在松土、冻土上。

⑤支、吊架间距要符合规范,埋设、固定要牢固,与管子接触紧密;防止"塌腰"产生。

⑥做好灌水、通水试验,发现漏水及时修复;或挖开潮湿地面、墙角,拆除破裂管道,重新

更换新管、配件。

检验方法:满水 15 min 水面下降后,再灌满观察 5 min,液面不降,管道及接口无渗漏为合格。

(8)排水管道未按规范规定的间距、位置设置伸缩节和检查口、清扫口;管道排出方式及管件的连接组合不符合要求。

防治措施:

①当设计无要求时,排水塑料管道横管伸缩节间距不得大于 4 m,立管每层应设伸缩节。

②立管应每隔一层设置检查口,在最底层和有卫生器具的最高层必须设置;有乙字弯管时,在该层乙字弯管的上部设置检查口。

③污水横管设置清扫口:2 个及 2 个以上大便器或 3 个及 3 个以上器具;转角小于 135°横管上;直管段按设计要求的距离。

④污水管起点设置堵头代替清扫口时,与墙面距离不得小于 400 mm。

⑤6 层及以上的住宅工程,其底层排水均应单独排出;立管与排出管端部的连接,应采用 2 个 45°弯头或曲率半径不小于 4 倍管径的 90°弯头。

地下室以及高层建筑设备层这一通病出现较多,应重点检查和控制。

(9)地漏偏高,地面积水不能排除;地漏周围渗漏。

原因分析:安装地漏时,对地坪标高掌握不准,地漏高出地面;地漏安装后的周围空隙,未用细石混凝土灌实严密;土建未根据地漏找坡,出现倒坡。

防治措施:

①找准地面标高,降低地漏高度,重新找坡,使地漏周围地面坡向地漏,并做好防水层。

②剔开地漏周围漏水的水泥,支好托板,用水冲洗孔隙,再用细石混凝土灌入地漏周围孔隙中,并仔细捣实。

③根据墙体地面红线,确定地面竣工标高,再根据地面设计坡高,计算出距地漏最远的地面边沿至地漏中心的坡降,使地漏算子顶面标高低于地漏周围地面 5 mm。

④地面找坡时,严格按基准线和地面设计坡度施工,使地面泛水坡向地漏,严禁倒坡。

⑤地漏安装后,用水平尺找平地漏上沿,临时稳固好地漏,在地漏和楼板下支设托板,并用细石混凝土均匀灌入周围孔隙并捣实,再做好地面防水层。

(10)排气道、通气孔堵塞。

原因分析:主要由于施工操作不符程序,碎砖、杂物掉落排气道内。

防治措施:预制水泥砂浆排气道安装完毕后,应及时在排气道上盖好临时盖板。屋面上的排气道四周杂物应及时清理干净。

(11)底层地漏往上返水。

原因分析:地基不均匀沉降造成排水管断裂;管道坡度过小,甚至有倒坡;管道临时封口不严或无临时封口;管道安装前未认真进行清砂,未清除管内杂物;交工前未认真做通球、通水试验。

防治措施:施工前,核对图纸上规定的管道标高与建筑物的最大沉降量是否矛盾,土建预留孔洞位置、尺寸严格按图纸要求进行,保证排水铸铁管上表皮与基础孔洞顶部有不小于 150 mm 的空间;管道按图纸要求坡度施工,坡度应均匀,严禁有倒坡现象;管道安装中途或完毕后,应用木塞、丝堵或钢板将管口堵严,严禁用碎纸、碎布、绳等物堵塞,卫生器具安装后,严禁掉进杂物或提前使用;管道安装前应认真清砂,并将管内杂物清除干净;通球、通水试验应每根立管逐一进行,通球试验所用橡胶球直径应为管径的 2/3。

(12)卫生洁具安装不牢固。

原因分析:墙体施工时,未预埋木砖,或预埋不牢固;在预埋木砖和固定卫生洁具时,未画出安装洁具的水平线和中心线;螺栓规格小,钻孔深度浅,墙面不平整,卫生洁具与墙面接触不严实,与轻质隔墙固定未采用锚固措施,安装不牢;支架结构尺寸偏心,与卫生洁具接触不良。

防治措施:

①固定用的螺栓或木砖必须刷好防腐油,在墙上按核对好的位置预埋平整、牢固。严禁采用后凿墙洞再埋螺栓或填木砖、木塞法固定。

②卫生洁具安装前,应把该部分墙、地面找平,并在墙体画出该洁具的上沿水平线和十字交叉中心线,再将卫生洁具用水平尺找平后安装;固定用的膨胀螺栓、六角螺栓规格应符合国家标准图的规定,并垫上铅垫或橡胶垫,用螺母拧紧牢固。

③安装卫生洁具的支托架结构、尺寸应符合国家标准图集要求,有足够的刚度和稳定性;洁具与支托架间空隙用白水泥砂浆填补饱满、牢固,并抹平。

④在轻质墙上安装固定卫生洁具时,尽量采用落地式支架安装,必须在墙上固定时,应用铁件固定或用锚固。

(13)蹲式大便器排水出口流水不畅或堵塞,污水从大便器向上返水。

原因分析:

大便器排水甩口未及时封堵,有杂物进入;大便器出口与排水管连接时,有油灰掉入管内;大便器安装后有砂浆、碎砖等落入排水管内。

防治措施:

①大便器排水管甩口施工后,应及时封堵,存水弯、丝堵应后安装。

②排水管承接口内抹油灰不宜过多,不得将油灰丢入排水管内,并将溢出接口内外的油灰随即清理干净。

③防止土建施工厕所冲洗时,将砂浆、灰浆流入、落入大便器排水管内。

④大便器安装后,随即将出水口堵好,把大便器覆盖保护好。

⑤用胶皮碗反复抽吸大便器出水口;或打开蹲式大便器存水弯、丝堵或检查孔,把杂物取出;也可打开排水管检查口或清扫口,敲打堵塞部位,用竹片或疏通器、钢丝疏通。

(14)坐式大便器进出水接口处渗漏。

原因分析:低水箱或坐式大便器安装不平正,冲洗管与水箱或与坐便器接口连接处不同心;冲洗管或锁紧螺母有滑丝断扣现象;冲洗管有裂纹;排水管甩口高度不够或位置不适中,接口不严密。

防治措施:

①安装前对低水箱、坐便器、冲洗管、橡皮垫等进行检查,挑选合格品安装。

②按坐便器实际尺寸,留准排水管甩口,高出地面 10 mm,先安装大便器,使大便器出口与甩口对准,用油灰连接紧密,并用水平尺找平,使大便器进口中心与水箱出口中心成一直线,挂好线,量好尺寸,将水箱、冲洗管与大便器连接紧密。

③坐便器安装好后,其底部间隙用玻璃胶密封,或底部使用橡胶垫,并将排出口堵好。

(15)浴盆排水管、溢水管接口渗漏,浴盆排水管与室内排水管连接处漏水;浴盆排水受阻,并从排水栓向盆内冒水;浴盆放水排不尽,盆底有积水。

原因分析:浴盆安装后,未做盛水和灌水试验;溢水管和排水管连接不严,密封垫未放平,锁母未锁紧;浴盆排水出口与室内排水管未对正,接口间隙小,填料不密实,盆底排水坡度小,中部有凹陷;排水甩口、浴盆排水栓口未及时封堵;浴盆使用后,浴布等杂物流入栓内堵塞管道。

防治措施:

①浴盆溢水、排水连接位置和尺寸应根据浴盆或样品确定,量好各部尺寸再下料,排水横管坡向室内排水管甩口。

②浴盆及配管应按样板卫生间的浴盆质量和尺寸进行安装。

③浴盆排水栓及溢水管、排水管接头要用橡皮垫、锁母拧紧,浴盆排水管接至存水弯或多用排水器短管内应有足够的深度,并用油灰将接口拧紧抹平。

④浴盆挡墙砌筑前,灌水试验必须符合要求。

⑤浴盆安装后,排水栓应临时封堵,并覆盖浴盆,防止杂物进入。

⑥溢水管、排水管或排水栓等接口漏水,应打开浴盆检查门或排水栓接口,修理漏点;若堵塞,应从排水管存水弯检查口(孔)或排水栓口清通;盆底积水,应将浴盆底部抬高,加大浴盆排水坡度,用砂子把凹陷部位填平,排尽盆底积水。

(16)水盘、瓷洗涤盆、洗脸盆等卫生洁具排水管道的存水弯不标准,材质差,接口不严,使水封失效,安装位置距地面太近,有的甚至只有 30~50 mm,影响使用功能。

原因分析:

①卫生洁具排水管道存水弯使用软塑料制品,材质不合格。

②存水弯以下排水管与排水管道连接处接口封口不严,排水管道与透气管贯通,水封失效。

③安装存水弯时定位掌握不准,存水弯距地面距离太小,影响使用和观感效果。

防治措施:

①卫生洁具排水管道存水弯应使用镀锌制品,或硬质塑料制品且存水弯深度符合要求,严禁使用软塑料制品。

②安装存水管定位要准确,一般存水弯底部距地面不小于 150 mm。

③存水弯下排水管道的连接口必须严密不漏。

④一般情况下严禁用玻璃腻子直接封口,要用油麻填实后打白色玻璃胶套上扣腕,扣腕要平于止水台,要等玻璃胶干后再扣上,否则扣腕起不开。

(四)消防部分

(1)消火栓栓口不朝外,在箱内安装位置和标高不符合规定,影响使用或不起作用。

原因分析:缺乏消火栓灭火常识,未按施工规范及"室内消火栓安装"图集施工;消火栓箱尺寸小于规定值,栓口无法朝外,栓阀启闭困难。

防治措施:

①室内消火栓应按国家标准图集施工,消火栓箱规格、尺寸必须满足消火栓安装要求,栓口应朝外(双栓口可朝下),不得倾斜安装。

②安装乙型单栓消火栓时,须保证阀门中心距地面 110 mm ± 2 mm,距箱侧面 140 mm,距箱后内表面 100 mm ± 5 mm。

③在常有人出入的进出口处(例如楼梯间、走廊、大厅及车间),应设位置明显的消火栓。

(2)消火栓箱门上无"消火栓"字样,箱内水枪、水带配置不全;水带未与消火栓栓口、水枪绑扎,排列零乱,影响使用与灭火。

原因分析:对消防施工验收规范、规定和安装标准不熟悉;施工马虎,未按国家标准图集加工消火栓箱和配置消防器材。

防治措施:

①消火栓箱结构、规格、尺寸应根据设计的不同类型按国家标准图集加工和安装,箱门要用玻璃门,禁用铁皮门,不符合要求的要拆除改装,并在玻璃门上用红漆标出"消火栓"字样和"火警119"字样。

②水龙带宜选用尼龙涂胶带或棉织涂胶水带,消防箱内消火栓阀、水枪、水龙带必须按设计规格配置齐全,其产品必须选用消防部门批准生产的合格品。

③栓阀应装在箱门开启的一侧,并在验收前将消火栓、水龙带、水枪、胶带卷盘或挂架安装完成,水龙带与消火栓和快速接头要用 16 号铜丝(ϕ1.6)缠绕 2~3 道,每道缠紧 3~4 圈,扎紧后将水龙带和水枪挂在箱内挂架或卷盘上。

(五)室内采暖部分

(1)铸铁散热器安装后漏水、安装不牢固。

原因分析:

①挂装散热器的托钩固定不牢,托钩强度不够,散热器受热不匀。

②落地安装的散热器支腿落地不实,或垫得过高,不稳。

防治措施:

①散热器组对后安装前应按要求进行逐组试压,不合格的不允许上楼安装;散热器抬运时,要竖直,不能平抬;18 片以上的散热器应加拉条;落地安装的散热器支腿应落实,不得使用木垫,必须用铅垫。

②散热器钩卡入墙深度不小于 12 cm,堵洞应严实,钩卡的数量应符合规范规定。

③散热器支管长度超过 1.5 m 时,应在支管上安装管卡;塑料管应在转弯处安装管卡,在阀门处安装固定支架;散热器及支管坡度坡向正确。隐蔽安装的采暖管道在墙、地面上应标明其位置和走向。

④散热器背面与装饰后的墙内表面安装距离应符合设计或产品说明书要求,如无要求,应为 30 mm,距窗台不应小于 50 mm;距地面高度设计无要求时,挂装应为 150~200 mm,卫生间散热器底部距地不应小于 200 mm,散热器排气阀的排气孔应向外斜 45°安装。

⑤散热器及配管水压试验应在逐户试验合格的基础上进行系统试压,并形成记录。

(2)散热器支管有倒坡,影响使用效果。

原因分析:吊、支架标高不准,在梁、墙体预留洞标高不准,管段下料长度不准,立管上下移动。

防治措施:吊、支架位置及标高应准确,且安装牢靠。管道穿墙处堵洞时,不得随意改变管道标高;施工前应考虑干管最高点距天棚尺寸,从而确定整个管段的安装标高;管段下料长度应准确无误;乙字弯连接应平正,弯曲方向和半径要合适,水平支管要有1%坡度;立管管卡要牢固,使立管不能上下移动。

(3)暖气立管的支管甩口不准,造成连接散热器的支管坡度不一致,影响正常供热。

防治措施:

①测量立管尺寸,做好记录。

②立管的支管开档尺寸要适合支管的坡度要求。一般支管坡度为1%。

③散热器应尽量采用挂装,以减少地面施工标高偏差的影响。

④地面施工应严格遵照基准线,保证其偏差不超过安装散热器范围。

⑤支管的灯叉弯的椭圆率应符合要求。管径不小于100 mm,允许偏差10/100;管径大于100 mm,允许偏差8/100;散热器支管长度大于1.5 m,应在中间安装管卡或托钩。

⑥当散热器支管过墙时,除应该加设套管外,还应注意支管不准在墙内有接头。支管上安装阀门时,在靠近散热器一侧应该与可拆卸件连接。散热器支管安装,应在散热器与立管安装完毕之后进行,也可与立管同时进行。安装时,一定要把钢管调整合适后再进行碰头,以免弄歪支管、立管。

⑦拆除立管,修改立管的支管预留口间的长度。

【小贴士】

按《建筑给水排水设计规范》(GB 50015—2003)第8.2.1条规定,当设计未注明管道安装坡度时,应符合下列规定:

(1)汽、水同向流动的热水采暖管道和汽、水同向流动的蒸汽管道及凝结水管道,坡度应为3‰,不得小于2‰。

(2)汽、水逆向流动的热水采暖管道和汽、水逆向流动的蒸汽管道,坡度不应小于5‰。

(3)散热器支管的坡度应为1%,坡向应利于排汽和泄水。

检验方法:观察,水平尺、拉线、尺量检查。

(4)散热片组对后漏水,有锈迹。

原因分析:

①散热片组对前未认真清理和检查接口和对丝,使用的垫片不符合规定,组对后未进行水压试验或试压时间和压力不符合规定。

②未按规定清理和组对。

防治措施:

①各种散热器在组对前应认真进行外观检查,判断有无砂眼、裂纹等。然后用钢丝刷刷去铁锈,倒出内部残留的砂子、杂物等。对接口用的对丝或法兰等也应进行检查和清理,合格后才能使用。

②散热器接口应平整,对丝及补心、丝堵等的螺纹应规整合格,能用手拧入几扣。使用的衬垫应符合介质要求。

③组对时应放在特制的平台上进行,衬垫要放正,用力要均匀。

④散热片组装完毕须进行水压试验,试验压力应符合表9-1规定。

(5)采暖系统在使用中,管道堵塞或局部堵塞,影响气或水流量的合理分配,使供热不正常。

表 9-1　散热器试验压力

散热器型号	60 型、M150 型 M132 型 柱型、圆翼型		扁管型		板式	串片	
工作压力（MPa）	≤0.25	>0.25	≤0.25	>0.25		≤0.25	>0.25
试验压力（MPa）	0.40	0.60	0.60	0.80	0.75	0.40	1.40
要求	试验时间 2~3 min，不渗不漏为合格						

防治措施：

①管材灌砂煨弯后，必须认真清通管腔。

②管材锯断后，管口的飞刺应及时清除干净。

③铸铁散热器组对时，应注意把遗留的砂子清除干净。

④安装管道时，应及时用临时堵头把管口堵好。

⑤使用管材时，必须做到一敲二看，保证管内通畅。

⑥把管道气焊开口时落入管中的铁渣清除干净。

⑦管道全部安装后，应按规范规定先冲洗干净再与外管线连接。

⑧关闭有关阀门，拆除必要的管段，重点检查管道的拐弯处和阀门是否通畅；针对堵塞原因排除管道堵塞。

（6）在采暖系统运行中，套管随管道移动，外装饰面破坏，影响美观。

原因分析：在施工中忽视套管安装，套管与管道之间的缝隙小。

防治措施：施工中要将管道支架安装在适当位置，不能用墙当支架，并且施工时套管与管道之间一定要按规定留有缝隙。

（7）金属管道和设备涂漆后漆膜表面逐渐产生锈斑，并逐步破裂；靠墙侧及接近地面的管道、散热器、水箱、金属结构等油漆漏涂。

原因分析：涂漆前管道、散热器、水箱等结构表面的污垢、酸、碱、水分、铁锈未除净；涂漆层过薄；水、气体和酸碱透过漆膜浸入漆层内金属表面；靠墙侧及接近地面的管道、散热器和金属结构不便涂漆或漏涂。

防治措施：

①涂漆前必须清除管道和金属结构表面污物、水分等杂物，待露出金属光泽后，及时涂上底漆、面漆，每层涂漆厚度不小于 $30 \sim 40~\mu m$；底漆稍厚，每层涂 $40 \sim 50~\mu m$。

②安装后不便涂漆的管子、散热器、水箱等必须在安装前涂底漆，安装后刷面漆，可用小镜子反照背面，发现漏漆部位及时补涂。

③设备、散热器、水箱及管道涂漆应自上而下，自左至右，先内后外进行，刷漆要勤蘸少蘸，用力均匀，防止漏刷和出现针孔；当用过氯乙烯漆涂刷时，应沿一个方向一次涂刷，不得往复进行，以防咬底。

（8）管道系统运行后发生渗漏现象，影响正常使用；水质达不到管道系统运行要求，造成管道截面减少或堵塞。

原因分析：

①进行管道系统水压强度和严密性试验时，仅观察压力值和水位变化，对渗漏检查

不够。

②管道系统竣工前冲洗不认真,流量和流速达不到管道冲洗要求。甚至以水压强度试验泄水代替冲洗。

防治措施:

①管道系统依据设计要求和施工规范规定进行试验时,除在规定时间内记录压力值或水位变化外,还要特别仔细检查是否存在渗漏问题。

②用系统内最大设计流量或不应小于 3 m/s 的水流速度进行冲洗。应以排出口水的颜色、透明度与入口处水的颜色、透明度目测一致为合格。

(9)管道上安装的补偿器失灵,管道发生弯曲,支架位移。

原因分析:

①补偿器安装前,未做预拉伸。

②未按设计要求的位置和数量设补偿器和固定支架。

③固定支架与活动支架不区别。

防治措施:

①补偿器在安装前应按规范要求进行预拉伸。

②应严格按设计要求的位置和数量设置伸缩节和固定支架。

③固定支架和活动支架应有严格的区分。

④弯制方形钢管伸缩器,宜用整根管子弯成。若需接口,其焊口位置应设在垂直臂和中间。

⑤方形伸缩器水平安装,应与管道坡度一致,垂直安装,应有排气装置。

⑥各种补偿器在管道试压前一定要做好固定支架。

(10)热水采暖管道系统运行时有响声。

原因分析:

①管道系统运行时,压力温度不稳定发生气蚀现象。

②管道水流中坡度不准或空气未放净,有积气,气体随水流运行,产生响声。

③压力差太大,造成的响声。

防治措施:

①采暖系统运行后,应加强管理,保持一定的压力和温度。

②管道坡度要准确,系统气体要放净。自动放气阀不灵活时要及时更换,使管内不积气,保证正常运行,一般在顶层这种现象明显。

③冬季施工一定要按单元先送立管,后送横管,等立管不漏后一户一户地送,不能大面积展开;样板间的成品要注意及时拆除或保护,也要防冻。

(六)室外管网部分

(1)埋地管道冷底子油与管外壁之间,管道与包扎层或各包扎层之间有脱层现象;防腐层不平整,有空鼓。

原因分析:在涂冷底子油前,管道表面水分、油杂物未清理干净,冷底子油与管壁黏结不牢;冷底子油、沥青玛琋脂配合比不符合要求,熬制温度不合适,操作不当;包扎层、保护层缠绕不紧,封口和搭接不严,沥青涂抹厚度不一致,产生空鼓和漏涂。

防治措施:

①管道在涂冷底子油前,须将管壁外的油污、铁锈、水分清除干净,露出金属光泽后,再在管壁表面涂满冷底子油(沥青与汽油之比为1:2.25),厚1~1.5 mm,不得漏涂。

②待冷底子油全部干燥后,在管道上再均匀地刷一道厚1.5~2 mm的沥青玛琋脂,防止漏刷、凝块和流坠,再将防水油毡按螺旋形缠绕,压边宽度10~15 mm,边缠绕、边扎紧,在管道口,圈与圈搭接长度50~60 mm,并用热沥青黏结封口,缠绕紧密,压边均匀,不得有折皱、气泡、空鼓现象。若发生脱层、脱落和空鼓现象,必须拆除重做。

(2)管道保温层厚度不均,外壳粗糙,凹凸不平,用手抠动保温层松动,甚至脱落。

原因分析:在施工管壳、瓦块和缠绕式保温结构时,管道和保温层黏结不牢或镀锌铁丝绑扎方法不当,绑扎不紧;当用涂抹式或松散型材料进行立管保温时,未加支承环或支承环固定不牢;保温层外壳粗糙,厚薄不均。

防治措施:

①采用管壳、瓦块和聚苯乙烯硬塑料泡沫板保温时,须用热沥青或胶泥等与管道粘牢,同层的接缝要错开,内外层厚度要均匀,外层的纵向接缝设置在管道两侧。热保温管壳缝隙应小于5 mm,冷保温小于2 mm,其间隙应用胶泥或软质保温材料填塞紧密,并每隔200~250 mm用直径1.0~1.2 mm的镀锌铁丝绑扎两圈,严禁螺旋状捆扎。

②用玻璃棉毡、沥青矿渣棉粘缠包式保温时,应按管径大小或按管道周长剪成200~300 mm的条带,以螺旋状包缠在已涂好防锈漆的管道上,边缠、边压、边抽紧,并将保温厚度修正均匀,绑扎方法同管壳结构。

③当松散型和涂抹式保温材料在立管上保温时,必须在立管卡上部200 mm处焊接或卡牢同保温层厚度相等的支承托板,使保温层结构牢固,保温厚度一致;若保温结构松散或厚度超过允许偏差(负值),应拆下重做。

(3)保护层表面粗糙、变形,接口渗水。

原因分析:涂抹式、包缠式保温厚度不均,热胀冷缩后有裂纹或开裂;玻璃纱布、塑料布包缠未拉紧,结构不严密,铁纱网绑扎不紧,有空鼓;金属保护层搭接处螺钉脱落,或自攻螺丝松动,穿入过深,有水渗入,保温层受破坏。

防治措施:

①施工石棉水泥保护层时,第一层粗抹后用镀锌铁丝网缠绕紧;第二层细抹,表面平整、圆滑、端面棱角整齐,无裂纹。在管道拐弯处留20~30 mm伸缩缝,内填石棉绳。

②用油毡、玻璃布类做保护层时,将裁剪好的玻璃油毡按纵横搭接长度50 mm螺旋形绕紧,纵横布置在管道两侧,缝口朝下,用沥青封口,外用φ1.0~φ1.6镀锌铁丝每隔200~250 mm绑扎一道,然后用0.1 mm厚的玻璃纱布螺旋形缠绕在油毡外面,缠绕时用"∏"形铁铲固定端头,再拉紧玻璃纱布,边缠绕边整平,并用镀锌铁丝每隔2 m绑扎一道,外表按设计要求涂刷色漆或防火涂料。

③采用镀锌铁皮或铝板做保护层时,应根据保温层周长加搭接长度下料、滚圆,板与板搭接长度以30~50 mm为宜,边压边箍紧,不得有脱壳成凹凸不平现象,搭接处用木锤击打严实;自攻螺钉不得刺破防潮保护层,端头封闭。

④保护层完成后,应做好成品保护工作,严禁踩蹬走动,涂抹或石棉水泥抹面保护层不合格,应砸掉重做;金属保护壳、玻璃布保护层产生缺陷要进行修正,直至符合要求。

(4)室外检查井、化粪池、水表井、阀门井、消防阀门井、采暖进户井及计量装置施工不规范。

防治措施：

①室外各种井、池、室施工时,安装专业人员必须参与质量控制和检验,避免返工。检验的依据是相关标准图和质量验收规范。

②加强对专业分包单位的管理要求和质量控制。

③室外排水检查井流水槽高度应为排水管内径高度,宽度应为排水管内径宽度,下半部分为半圆,上半部分为垂直壁。

（5）检查井变形、下沉。

防治措施：

①认真做好检查井的基层和垫层,防止井体下沉。

②检查井砌筑质量应控制好井室和井口中心位置及其高度,防止井体变形。

③检查井井盖与座要配套;安装时坐浆要饱满;轻重型号和面底不错用,铁爬梯安装要控制好上、下第一步的位置,偏差不要太大,平面位置准确。

（6）管道由于支承不稳固,在回填土夯实过程中遭受损坏,造成返工修理。

原因分析:管道直接埋设在冻土和没有处理的松土上,管道支墩间距和位置不当,甚至采用干码砖形式。

防治措施：

①管道不得埋设在冻土和没有处理的松土上,支墩间距要符合施工规范要求,支垫要牢靠,特别是管道接口处,不应承受剪切力。砖支墩要用水泥砂浆砌筑,保证完整、牢固。

②管道支墩要牢靠,当支墩超过30 cm时,应分层回填土,防止挤压管道。同时严禁在管道上面和两侧使用机械夯实。铸铁管道支墩间距不应大于2 m。排水硬聚氯乙烯管横管直线管段支承件的间距见表9-2。

表9-2　排水硬聚氯乙烯横管直线管段支承件间距

管径（mm）	40	50	75	90	110	125	160
间距（m）	0.40	0.50	0.75	0.90	1.10	1.25	1.60

二、建筑电气工程

（1）电线、电缆汇线槽、保护管（钢管）连接及接地跨接不符要求（见图9-4）。

图9-4　线槽接地跨接实例

原因分析:管理不严格,施工人员违反规范规定,施工现场设备不配套。

防治措施:

①金属线缆保护管严禁对口熔焊焊接,应根据不同的钢管、不同的敷设方式,采用管接头连接、套管连接等。

②采用套接紧固式电线管时,连接螺钉应为"拧紧应力型螺钉",螺钉根部拧断方视为拧紧。

③电线管敷设引出地面部位、转弯部位应及时采取防止电线管扁、折、断开的措施。若有电线管在地面处折断,必须将地面水泥砂浆剔开满足电线管连接长度,保证连接质量,经检验后方可隐蔽。

④金属导管末端的管口及中间连接的管口均应打磨光滑,较大管径的管口应打喇叭口或磨光。

⑤金属线、缆保护管和金属线槽必须与接地(PE)或接零(PEN)干线可靠连接;金属线槽全长应不少于两处与接地(PE)或接零(PEN)干线连接。

⑥镀锌管、可挠性金属电线管和金属汇线槽接地跨接线应为铜芯软导线,截面面积不小于4 mm²;连接螺栓必须紧固可靠,锁紧垫圈使用正确、齐全。

(2)埋地电线管施工中电线管连接套管未满焊,埋入地坪后造成进浆、入水,使导线绝缘性能下降。

原因分析:操作随意、马虎。

防治措施:尽量减少电线管接头;先预制后埋地;全部满焊后再埋入地坪,且埋深不应小于15 mm。

(3)电线管丝扣连接不符合要求:电线管连接处表面不平整、断裂、两端有间隙;管口内侧未去毛刺,穿线时伤及导线绝缘层;丝接后外露丝牙,不及时防腐造成锈蚀;两连接管之间未作接地跨接等。

原因分析:未控制好套丝长度,管口内侧不去毛刺,忽视丝接处的防腐处理及接地跨接。

防治措施:

①按表9-3要求控制套丝长度,电线管连接后,两侧的丝牙应外露2~3牙。

表 9-3　电线管直径与套丝长度的关系　　　　　　　　　　（单位:mm）

管径	套丝长度
15	13~15
20	13~15
25	16~18
32	23~25

②检查管口内侧无毛刺后再与束节连接;若毛刺未去尽,应用圆锉在其内侧再镗锉一遍,直至去尽毛刺。

③丝接处两端用6 mm圆钢做接地跨接,两侧的焊接长度应不小于36 mm,且进行两面焊;丝接处外露丝牙及接地跨接的焊接部位,必须先刷防锈漆再刷面漆,以防锈蚀。

(4)电线管焊接连接不符合规范要求:采用对接焊,牢固性差且管内径变小,穿线困难;

套管焊接两管口错边,使穿线困难或损坏导线表面;薄壁电线管采用焊接连接。

原因分析:不规范施工,两管不在同一轴线上,焊接方法不对。

防治措施:

①严禁对接焊连接。

②套管焊接时,使两管处在同一轴线且固定后再焊接。

③宜采用气焊连接。

④薄壁电线管严禁采用焊接连接,必须采取丝接。

(5)交工时电线管已严重锈蚀。

原因分析:未按规范要求对电线管进行有效的防腐处理。

防治措施:

①金属电线管应作防腐处理。当埋于混凝土内时,管外壁可不作防腐处理;直接埋于土层的钢管外壁应涂两度沥青;采用镀锌管时,锌层剥落处应涂防腐漆。

②金属管必须在安装敷设前进行防腐处理,以防止敷设后再作防腐处理而局部不到位。

(6)电线管与热力管道的间距不够。

原因分析:不同工种施工配合不佳,预留空间不够。

防治措施:电线管应让热力管,确保有不小于 100 mm 的间距。水平间距不够垂直,垂直间距不够水平,交叉间距不够可采用隔热保护。

(7)电线管内存水,导线绝缘性能下降。

原因分析:在室外或有水场所敷设电管未按有关要求施工。

防治措施:

①管口及其各连接处均应密封。

②室外管端口须做防水弯,过路箱应有防水措施。

(8)预埋电线管堵塞,穿线困难或无法穿线。

原因分析:杂物进入电线管。

防治措施:

①电线管敷设前检查管内有无杂物。

②电线管敷设完毕后应及时将管口封堵。不应使用水泥袋、破布、塑料膜等物封堵管口,应采用束节、木塞封口,必要时采用跨接焊封口。箱、盒内管口采用镀锌铁皮封箱。

③多弯处预穿铁丝以便穿线。

(9)电线管弯头过多或弯扁度超标,影响穿线。

原因分析:未按规范设置电线管弯头,工人操作水平不高。

防治措施:当电线管敷设中弯头超过 3 个(直弯为 2 个)时,必须设置过路箱。电线管弯曲施工,弯曲半径不应小于管外径的 6 倍(埋地或埋混凝土的电线管则不小于 10 倍),电线管弯扁程度不大于电管外径的 10%。

(10)电缆保护管不做喇叭口,电缆穿管时损伤电缆表面。

原因分析:不按规范施工。

防治措施:保护管口必须做喇叭口且去除毛刺,否则不能穿电缆。

(11)电线管过墙(楼板、地板)不加套管或套管长短不符合规范要求。

原因分析:技术交底不清或施工不规范。

防治措施:电线管穿墙或楼板、地板必须外套金属套管,过墙套管长度与墙等厚,过地板、楼板时,下口平,上口高出板面 5 mm。

(12)配管之间、配管与箱盒连接方法不符合要求,配管排列不整齐。

原因分析:

①配管之间采用丝扣连接的或配管与箱盒连接的不能焊跨接地线。

②钢管切口,用电(气)焊切割。

③明配钢管连接采用对口焊接。

④没有严格控制配管敷设的垂直度和水平度。

⑤施工者未按规范要求操作。

防治措施:

①配管采用丝扣连接的必须做跨接,其圆钢跨接接地线的直径不得小于 5 mm,焊接长度不得小于圆钢直径的 6 倍,焊接应牢固、平整、饱满,焊完后焊渣应及时清除,并刷防锈(防腐)油漆。跨接接地不得"点焊"。

②插座的接地线必须直接从电表箱(柜)的接地排接入,不得以金属箱(盒)的外壳接入。

③明配钢管管径在 50 mm 及以下的,一律应采用丝扣连接,不得采用套管连接,严禁直接对口焊接;不得将钢管直接焊在各种型钢和支架上。

④钢管管径在 50 mm 及以下的,必须用锁紧螺母固定,露出螺母的丝口为 2~4 扣;在 63 mm 以上的可点焊固定,管口露出箱盒应小于 5 mm。

⑤明配管线应横平竖直,排列整齐,半硬塑料管及波纹软管暗敷设方向应横平竖直,不得斜向敷设,水平敷设方向应避免在挂镜线位置。

⑥半硬塑料管应使用套管黏结法连接,例如敷在多孔板孔洞内,中间不得有接头。

(13)PVC 电线管敷设不牢固、连接处脱节或断裂。

原因分析:黏结部位未处理干净,胶用量太少或涂刷不匀,甚至未用胶;套管长度不够;支、吊架间距太大,电管固定不牢。

防治措施:黏结部位应处理干净,套管内侧及连接管外侧均要将胶涂刷均匀,套管长度宜为管外径的 1.5~3 倍,管与管的对口处应位于套管的中心,电线管插入后待胶固化才能移动连接后的电线管;按规范规定的间距设置支、吊架固定电线管。

(14)金属软管敷设中间有接头,接地不牢固或不做接地跨接,固定在设备上或不固定,使用长度超过 2 m。

原因分析:施工不规范,电管敷设未到位。

防治措施:禁止软管有接头;穿强电导线的金属软管均应采用包箍形式进行可靠的接地跨接,不得用软管作接地体,必须另敷设接地导线;外露、顺墙敷设的金属软管应用管卡进行固定,固定间距不大于 1 m,管卡与终端、弯头中点的距离宜为 300 mm,且不允许固定在设备上;软管长度不宜超过 2 m,不允许用金属软管取代电线管敷设。

(15)电线管固定管卡的间距过大,甚至不用管卡固定,而用铁丝绑扎电线管挂在墙上或设备上,致使电线管固定不牢。

原因分析:不规范施工或严重的偷工减料。

防治措施:钢管管卡及硬塑料管管卡间最大距离应严格按表 9-4 的规定设置(敷设方式

为吊架、支架或沿墙敷设)。

表 9-4　钢管管卡间最大距离

钢管直径 (mm)	管卡间最大距离 (m)	
	厚壁钢管	薄壁钢管
15～20	1.5	1.0
25～32	2.0	1.5
40～50	2.5	2.0
>65	3.5	

(16)多股导线接头连接不压接线鼻子,不搪锡,造成接触不良,通电后易发热;接头处单用黑胶布包或单用塑料胶带缠包;灯具及明敷护套线固定不牢。

原因分析:

①工人接线时图方便不按规范施工。

②灯具安装用木榫。

防治措施:

①多股铜芯导线应用同规格的铜接头压接或搪锡,单股铜芯导线绞接后可采用塑料绝缘压接帽压接或搪锡,搪锡部位应均匀、饱满、光滑,不损伤导线的绝缘层。

②各种灯具安装应牢固,严禁使用木榫固定,软线吊灯在导线的两端应打保险扣。明敷塑料护套线应进灯具、木台,直线段线卡最大间距为 300 mm。

③导线接头应先包绝缘带再包黑包布,应做到包紧包牢确保接头的绝缘性能。

(17)朝天电管穿线后管口封堵不密实,异物或雨水进入电管;吊顶内接线盒(箱)穿线后封闭不良:鼠害断线,落灰、落水引起短路,接触不良。

原因分析:违反施工规范要求,操作马虎。

防治措施:

①朝天管口在潮湿、多粉尘场所必须用沥青油麻将管口密实封堵。

②选用合格箱(盒)安装,外盖紧固牢靠,穿线孔堵塞严密。

(18)管内穿线过多,可能导致擦伤绝缘层和通电后温升偏高;因布线太多,线槽盖板盖不上。

原因分析:配管数量不够,管径选用不当;设计变更后导线增加,未使用合适规格的线槽。

防治措施:

①采取有效措施,严格控制管内穿线面积(含绝缘层)不超过管内径截面面积的 40%。

②采取有效措施,导线槽的任一横截面上不准装有 30 根以上的导线;当多根导线共线槽敷设时,导线槽内任一横截面上所有导线截面面积之和不应大于导线槽截面面积的 20%。

(19)走廊吊顶内电线、电缆金属导管和线槽与各管道之间间距不符合要求,导管、线槽连接部位多处断开。

防治措施:

①事前制定走廊吊顶内电线、电缆金属导管、线槽及各种工艺管道排列布置的详图,电线、电缆金属导管和线槽与管道之间间距、位置按规范控制。各专业都履行签字认可手续,符合要求方可进行吊顶内管线敷设施工。

②按规范对走廊吊顶内隐蔽工程进行验收。

(20)电线管引起墙面、楼地面裂缝,电线管、线槽及导线损坏。

防治措施:

①埋设在墙内或混凝土结构内的电线管应选用中型及中型以上的绝缘导管;金属导管宜选用镀锌管材。

②严禁在混凝土楼板中敷设管径大于板厚1/3的电导管,对管径大于40 mm的电线管在混凝土楼板中敷设时应采取加强措施,严禁管径大于25 mm的电线管在找平层中敷设。混凝土板内电线管应敷设在上、下层钢筋之间,成排敷设的管距不得小于20 mm,如果电线管上方无上层钢筋布置,应参照土建要求采取加强措施。

③墙体内暗敷电线管时,严禁在承重墙上开长度大于300 mm的水平槽;墙体内集中布置电线管和大管径电线管的部位应用混凝土浇筑,保护层厚度应大于15 mm。

④电线管和线槽在穿过建筑物结构的伸缩缝、抗震缝和沉降缝时应设置补偿装置。

(21)灯具固定不牢固,造成灯具脱落。

原因分析:在安装过程中,选用的塑料座底台厚度不足,固定不牢固;双管日光灯和控罩式日光灯使用瓜子吊链吊装;采用木砖固定吊线盒等存在安全隐患。

防治措施:

①悬吊灯具的支吊物应与吊灯质量相配,质量超过3 kg时,应预埋吊钩或螺栓;成排吊灯在安装好后应拉线调整吊灯高度。

②主体施工时只弹线预埋灯位盒,灯具安装时用胀塞固定吊线盒。

③双管日光灯和控罩式日光灯必须使用铁环吊链吊装。

④当用尼龙胀塞或塑料胀塞固定灯具时,胀塞应打入混凝土结构层不小于20 mm。

⑤固定灯具的螺钉或螺栓不少于2根,塑料底台厚度不小于25 mm,吊线盒与底座的有效丝扣连接不少于3扣。

⑥当日光灯为吸顶安装时,应预埋长形出线盒,不应设方盒。

(22)接线盒位置不合理,盒内导线回路太多,分支线头太多,导线余量少,导线在盒内受挤压。

原因分析:

①不按规范规定的接线盒设置原则确定接线盒位置和数量。

②特殊位置未考虑加分线盒,例如有分线作用的灯头位置,分支回路较多的接线盒未将盒加大。

③盒内导线太多时未考虑导线预留长度和有效散热。

防治措施:

①应按规范规定的接线盒数量和位置设置接线盒。管路在以下情况下应加装接线盒:直线段超过30 m,有1个弯时不超过20 m,有2个弯时不超过15 m,有3个弯时不超过8 m。

②特殊位置应加接线盒,如有过线、分支线头功能的灯头处应设接线盒。

③合理选择接线盒尺寸大小,例如有分线和过线功能的插座盒,应用加深盒、双盒或

146 分线盒。

(23)开关、插座面板安装固定不牢;采用加长螺钉,螺钉紧固致导线接头绝缘损坏。

防治措施:

①开关插座盒预埋安装,应事前根据墙面装饰抹灰厚度在墙体上"贴饼"、"充筋",控制开关插座盒预埋与墙面的距离。

②进场抽样检验开关插座盒的质量,盒两侧螺丝固定件应满足面板螺丝紧固要求。可按规范规定做拧紧和退出试验。

③开关插座盒预埋后,应将盒口做好临时封闭,避免盒两侧螺丝固定件锈蚀损坏。

④主体验收把开关插座盒预埋作为一个检验项目按检验时进行验收,不符要求时应返工整改。

(24)开关、插座平正,成排的开关高度不一致,在同一场所标高不一致。

原因分析:暗装接线盒标高相差太大,开关、插座安装马虎,没有调整;同一场所的开关、插座预埋时没有拉等高线。

防治措施:

①根据土建的基准线确定预埋接线盒的高度。

②开关、插座安装时应调整,保证开关高差不大于 0.5 mm;面板垂直度偏差不大于 0.5 mm;同一场所安装的开关高度差不大于 5 mm。

(25)插座相线位置接错。

原因分析:没有按要求正确接线,相、零、地线位置颠倒或少放接地线。

防治措施:

①单相三孔插座接线时,面对插座的右孔应接相线,左孔接零线,上面接地线,如图 9-5 所示。

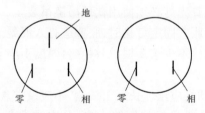

图 9-5 插座相、零、地线位置

②各种开关、插座(包括组合式开关箱或组合式插座箱)内的接地线、相线、零线都严禁串联连接。接地线应单独敷设,不准利用塑料护套线中的一根芯线作接地线。接地线颜色应为绿黄双色,不得与相线、零线混同。

③接线后自检,通电后复验,确保接线正确。

(26)吊扇安装后吊扇钩不能被遮掩,吊扇钩直径不能过细。

原因分析:吊扇钩过长、过大;吊扇钩没有按规定做。

防治措施:

①吊钩直径不应小于吊扇悬挂销钉直径,且不得小于 10 mm。

②吊钩不能做得太大、太长,吊扇安装后应看不到吊钩。

(27)敷设在竖井内和桥架内的电缆不按顺序排列,造成交叉布置,并且不按规定要求绑扎,间距不符合要求。

防治措施:

①熟悉电缆敷设规范,增强责任心,在敷设前画出详细的电缆排列图,避免电缆交叉敷设,交底清楚,跟踪检查到位。

②电缆的绑扎采用扎带或电缆卡子。

(28)配电柜(盘)安装不符合规范要求:高低压成排柜垂直度超差,表面不平齐,接缝间隙超差。

原因分析:柜(盘)本身几何尺寸误差大,安装过程中又未进行调整。

防治措施:安装前检验柜(盘)的几何尺寸并进行适当调整,认真拼装,使垂直度偏差不超过 1.5 mm/m,柜(盘)面平整度成盘排面不超过 5 mm,柜(盘)面接缝不超过 2 mm。

(29)电源总配电盘、电表箱、动力控制箱及配线系统不符合原设计图纸,安装与接线存在问题多。

防治措施:

①配电和计量系统的开关电器设置及接线、配线,应符合经监督审查批准和建设主管部门备案的设计图纸,应按规范施工。

②配电箱、盘安装前检查其开关电气规格、型号符合设计图纸,PE 母排(防电击保护导体)最小截面规格:$S \leqslant 16$ mm^2 时取 S;S 为 $16 \sim 35$ mm^2 时取 16;$S \geqslant 35$ mm^2 时取 $S/2$。PE 母排的接线螺栓规格应保证引出的保护导体可靠连接。

③PE 母排与接地系统必须连接可靠,连接导体的截面应符合设计和规范规定。一般是通过总等点位 MEB 母排与接地装置连接。

④进线电源接地保护系统形式应符合设计图纸,基本形式是 TN – C – S 系统。施工时连接接线应正确。

⑤PE 线必须为黄绿双色线。

(30)装饰吊顶及墙裙内配管不整齐,固定不牢固,绝缘线外露,接地不规范,电线管未刷防火涂料。

原因分析:

①未按电气明敷设配管工艺要求施工。

②吊顶内管线复杂,各专业管线没有施工管线布置图或未按图施工,造成配管在吊顶内排列无序。

③电线保护管未进入接线盒并锁定。

④接线盒、灯头盒设置不合理,盒口未封闭。

防治措施:

①按设计规范的要求,结合各专业管线特性、工艺要求,合理调整电气管路走向及标高,坚持明配管横平竖直的原则,并结合实际情况绘制电气作业现场布置图。

②根据电气布置图,确定各个灯位、器具坐标,并做有醒目的标记。

③确定管路与桥架及电气设备连接的部位,施工方法。

④根据标高确定线管吸顶安装或吊架安装,线管应排列整齐,固定点间距均匀,安装固定牢固;在终端、弯头中点、箱盒边缘的间距 150 ~ 500 mm 范围内设有管卡,中间直线段管卡最大距离应符合规定。

⑤进入箱盒管口应用专用锁母连接,并连接好接地跨接线。

⑥管与桥架等设备可使用金属软管连接,但长度不能超过1.2 m,且应固定牢固,接地可靠。

⑦软管进入接线盒要锁口牢固,并加护口。

⑧使用镀锌钢管时,严禁焊接接地线,应使用专用接地线卡。

⑨非镀锌金属配管要防腐,镀锌配管丝扣连接处要作防腐处理。

⑩导线不得外露,管内导线不得有接头,接头应在接线盒内设置,盒内朝向要合理,便于检修,盒口必须封闭。

(31)电气设备接地不可靠,电阻大,松动。

原因分析:接至电气设备上的接地线,没有用镀锌螺栓和弹簧垫;软铜接线不做线鼻子。

防治措施:电气设备上的接地线,应用镀锌螺栓连接,并应加平垫片和弹簧垫;软铜线接地时应做接线鼻子连接。每个设备接地应以单独的接地线与接地干线相连接。

(32)需等电位联结的金属管道局部漏连接,连接不紧固、不可靠;等电位联结干线未形成环形网路;隐蔽验收记录不详细。

防治措施:

①总等电位联结箱 MEB 母排应与接地装置直接连接且应不少于两处;由等电位箱配出等电位联结干线,与需等电位联结的金属管道连接。干线路数应符合设计,不应擅自合并或减少。隐蔽验收时应按不同部位检查到位。验收记录中隐蔽内容应采用平面图的形式表示,反映等电位干线的敷设方式、走向布置等。

②总等电位箱内 MEB 母排、局部等电位箱内 LEB 排应按标准图 02D501 - 2 配置和安装,箱内等电位干线压接应紧固可靠。分项工程验收时应检验到位,竣工验收时应进行抽查检验。

③等电位连接的金属管道或其他金属部件与等电位支线连接应可靠,应导通正常。用金属卡子连接时,不应卡在涂有油漆的管道和部件上。分项工程验收时应检验到位,竣工验收时应进行抽查检验。

④有淋浴的卫生间内应按设计图纸和规范规定进行局部等电位联结。卫生间散热器要求加接线端子,可在定货时提出加工要求。

(33)对线路绝缘电阻测试不严格或漏做测试,竣工验收监督抽查不合格。

防治措施:

①照明系统中各回路绝缘电阻应逐一测试。测试和记录可结合施工系统图进行,从而防止部分回路漏测和漏做记录。

②照明系统线路绝缘电阻测试应作为竣工验收抽查项目,接线后竣工验收前应再次进行绝缘电阻测试,发现问题及时处理,从而保证线路绝缘合格,保证系统安全可靠。

(34)插座回路漏设漏电保护器或对漏电保护器漏做动作试验,竣工监督抽查不合格。

防治措施:

①根据《住宅设计规范》(GB 50096—2003),除空调电源插座外,其他电源插座电路应设置漏电保护装置。据此理解,住宅工程的地下室、设备间、竖井内的电源插座回路不得漏设漏电保护器。

②事前进行控制,在图纸会审时或在插座安装时进行核查,发现问题及时处理。

③对漏电保护器应进行漏电动作电流、动作时间测试,部分漏电保护器应根据设计值进行漏电动作电流值整定。

④施工单位应配置测试仪表。

(35)对线路绝缘电阻测试不严格或漏做测试,竣工验收监督抽查不合格。

防治措施:

①照明系统中各回路绝缘电阻应逐一测试。测试和记录可结合施工系统图进行,从而防止部分回路漏测和漏做记录。

②照明系统线路绝缘电阻测试应作为竣工验收抽查项目,接线后竣工验收前应再次进行绝缘电阻测试,发现问题及时处理,从而保证线路绝缘合格,保证系统安全可靠。

(36)插座回路漏设漏电保护器或对漏电保护器漏做动作试验,竣工监督抽查不合格。

防治措施:

①根据《住宅设计规范》(GB 50096—2003),除空调电源插座外,其他电源插座电路应设置漏电保护装置。据此理解,住宅工程的地下室、设备间、竖井内的电源插座回路不得漏设漏电保护器。

②事前进行控制,在图纸会审时或在插座安装时进行核查,发现问题及时处理。

③对漏电保护器应进行漏电动作电流、动作时间测试,部分漏电保护器应根据设计值进行漏电动作电流值整定。

(37)工程竣工验收时,室外电源进线井(包括弱电进线)做法不规范、质量差。

防治措施:

①室外电源进线井的选型和设置应符合要求,井盖应为防水密封型,井口、井盖防腐油漆完整,标示清晰;井底应预留渗水坑。

②进井的线、缆管口应整齐,与井壁平齐;金属管管口应打磨光滑,管径大于 G50 时应打"喇叭口";电缆穿入后管口应密封处理;井内线缆数量较多时,应设置电缆支架,电缆支架、钢管应进行接地连接,接地情况在隐蔽验收记录中应注明。

③进线井及井内穿线工程量未完成,达不到竣工条件,不应进行竣工验收。

三、通风与空调工程

(1)风管板材厚度、表面平整度、外形尺寸等不符合要求,板材有锈斑。

原因分析:选用板材时不按设计要求和施工规范进行。

防治措施:

①应按设计要求根据不同的风管管径选用板材厚度。

②所使用的风管板材必须具有合格证明书或质量鉴定文件。

③当选用的风管板材在设计图纸上未标明时,应按照施工规范实施。

(2)风管咬口拼接不平整,咬口缝不紧密。

原因分析:风管板材下料找方直角不准确,咬口宽度受力不均匀,风管制作工作平台不平整,风管咬口线出现弯曲、裂纹。

防治措施:

①风管板材下料应经过校正后进行。

②明确各边的咬口形式,咬口线应平直整齐,工作平台平整、牢固,便于操作。

③采用机械咬口加工风管板材的品种和厚度应符合使用要求。

④手工咬口时,可首先固定两端及中心部位,然后进行均匀咬口。

(3)圆风管不同心,不垂直,两端口平面不平行,管径变小。

原因分析:制作同径圆风管时下料找方直角不准确,制作异径圆风管时,两端口周长采用画线法,直径变小,其咬口宽度不相等。

防治措施:

①下料时应用经过校正的方尺找方。

②圆风管周长应用计算求出,其计算公式为:圆周长 = π × 直径 + 咬口留量。

③应严格保证咬口宽度一致。

(4)矩形风管对角线不相等,风管表面不平,两相邻表面互不垂直,两相对表面互不平行,两端口平面不平行。

原因分析:下料找方不准确,风管两相对面的长度及宽度不相等;咬口受力不均匀。

防治措施:

①板材找方画线后,须核查每片长度、宽度及对角线的尺寸,对超过偏差范围的尺寸应以更正。

②下料后,风管相对面的两片材料,其尺寸必须校对准确。

③操作咬口时,应保证宽度一致,闭合咬口时可先固定两端及中心部位,然后均匀闭合咬口。

④用法兰与风管翻边宽度来调整风管两端口平行度及垂直度。

(5)风管总管与支管连接质量差,易漏风。

原因分析:

相接之前,未在总管上画线就直接开孔,支管端口不平整,咬口不严。

防治措施:

①先在总管上画线,然后开孔。

②支管一端口伸入总管开孔处应垂直。

③相接时,咬口翻边宽度应相等,咬口受力均匀。

(6)无法兰风管连接不严密,风管接口松动、漏风,风管之间中心偏移。

原因分析:风管之间管径误差较大,接口抱箍松动,其接口处密封垫料对接不严密,插入的连接短管与风管间隙过大。

防治措施:

①应校核风管周长尺寸后下料,保持咬口宽度一致。

②加大抱箍松紧调整量,密封垫料接头处应为搭接。

③可按连接短管与风管间隙量加衬垫圈或更换连接短管。

(7)圆形弯头、圆形三通角度不准确,中心线偏移。

原因分析:放样时展开画线错误,按一般画线方法求出的圆周长偏小,其直径相应变小,各瓣单、双面宽度不相等,成品角度不准确。

防治措施:

①展开放样的下料尺寸应校对准确。

②各瓣单、双咬口宽度应保持一致,立咬口对称错开,防止各瓣结合点扭转错位。

③用法兰与风管翻边宽度调整角度。

（8）玻璃钢管法兰制作尺寸不规整，法兰连接错缝不平，法兰连接螺栓间距位置不符要求，连接螺栓歪斜未拧紧固。

防治措施：

①加强风管加工订货环节控制，明确风管规格尺寸和质量标准。

②加强风管进场验收，法兰的几何尺寸不符合标准，外观不规整，不得在工程中使用。

③法兰上螺栓位置和孔距应符合规范规定，法兰四角应有螺栓固定，孔距一般中、高压风管为120 mm，现场开孔时应画线定位后再开孔。开孔孔径应与法兰螺栓直径匹配。

（9）风管三通采用非成品件，在风管干管上随意开洞插入支管。

防治措施：

①在制订施工方案时，明确按规范的方式制作风管三通，事前确定风管三通的形式、规格、数量，与风管同时委托订货。

②加强风管和管件的进场验收，施工时严格控制，杜绝在干管上开洞插入支管的安装方式。

③风管道分项工程施工过程中和验收时严格把关。

（10）矩形弯头、矩形三通角度偏移，表面不平，咬口不严。

原因分析：内外弧的直片料找方直角不准确，带弧度的两片平面料画线偏移，咬口处受力不均，并在三通外弧折角处有小孔洞。

防治措施：

①用经过校正的角尺找方下料。

②将带弧度的两平片料重合，检验其外形重合偏差，并按允许偏差进行调整。

③三通外弧折角处出现的小孔洞，应采用锡焊或密封胶处理。

④用法兰与矩形弯头、矩形三通翻边宽度调整角度。

（11）风管法兰垫子连接做法不符合要求，接缝部位不严密，法兰垫片不平顺，局部凸出或凹入法兰平面。

防治措施：

①见图9-6风管法兰垫片接头种类。

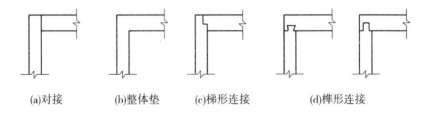

(a)对接　　(b)整体垫　　(c)梯形连接　　(d)榫形连接

图9-6　风管法兰垫片接头种类示意

②法兰垫子材料应符合要求。

③风管施工和验收时严格控制。

（12）风管支、吊架不垂直，露丝大于1/2吊杆直径。

原因分析：没有画线确定吊杆位置，没有认真计量吊杆长度。

防治措施:安装风管前在顶棚弹线打眼,仔细量好标高;将露丝太长的部分锯掉。

(13)风管与法兰不垂直,表面不平。

原因分析:风管和法兰同心度、平整度差,圆形、矩形风管制作后误差大,法兰材料选用与风管管径不一致,法兰铆接不牢固。

防治措施:

①检验圆、矩形法兰的同心度、对角线及平整度。

②按设计图纸和施工规范选用法兰。

③法兰与风管铆接时应在平板上进行校正。

(14)法兰表面不平整,螺栓不重合,圆形法兰圆度差,矩形法兰对角线不相等。

原因分析:圆形法兰热煨时因加热不均,受力不均等,引起表面不平,圆度差,矩形法兰胎具直角不准确或四边收缩量不相等,法兰螺栓在钻孔时中心位移。

防治措施:

①圆形法兰胎具直径偏差不得大于 0.5 mm。

②矩形法兰胎具四边的垂直度、四边收缩量应相等,对角线偏差不得大于 1 mm。

③法兰口缝焊接应先点焊,后满焊。

④法兰螺栓孔分孔后,将样板按孔的位置依次旋转一周。

(15)风管安装不平整,中心偏移,标高不一致;法兰连接处漏风。

原因分析:风管支架、吊卡、托架位置标高不一致,间距不相等。支架制作受力不均。法兰之间连接螺栓松紧度不一致,铆钉、螺栓间距太大,法兰管口翻边宽度小,风管咬口开裂。

防治措施:

①按标准调整风管支架、吊卡、托架的位置,保证受力均匀。

②调整圆形风管法兰的同心度和矩形风管法兰的对角线,控制风管表面平整度。

③法兰风管垂直度偏差小时,可加厚法兰垫或控制法兰螺栓松紧度,偏差大时,须对法兰重新找方铆接。

④风管翻边宽度应大于或等于 6 mm,咬口开裂可用铆钉铆接,再用锡焊或密封胶处理。

⑤铆钉、螺栓间距应均等,间距不得超过 150 mm。

(16)百叶送风口调节不灵活,叶片不平行,固定不稳,安装不平正。

原因分析:外框叶片轴孔不同心,中心偏移,外框与叶片连接松紧度不一致,安装预留风口位置不正。

防治措施:

①轴孔应同心,不同心轴孔须重新钻孔后补焊。

②控制好叶片铆接的松紧度,加大预留孔洞尺寸。

(17)防火阀动作不灵活,在极限温度时,防火阀动作延时或失效。

原因分析:安装反向,阀体轴孔不同心,易熔片老化失灵。

防治措施:

①按气流方向,正确安装。

②按设计要求对易熔片做熔断试验,在使用过程中应定期更换。

③调整阀体轴孔同心度。

(18)风管与设备间安装柔性接管间距小。

原因分析:下料制作时没有计算好长度,安装风管端口中心线偏移。

防治措施:

①根据风管两端口间距尺寸调整好柔性接管长度。

②按实际情况制作风管异径管,便于调整短管的间距,使之保证两端口的中心线一致。

(19)风管穿墙、穿楼板预留孔洞和预埋吊杆位置不准确。

原因分析:设计的孔洞的坐标位置和标高位置不准确;楼板、墙面抹灰层超过设计厚度;通风空调施工图纸的孔洞坐标位置和标高与土建施工图纸不符;通风空调管道的安装位置未按设计要求预留、预埋;与土建配合的人员经验不足。在砌筑配合时未预留孔洞,或虽然预留了孔洞,其标高、坐标位置不符合要求。

防治措施:

①在图纸会审时,应重视风管穿过楼板、隔墙的坐标位置的复核工作,及时纠正施工图纸中的错误。

②在不影响土建结构和建筑的美观条件下,适当地加大预留孔洞保证风管穿过楼板、墙壁有一定的余量,应以能穿过风管的法兰及保温层为准。

③在预埋、预留风管支、吊架的垫铁或吊杆时,应根据确定的安装位置和间距,在混凝土的模板上弹线定点,保证预埋的准确性。

④安装人员配合土建施工是一项复杂的工作。在配合过程中,把已确定的风管走向、标高、坐标位置,在现场与土建施工人员进行复核,以保证预埋、预留的准确性。

⑤未保温风管,穿过墙孔、楼板时,须预留套管,确保风管的机械强度。

(20)风管系统漏风,空调系统风量减少,净化系统灰尘浓度增加。

原因分析:风管咬口缝锡焊不严密,法兰垫料薄,接口有缝隙,法兰螺栓未拧紧,接口不严密,阀门轴孔漏风。净化系统风管制作无保证措施。

防治措施:

①风管咬口缝应涂密封胶,不得有横向拼接缝。

②应采用密封性能好的胶垫作法兰垫。

③净化系统风管制作应采取洁净保护措施,风管内零件均应镀锌处理。

④调节阀轴孔加装密封圈及密封盖。

(21)风机盘管新风系统风口安装不到位,室内新风量减少,空气混浊。

原因分析:风管安装标高不一致,坐标偏移,风管管口未延伸到风口位置,或风口的预留孔洞标高不标准。

防治措施:

①风管的安装标高、坐标应与设计图纸相符合。

②风管的管口必须伸入出风口位置,保证风口四周密封。

③预留的孔洞尺寸应适当加大。

(22)风管支架制作设置不均匀,制作安装随意。

原因分析:风管安装时其支、吊架制作不按设计、规范要求进行操作,安装间距不统一,悬吊支承点与水平支架不垂直。

防治措施:

①应按设计和规范选用合适的材料制作各类支架。

②所预埋的支架间距位置应正确,牢固可靠。

③悬吊的风管支架在适当间距应设置防止摆动的固定点。

④制作安装的支架应采取机械钻孔,悬吊吊杆支架采用螺栓连接时,应采用双螺栓,保温风管的施热垫木须在支架上固定牢固。

(23)风机安装不良,机壳与叶轮周围间隙不均;风机出风口装错;风机润滑冷却系统泄漏;风机运转异常;风机负压运行。

原因分析:

①机壳与转动部件装配时相对位置发生偏移。

②安装时未按气流方向进行安装,润滑冷却系统投运前未进行压力试验。

③叶轮质量不均匀。

④叶轮轴与电动机轴传动:C 型平行度差,D 型同心度差,叶轮前盘与风机风圈有碰撞,叶轮轴与电机轴水平度差,C 型传动三角带过紧、过松,同规格三角带周长不等,C 型传动槽轮与三角带型号不配套。

⑤风机启动时启动阀没有关闭,风机启动后,进风阀门未打开。

防治措施:

①重新调整机壳与叶轮转动部件的相对位置,直至圆周间隙均匀。

②安装时应检查系统介质流向与阀门允许介质流向,确保两者流向一致。

③润滑冷却系统投运前按规范规定做好压力试验,试验合格后投运。

④对叶轮进行配重,做静平衡试验;调整叶轮轴与电动机轴平行度或同心度。

⑤按叶轮前盘与风机进风圈间隙量,在进风圈与机壳间加一道钢圈或橡胶衬垫圈。

⑥调整叶轮轴和电动机轴的水平度,利用电动机滑道调节三角皮带松紧度,换掉周长不等的三角皮带,按设计要求调换型号不符的槽轮或三角皮带。

⑦风机启动时注意先关闭启动阀门,风机运转正常后,逐步打开风机吸风口阀门。

(24)水泵运转不正常,泵体处于受力状态;上水不正常,填料盖泄水过大;泵运行时振动,轴承过热,电动机过载。

原因分析:

①泵前、泵后配管重量由泵体来承受;流量太大,吸水管阻力过大,吸水高度过大,在吸水处有空气渗入。

②泵轴与电动机轴不在一条中心线上,或泵轴歪斜。

③轴承内缺油。

④填料盖内无填料,或填料过少,填料压盖过松。

⑤填料压得太紧、发热,水泵供水量增加,叶轮磨损,因轴向力过大而造成轴承损坏,叶轮前端面与泵体摩擦。

防治措施:

①泵前、泵后增设可靠支架,加装软接管;增加出水管内阻力以降低流量,检查泵吸入管内阻力,检查底阀,减少吸水高度。

②将水泵与电动机的轴中心线对准。

③注好油。

④调整填料及压盖,调换叶轮降低流量,轴向力过大则在叶轮前面增大平衡孔,更换轴承。

⑤加入填料,调整压盖松紧度。

(25)通风空调设备安装差,金属空调器性能差;组装式空调组装后漏风量大,安装质量不符合要求;空调机组制冷量不足;空调系统不能正常投入运行;风机的减振器受力不均等。

原因分析:

①空调器机组性能差,安装中装配不当。

②空调器组装时密封面无垫料或密封端面发生微量变形,连接件未紧固。

③安装坐标位置超差,水平度不好,传动轴间同轴度、平行度超差。

④空调机组冷却水量或冷却水温度不足,制冷介质不足,制冷机效率低,蒸发器表面全部结霜,膨胀阀门开启过大或过小。

⑤空调制冷压缩机运转不正常,冷却塔冷却效果不良,挡水板的效果差,减振器性能差,离心风机运转不正常,风机振动,受力不均。

防治措施:

①调换空调器组内性能差的部件,重新校正装配精度,清洗过滤器;紧固连接件,增加密封面垫料;调整空调器安装的坐标位置、水平度,调整同轴度和平行度。

②增加冷水量或降低冷却水温度,加足制冷介质,检修机组,更换零件,检查风机叶轮旋转方向,调整三角带松紧度,清洗空气过滤器,调整新风回风和送风阀门,调整膨胀阀门开启程度。

③检查制冷压缩机的转动、制冷介质、冷却润滑系统运行情况,处理引起不正常的因素,检查冷却塔安装的位置是否符合设计要求,冷却风机运转是否达到设计要求,水量是否达到要求,挡水板高度、角度是否合理,对影响减振性能的部件进行更换。

四、自动喷水灭火系统质量通病分析及处理

(1)配水管水压试验或做喷水灭火试验时螺纹接口有返潮、滴水、泄漏现象。

原因分析:

①螺纹光洁度、扣数、圆锥度不符合规定或断丝、缺扣。

②填料缠绕不当,被挤入管内或脱落;接口松动或拧紧后倒扣。

③管配件有砂眼,丝扣有裂纹。

④支架间距过大,受力不均。

⑤接口被踩蹬;喷头经拆装、改动。

防治措施:

①自动喷水灭火系统的施工应由持消防安装许可证的专业消防安装队伍承担。

②系统中所用材料、配件、设备、仪表等应符合设计要求,经检验核定后使用;喷头、报警阀、压力开关、水力警铃、水流指示器等主要系统组件,应采用国家消防产品质量监督检测中心检验合格的产品。

③管螺纹必须加工成1:16的圆锥形,螺纹表面光滑端正,无毛刺、断丝、缺扣现象。

④管道连接后,将露出的白漆、麻丝清除干净,并在接口外露丝处涂上防锈漆,管道安装

完毕,应按设计和施工规范,分区、分不同压力进行强度和严密性试验,最后做全系统试验。接口有漏水应及时修补,直至试压符合要求。

⑤管道支、吊架、防晃支架间距应符合施工验收规范规定,安装牢固,接触紧密,坡度、标高正确。

⑥喷头必须在系统试压和管道冲洗合格后用专用扳手安装,喷头不得随意拆装、改动。

(2)配水干管在试压和喷水灭火试验时,碳素钢管焊接接口有返潮、滴漏现象。

原因分析:配水干、立管焊接接口渗漏的主要原因是焊缝质量不符合要求,操作不熟练,对口无间隙;焊接电流过小,存在浮焊、假焊的现象,或大电流焊口内造成咬边、裂缝、缩孔等。

防治措施:

①配水干管的焊接应按照国家现行碳素钢管焊接工程施工验收规范施工,根据图纸要求确定焊缝等级,由持有职业资格证书的熟练焊工施焊,并按已批准的焊接工艺进行焊接,焊接质量和焊缝尺寸必须符合规范要求。

②为了防止焊缝尺寸产生偏差,除按焊接规范进行操作外,管子、管件的坡口型式、尺寸及组对应按设计、规范、标准等规定正确选用,或参照表9-5选用。

表9-5　焊接头坡口型式及组对要求

坡口形式	壁厚 s(mm)	间隙 c(mm)	钝边 b(mm)	坡口角度 α
I 型	1~3	0~1.5 (气焊 1~3)		
II 型	≤8	1.5~2.5	1~1.5	60°~70°
	>8	2~3		60°~65°

③预防咬边措施:根据管壁厚度,正确选择焊条、焊接电流和速度,掌握正确的运条方法,选择合适的焊条角度和电弧长度,沿焊缝中心线对称和均匀地摆动焊接。

④防止焊瘤及烧穿:根据焊条的性质,选择适当的电弧长度进行焊接。

⑤防止表面和内部气孔:焊接前清除坡口内外的水、油、锈等杂物,碱性焊条必须烘干,正确选择电流和运条方法,焊接场所应有防风雨措施。

⑥预防焊口裂纹:选好合适的焊接材料和焊接规范,合理安排焊接次序,避免采用大电流焊接薄壁管。选择与母材相当的焊接材料,控制焊接速度,不使熔化金属冷却过快。不得突然熄弧,熄弧时要填满熔池。

⑦预防未焊透:正确选择对口焊接规范,如焊接电流、坡口间隙、角度、钝边厚度,运条中随时调整焊条角度,使焊条与母材金属充分熔合。

⑧从配水干管开洞焊接支管时,先在洞口内涂上防锈漆,支管不得伸入干管内焊接,支管管端应加工成马鞍形与干管焊接并焊牢,去除焊缝焊渣,焊缝涂两道防锈漆。

(3)探测器发生误动作或不动作。

原因分析：探测器与其他设备、梁、墙的距离不符合要求，造成误报警；探测器安装距离超出报警范围，产生报警死角。

防治措施：

①图纸会审时应认真审核，施工中应注意与其他电器设施和建筑物的距离。

②探测器边缘距冷光源灯具边缘最小净距大于或等于 0.2 m，距离温光源灯具边缘最小净距大于或等于 0.5 m，距电风扇扇页边缘大于或等于 0.5 m，距不凸出扬声器罩大于或等于 0.1 m，距凸出扬声器边缘大于或等于 0.5 m。

③探测器边缘距墙、梁边缘最小净距大于或等于 0.5 m。

④探测器周围 0.5 m 内不应有遮挡物。

⑤探测器保护面积和保护半径必须遵照规范的要求。

（4）探测器底座安装不牢固，探测器下垂、歪斜。

原因分析：探测器底座安装不牢固，固定材料强度较低。

防治措施：

①在吊顶上安装探测器，当固定材料强度低时，应采用适当措施加固。

②在金属构件上安装探测器，应先固定好接线盒。

（5）火灾报警用导线不是耐热导线，其截面面积和使用电压不符合要求。

原因分析：不熟悉防火施工规范，按一般控制线施工。

防治措施：

①必须采用耐热导线，尤其在吊顶敷设时。

②铜芯绝缘导线、电缆的最小截面面积和电压应符合表 9-6 的要求。

表 9-6　火灾报警用导线最小截面面积和电压

导线类型	线芯最小截面面积（mm²）	电压（V）
穿管敷设导线	1.00	≥250
线槽内敷设导线	0.75	≥250
多芯电缆	0.50	≥250

（6）联动信号发出，喷淋泵不动作。

原因分析：控制装置及消防泵启动柜连线松动或器件失灵；喷淋泵本身机械故障。

防治措施：检查连线及水泵本身，发现故障及时维修更换。

（7）前端设备的安装松动、无法联动、不正确。

防治措施：

①安装前熟悉各个设备（探测器、模块、手报）的接线方式和安装方法。

②与其他消防设备联结的联动模块或信号模块，在安装前要特别注意该消防设备与消防联结的接线方式及控制原理。

（8）稳压装置频繁启动。

原因分析：湿式装置前端有泄漏，水暖件或连接处泄漏，闭式喷头泄漏，末端泄放装置没有关好。

防治措施:检查各水暖件、喷头和末端泄放装置,找出泄漏点进行处理、

(9)喷头动作后或末端泄放装置打开,联动泵后管道前端无水。

原因分析:湿式报警装置的蝶阀不动作,湿式报警装置不能将水送到前端管道。

防治措施:检查湿式报警装置,主要是蝶阀,直到灵活翻转,再检查湿式装置的其他部件。

(10)水流指示器在水流动作后不报信号。

原因分析:除电气线路及端子压线问题外,主要是水流指示器本身问题,包括桨片不动、桨片损坏,微动开关损坏或干簧管触点烧毁,或永久性磁铁不起作用。

防治措施:检查桨片是否损坏或塞死不动,检查永久磁铁、干簧管等器件。

五、建筑智能化工程质量通病分析及处理

(1)工程实施准备不足:二次设计的深度达不到用户和《智能建筑设计标准》(GB/T 50314—2006)的要求,施工中反复变更、返工,造成工程造价增加,观感质量变差;施工图未经审图中心审查先行施工;工序交接不到位,与建筑结构、装饰装修、给水排水及采暖、建筑电气、通风空调、电梯等专业未进行接口确认。

防治措施:

①二次设计应广泛征集基层用户需求,在满足基本功能的前提下,做到系统先进、经济合理、高效节能。

②与相关专业沟通,对需要集成的内容,协调接口技术条件和规范,作为订货的依据。

③对系统进行调正或有重要的设计变更时,应先送审后施工。

(2)设备、软件产品、系统接口进场检验方面:对未列入强制性认证产品目录或未实施生产许可证和上网许可证管理的产品,未按规定程序通过产品功能、性能检测;进口产品未提供原产地证明和商检证明,配套的质量文件未提供中文文本;系统承包商编制的用户应用软件、组态及接口软件未提供完整的文档。

防治措施:

①未列入强制性认证产品目录或未实施生产许可证和上网许可证管理的产品应按规定程序通过产品检测后方可使用。

②硬件设备及材料的质量检查重点应包括安全性、可靠性及电磁兼容性等项目,可靠性检测可参考生产厂家出具的可靠性检测报告。

③按下列内容检查软件产品质量:

(a)商业化的软件,如操作系统、数据库管理系统、应用系统软件、信息安全软件和网管软件等应做好使用许可证及使用范围的检查。

(b)由系统承包商编制的用户应用软件、用户组态软件及接口软件等应用软件,除进行功能测试和系统测试外,还应根据需要进行容量、可靠性、安全性、可恢复性、兼容性、自诊断等多项功能测试,并保证软件的可维护性。

(c)所有自编软件均应提供完整的文档(包括软件资料、程序结构说明、安装调试说明、使用和维护说明书等)。

④按下列要求检查系统接口的质量:

(a)系统承包商应提交接口规范,接口规范应在合同签订时由合同签订机构负责审定。

（b）系统承包商应根据接口规范制订接口测试方案，接口测试方案经检测机构批准后实施。系统接口测试应保证接口性能符合设计要求，实现接口规范中规定的各项功能，不发生兼容性及通信瓶颈问题，并保证系统接口的制造和安装质量。

（3）电话、电视系统的敷线、面板接线不符合要求：多条电话线在高层建筑的弱电竖井里没有捆扎，分别固定，显得杂乱；DP箱的线头编号不明显，编号纸牌回潮，字体难辨；电话插座接线松动，电话音质失真；电视天线损坏屏蔽层，电视音像失真；施工中易脏墙面，施工完毕后没能清洁现场。

原因分析：

①施工人员责任心不强。

②进场时间较晚，此时土建的墙面往往已完成粉刷工序，因此他们在施工时易弄脏墙面。

预防措施：

①加强对施工人员的管理，与土建专业密切配合，施工安装完毕要清洁现场，保持地面和墙面清洁。

②多条电话线在弱电竖井里敷设时，要捆扎成束，并要求在每隔1.5 m处固定于线槽内，盖好线槽盖板。

③电话线接头要用防潮的接线接头连接，用线钳压紧。

④DP箱里的电话线要整齐排列，每根电话线的线头均用防潮线牌标明回路和房间号码，以方便日后电话安装。

⑤电视天线的屏蔽层在穿管时易被硬物刮破，因此在穿线前应将管清理干净，将管口倒角，穿线时要小心抽拉，以免损坏屏蔽层，确保电视图像、声音的质量。

（4）智能系统的探头安装松动，与墙、板、吊顶间有缝隙；探头与灯具挨得太近，灯具的热量影响探头的灵敏度。

原因分析：

①施工人员在安装探头底座时没有认真找平、固定。

②安装平面窄小，预埋管盒时没有注意将探头与灯具的距离拉开。

预防措施：

①增强施工人员的责任心，底座安装时一定要与墙面找平，安装探头时注意拧紧。

②一般情况下，洗手间的天花板面积较小，往往使灯具与智能探头挨得太近，这时应适当调整灯具的中心点和探头离窗口的距离，保证两者的距离在50 cm左右。公共走道天花板顶上的消防探头，在预埋线盒时就应使之与灯具保持不小于50 cm的距离（灯具保证在中心位置上）。

（5）线缆导管暗敷时弯曲半径太小，有凹、扁、裂现象，直线管段过长时未设过线盒，明敷线管未按规定设置管卡。

防治措施：

①线管转弯的弯曲半径不应小于所穿入线缆的最小允许弯曲半径，且不应小于该管外径的6倍；当暗管外径大于50 mm时，弯曲半径不应小于该管外径的10倍。

②明配线管应横平竖直、排列整齐。

③明配线管应设管卡固定，管卡应安装牢固；管卡设置应符合下列规定。

（a）在终端、弯头中点处的 150～500 mm 范围内应设管卡。

（b）在距离盒、箱、柜等边缘的 150～500 mm 范围内应设管卡。

（c）在中间直线段应均匀设置管卡,管卡间的最大距离应符合现行国家标准《建筑电气工程施工质量验收规范》(GB 50303—2002)中表 14.2.6 的规定。

④吊顶内配管,宜使用单独的支、吊架固定,支、吊架不得架设在龙骨或其他管道上。

（6）线管连接未设跨接线或做法不正确。

防治措施:

①镀锌钢管宜采用螺纹连接,镀锌钢管的连接处应采用专用接地线卡固定跨接线,跨接线截面面积不应小于 4 mm²。

②套接紧定式钢管连接应符合下列规定:

（a）钢管外壁镀层应完好,管口应平整、光滑、无变形。

（b）套接紧定式钢管连接处应采取密封措施。

（c）当套接紧定式钢管管径大于或等于 32 mm 时,连接套管每端的紧定螺钉不应少于 2 个。

（7）当线缆导管在混凝土板中预埋时,与其他导管多次重叠;墙内敷设线管剔槽深度和宽度过小或过大。

防治措施:

①导管敷设应保持管内清洁干燥,管口应有保护措施和进行封堵处理。

②砌体内暗敷线管埋深不应小于 15 mm,现浇混凝土楼板内暗敷线管埋深不应小于 25 mm,并列敷设的线管间距不应小于 25 mm。

③线管穿过墙壁或楼板时应加装保护套管,穿墙套管应与墙面平齐,穿楼板套管上口宜高出楼面 10～30 mm,套管下口应与楼板底面齐平。

④与设备连接的线管引出地面时,管口距地面不宜小于 200 mm;当从地下引入落地式箱、柜时,宜高出箱、柜内底面 50 mm。

⑤室外线管敷设应符合下列规定:

（a）室外埋地敷设的线管,埋深不宜小于 0.7 m,壁厚应大于等于 2 mm;当埋设于硬质路面下时,应加钢套管,人、手孔井应有排水措施。

（b）进出建筑物管线应做防水坡度,坡度不宜小于 15‰。

（c）同一段线管短距离不宜有 S 弯。

（d）线管进入地下建筑物,应采用防水套管,并应做密封防水处理。

⑥当配管通过建筑物的变形缝时,应设置补偿装置。

（8）线缆导管与线盒连接未锁紧固定。

防治措施:

①当线管与控制箱、接线箱、接线盒等连接时,应采用锁母将管口固定牢固。

②线管两端应设有标志,管内不应有阻碍。

（9）桥架使用的弯头、三通等配件,现场制作质量低劣,防腐不符合规定,外观质量差。

防治措施:

①钢制电缆桥架进场,应按《钢制电缆桥架工程设计规范》(CECS 31—2006)的要求进行验收;铝合金电缆桥架进场,应按《铝合金电缆桥架技术规程》(CECS 106—2000)标准要

求进行验收。

②弯头、三通等配件,宜采用桥架生产厂家制作的成品,不宜在现场加工制作。

(10)支、吊架间距参差不齐,转弯处支、吊架设置不合规定,长丝圆钢吊架超长未作防晃支架。

防治措施:

①支、吊架安装直线段间距宜为1.5~2.0 m,同一直线段上的支、吊架间距应均匀。在桥架端口、分支、转弯处不大于0.5 m处,应安装支、吊架。

②采用长丝圆钢作支、吊架时,桥架转弯处及直线段每隔30 m应安装防晃支架。

(11)非镀锌线缆桥架连接处漏做跨接线,跨接线截面面积不符合规定;桥架直线段超长和穿越变形缝处未留伸缩节。

防治措施:

①桥架与盒、箱、柜等连接处应采用抱脚或翻边连接,并应用螺栓固定,末端封堵。

②钢制电缆桥架直线段超过30 m,铝合金或玻璃钢制电缆桥架直线段超过15 m,应设伸缩节,桥架经过建筑变形缝处设补偿装置,保护地线和桥架内线缆应留补偿余量。

③敷设在竖井内和穿越不同防火分区的桥架孔洞,应做防火封堵。

(12)预埋线槽的截面高度和宽度超过设计和规范要求,线槽直埋超长未设过线盒,埋地过线盒不具备防火、防水、抗压功能。

防治措施:

①在建筑物中预埋线槽,宜按单层设置,每一路由进出同一过路盒的预埋线槽均不应超过3根,线槽截面高度不宜超过25 mm,总宽度不宜超过300 mm。线槽路由中若包括过线盒和出线盒,截面高度宜在70~100 mm范围内。

②当线槽直埋长度超过30 m或在线槽路由交叉、转弯时,宜设置过线盒,以便于布放缆线和维修。

③过线盒盖能开启并与地面齐平,盒盖处应具有防灰与防水功能。

④过线盒和接线盒盒盖应能抗压。

⑤从金属线槽至信息插座模块接线盒间或金属线槽与金属钢管之间相连接时的缆线宜采用金属软管敷设。

(13)网络地板下的线槽不设盖板或未接地。

防治措施:

①线槽盖板应可开启,可开启的线槽盖板与明装插座底盒间应采用金属软管连接。

②地板块与线槽盖板应抗压、抗冲击和阻燃。

③主线槽的宽度宜在200~400 mm,支线槽宽度不宜小于70 mm。

④当网络地板具有防静电功能时,地板整体应接地;网络地板板块间的金属线槽段与段之间应保持良好导通并接地。

⑤在架空活动地板下敷设缆线槽时,地板内净空应为150~300 mm。若空调采用下送风方式,则地板内净高应为300~500 mm。

⑥线槽的所有非导电部分的铁件均应相互连接和跨接,使之成为一连续导体,并做好整体接地。

(14)电话、电视、微机自控、自动报警等配管施工质量差,配管不到位,与强电系统间距太近。

原因分析：

①对弱电系统电配管施工要求不明确，未能按相应规范进行施工。

②弱电系统大部分为专业分包施工，施工人员素质不高。

③弱电系统施工时，与强电系统未考虑有效间距，相互并列安装，配管、开关、接线盒等安装太近，发生干扰现象。

防治措施：

①根据弱电系统安装规范，弱电系统电配管安装应按强电系统的电配管要求进行施工。

②弱电系统与强电系统应有足够的电气间距，避免发生电磁干扰现象。一般强弱电插座相距不应小于 500 mm。

③当弱电系统由专业安装队伍施工时，应配合主体工程的施工做好预留和预埋。以确保配管到位，配管固定牢固。金属配管做好接地。

④一般消防系统中，预埋时将消火栓报警按钮接线盒设在消防箱上方。

⑤感温感烟探测器设置应符合设计要求，并应满足每个分隔间不少于一个探头且探头间距不大于 6 m，离墙距离不小于 0.6 m 的要求。

⑥网络插座边应设有电源插座。

(15)线盒、信息插座安装时钢导管进入线盒未采用专用接头并锁紧；用信息点预埋盒兼作过线盒。

防治措施：

①钢导管进入盒（箱）时应一孔一管，管与盒（箱）的连接应采用爪型螺纹接头管连接，且应锁紧，内壁应光滑便于穿线。

②线缆管路有下列情况之一者，中间应增设拉线盒或接线盒，其位置应便于穿线：

（a）管路长度每超过 30 m 且无弯曲。

（b）管路长度每超过 20 m 且仅有一个弯曲。

（c）管路长度每超过 15 m 且仅有两个弯曲。

（d）管路长度每超过 8 m 且仅有三个弯曲。

（e）线缆管路垂直敷设时管内绝缘线缆截面面积宜小于 150 mm^2，当长度超过 30 m 时，应增设固定用拉线盒。

（f）信息点预埋盒不宜同时兼作过线盒。

(16)线缆在桥架内交叉布放，进出线槽及转弯部位未做绑扎固定，光缆在绑扎固定段未加垫套；线槽布放线缆过多，截面利用率超过 50%。

防治措施：

①在封闭式的线槽内敷设电缆，缆线均应平齐顺直，排列有序，互相不重叠、不交叉。

②在桥架或线槽内缆线绑扎固定应根据缆线的类型、缆径、缆线芯数分束绑扎。绑扎的间距不宜大于 1.5 m，且应均匀一致，绑扎松紧适度。

③吊顶内布置缆线，应分束绑扎，且所有缆线的外护套应有阻燃性能，其选用要求应符合设计规定。

【案例 9-2】

某住宅小区共 15 幢楼，在工程预验收中，安装工程部分发现给水管道局部出现"塌腰"

现象,验收不合格。监理工程师通知施工单位限期整改。

问题:

(1)试分析此现象出现的原因。

(2)施工单位应采取哪些防治措施?

【案例评析】

(1)管道出现"塌腰"现象的原因有:管道支架间距不符合规定;管道使用后,重量增加;弯曲的管道安装前未调直;支架安装前所定坡度、标高不准,安装时未纠正;支架埋设安装不平正、不牢固。

(2)应采取以下防治措施:

①支架安装前应根据管道设计坡度和起点标高,算出中间点、终点标高,弹好线,根据管径、管道保温情况,按"墙不作架、托稳转角,中间等分,不超最大"原则,并参照规范,定出各支架安装点及标高进行安装。

②支架安装必须保证标高、坡度正确,平正牢固,与管道接触紧密,不得有扭斜、翘曲现象;弯曲的管道,安装前需调直。

③安装后管道产生"塌腰",应拆除"塌腰"管道,增设支架,使其符合设计要求。

【案例9-3】

某住宅楼工程在装饰工程施工过程中,部分卫生间及厨房地面积水从穿楼板的套管外壁及地漏处渗漏到下一层,造成下一层顶棚污染,已完成的顶棚装饰需返工。

问题:

(1)试分析此现象出现的原因。

(2)施工单位应采取哪些防治措施?

【案例评析】

(1)出现此现象的原因是:

①未按设计、规范设置套管或管道与套管之间封堵不严密。

②堵洞时没按规范采用细石混凝土分两次封堵。

③卫生间防水不严密,未按要求在完成防水后做卫生间整体灌水试验。

(2)应采取以下防治措施:

①施工时应按设计、规范设置套管,并将管道与套管之间封堵严密。

②封堵孔洞时采用细石混凝土分两次进行,细心捣实,第一次浇筑2/3板厚,第二次浇筑1/3板厚。当管道(或套管)为塑料管时,与细石混凝土接触的管外壁应先刷胶粘剂再涂抹细砂(或安装止水环),以提高防渗效果。

③管道安装完毕,各孔洞封堵后,土建施工人员应认真做好卫生间整体防水,并于完成防水后做卫生间整体灌水试验,要求不渗不漏。

第三节　施工质量事故分析与处理

一、工程质量事故

工程质量事故是指由于建设、勘察、设计、施工、监理等单位违反工程质量有关法律法规和工程建设标准,使工程产生结构安全、重要使用功能等方面的质量缺陷,造成人身伤亡或者重大经济损失的事故。

二、工程质量事故等级划分

根据工程质量事故造成的人员伤亡或者直接经济损失,工程质量事故分为以下4个等级:

(1)特别重大事故,是指造成30人以上死亡,或者100人以上重伤,或者1亿元以上直接经济损失的事故。

(2)重大事故,是指造成10人以上30人以下死亡,或者50人以上100人以下重伤,或者5 000万元以上1亿元以下直接经济损失的事故。

(3)较大事故,是指造成3人以上10人以下死亡,或者10人以上50人以下重伤,或者1 000万元以上5 000万元以下直接经济损失的事故。

(4)一般事故,是指造成3人以下死亡,或者10人以下重伤,或者100万元以上1 000万元以下直接经济损失的事故。

本等级划分所称的"以上"包括本数,所称的"以下"不包括本数。

三、工程质量事故的特点

工程质量事故具有复杂性、严重性和可变性的特点。

(一)复杂性

建设工程与一般工业产品相比具有固定性,并且露天作业多,环境、气候等自然条件复杂多变;建设工程所使用的材料品种多,规格多,性能也不相同;工地上多工种、多专业交叉施工,相互干扰大;工艺要求不尽相同,施工方法各异,技术标准不一等特点。即使是同一类型的工程,由于地点不同,施工条件不同,也可形成诸多复杂的技术问题。由于影响工程质量的因素多,造成质量事故的原因错综复杂,导致了工程质量事故的性质、危害和处理都很复杂。

(二)严重性

建设工程是一种特殊的产品,一旦出现质量事故,其影响较大。轻者影响工程施工的顺利进行,拖延工期,增加工程费用;重者则会留下隐患,影响使用功能,缩短使用年限,甚至不能使用;严重的还会造成人民生命财产的巨大损失。

(三)可变性

许多工程质量事故发生后,其质量状态并非稳定于发现的初始状态,而是随时间、环境、施工情况等的变化而不断发展变化,造成更大的生命财产损失。因此,一旦发生工程质量问题就应及时调查、分析,作出判断,对可能导致危险情况发生的质量事故要及时采取补救措施。

四、工程质量事故的报告与调查

(一)工程质量事故报告

(1)工程质量事故发生后,事故现场有关人员应当立即向工程建设单位负责人报告;工程建设单位负责人接到报告后,应于1 h内向事故发生地县级以上人民政府住房和城乡建设主管部门及有关部门报告。

情况紧急时,事故现场有关人员可直接向事故发生地县级以上人民政府住房和城乡建设主管部门报告。

住房和城乡建设主管部门接到事故报告后,应当依照下列规定上报事故情况,并同时通知公安、监察机关等有关部门。

①较大、重大及特别重大事故逐级上报至国务院住房和城乡建设主管部门,一般事故逐级上报至省级人民政府住房和城乡建设主管部门,必要时可以越级上报事故情况。

②住房和城乡建设主管部门上报事故情况,应当同时报告本级人民政府;国务院住房和城乡建设主管部门接到重大和特别重大事故的报告后,应当立即报告国务院。

③住房和城乡建设主管部门逐级上报事故情况时,每级上报时间不得超过 2 h。

(2)工程质量事故报告应包括下列内容:

①事故发生的时间、地点、工程项目名称、工程各参建单位名称。

②事故发生的简要经过、伤亡人数(包括下落不明的人数)和初步估计的直接经济损失。

③事故的初步原因。

④事故发生后采取的措施及事故控制情况。

⑤事故报告单位、联系人及联系方式。

⑥其他应当报告的情况。

工程质量事故报告后出现新情况,以及事故发生之日起 30 d 内伤亡人数发生变化的,应当及时补报。

(3)质量事故现场的保护及取证。

工程质量事故发生后,事故发生单位和事故发生地的建设行政主管部门应当严格保护事故现场,采取有效措施抢救人员和财产,防止事故扩大。

因抢救人员疏导交通等原因需要移动现场物件时应当作出标志,绘制现场简图,并做出书面记录,妥善保存现场重要痕迹、物证,并拍照或录像。

(二)工程质量事故调查

(1)住房和城乡建设主管部门应当按照有关人民政府的授权或委托,组织或参与事故调查组对事故进行调查,并履行下列职责:

①核实事故基本情况,包括事故发生的经过、人员伤亡情况及直接经济损失。

②核查事故项目基本情况,包括项目履行法定建设程序情况、工程各参建单位履行职责的情况。

③依据国家有关法律法规和工程建设标准分析事故的直接原因和间接原因,必要时组织对事故项目进行检测鉴定和专家技术论证。

④认定事故的性质和事故责任。

⑤依照国家有关法律法规提出对事故责任单位和责任人员的处理建议。

⑥总结事故教训,提出防范和整改措施。

⑦提交事故调查报告。

(2)事故调查报告应当包括下列内容:事故项目及各参建单位概况,事故发生经过和事故救援情况,事故造成的人员伤亡和直接经济损失,事故项目有关质量检测报告和技术分析报告,事故发生的原因和事故性质,事故责任的认定和事故责任者的处理建议,事故防范和整改措施。

事故调查报告应当附有关证据材料。事故调查组成员应当在事故调查报告上签名。

五、工程质量事故处理

（一）工程质量事故处理程序

（1）工程质量事故发生后,事故发生单位根据事故的等级在规定的时限内及时向有关部门报告。

（2）质量监督机构发出通知,责令整改。根据质量事故的严重程度,必要时由质量监督机构责令暂停下道工序施工,或由建设行政主管部门发出停工通知。

（3）根据事故等级,按照分级管理的原则,成立事故调查组。

（4）事故调查组现场勘察、取证。

（5）补充调查,必要时委托有资质的单位进行检测鉴定。

（6）分析事故原因。

（7）事故处理过程及检查验收。

（8）事故处理过程及验收的资料归档。

（9）提出对责任单位及责任人的处理建议。

（二）工程质量事故处理的依据

1. 质量事故的实况资料

（1）施工单位的质量事故调查报告。

（2）事故调查组调查研究所获得的第一手资料,以及调查组所提供的工程质量事故调查报告。

2. 有关合同及合同文件

有关合同包括勘察、设计委托合同,工程承包合同,分包工程合同,原材料、半成品、设备器材购销合同,监理合同等。

这些合同及合同文件在处理质量事故中的作用,是对施工过程中有关各方是否按照合同约定的条款实施其活动,同时还是界定质量责任的重要依据。

3. 有关的技术文件和档案

（1）有关的设计文件。

（2）与施工有关的技术文件、档案和资料。包括施工组织设计或施工方案、施工计划;施工记录、施工日志;有关建筑材料的质量证明资料;现场制备材料的质量证明资料;质量事故发生后,对事故状况的观测记录、试验记录或试验报告等;其他有关资料。

4. 相关的建设法规

相关的建设法规包括勘察、设计、施工、监理等单位资质管理方面的法规,从业者资格管理方面的法规,建筑市场方面的法规,建筑施工方面的法规,关于标准化管理方面的法规等。

（三）工程质量事故处理方案的确定

1. 处理的目的

消除质量隐患,以达到工程的安全可靠和正常使用各项功能及寿命要求,并保证施工的正常进行。

2. 处理的基本原则

(1)正确确定事故的性质,是表面性还是实质性、是结构性还是一般性、是迫切性还是一般性;

(2)正确确定处理范围,除直接发生部位外,还应检查处理事故相邻影响作用范围的结构部位或构件。

3. 处理的基本要求

满足设计要求和用户的期望;保证结构安全可靠,不留任何隐患;符合经济合理的原则(安全可靠、不留隐患、处理技术可行、经济合理、施工方便、满足使用功能)。

(四)工程质量事故处理的检查验收

1. 检查验收

工程质量事故处理完成后,在施工单位自检合格报验的基础上,监理单位应严格按施工验收标准及有关规范的规定进行,结合监理人员的旁站、巡视和平行检验结果,依据质量事故技术处理方案设计要求,通过实际量测,检查各种资料数据进行验收,并应办理交工验收文件,组织各有关单位会签。

2. 必要的鉴定

需要试验和检验鉴定的情况:

(1)涉及结构承载力等使用安全和其他重要性能的处理工作。

(2)质量事故处理施工过程中建筑材料及构配件保证资料严重缺乏。

(3)对检查验收结果各参与单位有争议。

检测鉴定必须委托政府批准的有资质的法定检测单位进行。

3. 验收结论

常见的验收结论如下:

(1)事故已排除,可以继续施工。

(2)隐患已消除,结构安全有保证。

(3)经修补处理后,完全能够满足使用要求。

(4)基本上满足使用要求,但使用时应有附加限制条件,例如限制荷载等。

(5)对耐久性的结论。

(6)对建筑物外观影响的结论。

(7)对短期内难以作出结论的,可提出进一步检验意见。

对所有质量事故无论经过技术处理,通过检查鉴定验收还是不需专门处理的,均应有明确的书面结论。

本章小结

设备安装关系到建筑工程功能的使用,因此确保设备安装质量,防范和治理安装工程质量问题,在工程施工和验收中尤为重要。本章介绍了质量缺陷、质量通病和质量事故成因及处理方法,根据最新法规对质量事故的划分和处理进行了明确阐述。结合质量问题的特点,通过案例分析和工程实例讲解,对设备安装工程中一些常见的质量通病进行识别,并分析其形成原因,掌握正确做法和改正措施。

【推荐阅读资料】

(1)《建筑工程施工质量验收统一标准》(GB 50300—2001)

(2)《建筑给水排水及采暖工程施工质量验收规范》(GB 50242—2002)

(3)《建筑电气工程施工质量验收规范》(GB 50303—2002)

(4)《通风与空调工程施工质量验收规范》(GB 50243—2002)

(5)《自动喷水灭火系统施工及验收规范》(GB 50261—2005)

(6)《智能建筑工程质量验收规范》(GB 50339—2003)

(7)《综合布线工程验收规范》(GB 50312—2007)

(8)《关于做好房屋建筑和市政基础设施工程质量事故报告和调查处理工作的通知》(建质〔2010〕111)

思考练习题

1.简述质量缺陷、质量通病和质量事故的含义。

2.形成工程质量问题的原因有哪些?

3.简述质量问题处理程序。

4.工程质量问题的处理方案有哪些?

5.质量事故如何分级?

6.简述质量事故处理程序。

第十章 设备安装工程资料

【学习目标】
- 了解设备安装工程资料分类及编制原则。
- 熟悉设备安装工程资料编制方法。
- 熟悉设备安装工程资料包含项目。
- 掌握设备安装工程资料收集、整理、归档、移交的要求。

第一节 设备安装工程资料概述

一、概述

工程资料是记载工程建设活动全过程的具有保存价值的文字、图表、数据等各种资料。同时,它也是城建档案的重要组成部分,是工程竣工、交付使用的必备资料,更是对工程开展规划、勘测、设计、施工、检查、验收、移交、管理、维护、改建、扩建、科研等不同工作的重要依据。

工程资料的管理工作需要建设单位、勘察单位、设计单位、监理单位、施工单位和城建档案馆等多个部门协调完成。

工程资料能够客观地反映工程项目施工管理、施工质量、施工进度和成本控制等情况。为日后运营过程中反馈以上各个环节的不足、隐患和缺陷,促进工程施工、管理、质量等水平提升提供依据。

工程资料的完整化、准确化、规范化、标准化、系统化需要一个科学、严密、合理的管理体系。

设备安装工程资料以《建设工程文件归档整理规范》(GB/T 50328—2001)和《建筑工程资料管理规程》(JGJ/T 185—2009)为依据,主要包括建筑给水排水及采暖工程、通风与空调工程、建筑电气工程和智能建筑四个分部工程资料。

二、工程资料术语

(一)工程资料

工程资料是工程建设过程中形成的各种形式的信息记录。根据归档主体不同,工程资料包括基建文件、监理资料、施工资料和竣工资料。

1. 基建文件

基建文件是建设单位在工程建设过程中形成的文件,分为工程准备文件和工程竣工文件。

2. 监理资料

监理资料是监理单位在工程设计、施工等监理过程中形成的资料。

3. 施工资料

施工资料是施工单位在工程施工过程中形成的资料。

4. 竣工资料

竣工资料是工程竣工验收、备案和移交等活动中形成的文件。

（二）工程准备阶段文件

工程准备阶段文件是工程开工前,在立项、审批、征地、拆迁、勘察、设计、招投标等工程准备阶段形成的文件。

（三）竣工图

竣工图是建筑工程竣工验收后,反映工程施工结果的图纸。

（四）工程档案

工程档案是工程在建设活动中形成具有归档保存价值的工程资料。

（五）组卷

组卷是按照一定的原则和方法、将有保存价值的工程资料分类整理成案卷的过程,亦称立卷。

（六）归档

归档是工程资料整理组卷并按规定移交相关档案管理部门的工作。

三、工程资料分类

（一）按单位分类

工程资料按单位共分为四大类:A 类为基建文件资料,由建设单位负责建立归档;B 类为监理文件资料,由监理单位负责建立归档;C 类为施工文件资料,由施工单位负责建立归档;D 类为工程竣工图,由施工单位负责建立归档。

（二）按专业分类

工程资料按专业可分为设备安装工程资料、电气专业施工资料、暖卫专业施工资料、通风空调专业施工资料等。

其他专业施工资料包括电梯、人防、环保、卫生等方面。

（三）按工程资料形成过程分类

1. 开工前资料

(1)中标通知书及施工许可证。

(2)施工合同。

(3)委托监理工程的监理合同。

(4)施工图审查批准书及施工图审查报告。

(5)质量监督登记书。

(6)质量监督交底要点及质量监督工作方案。

(7)施工图会审记录。

(8)经监理(或业主)批准的施工组织设计或施工方案。

(9)开工报告。

(10)质量管理体系登记表。

(11)施工现场质量管理检查记录。

（12）技术交底记录。

（13）测量定位记录。

2．材料、产品、构配件等合格证资料

（1）焊条及焊剂出厂合格证。

（2）给水排水与采暖工程材料出厂合格证。

（3）建筑电气工程材料、设备出厂合格证。

（4）通风与空调工程材料、设备出厂合格证。

（5）电梯工程设备出厂合格证。

（6）智能建筑工程材料、设备出厂合格证。

（7）施工要求的其他合格证。

3．施工过程资料

（1）设计变更、洽商记录。

（2）工程测量、放线记录。

（3）预检、自检、互检、交接检记录。

（4）建（构）筑物沉降观测测量记录。

（5）新材料、新技术、新工艺施工记录。

（6）隐蔽工程验收记录。

（7）施工日志。

（8）工程质量事故报告单。

（9）工程质量事故及事故原因调查、处理记录。

（10）工程质量整改通知书。

（11）工程局部暂停施工通知书。

（12）工程质量整改情况报告及复工申请。

（13）工程复工通知书。

4．试验资料

（1）水泥物理性能检验报告。

（2）有防水要求的地面蓄水试验记录。

（3）抽气（风）道检查记录。

（4）节能、保温测试记录。

（5）管道、设备强度及严密性试验记录。

（6）系统清洗、灌水、通水、通球试验记录。

（7）电气设备调试记录。

（8）电气工程接地、绝缘电阻测试记录。

（9）制冷、空调、管道的强度及严密性试验记录。

（10）制冷设备试运行调试记录。

（11）通风、空调系统试运行调试记录。

（12）风量、温度测试记录。

（13）电梯设备开箱检验记录。

（14）电梯负荷试验、安全装置检查记录。

（15）电梯接地、绝缘电阻测试记录。

（16）电梯试运行调试记录。

（17）智能建筑工程系统试运行记录。

（18）智能建筑工程系统功能测定及设备调试记录。

（19）单位（子单位）工程安全和功能检验所必须的其他测量、测试、检测、检验、试验、调试、试运行记录。

5. 质量验收资料

（1）给水、排水及采暖分部及所含子分部、分项、检验批质量验收记录。

（2）电气分部及所含子分部、分项、检验批质量验收记录。

（3）智能分部及所含子分部、分项、检验批质量验收记录。

（4）通风与空调分部及所含子分部、分项、检验批质量验收记录。

（5）电梯分部及所含子分部、分项、检验批质量验收记录。

（6）单位工程及所含子单位工程质量竣工验收记录。

（7）室外工程的分部及所含子分部、分项、检验批质量验收记录。

6. 竣工资料

（1）施工单位工程竣工报告。

（2）监理单位工程竣工质量评价报告。

（3）勘察单位勘察文件及实施情况检查报告。

（4）设计单位设计文件及实施情况检查报告。

（5）建设工程质量竣工验收意见书或单位（子单位）工程质量竣工验收记录。

（6）竣工验收存在问题整改通知书。

（7）竣工验收存在问题整改验收意见书。

（8）工程具备竣工验收条件的通知及重新组织竣工验收通知书。

（9）单位（子单位）工程质量控制资料核查记录（质量保证资料审查记录）。

（10）单位（子单位）工程安全和功能检验资料核查及主要功能抽查记录。

（11）单位（子单位）工程观感质量检查记录（观感质量评定表）。

（12）定向销售商品房或职工集资住宅的用户签收意见表。

（13）工程质量保修合同（书）。

（14）建设工程竣工验收报告（由建设单位填写）。

（15）竣工图（包括智能建筑分部）。

7. 建筑工程质量监督存档资料

（1）建设工程质量监督登记书。

（2）施工图纸审查批准及建筑工程施工图审查报告。

（3）单位工程质量监督工作方案。

（4）建设工程质量监督交底会议通知书及交底要点。

（5）建设工程质量监督记录。

（6）建设工程质量管理体系登记表。

8.必要时应增补的资料

(1)勘察、设计、监理、施工(包括分包)单位的资质证明。

(2)建设、勘察、设计、监理、施工(包括分包)单位的变更、更换情况及原因。

(3)勘察、设计、监理单位执业人员的执业资格证明。

(4)施工(包括分包)单位现场管理人员及各工种技术工人的上岗证明。

(5)经建设单位(业主)同意认可的监理规划或监理实施细则。

(6)见证单位派驻施工现场代表委托书或授权书。

(7)设计单位派驻施工现场设计代表委托书或授权书。

(8)其他。

四、基本规定

(1)工程资料应与建筑工程建设过程同步形成,并应真实反映建筑工程的建设情况和实体质量。

(2)工程资料的管理应符合下列规定:

①工程资料管理应制度健全、岗位责任明确,并应纳入工程建设管理的各个环节和各级相关人员的职责范围。

②工程资料的套数、费用、移交时间应在合同中明确。

③工程资料的收集、整理、组卷、移交及归档应及时。

④工程资料应内容完整,资料中对工程质量有决定性影响的项目和内容应填写齐全不得空缺,签认手续齐全。同时还要求结论明确,不得出现"基本合格"、"未发现异常"等不确切词语。

(3)工程资料的形成应符合下列规定:

①工程资料形成单位应对资料内容的真实性、完整性、有效性负责;由多方形成的资料,应各负其责,即坚持"谁形成,谁负责"的原则。

②工程资料的填写、编制、审核、审批、签认应及时进行,其内容应符合相关规定。

③工程资料不得随意修改;当需修改时,应实行划改,并由划改人签署。

④工程资料的文字、图表、印章应清晰。

(4)工程资料应采用原件,当为复印件时,提供单位应在复印件上加盖单位印章,并应有经办人签字及日期,同时提供单位应标注原件存放单位,并对资料的真实性负责。

(5)工程资料宜采用信息化技术进行辅助管理。

第二节 设备安装工程资料的编制

一、设备安装工程资料的编号

(1)为了便于资料的管理、收集、整理、组卷、归档、移交,应对资料实行统一编号。本章重点介绍 C 类资料即施工单位应建立归档的资料。施工资料的类别、编号、名称、表格编号、资料来源、归档保存单位及套数应符合表 10-1 中相关规定。

表 10-1　建筑工程资料编号

类别编号	工程资料名称	表格标号（资料来源）	归档保存单位			
			施工单位	监理单位	建设单位	城建档案馆
C 类	施工资料					
C0	工程管理与验收资料					
	工程概况表	表 C0－1	●			●
	建设工程质量事故调(勘)查笔录	表 C0－2	●	●	●	●
	建设工程质量事故报告书	表 C0－3	●	●	●	●
	单位(子单位)工程质量竣工验收记录		●	●	●	●
C1	单位(子单位)工程质量控制资料核查记录		●	●	●	
	单位(子单位)工程安全和功能检查资料核查及主要功能抽查记录		●	●	●	
	单位(子单位)工程观感质量检查记录		●		●	
	室内环境监测报告	检测单位提供	●		●	
	施工总结	施工单位编制	●		●	●
	工程竣工报告	施工单位编制	●	●	●	●
	施工现场质量管理检查记录	表 C1－1	●	●		
	企业资质证书及相关专业人员岗位证书	施工单位提供	●			
	见证记录	监理单位提供	●	●		
	施工日志	表 C1－2	●			
	施工组织设计及施工方案	施工单位编制	●			
C2	技术交底记录	表 C2－1	●			
	图纸会审记录	表 C2－2	●	●	●	●
	设计变更通知单	表 C2－3	●	●	●	●
	工程洽商记录	表 C2－4	●	●	●	●
C3	工程定位测量记录	表 C3－1	●		●	●
	基槽验线记录	表 C3－2	●		●	●
C4	施工物资资料					
	通用表格					
	材料、构配件进场检验记录	表 C4－1	●			
	材料试验报告(通用)	表 C4－2	●		●	
	设备开箱检验记录(机电通用)	表 C4－3	●			
	设备及管道附件试验记录(机电通用)	表 C4－4	●		●	

类别编号	工程资料名称	表格标号（资料来源）	归档保存单位			
			施工单位	监理单位	建设单位	城建档案馆
C4	建筑与结构工程					
	出厂质量证明文件					
	各种物资出厂合格证、质量保证书和商检证等	供应单位提供	●		●	
	半成品钢筋出厂合格证	表 C4－5	●		●	
	预制混凝土构件出厂合格证	表 C4－6	●		●	
	钢构件出厂合格证	表 C4－7	●		●	
	预拌混凝土出厂合格证	表 C4－8	●		●	●
	检测报告					
	钢材性能检测报告	供应单位提供	●		●	
	水泥性能检测报告	供应单位提供	●		●	
	装修用黏结剂性能检测报告	供应单位提供	●		●	
	防火涂料性能检测报告	供应单位提供	●		●	
	隔声/隔热/阻燃/防潮材料特殊性能检测报告	供应单位提供	●		●	
	木结构材料检测报告（含水率、木构件、钢件）	供应单位提供	●		●	
	幕墙性能检测报告（三性试验）	供应单位提供	●		●	●
	幕墙用硅酮结构胶检测报告	供应单位提供	●		●	
	幕墙用玻璃性能检测报告	供应单位提供	●		●	
	幕墙用石材性能检测报告	供应单位提供	●		●	●
	幕墙用金属板性能检测报告	供应单位提供	●		●	
	材料污染物含量检测报告（执行《民用建筑工程室内环境污染控制规范》（GB 50325—2010）	供应单位提供	●		●	
	复试报告					
	建筑给水排水及采暖工程					
	管材的产品质量证明文件	供应单位提供	●		●	
	主要材料、设备的产品质量合格证及检测报告	供应单位提供	●		●	
	绝热材料的产品合格证及检测报告	供应单位提供	●		●	
	给水管道材料卫生检测报告	供应单位提供	●		●	
	成品补偿器预拉伸证明书	供应单位提供	●		●	
	卫生洁具环保检测报告	供应单位提供	●		●	
	锅炉（承压设备）焊缝无损探伤检测报告	供应单位提供	●		●	
	水表、热量表的计量检定证书	供应单位提供	●		●	

类别编号	工程资料名称	表格标号（资料来源）	归档保存单位			
			施工单位	监理单位	建设单位	城建档案馆
C4	安全阀、减压阀的调试报告及定压合格证书	由供应单位及检测单位提供	●		●	
	主要设备及器具安装使用说明书	供应单位提供	●		●	
	低压成套配电柜、动力、照明配电箱（盘柜）出厂合格证、生产许可证、试验记录、CCC 认证及证书复印件	供应单位提供	●		●	
	主要设备及器具安装使用说明书	供应单位提供	●		●	
	低压成套配电柜，动力、照明配电箱（盘柜）出厂合格证、生产许可证、试验记录、CCC 认证及证书复印件	供应单位提供	●		●	
	电力变压器、柴油发电机组、高压成套配电柜、蓄电池柜、不间断电源柜、控制柜（屏、台）出厂合格证、生产许可证及试验记录	供应单位提供	●		●	
	发电机、电加热器、电动执行机构和低压开关设备合格证、生产许可证、CCC 认证及证书复印件	供应单位提供	●		●	
	灯具、开关、插座、风扇及附件出厂合格证、CCC 认证及证书复印件	供应单位提供	●		●	
	导管、电缆桥架和线槽出厂合格证	供应单位提供	●		●	
	电线、电缆出厂合格证、生产许可证、CCC 认证及证书复印件	供应单位提供	●		●	
	型钢及电焊条合格证及材质证明书	供应单位提供	●		●	
	镀锌制品（支架、横担、接地极、避雷用型钢等）和外线金具合格证和镀锌质量证明书	供应单位提供	●		●	
	封闭母线、插接母线合格证、安装技术文件、CCC 认证及证书复印件	供应单位提供	●		●	
	主要设备安装技术文件	供应单位提供	●		●	
	智能建筑系统工程	施工单位提供	●		●	
	通风与空调工程					
	制冷机组等主要设备和部件的产品合格证及质量证明文件	供应单位提供	●		●	
	板材、管材等质量证明文件	供应单位提供	●		●	
	主要设备安装使用说明书	供应单位提供	●		●	
	电梯工程				●	
	电梯设备开箱检验记录	表 C4－19	●		●	
	电梯主要设备、材料及附件出厂合格证、产品说明书、安装技术文件	供应单位提供	●		●	

类别编号	工程资料名称	表格标号（资料来源）	归档保存单位			
			施工单位	监理单位	建设单位	城建档案馆
C5	施工记录					
	通用表格					
	隐蔽工程检查记录	表 C5-1	●		●	●
	预检记录	表 C5-2	●			
	施工检查记录(通用)	表 C5-3	●			
	交接检查记录	表 C5-4	●	●		
C6	给水排水及采暖工程					
	灌(满)水试验记录	表 C6-18	●			
	强度严密性试验记录	表 C6-19	●		●	●
	通水试验记录	表 C6-20	●			
	吹(冲)洗(脱脂)试验记录	表 C6-21	●			
	通球试验记录	表 C6-22	●		●	
	补偿器安装记录	表 C6-23	●			
	消火栓试射记录	表 C6-24	●		●	●
	安全附件安装检查记录	表 C6-25	●		●	
	安全阀调试记录	试验单位提供	●		●	
	建筑电气工程					
	电气接地电阻测试记录	表 C6-29	●		●	●
	电气防雷接地装置隐检及平面示意图	表 C6-30	●		●	●
	电气绝缘电阻测试记录	表 C6-31	●		●	
	电气器具通电安全检查记录	表 C6-32	●		●	
	电气设备空载试运行记录	表 C6-33	●		●	
	建筑物照明通电试运行记录	表 C6-34	●		●	
	大型照明灯具承载试验记录	表 C6-35	●		●	
	高压部分试验记录	检测单位提供	●		●	●
	漏电开关模拟试验记录	表 C6-36	●		●	
	电度表检定记录	检测单位提供	●		●	
	大容量电气线路结点测温记录	表 C6-37	●		●	
	避雷带支架拉力测试记录	表 C6-38	●			
	智能建筑工程(执行现行标准规范)	专业施工单位	●			
	风管漏光检测记录	表 C6-39	●			
	风管漏风检测记录	表 C6-40	●			
	现场组装除尘器、空调机漏风检测记录	表 C6-41	●			
	各房间室内风量温度检测记录	表 C6-42	●			
	管网风量平衡记录	表 C6-43	●			
	空调系统试运转调试记录	表 C6-44	●		●	
	空调水系统试运转调试记录	表 C6-45	●		●	
	制冷系统气密性试验记录	表 C6-46	●		●	
	净化空调系统测试记录	表 C6-47	●		●	
	防排烟系统联合试运行记录	表 C6-48	●		●	
C7	施工质量验收记录					
	检验批质量验收记录	执行 GB 50300 和专业施工质量验收规范	●	●		
	分项工程质量验收记录表		●	●		
	分部(子分部)工程验收记录表		●	●	●	●

注:本表的归档保存单位是指竣工后有关单位对工程资料的归档保存,施工过程中资料的留存应按相关的约定及有关程序执行。

（2）设备安装工程资料属于 C 类资料即施工单位应建立归档资料。其中，主要包括建筑给水排水及采暖工程、通风与空调工程、建筑电气和智能建筑等四部分。

①施工资料编号应填入右上角的编号栏。

②通常情况下，施工资料的编号应该有 7 位数，由分部工程代号（2 位）、资料类别代号（2 位）和顺序代号（3 位）组成，每部分之间用横线隔开。

编号的形式如下：

$$\underset{a}{\underline{×\ \ ×}}—\underset{b}{\underline{×\ \ ×}}—\underset{c}{\underline{×\ ×\ ×}}→共7位代号$$

a 为分部工程代号（共 2 位），应根据资料所属的分部工程，按照表 10-2 编写；b 为资料

表 10-2　设备安装工程分部（子分部）工程名称及代号

序号	分部工程名称	分部工程代号	应单独组卷的子分部	子分部工程代号
1	建筑给水排水及采暖	05	室内给水系统	01
			室内排水系统	02
			室内热水供应系统	03
			卫生洁具安装	04
			室内采暖系统	05
			室外给水管网	06
			室外排水管网	07
			室外供热管网	08
			建筑中水系统及游泳池系统	09
			供热锅炉及辅助设备安装	10
			自动喷水灭火系统	11
			气体灭火系统	12
			泡沫灭火系统	13
			固定水炮灭火系统	14
2	建筑电气	06	室外电气	01
			变配电室	02
			供电干线	03
			电气动力	04
			电气照明安装	05
			备用和不间断电源安装	06
			防雷及接地安装	07
3	智能建筑	07	通信网络系统	01
			办公自动化系统	02
			建筑设备监控系统	03
			火灾报警及消防联动系统	04
			安全防范系统	05
			综合布线系统	06
			智能化集成系统	07
			电源与接地	08
			环境	09
			住宅（小区）智能化系统	10

序号	分部工程名称	分部工程代号	应单独组卷的子分部	子分部工程代号
4	通风与空调	08	送排风系统	01
			防排烟系统	02
			除尘系统	03
			空调风系统	04
			净化空调系统	05
			制冷设备系统	06
			空调水系统	07

类别代号(共2位),应根据资料所属类别,按表10-1编写;c为顺序代号(共3位),应根据相同表格、相同检查项目,按时间自然形成的先后顺序编写。

(3)建筑工程共分为9个分部工程。针对专业化程度高、施工工艺复杂、技术先进的分部(子分部)工程应进行单独组卷。须单独组卷的分部(子分部)的划分及代号参数见表10-3。

表10-3 须单独组卷子分部(分项)工程的划分及代号参数

序号	分部工程名称	分部工程代号	应单独组卷的子分部	应单独组卷的子分部代号
1	建筑给水排水及采暖	05	供热锅炉及辅助设备	10
2	建筑电气	06	变配电室(高压)	02
3	智能建筑	07	通信网络系统	01
			建筑设备监控系统	03
			火灾报警及消防联动系统	04
			安全防范系统	05
			综合布线系统	06
			环境	09

(4)应单独组卷的子分部(分项)工程见表10-3,资料编号应为9位编号,由分部工程代号(2位)、子分部(分项)工程代号(2位)、资料的类别编号(2位)和顺序号(3位)组成,每部分之间用横线隔开。

编号的形式如下:

$$\underset{a}{× ×}—\underset{b}{× ×}—\underset{c}{× ×}—\underset{d}{× × ×}→共9位代号$$

a为分部工程代号(2位),应根据资料所属的分部工程,按表10-2规定的代号填写;b为子分部(分项)工程代号(2位),应根据资料所属的子分部(分项)工程,按表10-3规定代号填写;c为资料的类别编号(2位)应根据资料所属类型,按表10-1规定的类别编号填写;d为顺序号(共3位),应根据相同表格、相同检查目录,按时间自然形成的先后顺序填写。

(5)顺序编号填写原则。

①施工专业表格,顺序号应按时间先后顺序,用阿拉伯数字从001开始连续标注。

②对于同一施工表格,当涉及多个(子)分部工程时,顺序号根据(子)分部工程的不同,按(子)分部工程的各检测项目分别从001开始连续标注。

③无统一表格或外部提供的施工资料,应在资料的右上角注明编号。

(6)监理资料编号。

①监理资料编号应填入右上角的编号栏。

②对于相同的表格和相同文件资料,应分别按时间自然形成的先后顺序从001开始连续标注。

③监理资料中的工程物资进场报验表(A4监)、施工测量放线报验表(A2监)应根据报验内容编号,对于同类报验内容的报验表,应分别按时间自然形成的先后顺序从001开始连续标注。

二、设备安装工程资料收集

设备安装工程技术资料主要包括施工技术资料、施工物资资料、施工记录资料、施工试验记录、施工质量检验记录等。质量员应熟悉设备安装工程技术资料建立及收集要求。

(一)施工管理资料

施工管理资料是在施工过程中形成的反映工程组织和监督等情况的总称。

1. 施工现场质量管理检查记录

建筑工程项目经理部应建立质量责任制度及现场管理制度,健全质量管理体系,具备施工技术标准,审查资质证书,施工图纸和施工技术文件(施工方案、技术安全质量交底)。施工单位按规定填写《施工现场质量管理检查记录》,报项目总监理工程师(或建设项目负责人)检查,并做出检查记录。

2. 企业资质证书及相关人员岗位证书

正式施工之前审查分包单位资质及专业工程操作人员的岗位证书,填写《分包单位资质报审表》,报监理单位审核。

3. 施工日志

施工日志应以单位工程、分部工程为记载对象,从工程开始至竣工,按专业制定专人负责记载,并保证内容真实、连续和完整。

(二)施工技术资料

施工技术资料是在施工过程中形成的,用于指导正确、规范、科学的施工文件,以及反映工程变更情况的正式文件。应随工程进度及时建立,做到工程完工,资料齐全。

(1)工程技术文件报审表。

(2)施工组织设计、施工方案。

(3)技术交底记录。

(4)设计变更文件。

①图纸会审记录。

②设计变更通知单。

③工程洽商记录。

(三)施工物资资料

施工物资资料是反映工程所用物资质量、数量、性能等指标的各种证明文件和相关配套文件的统称。

（1）工程物资。主要包括建筑材料、半成品、成品、构配件设备等,建筑工程物资均应有证明文件(产品合格证、质量合格证、检测报告、生产许可证和质量保证书)等。质量证明文件反映工程物资的品种、数量、规格、型号、性能指标并与实际进场物资相符。

（2）质量证明文件的复印件应与原件相一致,加盖原件存放单位公章,注明原件存放处,并有经办人签名和时间。

（3）工程物资均应进场验收,并有验收记录。涉及安全、功能的相关物资按工程施工质量验收规范及相关规定进场复试。

（4）涉及安全、卫生、环保的物资应有相应资质等级单位出具的检测报告。例如压力容器、生活给水设备、消防设备、卫生器具等。

（5）凡使用新产品、新材料,应有相应资质等级单位出具的鉴定证书,同时具备产品质量标准和试验要求,使用前应进行检测。新产品、新材料还应提供安装、维修、使用和工艺标准等相关文件。

（6）进口材料和设备等应有商检证明(国家认证委员会公布的强制性认证[CCC]产品除外)、中文版的质量证明文件、性能检测报告以及中文版安装、使用、维修、试验要求等技术文件。

（7）工程物资进场报验表。

（8）材料、构配件进场检验记录。

（9）材料试验报告。

（10）设备开箱检验记录。

（11）设备及管道附件试验记录。

（12）建筑给水排水及采暖工程物资。

①各类管材应有产品质量证明。

②阀门、调压装置、给水设备、排水设备、卫生洁具、热水设备、采暖设备、水箱、热交换器、游泳池设备等应具有产品质量合格证及相关检验报告。

③对于国家和各省有关规定的特种设备及材料,例如消防设备、压力容器等,应附有相应检验单位的检验报告。

④绝热材料应有产品质量合格证和材质检验报告。

⑤主要设备、器具应有安装使用说明书。

（13）通风空调工程物资。

①制冷机组、空调机组、风机、冷却塔、除尘设备、风机盘管、热泵机组、过滤器、洁净室、风口、风阀以及自动排气阀门和人防有关物资,应具备产品合格证和其他质量合格证。

②阀门、疏水器、分(集)水器、集气罐等应有出厂合格证、质量合格证及检测报告。

③压力表、流量计、水位计、温度计、湿度计等产品应有产品合格证和检查报告。

④各类板材、管材等应有质量证明文件。

⑤主要设备应具有安装使用说明书。

（四）施工记录资料

施工记录是在施工过程中形成的,确保工程质量、安全的各种检查、记录的统称,包括施工记录和专用施工记录。

（1）隐蔽工程检查记录。

①建筑给水排水及采暖分部工程主要隐蔽项目。

（a）暗敷设于沟槽、管井、吊顶内的给水、排水、雨水、热水、采暖管道和相关设备，以及有防水要求的套管，检查管材、阀门、设备的材料、型号、定位标高，防水套管的定位及尺寸，管道连接做法，支架固定，以及是否按照设计要求及施工规范完成强度、严密性、冲洗等试验。

（b）有防腐、绝热的管道和相关设备，检查绝热方式、绝热材质和规格、绝热管道与支架之间的防结露措施、防腐材料及做法等。

（c）埋地的采暖管道，在保温层、保护层完成后，所在部位回填之前，应进行隐蔽检查。检查安装位置、坡度、标高，支架做法，保护层、保温层的设置。

②通风空调分部工程主要隐监项目。

（a）敷设于竖井、吊顶内的风道，检查风道标高，材质，接口严密性，支架、托架的固定。是否按规定完成风道漏光、漏风检测，空调水管的强度、严密性、冲洗等试验。

（b）有绝热、防腐要求的风道、水管及设备。检查绝热形式和做法，绝热、防腐材料及做法。绝热和防腐衬垫厚度是否相同，表面平整。衬垫接合面空隙是否填实。

（2）预检记录。

（3）施工检验记录。

（4）交接检验记录。

（五）施工试验记录

施工试验记录是根据设计要求和规范规定进行试验，记录原始数据和计算结果，并得出试验结论的资料统称。

建筑给水排水及采暖分部工程和通风空调分部工程，应做试验项目如下：

（1）设备单机试运转记录。

（2）系统试运转调试记录。

（3）灌（满）水试验记录。

（4）强度、严密性试验记录。

（5）通水试验记录。

（6）吹（冲）洗（脱脂）试验记录。

（7）通球试验记录。

（8）补偿器安装记录。

（9）消火栓试射记录。

（10）安全附件安装检查记录。

（11）安全阀调试记录。

（12）风管漏光检查记录。

（13）风管漏风检测记录。

（14）现场组装除尘器、空调机漏风检测记录。

（15）各房间室内风量、温度测量记录。

（16）空调管网风量平衡记录。

（17）空调系统试运转调试记录。

（18）空调水系统试运转调试记录。

（19）制冷系统气密性试验记录。

（20）净化空调系统测试记录。

（21）防排烟系统联合试运行记录。

（六）施工质量检验记录

施工质量检验记录是参与工程建设的有关单位根据相关标准、规范对工程质量是否达到合格做出确认的文件。

1. 检验批质量验收记录

检验批施工完成后，施工单位自行检验合格后，由项目质量员填报检验批质量验收记录表。检验批质量验收应由监理工程师组织项目专业质量员等进行验收并签收。

2. 分项工程质量验收记录

分项工程完成施工单位自检合格后，应填报《_____分项工程质量验收记录表》和《分项/分部工程施工报验表》，应由监理工程师组织项目专业技术负责人等进行验收并签收。

3. 分部（子分部）工程质量验收记录

分部（子分部）工程完成，施工单位自行检验合格后，应填报《_____分部/子分部工程质量验收记录表》和《分项/分部工程施工报验表》，应由监理工程师组织有关设计单位及施工单位项目负责人和技术、质量负责人等进行共同验收并签收。

第三节　设备安装工程资料整理

一、质量要求

（1）工程资料应真实反映工程的实际状况，具有永久和长期保存价值的材料必须完整、准确和系统。

（2）工程资料应使用原件，因特殊原因不能使用原件的，应在复印件上加盖原件存放单位公章、注明原件存放处，并有经办人签字及时间。

（3）工程资料应保证字迹清晰，签字、盖章手续齐全，签字必须使用档案规定用笔。计算机形成的工程资料应采用内容打印、手工签名的方式。

（4）工程档案的填写和编制应符合电子档案管理和计算机输入的要求。

二、载体形式

建筑工程文档载体包括纸质载体、声像载体、缩微档案、电子载体。

三、组卷要求

（一）组卷的质量要求

（1）组卷前应保证建设开发资料齐全、完整。

（2）编绘的竣工图应反差明显、图面整洁、线条清晰、字迹清楚，能满足计算机扫描的要求。

（二）组卷的基本原则

（1）建设项目应按单位工程组卷。

（2）工程资料应按照不同的收集、整理单位及资料类别,按建设开发资料、监理资料、施工资料和竣工图分别进行组卷。

（3）卷内资料排列顺序应依据卷内资料构成而定,一般顺序为封面、目录、资料部分、备考表和封底。

（4）当卷内存在多类工程资料时,同类资料按自然形成的顺序和时间排序,不同资料之间的排列顺序需符合本标准资料分类原则。

（5）案卷不宜过厚,一般不超过40 mm。

（三）组卷的具体要求

（1）建设准备阶段资料组卷。

建设准备阶段资料可根据类别和数量的多少组成一卷或多卷。

（2）建设准备阶段资料组卷具体内容和顺序可参考建设开发资料分类、编号、提供单位与归档保存表。

（3）监理资料组卷。

监理资料可根据资料类别和数量多少组成一卷或多卷。

（4）施工资料组卷。

①施工资料的组卷应按照单位(子单位)工程、分部工程系统划分,每卷再按照资料类别从 C1、C2……顺序排列,并根据资料数量多少组成一卷或多卷。

②对于专业化程度高、施工工艺复杂的工程,通常由专业分包施工单位对子分部(分项)工程资料分别组卷,例如基坑工程、桩基、预应力、钢结构、木结构、网架(索膜)、幕墙、给水排水与采暖、供热锅炉、电气工程变配电室和智能建筑工程的各系统,应单独组卷的子分部(分项)工程按照表10-3顺序排列,并根据资料数量的多少组成一卷或多卷。

（5）竣工图组卷。

竣工图应按专业进行组卷。可分为工艺平面布置竣工图卷、建筑竣工图卷、结构竣工图卷、给水排水及采暖竣工图卷、建筑电气竣工图卷、建筑智能竣工图卷、通风空调竣工图卷、电梯竣工图卷、室外工程竣工图卷等,每一专业可根据图纸数量多少组成一卷或多卷。

（6）各类资料组卷内容需按相关规定的各类资料分类、编号、提供单位与归档保存应按表10-1中相关规定进行。

（7）文字资料和图纸资料原则上不能混装在一个装具内,当资料较少,需放在一个装具内时,文字资料和图纸资料必须混合装订,其中文字资料排前,图纸资料排后。

（8）单位工程档案需编制总目录。

（四）案卷页号的编写

（1）编写页号应以独立卷为单位。在案卷内资料排列顺序确定后,均以有书写内容的页面编写页号。

（2）每卷从阿拉伯数字1开始,用打号机打号,采用黑色、蓝色油墨或墨水。案卷封面、卷内目录和卷内备考表不编写页号。

（3）页号编写位置:单面书写的文字资料页号编写在右下角;双面书写的文字资料页号正面编写在右下角,背面编写在左下角。

（4）图纸折叠后,页号一律编写在右下角。

四、封面与目录

（一）工程资料封面和目录

工程资料封面和目录见表10-4。

表10-4　工程资料案卷总目录

工程名称					
案卷序号	案卷题名	页数	编制单位	编制日期	备注

（1）工程资料案卷总目录，为工程资料各案卷的总目录，内容包括案卷序号、案卷题名、页数、编制单位、编制日期和备注。

（2）工程名称：填写工程建设项目竣工后使用名称（或曾用名）。

（3）案卷序号：各案卷编制的顺序号，即第一卷、第二卷……

（4）案卷题名：填写各卷卷名。

（5）页数：各卷总页数。

（6）编制单位：各卷档案的编制单位。

（7）编制日期：填写卷内资料形成的起（最早）、止（最晚）日期。

（8）备注：填写需要说明的问题。

（二）工程资料案卷封面

工程资料案卷封面（见表10-5）包括名称、案卷题名、编制单位、技术主管、编制日期（以上由移交单位填写）、保管期限、密级、保存档号、共几册、第几册等（由档案接收部门填写）。

（1）名称：填写工程建设项目竣工后使用名称（或曾用名）。若本工程分为几个（子）单位工程，则应在第二行填写（子）单位工程名称。

（2）案卷题名：填写本卷卷名。第一行写单位、子单位工程名称，第二行填写案卷内主要资料内容提示。

（3）编制单位：本卷档案的编制单位，并加盖公章。

（4）技术主管：编制单位项目技术负责人签名或盖章。

（5）编制日期：填写卷内资料形成的起（最早）、止（最晚）日期。

（6）保管期限：由档案保管单位按照保管期限的相关规定填写。

（7）密级：由档案保管单位按照密级划分规定填写。

（8）保存档号：由档案保管单位填写，包括分类号、项目号和案卷号。

（三）工程资料卷内目录

工程资料卷内目录（见表10-6）为每卷总的编目，目录内容包括案卷序号、案卷名称、页数、编制单位、编制日期和备注。卷内目录内容应与案卷内容相符，排列在封面之后。原资料目录及设计图纸目录不能代替卷内目录。

表 10-5　工程资料案卷封面

工程资料

名称:

案卷题名:

编制单位:

技术主管:

编制日期:自　　　年　　月　　日起至　　　年　　月　　日止

保管期限:　　　　　　　　　密级:

保存档号:

共　　册　　　　第　　册

表 10-6　工程资料卷内目录

工程名称					
案卷序号	案卷名称	页数	编制单位	编制日期	备注

(1)案卷序号:按卷内资料排列先后用阿拉伯数字从 1 开始依次标注。

(2)案卷名称:填写文字资料和图纸名称,无标题的资料应根据内容拟写标题。

(3)编制单位:资料的形成单位或主要责任单位名称。

(4)编制日期:资料的形成时间(文字资料为原资料形成日期,竣工图为编制日期)。

(5)备注:填写需要说明的问题。

(四)施工物资资料目录

施工物资资料目录(见表 10-7)应按物资类别分别编目,目录内容包括工程名称,物资类别,序号,资料名称,品种、型号规格,单位,数量,编号,使用部位,页/份数,备注等,有进场见证试验的应在备注栏中注明。

表 10-7　施工物资资料目录

工程名称								物资类别	
序号	资料名称	品种、型号规格	单位	数量	编号	使用部位	页/份数	备注

(五)工程资料卷内备考表

工程资料卷内备考表(见表 10-8)内容包括卷内文字资料张数、图样资料张数、照片张数等,立卷单位的立卷人及接收单位的技术审核人、档案接收人应签字。

表 10-8　工程资料卷内备考表

本案卷已编号的文件资料共　张,其中:文字资料　张,图样资料　张,照片　张。立卷单位对本案卷完整准确情况的审核说明: 　　　　　　　　　　　　立卷人:　　　　　　年　　月　　日
保存单位的审核说明: 　　　　　　　　　　　　技术审核人:　　　　　年　　月　　日 　　　　　　　　　　　　档案接收人:　　　　　年　　月　　日

（1）案卷审核备考表分为上、下两栏，上一栏由立卷单位填写，下一栏由接收单位填写。

（2）工程资料卷内备考表上栏应标明本案卷已编号的文字、图纸、照片等的张数；审核说明填写立卷时资料的完整和质量情况，以及应归档而缺少的资料的名称和原因；立卷人由责任立卷人签名；审核人由案卷审查人签名；年、月、日按立卷、审核时间分别填写。

（3）工程资料卷内备考表下栏由接收单位根据案卷的完整及质量情况标明审核意见。

技术审核人由接收单位工程档案技术审核人签名；档案接收人由接收单位档案管理技术人签名；年月日按审核、接收时间分别填写。

（六）工程档案封面和目录

1. 工程档案案卷封面

使用城市建设档案封面（见表 10-9），注明名称、案卷题名、编制单位、技术主管、保管期限、密级等。

表 10-9　工程档案案卷封面

<table>
<tr><td colspan="2" align="center">城市建设档案</td></tr>
<tr><td>档案馆代号：</td><td></td></tr>
<tr><td>名称：</td><td></td></tr>
<tr><td>案卷题名：</td><td></td></tr>
<tr><td>编制单位：</td><td></td></tr>
<tr><td>技术主管：</td><td></td></tr>
<tr><td>编制日期：自　　年　　月　　日起至　　　年　　月　　日止</td><td></td></tr>
<tr><td>保管期限：　　　　　　　　密级：</td><td></td></tr>
<tr><td>保存档号：</td><td></td></tr>
<tr><td align="center">共　　　卷　　　第　　　卷</td><td></td></tr>
</table>

2. 工程档案卷内目录

使用城建档案卷内目录（见表 10-10），内容包括序号、文件编号、责任者、文件题名、日期、页次、备注。填写具体要求见表 10-6 的工程资料卷内目录。

3. 工程档案卷内备考

使用城建档案卷内备考（见表 10-11），内容包括卷内文字资料张数，图样资料张数，照片张数等和立卷单位的立卷人、审核人签字。填写要求同表 10-8 的工程资料备考表。

表 10-10   工程档案卷内目录

序号	文件编号	责任者	文件题名	日期	页次	备注

表 10-11   工程档案卷内备考

本案卷共有文件资料　　　　页。

其中:文字资料　　　　页;

　　　图样资料　　　　张;

　　　照片　　　张。

说明:

　　　　　　　　　　　　　　　立卷人:
　　　　　　　　　　　　　　　　　年　　月　　日

　　　　　　　　　　　　　　　审核人:
　　　　　　　　　　　　　　　　　年　　月　　日

说明部分由城建档案馆根据案卷的完整及质量情况标明审核意见。

4. 案卷脊背填写

案卷脊背项目有档号、案卷题名,由档案保管单位填写。城建档案的案卷脊背由城建档案馆填写。

5. 工程资料档案封面与目录用表

工程资料档案封面与目录用表见表10-4~表10-11。

五、案卷规格与装订

（一）案卷规格

卷内资料、封面、目录、备考表统一采用 A4 幅（297 mm×210 mm）尺寸。图纸为 A0 （841 mm×1 189 mm）、A1（594 mm×841 mm）、A2（420 mm×594 mm）、A3（297 mm×420 mm）幅面，应折叠成 A4（297 mm×210 mm）幅面；幅面小于 A4 幅面的资料要用 A4 白纸 （297 mm×210 mm）衬托。

（二）案卷装具

案卷一般采用工程所在地建设行政主管部门或城建档案部门统一监制的卷盒。卷盒外表尺寸通常为 310 mm×220 mm，厚度分别为 20 mm、30 mm、40 mm。可根据实际情况进行选择。

（三）案卷装订

（1）文字材料必须装订成册，图纸材料可装订成册，也可散装存放。

（2）装订时要剔除金属物，装订线一侧根据案卷薄厚加垫草板纸。

（3）案卷用棉线在左侧三孔装订，棉线装订结打在背面。装订线距左侧 20 mm，上下两孔分别距中孔 80 mm。

（4）装订时，需将封面、目录、备考表、封底与案卷一起装订。

六、验收与移交

工程竣工验收前，各参建单位的主管（技术）负责人应对本单位形成的工程资料进行竣工审查；建设单位应按照国家验收规范规定和城建档案管理的有关要求，对勘察、设计、监理、施工单位汇总的工程资料进行验收，使其完整、准确真实。

单位（子单位）工程完工后，施工单位应自行组织有关人员进行检查评定，合格后填写《单位工程竣工预验收报验表》，并附相应的竣工资料（包括分包单位的竣工资料）报项目监理部，申请工程竣工预验收。总监理工程师组织项目监理部人员与施工单位进行检查验收，合格后总监理工程师签署《单位工程竣工预验收报验表》。

单位工程竣工预验收通过后，应由建设单位（项目）负责人组织设计、监理、施工（含分包单位）等单位（项目）负责人进行单位（子单位）工程验收，形成《单位（子单位）工程质量竣工验收记录表》。

国家、省（市）重点工程项目的预验收和验收会，应有城建档案馆参加。

工程竣工验收前，应由城建档案馆对工程档案进行预验收，并出具《建设工程竣工档案预验收意见》。

工程竣工验收后，工程档案经城建档案馆验收，不合格的应由城建档案馆责成建设单位重新编制，符合要求后重新报送。

施工监理等有关单位应将工程资料按合同或协议约定的时间、套数移交给建设单位，办理工程资料移交手续。工程资料移交书（见表10-12）是工程资料进行移交的凭证，应有移交日期和移交单位、接收单位的签章。

表 10-12　工程资料移交书

按有关规定向				
办理	工程资料移交手续。共计		册。	
其中文字资料	册,图样资料	册,其他资料	张(	)。
附:工程资料移交目录				
移交单位(公章):		接收单位(公章):		
单位负责人:		单位负责人:		
技术负责人:		技术负责人:		
移　交　人:		接　收　人:		
		移交日期:　　年　月　日		

凡列入城建档案接收范围的工程,竣工验收后 3 个月内,建设单位将符合规定的工程档案移交城建档案馆并办理移交手续。城市建设档案移交书(见表 10-13),为竣工档案进行移交的凭证,应有移交日期和移交单位、接收单位的签章及工程资料移交目录。

表 10-13　城市建设档案移交书

向城市建设档案馆移交				
档案共计	册。			
其中文字资料	册,图样资料	册,其他资料	张(	)。
附:城市建设档案移交目录一式三份,共		张。		
移交单位(公章):		接收单位(公章):		
单位负责人:		单位负责人:		
技术负责人:		技术负责人:		
移　交　人:		接　收　人:		
		移交日期:　　年　月　日		

本章小结

本章依据《建筑工程资料管理规程》（JGJ/T 185—2009），阐述了设备安装工程技术资料整理的主要内容，使大家能够熟悉设备安装工程资料的编制、整理、组卷和移交。

【推荐阅读资料】

(1)《建筑工程资料管理规程》（JGJ/T 185—2009）。

(2)《建设工程文件归档整理规范》（GB/T 50328—2001）。

思考练习题

1. 工程技术资料怎样进行分类？

2. 工程资料如何进行编号？

3. 案卷规格怎样要求？

4. 工程资料如何移交城建档案馆？

参 考 文 献

[1] 中华人民共和国建设部,国家质量监督检验检疫总局. GB 50300—2001 建筑工程施工质量验收统一标准[S]. 北京:中国建筑工业出版社,2002.

[2] 中华人民共和国建设部,国家质量监督检验检疫总局. GB 50242—2002 建筑给水排水及采暖工程施工质量验收规范[S]. 北京:中国建筑工业出版社,2002.

[3] 中华人民共和国建设部. GB 50243—2002 通风与空调工程施工及验收规范[S]. 北京:中国计划出版社,2004.

[4] 中华人民共和国建设部,中华人民共和国国家质量监督检验检疫总局. GB 50231—2009 机械设备安装工程施工及验收通用规范[S]. 北京:中国计划出版社,2009.

[5] 中华人民共和国住房和城乡建设部. GB 50274—2010 制冷设备、空气分离设备安装工程施工及验收规范[S]. 北京:中国计划出版社,2011.

[6] 国家质量监督局,中华人民共和国建设部. GB 50275—98 压缩机、风机、泵安装工程施工及验收规范[S]. 北京:中国计划出版社,1998.

[7] 中华人民共和国商务部. SBJ 12—2011 氨制冷系统安装工程施工及验收规范[S]. 北京:中国计划出版社,2011.

[8] 中华人民共和国工业和信息化部. HG/T 20698—2009 采暖通风与空气调节设计规范[S]. 北京:中国计划出版社,2010.

[9] 中华人民共和国住房和城乡建设部. GB 50736—2012 民用建筑供暖通风与空气调节设计规范[S]. 北京:中国建筑工业出版社,2012.

[10] 中华人民共和国建设部,国家质量监督检验检疫总局. GB 50016—2006 建筑设计防火规范[S]. 北京:中国计划出版社,2006.

[11] 国家技术监督局,中华人民共和国建设部. GB 50045—1995 高层民用建筑设计防火规范[S]. 北京:中国计划出版社,2005.

[12] 中华人民共和国质量监督检验检疫总局,中华人民共和国建设部. GB 50073—2001 洁净厂房设计规范[S]. 北京:中国计划出版社,2004.

[13] 中华人民共和国建设部,中华人民共和国质量监督检验检疫总局. GB 50333—2002 医院洁净手术部建筑技术规范[S]. 北京:中国计划出版社,2004.

[14] 中华人民共和国建设部,国家质量监督检验检疫总局. GB 50303—2002 建筑电气工程施工质量验收规范[S]. 北京:中国计划出版社,2004.

[15] 中华人民共和国建设部,国家质量监督检验检疫总局. GB 50399—2003 智能建筑工程质量验收规范[S]. 北京:中国标准出版社,2003.

[16] 中华人民共和国建设部,中华人民共和国国家质量监督检验检疫总局. GB 50312—2007 综合布线工程验收规范[S]. 北京:中国计划出版社,2007.

[17] 中华人民共和国住房和城乡建设部.JGJ/T 250—2011 建筑与市政工程施工现场专业人员职业标准[S].北京:中国建筑工业出版社,2012.

[18] 苏永康.暖通质量员[M].武汉:华中科技大学出版社,2009.

[19] 郭金河,陶勇.暖通质量员岗位实务知识[M].北京:中国建筑工业出版社,2007.

[20] 王彬.质量员(安装)[M].北京:化学工业出版社,2007.

[21] 邱东.质量员[M].北京:机械工业出版社,2008.